图 2-5　Sobel 算子梯度图

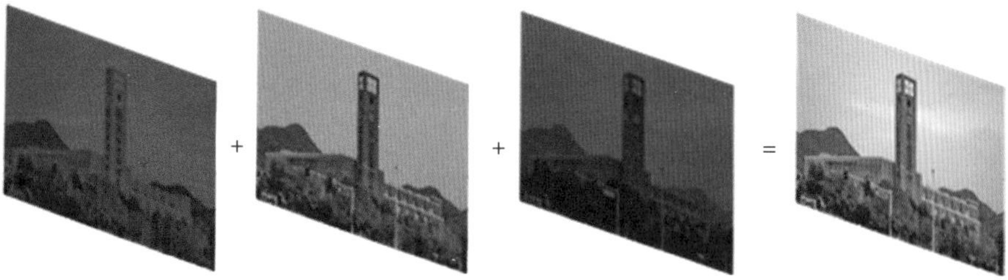

图 2-9　RGB 图像的通道

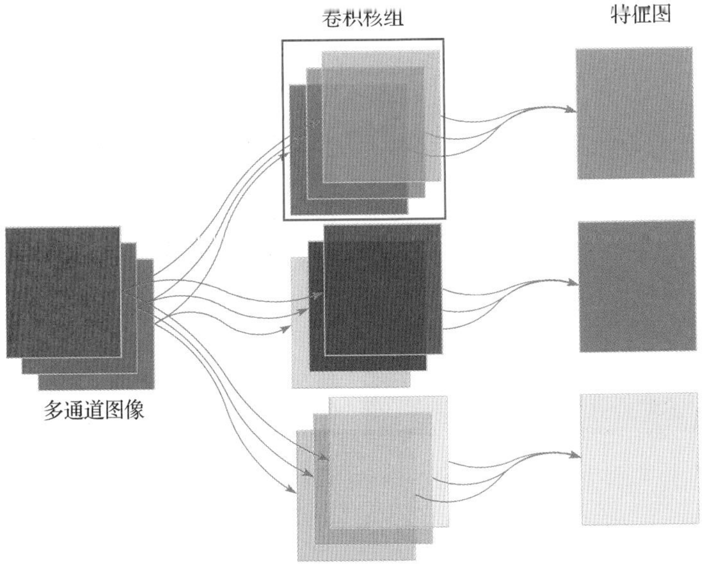

图 2-11　多通道多卷积核卷积示意图

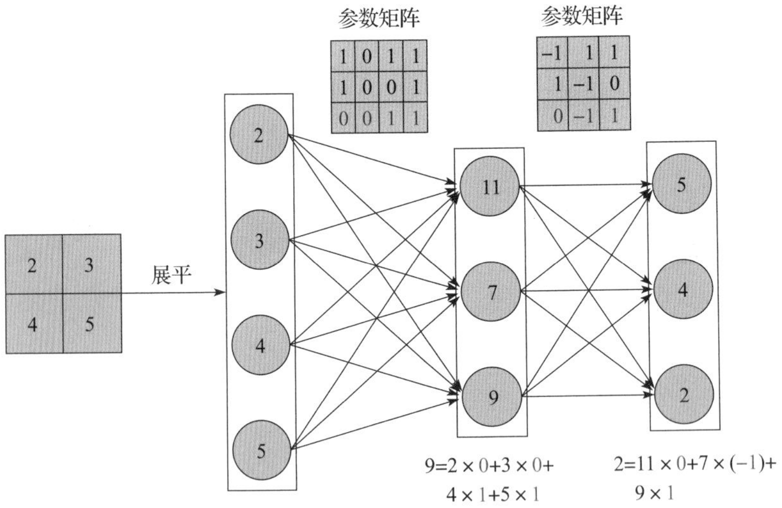

图 2-19　全连接层示例

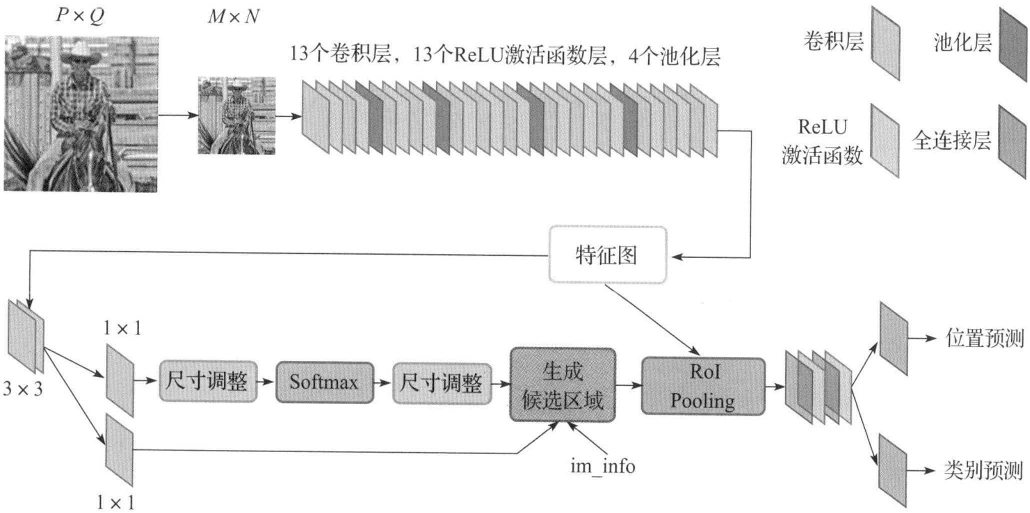

图 2-42　Faster R-CNN 的结构

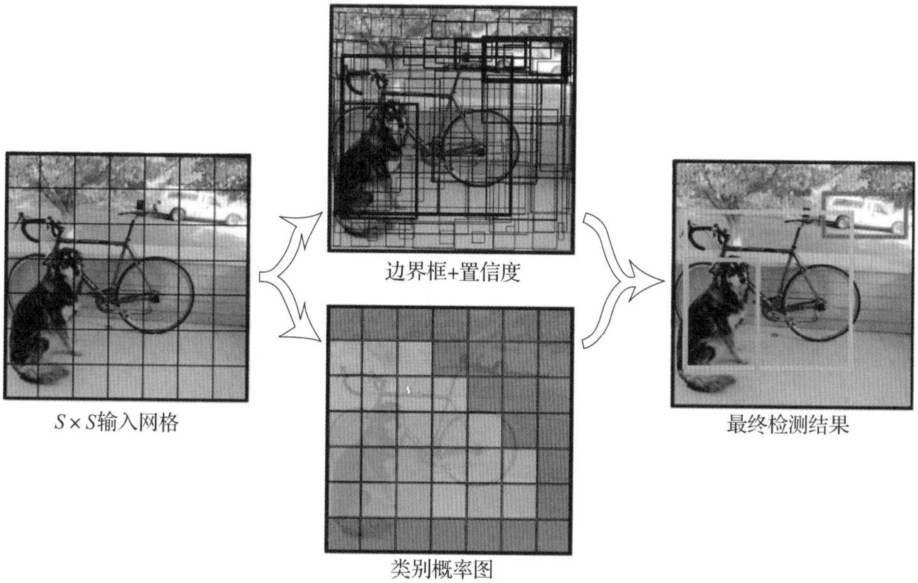

图 2-45　YOLO 模型[15]

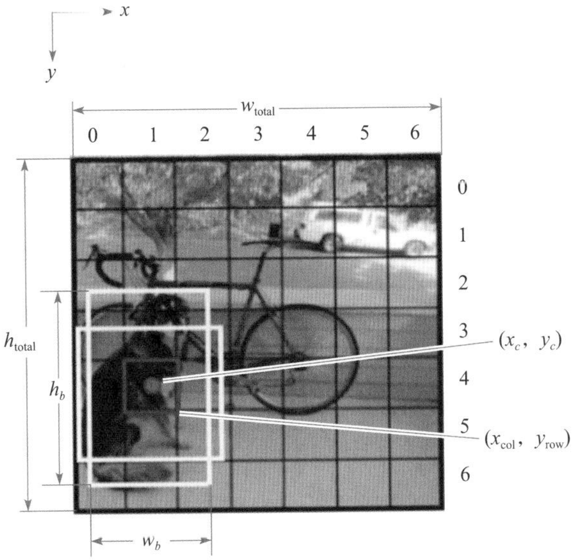

图 2-46　边框位置计算示意图

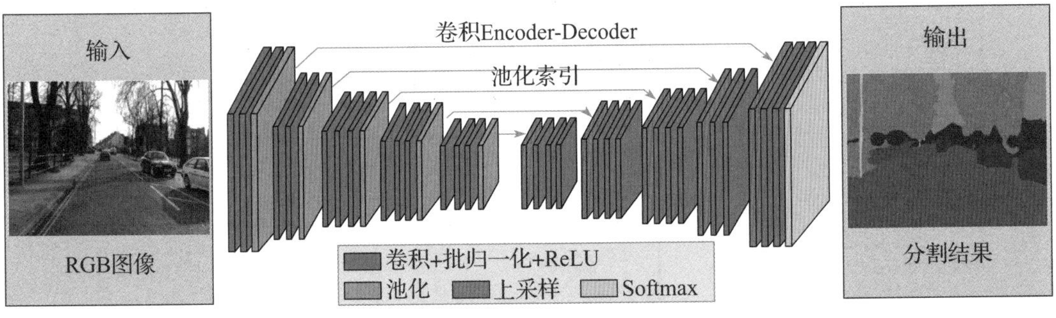

图 2-49　SegNet 的结构[23]

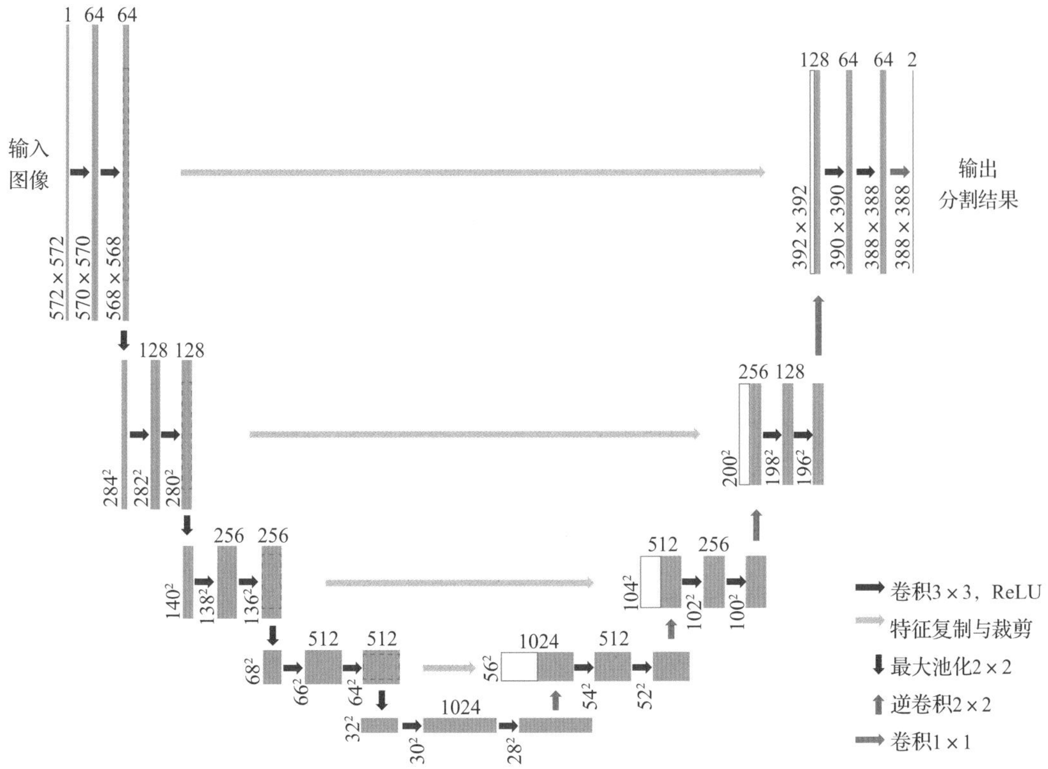

图 2-50 UNet 的结构[24]

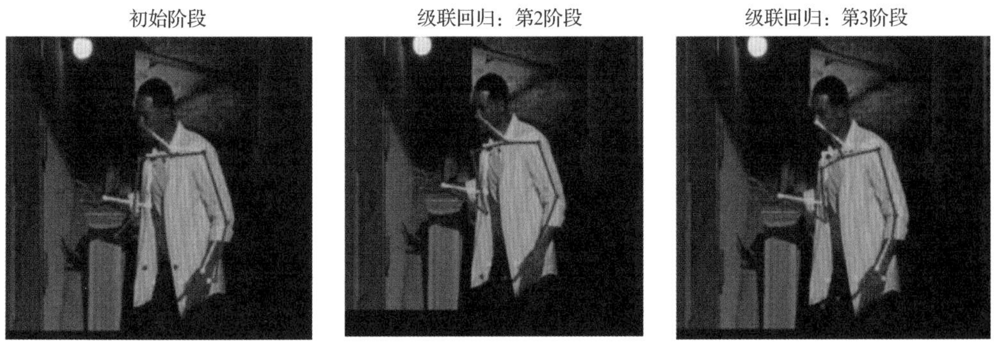

图 2-54 DeepPose 中的级联输出[33]

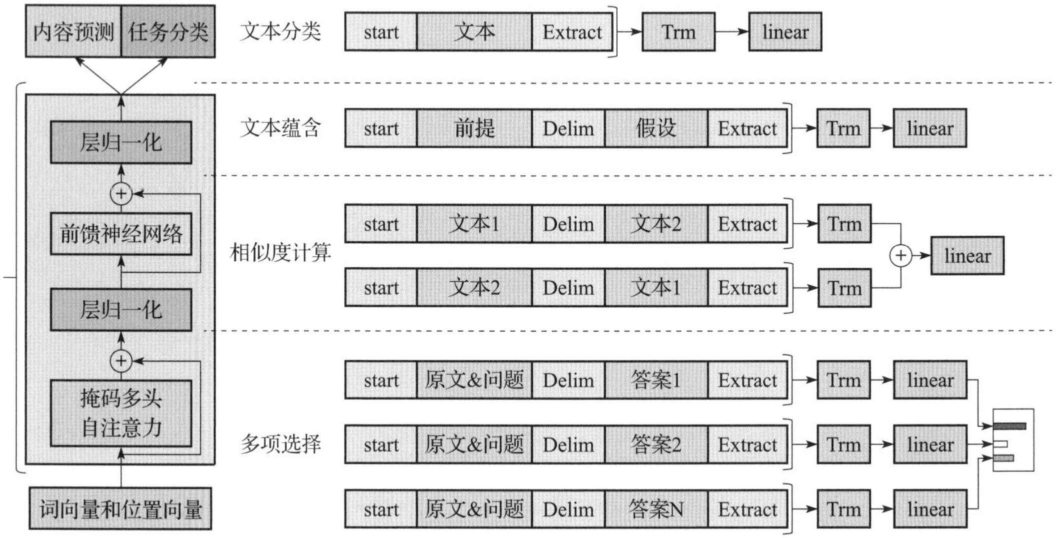

图 4-13　GPT-1 模型内部结构

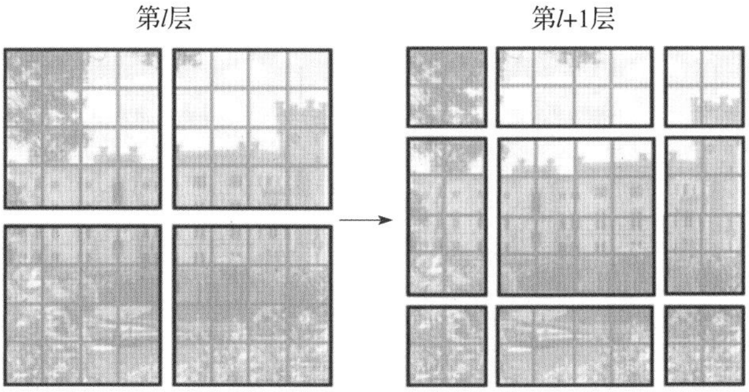

图 4-23　滑动窗口机制示意图[17]

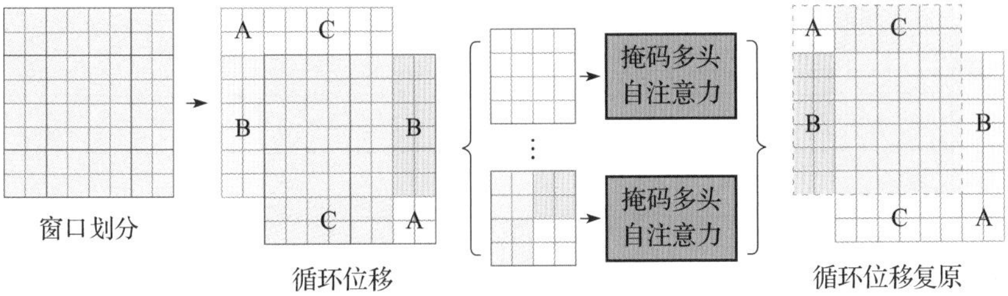

图 4-24　滑动窗口机制中的批次计算方法[17]

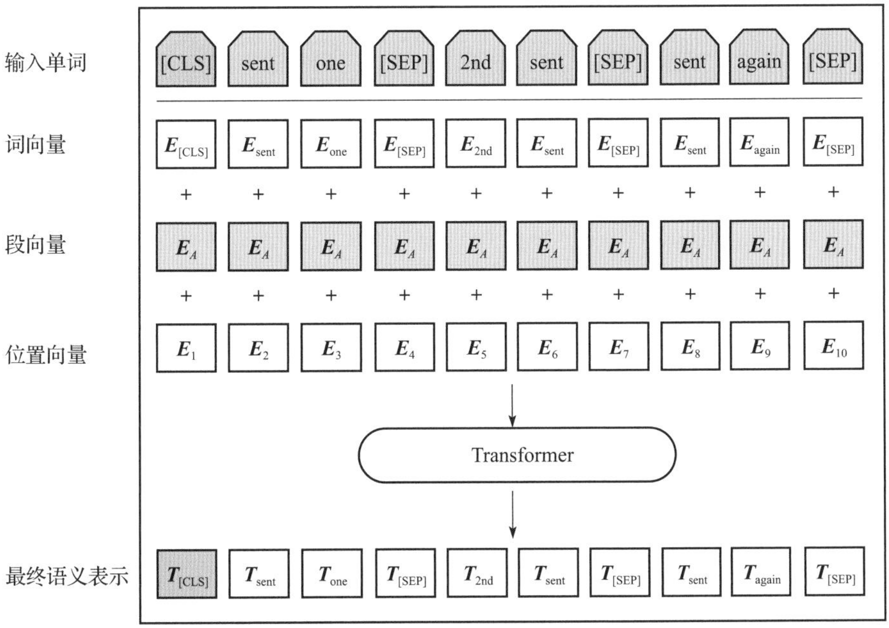

a）原始BERT

图 4-27　原始 BERT 和 BERTSum 结构对比

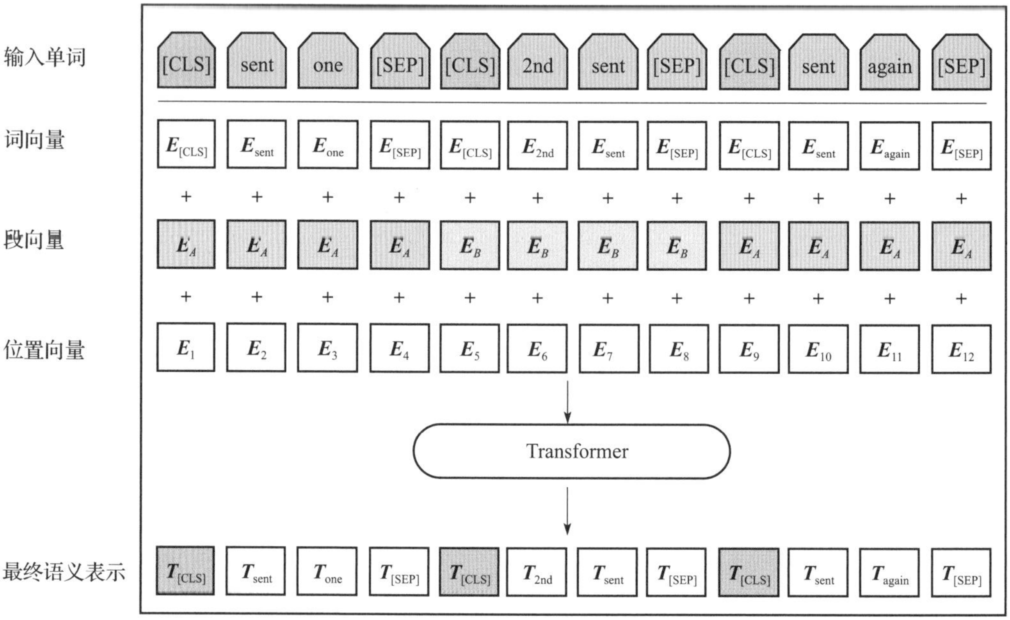

b）BERTSum

图 4-27　原始 BERT 和 BERTSum 结构对比（续）

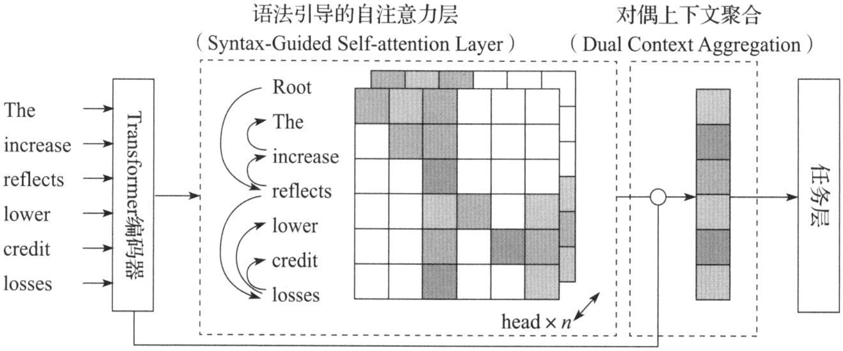

图 4-28　SG-Net 的结构

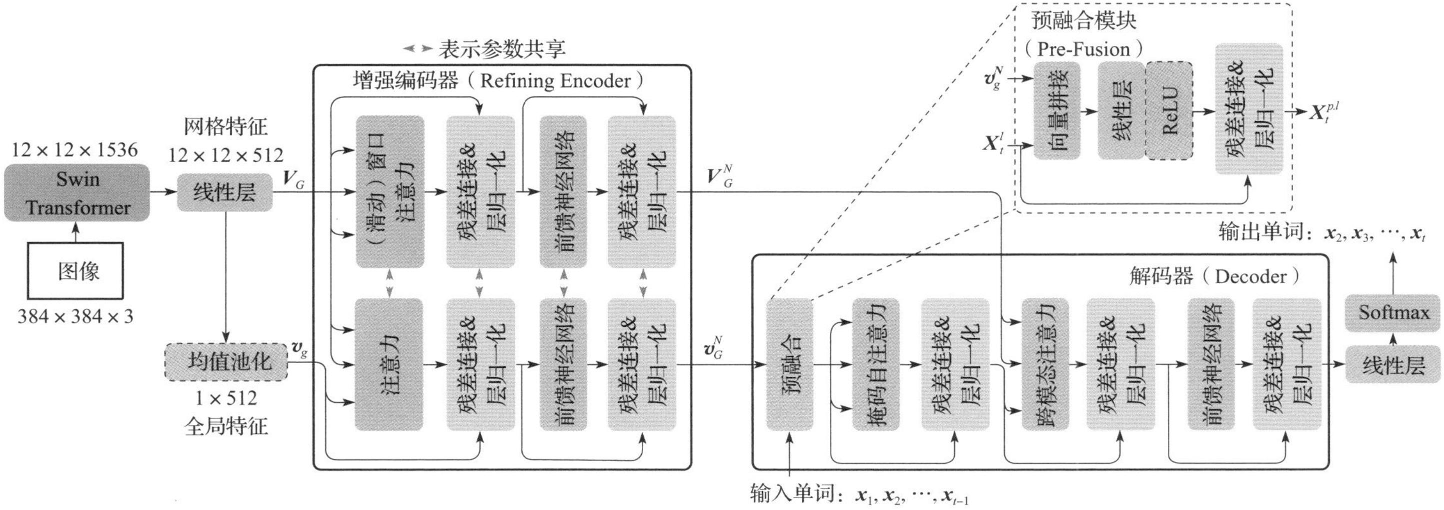

图 4-36　PureT的总体框架

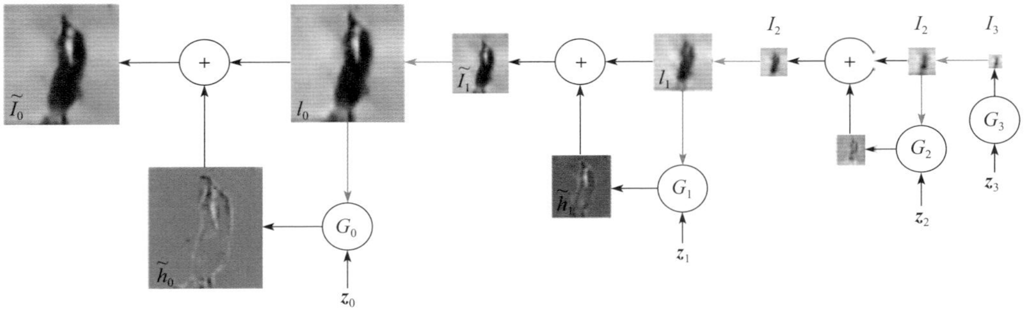

图5-8　LAPGAN模型的结构

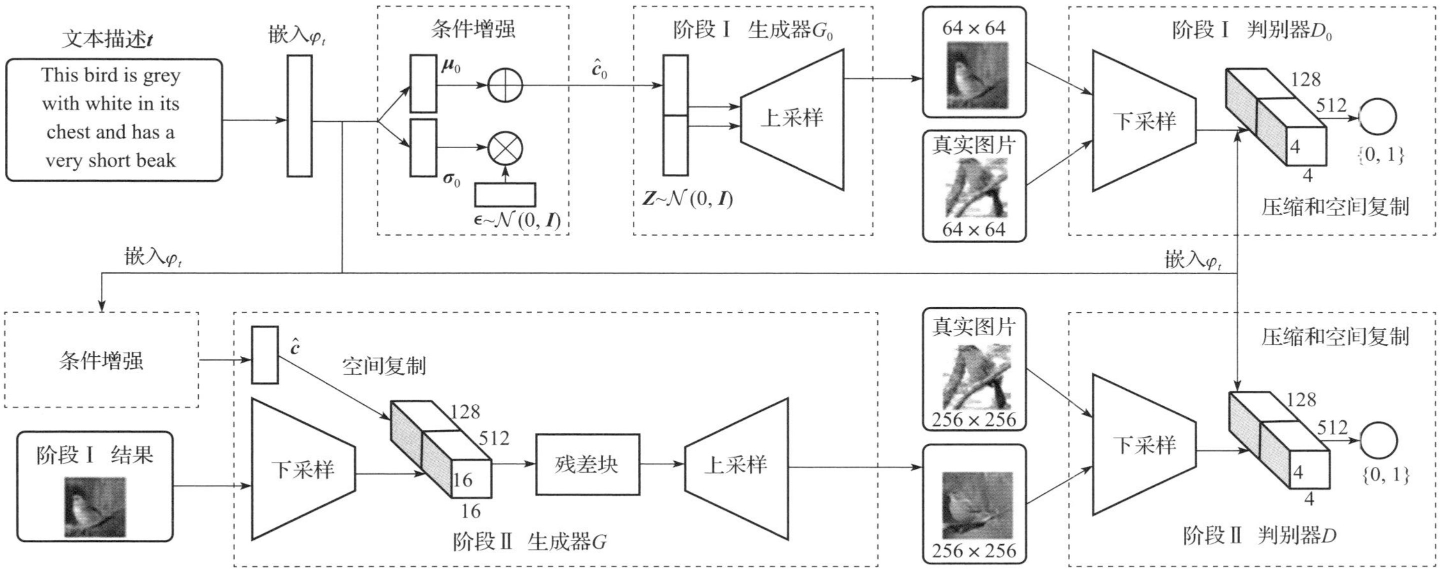

图 5-9 StackGAN的结构

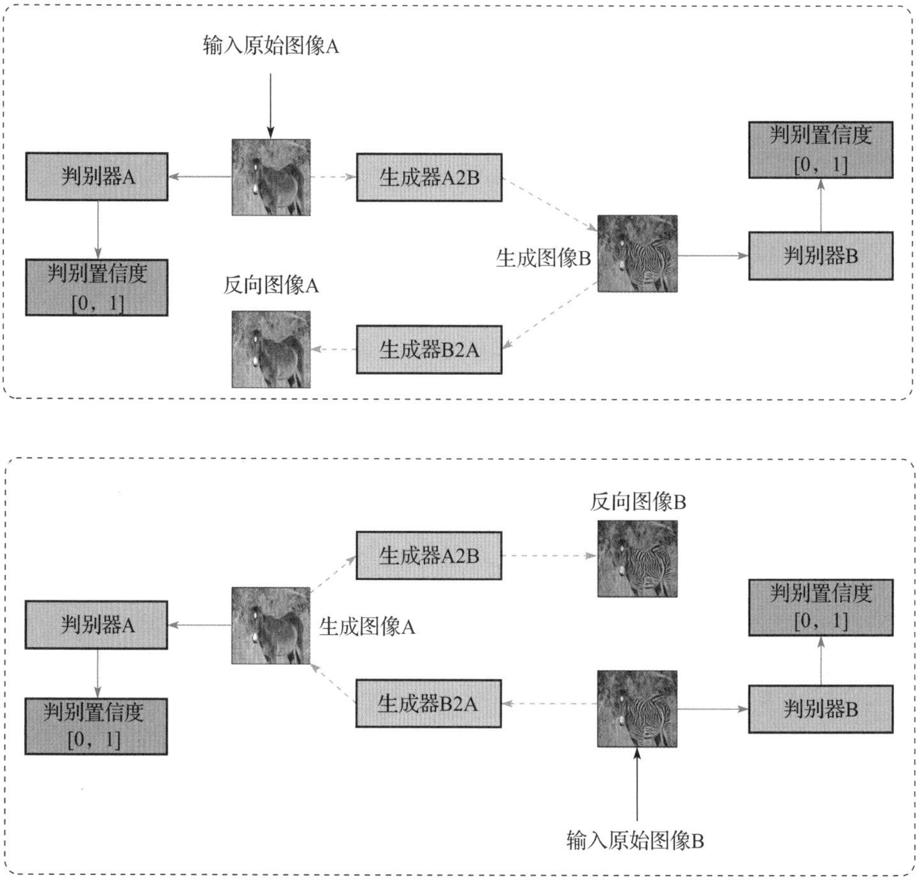

图 5-12　CycleGAN 的结构

图 5-13　图像域迁移示例[13]

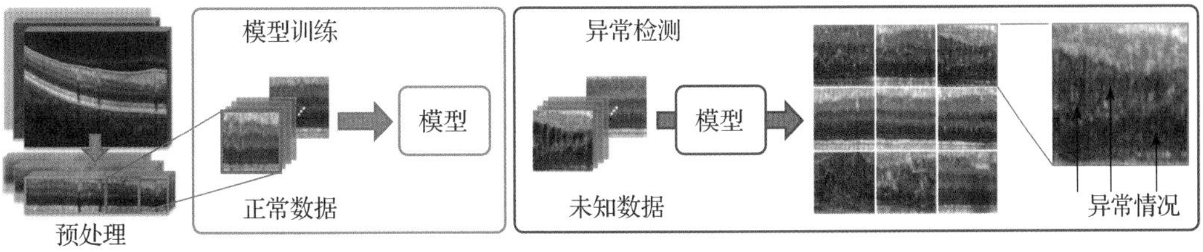

图 5-25　AnoGAN 模型进行异常检测的流程[19]

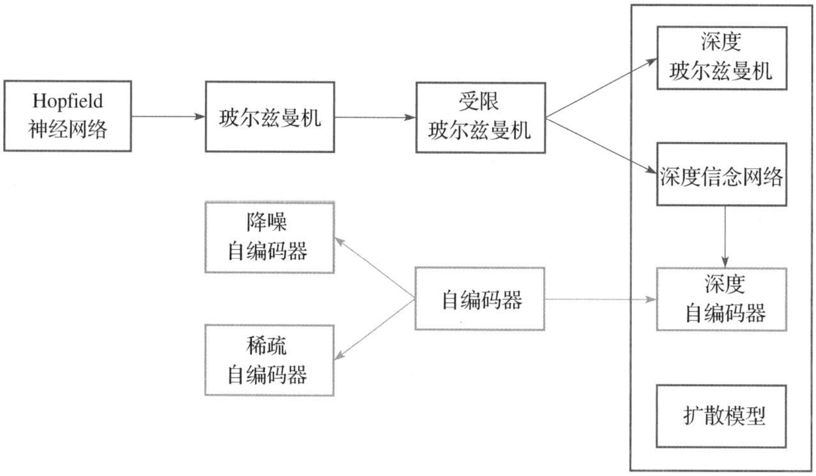

图 6-1　深度生成模型

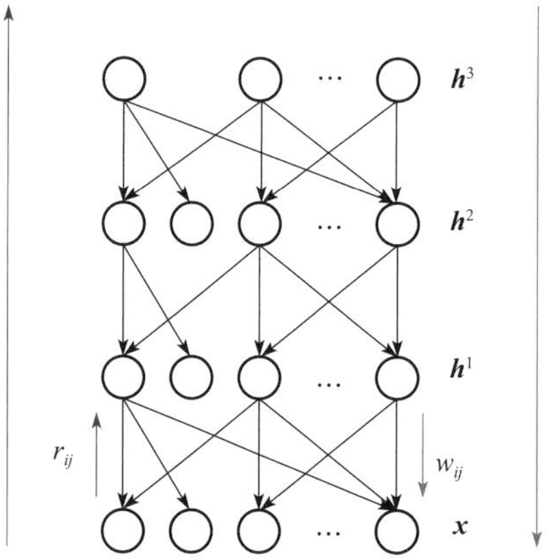

图 6-5　Sigmoid 信念网络

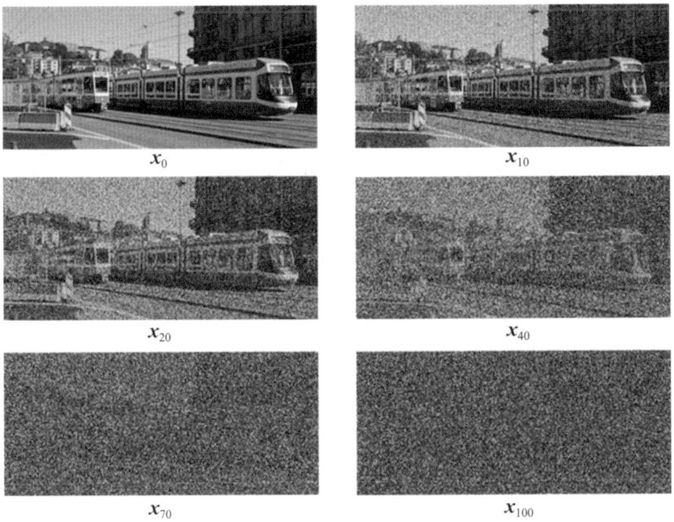

图 6-16　DDPM 前向过程示例（$T=100$，β 从 0.0001 递增到 0.1）

图 7-8　图像数据增强示例

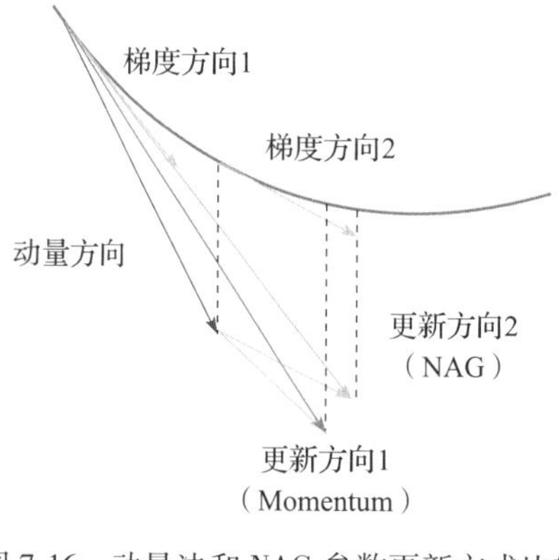

图 7-16　动量法和 NAG 参数更新方式比较

· 人工智能技术丛书 ·

中国科学院大学研究生教材系列

中国科学院大学教材出版中心资助

深度学习

DEEP LEARNING

徐俊刚◎著

机械工业出版社
CHINA MACHINE PRESS

深度学习是人工智能的重要分支，在多个应用领域取得了突破性成果。本书作为深度学习的入门教材，基本涵盖了深度学习的各个方面。全书共8章，第1章概要介绍了深度学习的基本概念、典型算法及应用；第2~5章是本书的核心内容，详细介绍了卷积神经网络、循环神经网络、Transformer和生成对抗网络的基本原理、典型算法以及主要应用；第6章介绍了一些典型的深度生成模型以及近期比较流行的扩散模型；第7章介绍了深度学习中常用的正则化与优化方法；第8章介绍了TensorFlow、PyTorch和飞桨三个常用的深度学习框架。本书每章都附有复习题，中间各章还附有实验题，便于读者复习知识点和进行实践锻炼。此外，附录中还给出了一些数学基础知识和中英文术语对照。

本书可作为高等院校计算机科学与技术、智能科学与技术、自动化、电子科学与技术等相关专业的研究生或本科生教材，也可作为深度学习研究人员与算法工程师的参考书。

图书在版编目（CIP）数据

深度学习/徐俊刚著. —北京：机械工业出版社，2024.2
（人工智能技术丛书）
ISBN 978-7-111-75269-1

Ⅰ.①深… Ⅱ.①徐… Ⅲ.①机器学习-高等学校-教材 Ⅳ.①TP181

中国国家版本馆CIP数据核字（2024）第050017号

机械工业出版社（北京市百万庄大街22号　邮政编码100037）
策划编辑：李永泉　　　　　责任编辑：李永泉
责任校对：杜丹丹　张　薇　责任印制：李　昂
河北宝昌佳彩印刷有限公司印刷
2024年5月第1版第1次印刷
186mm×240mm · 15.75印张 · 8插页 · 349千字
标准书号：ISBN 978-7-111-75269-1
定价：79.00元

电话服务　　　　　　　　　网络服务
客服电话：010-88361066　机　工　官　网：www.cmpbook.com
　　　　　010-88379833　机　工　官　博：weibo.com/cmp1952
　　　　　010-68326294　金　书　网：www.golden-book.com
封底无防伪标均为盗版　机工教育服务网：www.cmpedu.com

FOREWORD

序

如果从 1943 年 M-P 神经元模型的提出算起，人工智能已经走过了 80 年的发展历程。从人工智能的发展阶段来看，几乎都与人工神经网络的发展息息相关，经历了多个蓬勃发展期和低谷期，例如：人工神经网络自提出以来，经过 20 多年的快速发展，由于 1969 年 Marvin Minsky 和 Seymour Papert 指出感知机无法解决异或操作这样的线性不可分问题而陷入低谷；1986 年，David Rumelhart 等人重新独立提出了多层感知机的反向传播算法，解决了之前的线性不可分问题，使得人工神经网络重新焕发了活力；1995 年，Corinna Cortes 等人提出支持向量机算法，它的高效性使得人工神经网络的发展再次出现停滞；2006 年，Geoffrey Hinton 提出深度学习的概念，深度学习技术在多个应用领域取得了突破性的成绩，这使得人工神经网络再次进入快速发展期；2023 年，伴随着大型语言模型的爆发，人工智能的发展又进入了新的时代，人们对人工智能的未来充满了期待。近十年来，作为人工智能中最引人注目的技术，深度学习成为学术界和产业界持续关注的焦点。

我本人也从事人工智能研究多年，在研究中大量使用了深度学习技术，对于深度学习以及人工智能的发展有一些自己的思考。

首先，有了深度学习，传统的机器学习是否被弱化了？从近些年的发展情况来看，深度学习确实解决了很多传统机器学习无法解决的问题，但是深度学习也有它的适用领域，它更适用于计算机视觉、语音识别和自然语言处理领域的任务，而对于结构化数据的分析与处理，还需要传统的机器学习来解决，传统机器学习的效率和效果甚至要好于深度学习的。

其次，以深度学习为代表的统计机器学习是不是万能的？深度学习方法虽然效果很好，但是需要基于大量数据来训练模型，成本较高，并且缺乏可解释性，是不是还有其他方法不需要大量数据就能解决问题？这可以从两方面来看：存在既定逻辑、规则或者可表示为数学方程的问题，可以不使用深度学习或者其他统计机器学习方法来解决，而对于无法预知数据规律或无法用数学方程定义的问题，就需要用深度学习或者其他统计机器学习方法来解决。

最后，谈一下对大模型的认识，大模型的出现是否会影响传统的小模型研究？从近期情况来看，小模型研究确实受到了较大的冲击，很多人认为大模型能解决的问题，就没必要再用小模型去做了。但是，这有可能过高估计了大模型的能力。大模型的网络结构并不复杂，它并不能很好地解决所有问题，小模型在某些特定情况下也有其优势，对它的研究还是很有必要的。

作为徐俊刚教授的同事，我对他比较了解。他于2018~2019学年春季学期在中国科学院大学首次开设“深度学习”课程，并担任该课程的首席教授。目前该课程已开课多次，受到同学们的欢迎，选课人数一直居高不下。“深度学习”课程在2021年被评为“中国科学院大学校级优秀研究生课程”。徐俊刚教授长期从事大数据与人工智能领域的研究工作，在大数据、深度学习、自动机器学习等领域都做出了很多代表性的学术成果，相关成果也用于“深度学习”课程教学，很好地贯彻了中国科学院大学科教融合的办学思想。

希望本书的出版能进一步促进我国人工智能人才的培养，为我国人工智能领域学术研究与产业发展贡献一份力量。

黄庆明

中国科学院大学

2023年12月于北京

PREFACE

前　　言

ChatGPT 等大型语言模型的出现引发了新一轮人工智能浪潮，这被认为是继互联网之后信息技术发展史上的又一个里程碑。ChatGPT 等大型语言模型均基于 Transformer 构建，Transformer 本身就是一种深度学习模型，这足以说明深度学习在人工智能中具有举足轻重的地位。深度学习在计算机视觉、语音识别和自然语言处理等领域都取得了大量突破性的成果，很多成果已经在我国经济与社会发展、人民生产生活中发挥了重要作用，如人脸识别、语音识别、语音合成、机器翻译、问答系统和产品缺陷检测等。目前，深度学习的应用领域还在不断扩展，如基于 AI 的内容生成、蛋白质结构预测、新兴材料结构预测、天气预报以及数学发现等，并且在部分领域已经取得了重要进展。

2018~2019 学年春季学期，我在中国科学院大学首次开设了“深度学习”课程，选课人数超过 400 人，由于当时市面上并没有合适的教材可用，为了讲好这门课，我花费了大量时间备课，好在自己的研究方向跟深度学习紧密相关，积累了不少素材，但仍阅读了大量文献资料来撰写讲义和制作课件。我很早就有将课程讲义完善并出版的想法，但是由于教学科研工作繁忙，直到学校批复“深度学习”课程要出版教材，我才付诸行动。在此要感谢学校教务处田晨晨老师和计算机学院杨林春老师在本书撰写过程中的支持与帮助，同时也要感谢机械工业出版社对本书出版工作的大力支持。

作为高等学校教材，本书写作的初衷是希望帮助同学们掌握深度学习的基本原理、核心技术以及实践技能。全书共分 8 章，各章内容相对独立，在讲授或者阅读时不一定要按照顺序进行。第 1 章概要介绍了深度学习的基本概念、典型算法及应用；第 2~5 章是本书的核心内容，详细介绍了卷积神经网络、循环神经网络、Transformer 和生成对抗网络的相关知识；第 6 章介绍了一些典型的深度生成模型以及近期比较流行的扩散模型；第 7 章介绍了深度学习中常用的正则化与优化方法；第 8 章介绍了 TensorFlow、PyTorch 和飞桨三个常用的深度学习框架。此外，附录中还给出了一些数学基础知识和中英文术语对照。

每章都给出了复习题，以帮助读者复习该章内容。同时，我认为只有通过动手实践才能深刻领会深度学习算法的精髓，因此，第 2~7 章都给出了一些实验题，便于选用本书的教师有选择地安排教学实验。此外，为了让读者更好地了解深度学习的起源与发展，在每章最后还开设了“本章人物”专栏，介绍与该章内容相关的著名科学家。

当然，由于深度学习技术的发展日新月异，本书并没有覆盖深度学习的全部内容，希望再版时能够不断更新，也希望广大读者提出宝贵建议。

本书能够完成，还要感谢“深度学习”课程教学团队的张新锋老师、林姝老师和万方老师的支持与帮助，感谢 CCIP 实验室的各位同学，包括李鹏飞、李帅敏、景琨、王义宇、刘淼、李科尧、向迅之、王迪、陈旭、邱柏瑜、夏琦等。北京交通大学于剑教授审阅了教材全稿并提出了很好的修改建议，在此对于剑教授表示衷心的感谢。此外，本书参考了大量学术文献与互联网资源，在此对文献与资源作者同样表示衷心的感谢！

最后，由于本人能力有限，书中难免会有不当和错误之处，还请各位读者不吝告知，我将及时纠正！

徐俊刚

中国科学院大学

2024 年 4 月于北京

主要符号表

m,n,i,j,k	标量，通常表示自然数
a,b	标量，通常表示常量
x,y,z	标量，通常表示变量
$\boldsymbol{x},\boldsymbol{y},\boldsymbol{z}$	向量
X,Y,Z	变量集合
$\boldsymbol{A}$	矩阵
$\boldsymbol{I},\boldsymbol{I}_n$	单位矩阵，$n\times n$ 的单位矩阵
$\mathrm{rank}(\boldsymbol{A})$	矩阵的秩
$\boldsymbol{A}^{-1}$	矩阵的逆
$\mathrm{tr}(\boldsymbol{A})$	矩阵的迹
$\boldsymbol{A}^{\mathrm{T}}$	矩阵的转置
$\lvert\boldsymbol{A}\rvert$	矩阵对应的行列式
$\lVert\boldsymbol{A}\rVert_F$	矩阵的 Frobenius 范数
$\mathbf{diag}(\cdot)$	对角矩阵
$\boldsymbol{A}\in\mathbb{R}^{m\times n}$	大小为 $m\times n$ 的实数矩阵
$\boldsymbol{T}$	张量
D	数据集
$E(\cdot)$	期望

$\mathrm{Var}(\cdot)$	方差
$H(\cdot)$	熵
$\lVert\cdot\rVert_p$	L_p 范数
$\mathcal{N}(\mu,\sigma^2)$	均值为μ、方差为σ^2的正态分布
$L(\theta)$	似然函数
$f*g$	卷积运算
$\lfloor\cdot\rfloor$	向下取整
$\log(\cdot)$	以 2 为底的对数函数
$\exp(\cdot)$ 或 $\mathrm{e}(\cdot)$	以自然常数 e 为底的自然指数函数
$\mathrm{sign}(\cdot)$	符号函数

CONTENTS

目　　录

序

前言

主要符号表

第 1 章　引言 ………………………………… 1

1.1　深度学习的起源与发展 ………… 1

1.1.1　深度学习的起源 ………… 1

1.1.2　深度学习的发展 ………… 2

1.2　深度学习与机器学习、人工智能的关系 ……………………………… 4

1.2.1　人工智能 …………………… 4

1.2.2　机器学习 …………………… 4

1.2.3　深度学习 …………………… 5

1.3　深度学习的基本概念和典型算法 ………………………………… 6

1.3.1　深度学习的基本概念 …… 6

1.3.2　典型深度学习算法 ……… 6

1.4　深度学习的主要应用概述 ……… 12

1.4.1　深度学习在计算机视觉领域的应用 ……………… 12

1.4.2　深度学习在语音处理领域的应用 ……………… 13

1.4.3　深度学习在自然语言处理领域的应用 ……………… 14

1.4.4　深度学习在多模态处理领域的应用 ……………… 14

1.5　本书的组织结构 ……………… 14

复习题 ……………………………………… 15

参考文献 ………………………………… 15

本章人物：Geoffrey Hinton 教授 ……… 18

第 2 章　卷积神经网络 ……………… 19

2.1　卷积神经网络的起源与发展 …… 19

2.1.1　卷积神经网络的起源 …… 19

2.1.2　卷积神经网络的发展 …… 20

2.2　卷积神经网络的基本结构 ……… 21

2.2.1　卷积层 ……………………… 21

2.2.2　激活函数 …………………… 26

2.2.3　池化层 ……………………… 30

2.2.4　全连接层 …………………… 30

2.2.5　输出层 ……………………… 30

2.3　卷积神经网络的训练 …………… 31

2.3.1　卷积神经网络的训练过程 ……………………… 31

2.3.2　池化层的训练 …………… 31

2.3.3 卷积层的训练 …… 33
2.4 典型卷积神经网络 …… 35
2.4.1 LeNet-5 …… 35
2.4.2 AlexNet …… 37
2.4.3 VGGNet …… 39
2.4.4 GoogleNet …… 41
2.4.5 ResNet …… 42
2.5 卷积神经网络的主要应用 …… 43
2.5.1 目标检测 …… 43
2.5.2 图像分割 …… 52
2.5.3 姿态估计 …… 56
2.5.4 人脸识别 …… 58
复习题 …… 62
实验题 …… 62
参考文献 …… 63
本章人物：Yann LeCun 教授 …… 65

第 3 章 循环神经网络 …… 66

3.1 循环神经网络的起源与发展 …… 66
3.2 循环神经网络的训练 …… 67
3.3 长短期记忆网络 …… 70
3.4 循环神经网络的变种 …… 73
3.4.1 GRU …… 73
3.4.2 双向 RNN …… 75
3.4.3 堆叠 RNN …… 75
3.5 循环神经网络的典型应用 …… 76
3.5.1 语言模型 …… 76
3.5.2 自动文本摘要 …… 79
3.5.3 机器阅读理解 …… 82
复习题 …… 85
实验题 …… 86
参考文献 …… 86
本章人物：Jürgen Schmidhuber 教授 …… 89

第 4 章 Transformer …… 90

4.1 注意力机制 …… 90
4.1.1 注意力机制的 Encoder-Decoder 结构 …… 90
4.1.2 注意力机制的分类 …… 92
4.2 Transformer 概述 …… 93
4.2.1 Transformer 的结构 …… 93
4.2.2 Transformer 的输入编码 …… 94
4.2.3 Transformer 中的自注意力机制 …… 95
4.2.4 Transformer 中的其他细节 …… 98
4.2.5 基于 Transformer 的大规模预训练模型 …… 99
4.3 GPT 系列模型 …… 99
4.3.1 GPT-1 …… 99
4.3.2 GPT-2 …… 101
4.3.3 GPT-3 …… 102
4.3.4 InstructGPT 和 ChatGPT …… 103
4.4 BERT 系列模型 …… 104
4.4.1 与其他大规模预训练模型的区别 …… 105
4.4.2 BERT 的架构与参数 …… 105
4.4.3 BERT 的输入表示 …… 105
4.4.4 BERT 的训练 …… 107
4.4.5 BERT 的变种 …… 107
4.5 Swin Transformer …… 109
4.5.1 Swin Transformer 的提出 …… 109
4.5.2 Swin Transformer 结构 …… 109

4.5.3 Swin Transformer 的滑动窗口机制 …… 111
4.6 Transformer 的主要应用 …… 112
4.6.1 自然语言处理领域 …… 112
4.6.2 计算机视觉领域 …… 117
4.6.3 多模态领域 …… 121
复习题 …… 128
实验题 …… 128
参考文献 …… 128
本章人物：Yoshua Bengio 教授 …… 131
第 5 章 生成对抗网络 …… 132
5.1 GAN 的基本原理 …… 132
5.1.1 零和博弈 …… 132
5.1.2 GAN 的基本结构 …… 133
5.1.3 GAN 的目标函数 …… 134
5.1.4 GAN 的训练 …… 134
5.2 GAN 的优化与改进 …… 135
5.2.1 限定条件优化 …… 136
5.2.2 迭代式生成优化 …… 138
5.2.3 结构优化 …… 141
5.3 GAN 的主要应用 …… 143
5.3.1 图像生成 …… 143
5.3.2 图像转换 …… 144
5.3.3 图像超分辨率重建 …… 147
5.3.4 音乐生成 …… 148
5.3.5 异常检测 …… 152
复习题 …… 156
实验题 …… 156
参考文献 …… 156
本章人物：Ian Goodfellow 博士 …… 158
第 6 章 深度生成模型 …… 159
6.1 深度生成模型概述 …… 159
6.2 Hopfield 神经网络 …… 160
6.3 玻尔兹曼机与受限玻尔兹曼机 …… 162
6.3.1 玻尔兹曼机 …… 162
6.3.2 受限玻尔兹曼机 …… 163
6.4 Sigmoid 信念网络与深度信念网络 …… 165
6.4.1 Sigmoid 信念网络 …… 165
6.4.2 深度信念网络 …… 166
6.5 深度玻尔兹曼机 …… 167
6.6 自编码器及其变种 …… 169
6.6.1 自编码器 …… 169
6.6.2 降噪自编码器 …… 170
6.6.3 稀疏自编码器 …… 170
6.6.4 深度自编码器 …… 171
6.7 扩散模型 …… 172
6.7.1 前向过程 …… 173
6.7.2 逆向过程 …… 174
6.7.3 DDPM 的训练 …… 176
6.8 深度生成模型的应用 …… 178
复习题 …… 179
实验题 …… 179
参考文献 …… 179
本章人物：David E. Rumelhart 教授 …… 181
第 7 章 正则化与优化 …… 182
7.1 深度学习模型的训练与测试 …… 182
7.1.1 深度学习中的数据集划分 …… 182

7.1.2 过拟合与欠拟合 ……… 183
7.1.3 偏差、方差、噪声与泛化误差 ……………… 183
7.1.4 深度学习模型的训练与测试过程 ……………… 187
7.2 参数范数正则化……………… 187
7.2.1 L1 参数正则化 ………… 188
7.2.2 L2 正则化 ……………… 188
7.3 数据增强……………………… 188
7.4 Bagging ……………………… 190
7.5 提前终止……………………… 191
7.6 Dropout ……………………… 193
7.7 归一化………………………… 195
7.7.1 机器学习中的归一化 … 195
7.7.2 深度学习中的归一化 … 196
7.8 优化算法……………………… 199
7.8.1 梯度下降法 …………… 199
7.8.2 基于动量的方法 ……… 202
复习题 ………………………………… 204
实验题 ………………………………… 205
参考文献 ……………………………… 205
本章人物：Ilya Sutskever 博士 ……… 206

第 8 章 深度学习框架 …………… 207
8.1 深度学习框架概述…………… 207
8.2 TensorFlow ………………… 208
8.2.1 TensorFlow 简介 ……… 208
8.2.2 TensorFlow 的主要功能 … 208
8.2.3 TensorFlow 编程示例 … 209
8.3 PyTorch …………………… 213
8.3.1 PyTorch 简介………… 213
8.3.2 PyTorch 的主要功能…… 214
8.3.3 PyTorch 编程示例……… 215
8.4 飞桨…………………………… 218
8.4.1 飞桨简介 ……………… 218
8.4.2 飞桨的主要功能 ……… 219
8.4.3 飞桨编程示例 ………… 219
复习题 ……………………………… 222
参考文献 …………………………… 222
本章人物：吴恩达教授 …………… 223

附录 A 数学基础……………………… 224

附录 B 中英文术语对照 ………… 236

CHAPTER1

第1章

引言

1.1 深度学习的起源与发展

1.1.1 深度学习的起源

“深度学习”(Deep Learning)的概念是2006年由多伦多大学(University of Toronto)的Geoffrey Hinton教授与他的同事们提出的[1-2]，他也因此被称为“深度学习之父”。但是，由于深度学习与人工神经网络(Artificial Neural Network，ANN)息息相关，它的起源可以追溯到更早的时间，如图1-1所示。

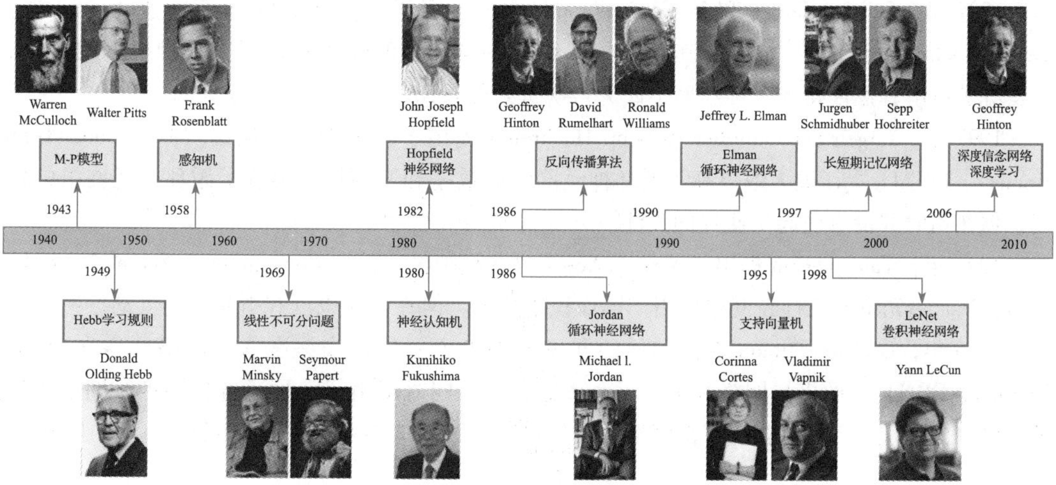

图1-1 深度学习的起源

1943年，神经学家Warren McCulloch和数学家Walter Pitts提出了M-P神经元模型[3](Mc-Culloch-Pitts Neuron Model)，M-P神经元模型模拟人类神经元的结构和工作原理，奠定了人工神经网络的基础。

1949 年，生理心理学家 Donald Olding Hebb 提出了 Hebb 学习规则[4]，它的主要思想是当神经元之间反复发送信号时神经元之间的连接权重会增加，反之会减小。Hebb 学习规则奠定了人工神经网络学习算法的基础。

1958 年，心理学家 Frank Rosenblatt 提出了由两层神经元组成的人工神经网络，称为“感知机”(Perceptron)[5]。感知机可以模拟人类大脑的分层结构，采用 Hebb 学习规则或最小二乘法来训练感知机的参数。

1969 年，Marvin Minsky 和 Seymour Papert 指出感知机只能完成非常基础的任务，无法解决异或操作（XOR）这样的线性不可分问题[6]，这导致人工神经网络的研究陷入低谷。

1980 年，Kunihiko Fukushima 提出了模拟生物视觉传导通路的神经认知机（Neocognitron)[7]。神经认知机由负责对比度提取的 G 层、负责图形特征提取的 S 层和抗变形的 C 层交替排列组成，能够识别复杂的物体。神经认知机被认为是卷积神经网络的原始模型。

1982 年，物理学家 John Joseph Hopfield 提出了 Hopfield 神经网络[8]。Hopfield 神经网络可以模拟人类的记忆，有连续型和离散型两种类型，分别用于优化计算和联想记忆。

1986 年，David Rumelhart、Geoffrey Hinton 和 Ronald Williams 重新独立提出了训练多层感知机的反向传播算法（Back Propagation，BP)[9]，并指出多层感知机可以解决异或操作这样的线性不可分问题，这使得 BP 算法得到了普及，并使人工神经网络的研究重新成为热点。

1986 年与 1990 年，分别出现了 Jordan Network[10] 与 Elman Network[11] 两种循环神经网络(Recurrent Neural Network，RNN)，但是由于当时没有合适的应用场景，它们很快淡出了人们的视野。

1995 年，Corinna Cortes 和 Vladimir Vapnik 提出了用于分类任务的支持向量机（Support Vector Machine，SVM)[12]，除了其简单的训练方法与优越的性能超过了人工神经网络之外，其良好的可解释性使得人工神经网络研究再次进入低谷期。

1997 年，Jurgen Schmidhuber 和 Sepp Hochreiter 提出了长短期记忆网络（Long-Short Term Memory，LSTM)[13]，极大地提高了循环神经网络的效率和实用性，促进了循环神经网络的发展，但在当时并没有引起工业界的关注。

1998 年，Yann LeCun 提出了称作 LeNet-5 的卷积神经网络（Convolutional Neural Network，CNN)[14]，率先将人工神经网络应用于图像识别任务，但在当时也没有引起大的轰动。

2006 年，Geoffrey Hinton 教授和他的同事们提出了一种称作深度信念网络（Deep Belief Network，DBN)[1] 的多层网络并进行了有效的训练，同时提出了一种通过多层神经网络进行数据降维的方法[2]，正式提出了深度学习的概念，并在 2012 年之后在业界引起了巨大的反响。

1.1.2 深度学习的发展

深度学习概念在 2006 年提出后，学术界与产业界都对其进行了大量的研究。经过几年的研究，深度学习开始爆发出惊人的能量，很多经典的深度学习算法也陆续出现，如图 1-2 所示。

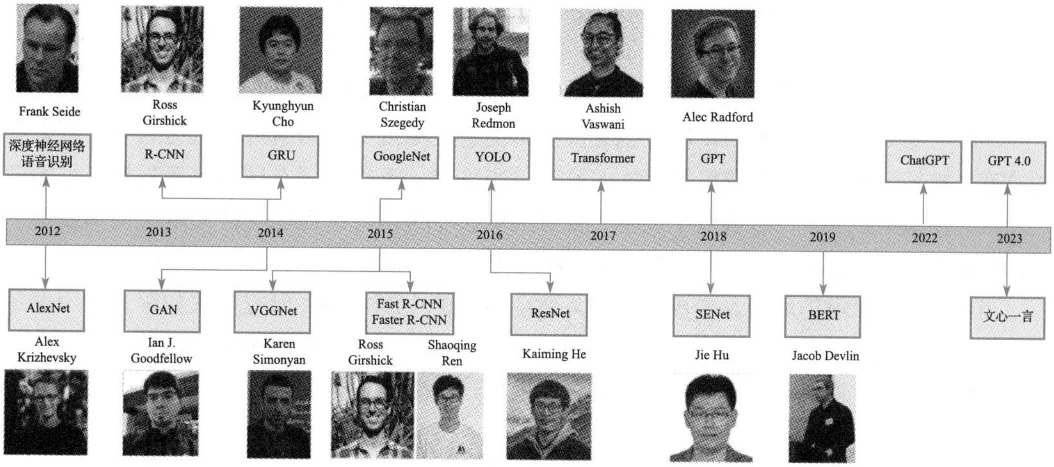

图 1-2　深度学习的发展

2012 年，Frank Seide 等人使用深度神经网络进行语音识别[15]，相比于传统的高斯混合模型（Gaussian Mixture Model，GMM）和隐马尔可夫模型（Hidden Markov Model，HMM），语音识别错误率下降了 20%～30%，取得了突破性的进展。

同样在 2012 年，Alex Krizhevsky 等人提出了一种称作 AlexNet 的卷积神经网络[16]，它引入了 ReLU 激活函数，并使用 GPU 进行加速。在著名的 ImageNet 图像识别大赛中，AlexNet 使得图像识别错误率从 26%下降到了 15%，并夺得冠军。

在随后几年的 ImageNet 图像识别大赛中，又出现了一些经典的卷积神经网络，如 VGGNet[17]、GoogleNet[18]、ResNet[19]、SENet[20] 等，图像识别错误率继续下降。到 2017 年，SENet 的图像识别错误率已经下降到了 2.25%，由于错误率已经到了极限，这也导致 ImageNet 图像识别大赛从 2018 年开始不再举办。

2014 年起，R-CNN[21]、Fast R-CNN[22]、Faster R-CNN[23] 等一系列目标检测模型的提出，极大地提升了目标检测的精度，但是它们一般要经过特征提取、分类/回归两个阶段才能完成，模型训练效率较低。2016 年，YOLO 目标检测模型被提出[24]，由于它是一个端到端的模型，大大提高了模型训练与推理效率，但模型的精度不如 R-CNN 系列高，之后 YOLO 的后续版本陆续被推出，目前已经到了第 8 版，在效率提升的同时，精度也在不断提升。

2014 年，生成对抗网络（Generative Adversarial Network，GAN）[25] 由当时还在蒙特利尔大学读博士的 Ian J. Goodfellow 提出，由于它不需要标注大量的数据即可进行训练，在学术界迅速掀起了研究热潮。GAN 在图像生成、图像转换、图像迁移、图像修复等领域都有很好的应用。

除了 CNN 在计算机视觉领域取得了突破之外，在自然语言处理领域，LSTM[13]、门限循环单元（Gated Recurrent Unit，GRU）[26] 等循环神经网络在语言模型、机器翻译等任务上也取得了很大的进展。特别是随着 Transformer[27] 的出现，使得基于 Transformer 的双向编码器表示模型（Bidirectional Encoder Representation from Transformer，BERT）[28]、生成式预训练 Transformer 模型（Generative Pre-training Transformer，GPT）[29] 等预训练大模型进入人们的视野，这些大模型在自然语言处理领域的多个任务上都超越了已有方法。

2022 年以来，ChatGPT、GPT4.0 的相继问世更是使得大型通用语言模型达到了前所未有的高度，被誉为信息技术领域里程碑式的突破。2023 年，百度公司在国内也率先推出了大型通用语言模型文心一言，之后清华大学、复旦大学、华为、阿里巴巴、科大讯飞也都发布了自己的大模型，开启了大型中文语言模型的新时代。

当前，深度学习仍然是人工智能领域关注度最高的主题之一，研究如火如荼，应用也是多点开花。在研究方面，基于 AI 的内容生成、多模态数据分析、深度强化学习等工作正在火热进行；在应用方面，深度学习已经在安防、医疗、金融、智能制造、无人驾驶等多个领域取得了显著的成果。

1.2 深度学习与机器学习、人工智能的关系

深度学习与机器学习、人工智能之间的关系如图 1-3 所示。从图 1-3 可以看出，机器学习是人工智能的组成部分，而深度学习是机器学习的一个分支。

1.2.1 人工智能

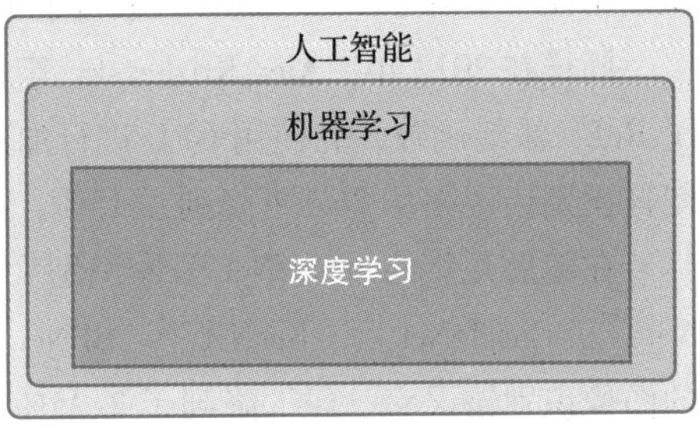

图 1-3 深度学习与机器学习、人工智能之间的关系

“人工智能”的概念最早在 1956 年的美国达特茅斯会议（Dartmouth Conference）上提出，当时会议的主题是“用机器来模仿人类学习以及其他方面的智能”。因此，1956 年被认为是人工智能的元年。人工智能的定义有很多种，一般认为它是一门用来模拟和扩展人类智能的学科。

人工智能有多种分类方法。常见的一种分类方法是根据人工智能能够完成的任务来分，可以分为：计算智能（Computational Intelligence）、感知智能（Perceptual Intelligence）和认知智能（Cognitive Intelligence）。计算智能是指机器能计算会分析，这个已经实现；感知智能是指机器能看会认、能听会说，这个也已经基本实现；认知智能是指机器能理解会思考，这个目前还在进展过程中。

人工智能包含多种理论、技术与方法，如搜索理论、知识表示与推理方法、机器学习算法、感知/决策与控制技术等，更多人工智能理论与技术的介绍请参阅史忠植研究员编著的《高级人工智能》[30] 和 Stephen Lucci 博士等人编著的《人工智能》[31] 等经典的人工智能书籍。

1.2.2 机器学习

“机器学习”是一种让机器具有像人一样的学习能力的技术，具体来说就是让机器从已知

数据中学习获得规律，并利用这些规律对未知数据进行预测。举个简单的例子，利用机器学习算法对往年的天气预报数据进行学习，就能够预测未来的天气预报数据。

机器学习算法一般分为三类：有监督学习、无监督学习和弱监督学习。它们的定义以及主要算法描述如下：

（1）有监督学习

机器（学生）从环境（教师）那里获得数据（试题）标签（答案）并进行不断学习的方法。可以打一个比喻，在学校某门课程考试结束后，学生从课程教师那里获得最终的考题答案，就知道自己做对了多少题，做错了多少题，通过多次考试后，学生自己的能力得到提升，进而就可以在新的考试中获得更好的成绩。机器也是一样，它从现有数据中不断地学习，通过标签判断学习的效果，不断提高自身的能力，进而可以更好地预测新数据的结果。因此，可以用四个字来描述有监督学习：跟学师评。常见的有监督学习算法有：线性回归、多项式回归、决策树和随机森林等回归算法，以及K-近邻（K-Nearest Neighbor，KNN）、逻辑回归、贝叶斯和支持向量机等分类算法。

（2）无监督学习

没有环境提示（教师指导）的情况下，机器（学生）自学的过程，一般使用一些既定标准进行评价，或无评价。同样，打个比喻，学生可以在课后根据自己总结的学习方法学习新知识，提高自身能力而不用教师给出相关的指导。机器也是一样，它按照既定规则从现有数据中不断地学习，获得数据规律，不需要环境给出提示。因此，也可以用四个字来描述无监督学习：自学标评。常见的无监督学习算法有：K-Means聚类、主成分分析、关联分析等。

（3）弱监督学习

仅有少量环境提示（教师反馈）或者少量数据（试题）标签（答案）的情况下，机器（学生）不断进行学习的方法。同样，打个比喻，学生学习新知识，教师仅对学生的表现给出奖励信号或者对部分试题（试题类别）给出答案或指导，学生根据这些信号或者答案/指导不断进行学习。机器也是一样，它根据环境提示或者少量标签进行学习，不断提升自身的能力。常见的弱监督学习算法有：强化学习、半监督学习和多示例学习等。

更详细的机器学习理论、算法和案例介绍请参阅周志华教授撰写的《机器学习》[32]、李航教授撰写的《统计学习方法》[33] 等经典机器学习书籍。

1.2.3 深度学习

深度学习是机器学习的一个重要的分支，它也包含有监督学习方法和无监督学习方法，也有与弱监督学习相结合的方法。由于其在计算机视觉、语音处理与自然语言处理领域的重大突破，在训练、验证时与传统的机器学习方法有较大的区别，因此人们往往把它单独看作一类学习方法。我们将在下一节介绍深度学习的基本概念和典型的深度学习算法。

总之，人工智能旨在为机器赋予人的智能，并使得机器在某些方面超越人类；机器学习是人工智能的重要组成部分，让机器具有像人一样的学习能力；深度学习是机器学习的一个重要分支，它突破了传统机器学习算法的瓶颈，在多个研究与应用领域取得了巨大的进展。

1.3 深度学习的基本概念和典型算法

1.3.1 深度学习的基本概念

如前所述，深度学习的概念起源于人工神经网络的研究，是机器学习中的一个重要分支。一般来说，深度学习是指通过构建多层神经网络结构来学习数据的特征，以便进行数据分类、回归与生成。

深度学习与浅层学习相比，神经网络结构的层数更多（一般大于或等于 4 层），通过多层神经网络结构可以学习得到更丰富的数据特征，便于完成数据分类、回归与生成任务。以前馈神经网络为例，有浅层前馈神经网络和深度前馈神经网络之分，浅层前馈神经网络一般包含一个输入层、一个隐藏层和一个输出层，深度前馈神经网络一般包含一个输入层、多个隐藏层和一个输出层，如图 1-4 所示。

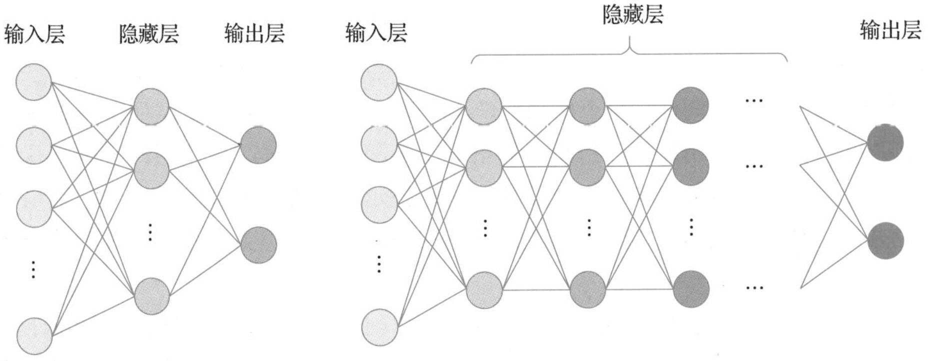

a）浅层前馈神经网络　　b）深度前馈神经网络

图 1-4　浅层前馈神经网络与深度前馈神经网络

与传统机器学习算法相比，深度学习算法能够自动学习数据的特征，而不需要进行人工提取。举例来说，对于判断输入图像是否为小汽车的二分类问题，传统的机器学习算法需要人工提取小汽车的特征，如轮廓、颜色、纹理等，然后再通过分类算法来判断输入图像是不是小汽车，而深度学习算法可以自动提取特征并进行分类，大大节省了人工成本，如图 1-5 所示。

1.3.2 典型深度学习算法

不论是浅层学习还是深度学习，都包含有监督学习与无监督学习两大类算法，典型的浅层学习、深度学习算法概貌如图 1-6 所示。

从图 1-6 可以看出，属于有监督学习的浅层学习算法有：决策树、支持向量机、感知机和 Boosting 等。属于无监督学习的浅层学习算法有：自编码器、受限玻尔兹曼机、高斯混合模型

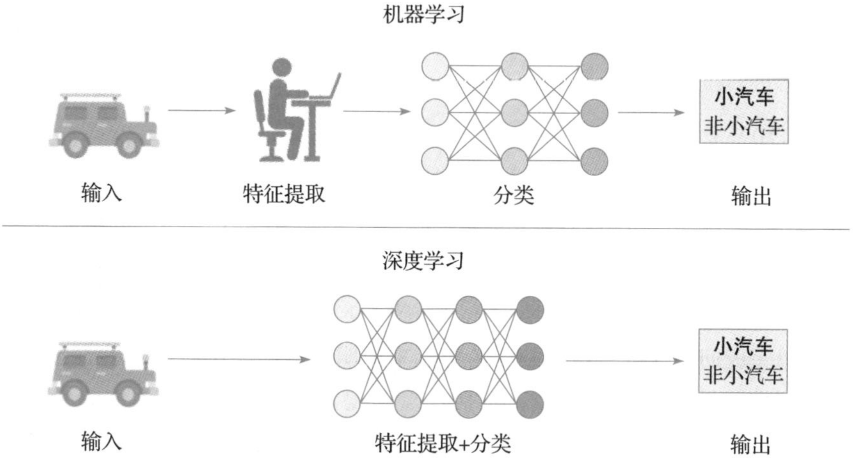

图 1-5 机器学习算法与深度学习算法示例

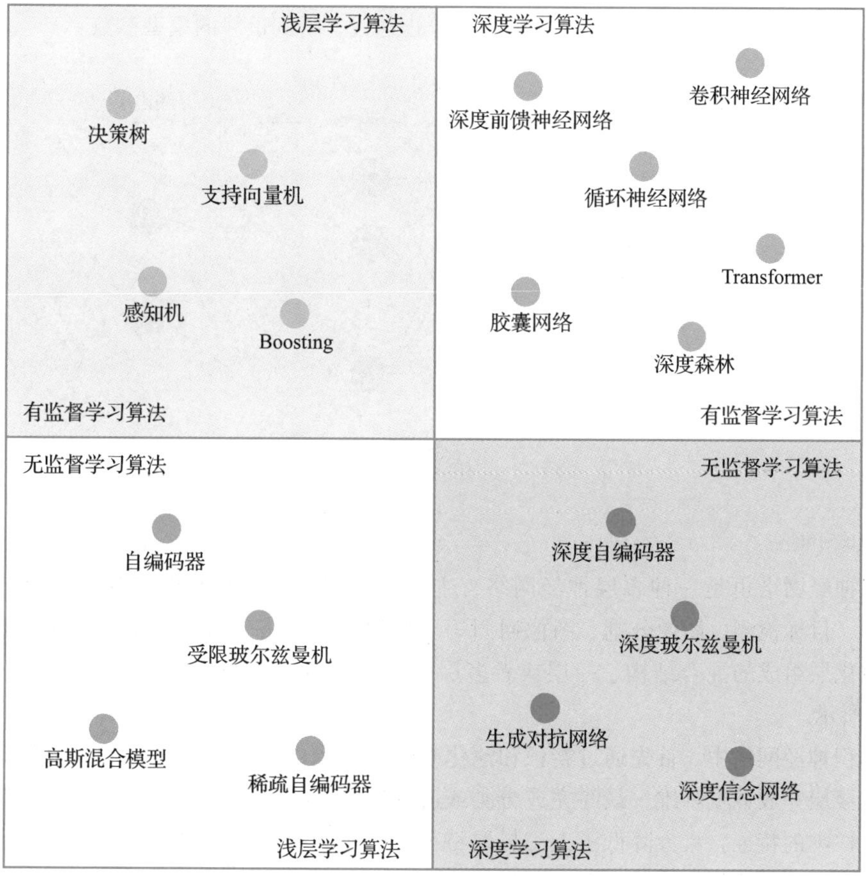

图 1-6 浅层学习与深度学习算法概貌

和稀疏自编码器等。属于有监督学习的深度学习算法有：深度前馈神经网络、卷积神经网络、循环神经网络、Transformer、胶囊网络和深度森林等。属于无监督学习的深度学习算法有：深度自编码器、生成对抗网络、深度玻尔兹曼机和深度信念网络等。下面对部分典型深度学习算法进行简要介绍。

1. 深度前馈神经网络

深度前馈神经网络（Deep Feedforward Neural Network，DFNN）也称作多层感知机（Multi-Layer Perceptron，MLP），是一种典型的深度学习模型。一个深度前馈神经网络一般由一个输入层、多个隐藏层和一个输出层构成，如图 1-7 所示。深度前馈神经网络既可以完成分类任务，又可以完成回归任务。以回归任务为例来说明深度前馈神经网络的训练过程。首先，随机初始化深度前馈神经网络的参数，包括权重和偏置；其次，输入训练集中的输入样本，前向传播，计算得到输出值；接下来，将实际输出值与样本的期望输出值（标签值）输入误差函数得到误差信号，把误差信号从输出层逐层向前传播得到各层的误差信号，再通过调整各层的连接权重与偏置以减小误差，权重与偏置的调整主要使用梯度下降法或其变种来完成；反复迭代，直到误差函数值小于既定的阈值，停止迭代，得到最终的模型参数。

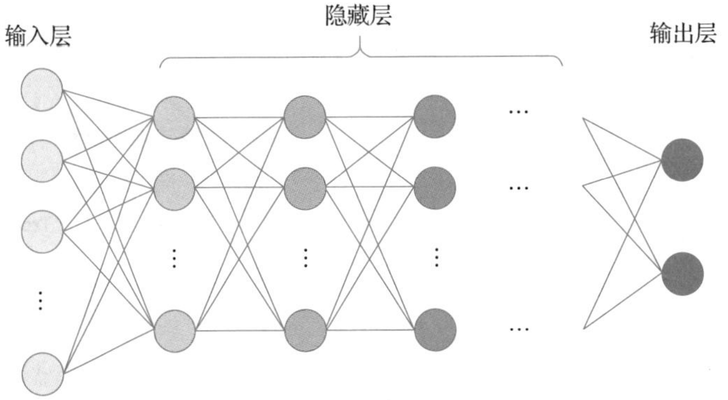

图 1-7　深度前馈神经网络

2. 卷积神经网络

卷积神经网络也是一种多层神经网络，主要用来完成计算机视觉领域的各项任务，如图像分类、目标检测、图像分割、图像回归等。卷积神经网络一般由一个输入层、多个由卷积层和池化层组成的混合结构、一层或者多层神经网络组成的全连接层和一个输出层组成，如图 1-8 所示。

在卷积神经网络中，首先通过卷积和池化来提取输入图像的初级特征和高级特征，之后通过全连接层完成数据降维，最终完成分类或者回归任务。卷积神经网络的优点是能够自动提取大量样本的特征，大大降低了人工提取特征的成本，缺点是需要一个长时间并且复杂的训练和调参过程。我们将在第 2 章详细介绍卷积神经网络。

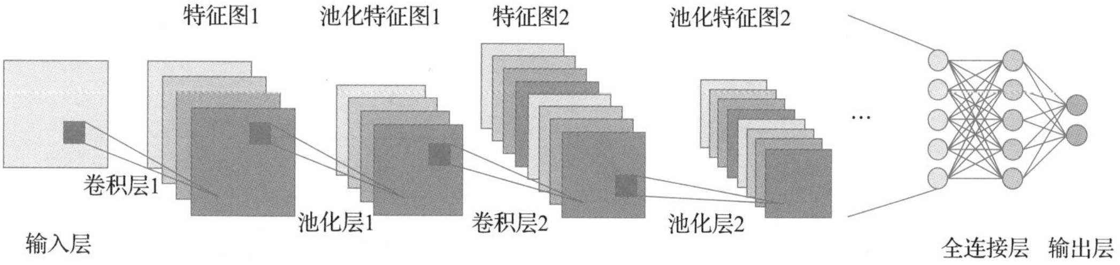

图 1-8 卷积神经网络

3. 循环神经网络

循环神经网络是一种专门用于处理序列数据的神经网络，它在序列的演进方向上进行递归以完成序列预测等任务。一个经典的循环神经网由输入神经元、递归的隐藏神经元与输出神经元组成，如图 1-9 所示。

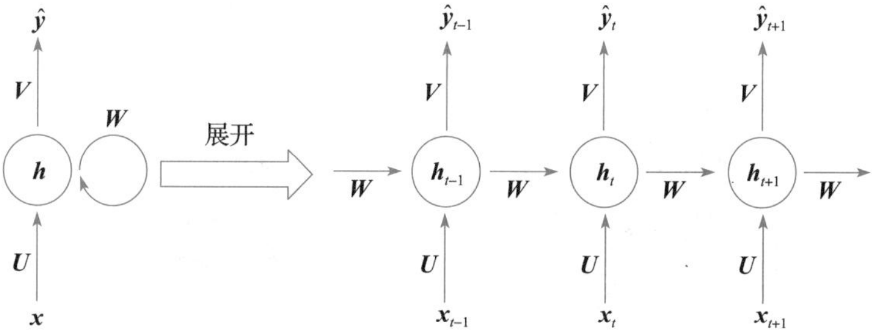

图 1-9 循环神经网络

循环神经网络的核心思想在于样本间存在顺序关系，每个样本和它之前的样本存在关联。通过神经网络在时序上的展开，能够找到样本之间的序列相关性，进而实现序列预测等任务。典型的循环神经网络包括 LSTM、GRU、双向 RNN 和堆叠 RNN 等。我们将在第 3 章详细介绍循环神经网络。

4. Transformer

2017 年，谷歌提出了 Transformer 模型，它使用自注意力（Self-Attention）结构取代了循环神经网络结构。与循环神经网络相比，Transformer 的最大优点是可以并行计算，效率更高。Transformer 基于 Encoder-Decoder（编码器-解码器）结构，编码部分由多个编码器（Encoder）组成，解码部分也是由多个解码器（Decoder）组成。Transformer 的结构如图 1-10 所示。

Transformer 提出之后，在自然语言处理领域的机器翻译任务中取得了很大的进展，之后基于 Transformer 的 BERT、GPT 模型的提出，更是在十多项自然语言处理任务中达到了当时最好的效果。近几年来，Transformer 在计算机视觉领域的应用也取得了巨大的进展，Swin Transformer、ViT 等模型的提出，也在多项计算机视觉任务中达到了更好的效果。我们将在第 4 章详细介绍 Transformer。

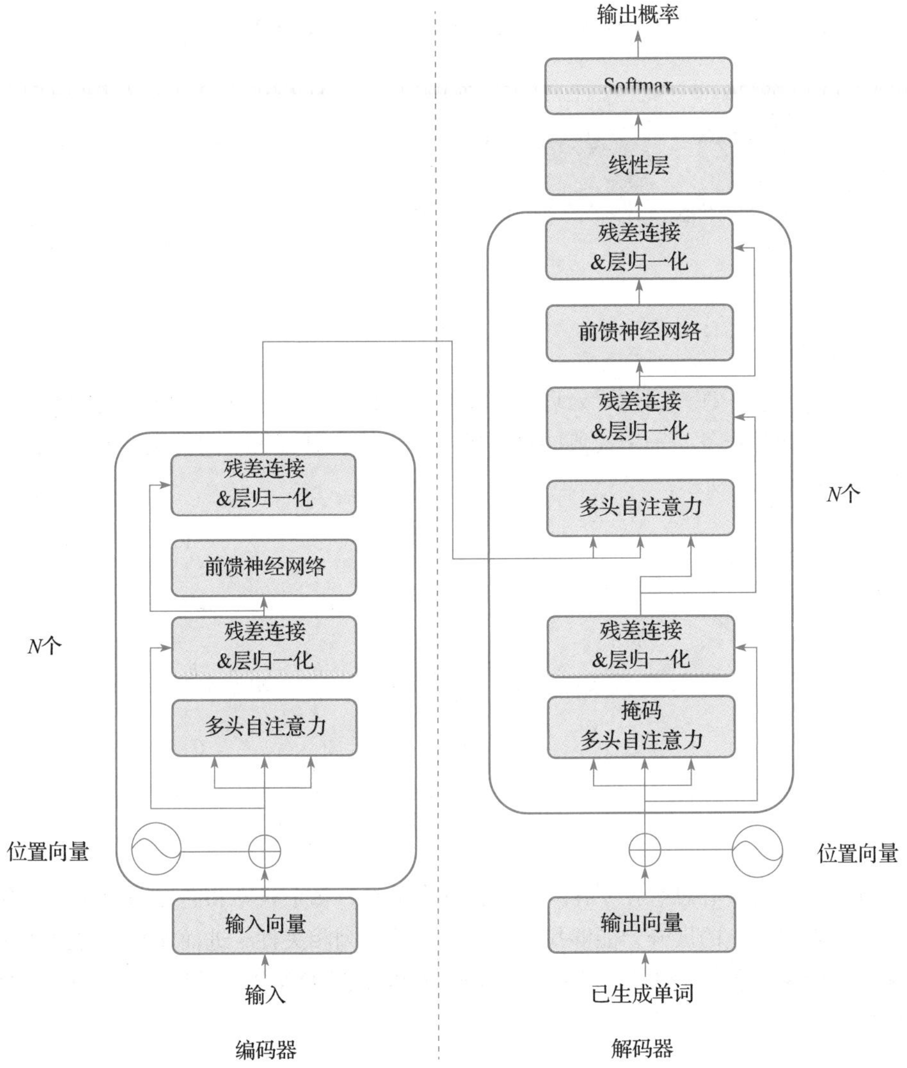

图 1-10 Transformer 的结构

5. 生成对抗网络

生成对抗网络是一种以无监督方式学习目标分布的深度生成模型，它的主要灵感来源于博弈论中的零和博弈思想。GAN 由生成器（Generator）与判别器（Discriminator）组成，通过生成器和判别器的不断博弈，使的生成器能够学习到数据的真实分布，如图 1-11 所示。

从图 1-11 可以看出，生成器从潜在空间中随机采样作为输入，其输出结果需要尽量模仿训练集中的真实样本。判别器的输入则为真实样本与生成器的输出，其目的是判断两者的真假。生成器与判别器相互对抗、不断调整参数，最终目的是使得判别器无法判断生成器的输出结果是真是假。我们将在第 5 章详细介绍生成对抗网络。

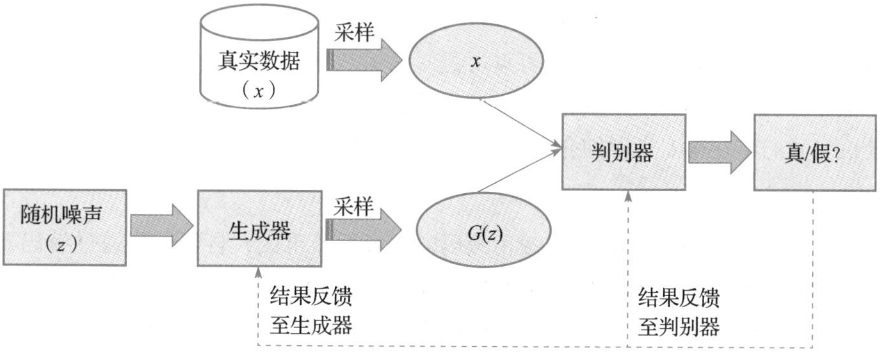

图 1-11　生成对抗网络示意图

6. 深度信念网络

深度信念网络（Deep Belief Network，DBN）是一种概率生成模型，它由 Sigmoid 信念网络（Sigmoid Belief Network，SBN）与一个受限玻尔兹曼机（Restricted Boltzmann Machine，RBM）组成，最上面两层是一个 RBM，下面是 Sigmoid 信念网络，如图 1-12a 所示。深度信念网络采用逐层贪婪训练的方式，由于下面几层是 Sigmoid 信念网络，下一层训练完成后再训练上一层，这解决了深度神经网络的优化问题。深度信念网络的优点是通过预训练克服了前馈神经网络因随机初始化权重等参数而容易陷入局部最优的问题。我们将在第 6 章详细介绍深度信念网络。

7. 深度玻尔兹曼机

深度玻尔兹曼机（Deep Boltzmann Machine，DBM）常与深度信念网络联系在一起，这两者有很多的相似之处，都是基于受限玻尔兹曼机构建的，但也有很大的差别，如图 1-12b 所示。从网络结构可以看出，深度信念网络除了最顶层是 RBM 外，其余部分是 Sigmoid 信念网络，而深度玻尔兹曼机都是由 RBM 组成的，这也决定了它们的训练方法是不同的。

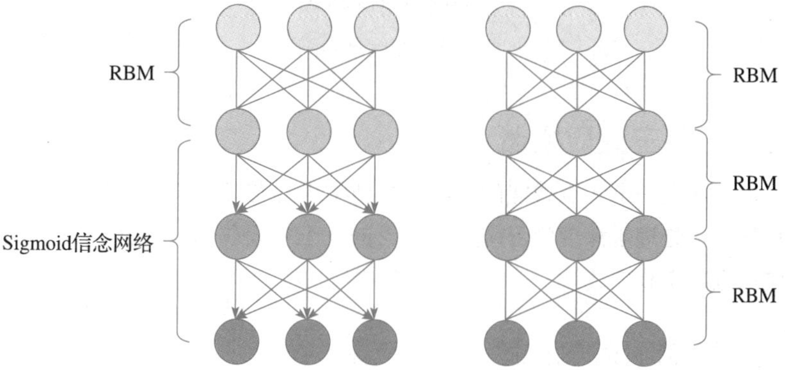

a）深度信念网络　　b）深度玻尔兹曼机

图 1-12　深度信念网络与深度玻尔兹曼机

深度玻尔兹曼机最常用的训练方式是逐层贪婪预训练加监督微调，在逐层贪婪预训练时，每一层被视作独立的 RBM 进行训练，可见层是对输入数据进行建模，之后的每个隐藏层都是对前一个 RBM 后验分布的样本进行建模，当所有的 RBM 训练完成后，就可以组合成为深度玻尔兹曼机。我们将在第 6 章详细介绍深度玻尔兹曼机。

8. 深度自编码器

自编码器（AutoEncoder，AE）一般由编码器与解码器组成，自编码器通过编码器将原始输入编码为压缩表示，然后通过解码器将中间的压缩表示解码为新的输入表示。深度自编码器（Deep AutoEncoder，DAE）是由两个对称的深度信念网络构成的，通常用 4~5 个隐藏层表示编码部分，与之对称地，解码部分也是由 4~5 个隐藏层组成，如图 1-13 所示。我们将在第 6 章详细介绍深度自编码器。

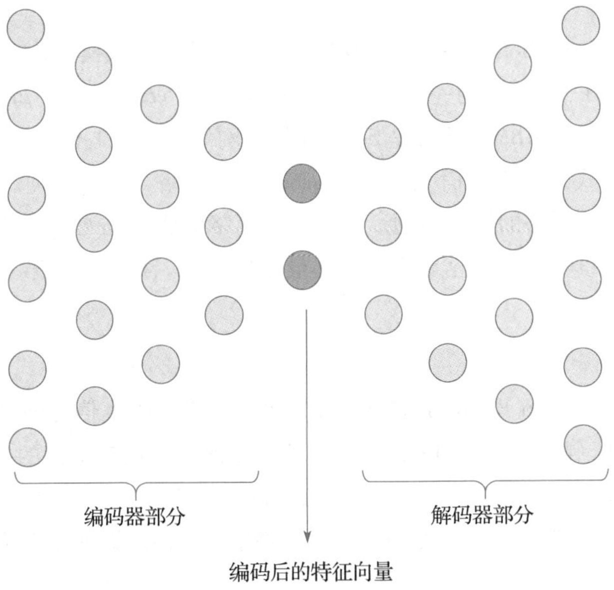

图 1-13　深度自编码器

1.4 深度学习的主要应用概述

深度学习极大地促进了人工智能的发展，受到学术界与产业界的高度重视，计算机视觉、语音处理和自然语言处理是深度学习应用最广泛的三个主要领域。当然，在多模态处理领域，深度学习的应用也越来越广泛。

1.4.1 深度学习在计算机视觉领域的应用

自 2012 年 AlexNet 卷积神经网络在图像分类任务上取得突破性进展以来，以卷积神经网络和 Transformer 为代表的深度学习算法在很多计算机视觉任务上都取得了很好的效果。可以把深度学习在计算机视觉领域的应用分为两大类：基础任务和高级任务。基础任务是指一些偏基础性、通用性的任务；高级任务是指一些偏应用性的任务，它们一般需要基于基础任务来完成。

计算机视觉领域的基础任务主要包括：1）图像分类。整幅图像的分类，如手写数字识别、猫狗分类等。2）目标检测。检测图像或视频中物体的位置并识别物体类别，如行人检测、车辆检测等。3）图像分割。将图像中的物体按边缘进行分割并识别物体类别或个体，图像分割通常又分为语义分割与实例分割，语义分割是像素级别上的分类，实例分割在语义分割的基础上识别个体，如街景分割、细胞分割等。4）图像回归。预测图像中物体或者物体组成部分的坐标，如人脸中的关键点检测、人体关键点检测等。

计算机视觉领域的高级任务主要包括：1）人脸识别。首先通过目标检测提取人的正脸，之后使用卷积神经网络提取人脸的有效特征，进而识别该人脸对应人员的身份。2）行人重识别。首先通过目标检测检测出行人，之后通过卷积神经网络提取人体的有效特征，包括穿着、骨架甚至步态等，进而识别该行人的身份。3）目标跟踪。结合目标检测算法和跟踪算法在连续的视频帧中定位某一行人或者其他运动目标。4）动作识别。识别视频中人体的动作/行为，一般分为基于双流的方法和基于人体关键点的方法。5）缺陷检测。通过深度学习方法识别工业产品中的缺陷，如紧固件缺失检测、建筑缺陷检测和金属表面缺陷检测等。当然，高级任务还有很多，这里就不一一列举了。

1.4.2 深度学习在语音处理领域的应用

深度学习在语音处理领域也取得了丰富的成果，与传统的语音处理技术相比，在识别准确率等指标上都有很大提升。深度学习在语音处理领域的应用主要有三大类：语音识别、声纹识别和语音合成。

语音识别是指将人类说话的语音转换成文字，基本流程如下：1）首先对训练集中的语音信号进行预处理和特征提取，并训练声学模型；2）通过训练大量语料，学习词与词之间的序列关系，获得语言模型；3）对测试语音进行预处理和特征提取，计算声学模型得分与语言模型得分；4）将总得分最高的词序列作为识别结果。

声纹识别是指根据说话人的声波特性进行身份识别，又称为说话人识别，基本流程如下：1）首先对训练集中的语音信号进行预处理和特征提取，并训练声纹模型；2）对测试语音进行预处理和特征提取，基于声纹模型进行分类，获得识别结果。

语音合成是指将文本转换为语音的技术，基本流程如下：1）文本处理。首先进行文本语种判断与文本切分，之后根据文字拼音将文字转换为音素，并进行停顿、重读、轻读等文字韵律预测。2）语音分析。传统的语音合成技术主要通过波形拼接的方法，但是这种方法的缺点是语音过度生硬、不自然，而深度学习方法目前已经成为语音合成领域的主流方法，主要采用的是端到端的语音合成技术，也就是在训练所得语音合成模型的基础上，输入文本，输出就是相应的语音。

1.4.3 深度学习在自然语言处理领域的应用

自 2010 年循环神经网络语言模型提出以来，以 LSTM 和 Transformer 为代表的深度学习算法在很多自然语言处理任务上都取得了很好的效果。同计算机视觉领域一样，可以把深度学习在自然语言处理领域的应用也分为两大类：基础任务和高级任务。基础任务是指一些偏基础性、通用性的任务；高级任务是指一些偏应用性的任务，它们一般需要基于基础任务来完成。

自然语言处理领域的基础任务主要包括：1）词法分析。以词为单位进行分析，包括词性标注、拼写校正等。2）句法分析。以句子为单位进行分析，主要包括句法结构分析和依存句法分析等。3）语义分析。分析自然语言的深层含义，包括词汇级语义分析、句子级语义分析和篇章级语义分析。4）信息抽取。从自然语言中抽取出结构化信息，包括实体抽取、事件抽取等。5）语言模型。根据之前的单词预测下一个单词。

自然语言处理领域的高级任务主要包括：1）情感分析。分析文本体现的情感，可包含正负向、正负中或多态度等类型。2）神经机器翻译。基于神经网络语言模型的多语种互译。3）自动文本摘要。根据单文档或者多文档自动生成文档摘要。4）机器阅读理解。通过阅读文本回答问题、完成选择题或完形填空。5）自动问答。用户给出问题，机器可以进行回答，也称单轮对话。6）人机对话。通过训练大量语料，支持人与机器之间的自由对话，通常指的是多轮对话。当然，高级任务还有很多，这里也不一一列举了。

1.4.4 深度学习在多模态处理领域的应用

不管是图像、语音还是文本，认为它们都是单模态的。在实际应用中，还有大量的多模态应用场景，如图像描述、可视问答、图像生成、视频生成、虚拟主播等。深度学习在这些多模态处理领域也发挥了强大的作用，具体来说：1）图像描述。机器可以根据图像给出描述图像的句子，也称看图说话。2）可视问答。机器可以回答特定图像或视频相关的问题。3）图像生成。机器可以根据文本描述生成相应的图像。4）视频生成。机器可以根据文字描述自动生成相应的视频。5）虚拟主播。自动播报新闻的虚拟人物。当然，深度学习在多模态处理领域的应用还有很多，这里也不一一列举了。

1.5 本书的组织结构

本书介绍深度学习的基本概念、典型深度学习算法及其应用、正则化与优化方法、常见深度学习框架等，组织结构如图 1-14 所示。

第 1 章：引言。该章主要介绍深度学习的起源与发展，深度学习与机器学习、人工智能的关系，深度学习的基本概念和典型算法以及深度学习的主要应用概述。

第 2 章：卷积神经网络。该章主要介绍卷积神经网络的起源与发展、卷积神经网络的基本结构、卷积神经网络的训练、典型卷积神经网络以及卷积神经网络的主要应用。

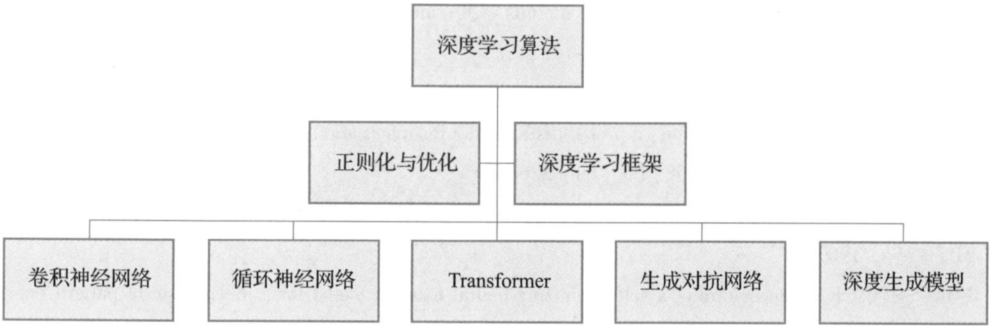

图 1-14 本书的组织结构

第 3 章：循环神经网络。该章主要介绍循环神经网络的起源与发展、循环神经网络的结构与训练、长短期记忆网络、循环神经网络的变种以及循环神经网络的主要应用。

第 4 章：Transformer。该章主要介绍注意力机制、Transformer 概述、基于 Transformer 的预训练大模型 GPT 与 BERT 以及 Transformer 的主要应用。

第 5 章：生成对抗网络。该章主要介绍生成对抗网络的产生背景、生成对抗网络的基本原理、生成对抗网络的优化与改进以及生成对抗网络的主要应用。

第 6 章：深度生成模型。该章主要介绍深度信念网络、深度玻尔兹曼机、深度自编码器、扩散模型等，同时介绍它们的一些基础模型，包括 Hopfield 神经网络、玻尔兹曼机、受限玻尔兹曼机、自编码器及其主要变种。

第 7 章：正则化与优化。该章主要介绍参数范数正则化、数据增强、Bagging、提前终止、Dropout、归一化等正则化方法，以及梯度下降法、基于动量的方法等优化算法。

第 8 章：深度学习框架。该章概述了常见的深度学习框架，详细介绍了 TensorFlow、PyTorch 和飞桨三个深度学习框架。

复习题

1. 请简述深度学习的起源与发展。
2. 请简述深度学习与机器学习、人工智能的关系。
3. 请简述浅层学习与深度学习的主要区别，并举例说明。
4. 请列出一些典型的深度学习算法，并简述它们的主要功能。
5. 请举出一些深度学习的应用案例。

参考文献

[1] HINTON G E, OSINDERO S and TEH Y. A fast learning algorithm for deep belief nets [J]. Neural computation, 2006, 18: 1527-1554.

[2] HINTON G E, SALAKHUTDINOV R R. Reducing the dimensionality of data with neural networks [J]. Science, 2006, 313 (5786): 504-507.

[3] MCCULLOCH W S, PITTS W. A logical calculus of the ideas immanent in nervous activity [J]. Bulletin of mathematical biophysics, 1943, 5: 115-133.
[4] HEBB D O. The organization of behavior [M]. New York: Wiley & Sons, 1949.
[5] ROSENBLATT F. The perceptron: a probabilistic model for information storage and organization in the Brain [J]. Psychological review, 1958, 65 (6): 386-408.
[6] MINSKY M L, PAPERT S A. Perceptrons: an introduction to computational geometry [M]. Cambridge, MIT Press, 1969.
[7] FUKUSHIMA K. Neocognitron: a self organizing neural network model for a mechanism of pattern recognition unaffected by shift in position [J]. Biological cybernetics, 1980, 36 (4): 193-202.
[8] HOPFIELD J J. Neural networks and physical systems with emergent collective computational abilities [J]. Proceedings of the national academy of sciences of the USA, 1982, 79 (8): 2554-2558.
[9] RUMELHART D E, HINTON G E, WILLIAMS R J. Learning representations by back-propagating errors [J]. Nature, 1986, 323: 533-536.
[10] JORDAN M I. Serial order: a parallel distributed processing approach [R]. Report 8604, institute for cognitive science, University of California, San Diego, 1986.
[11] ELMAN J L. Finding structure in time [R]. CRL technical report 8801, center for research in language, University of California, San Diego, 1988.
[12] CORTES C, VAPNIK V. Support-vector networks [J]. Machine learning, 1995, 20: 273-297.
[13] HOCHREITER S, SCHMIDHUBER J. Long short-term memory [J]. Neural computation, 1997, 9 (8): 1735-1780.
[14] LECUN Y, BOTTOU L, BENGIO Y, et al. Gradient-based learning applied to document recognition [J]. Proceedings of the IEEE, 1998, 86 (11): 2278-2324.
[15] SEIDE F, LI G, YU D. Conversational speech transcription using context-dependent deep neural networks [C]. Proceedings of the 29th International Conference on Machine Learning, 2012: 1-2.
[16] KRIZHEVSKY A, SUTSKEVER I, HINTON G E. ImageNet classification with deep convolutional neural networks [C]. Advances in Neural Information Processing Systems 25, 2012: 1097-1105.
[17] SIMONYAN K, ZISSERMAN A. Very deep convolutional networks for large-scale image recognition [C]. Proceedings of the 3rd International Conference on Learning Representations, 2015.
[18] SZEGEDY C, LIU W, JIA Y, et al. Going deeper with convolutions [C]. Proceedings of IEEE Conference on Computer Vision and Pattern Recognition, 2015: 1-9.
[19] HE K, ZHANG X, REN S, et al. Deep residual learning for image recognition [C]. Proceedings of IEEE Conference on Computer Vision and Pattern Recognition, 2016: 770-778.
[20] HU J, SHEN L, SUN G. Squeeze-and-excitation networks [C]. Proceedings of IEEE Conference on Computer Vision and Pattern Recognition, 2018: 7132-7141.
[21] GIRSHICK R, DONAHUE J, DARRELL T, et al. Rich feature hierarchies for accurate object detection and semantic segmentation [C]. Proceedings of IEEE Conference on Computer Vision and Pattern Recognition, 2014: 580-587.

[22] GIRSHICK R. Fast R-CNN [C]. Proceedings of International Conference on Computer Vision, 2015: 1440-1448.

[23] REN S, HE K, GIRSHICK R, et al. Faster R-CNN: towards real-time object detection with region proposal networks [C]. Advances in Neural Information Processing Systems 28, 2015: 91-99.

[24] REDMON J, DIVVALA S, GIRSHICK R, et al. You only look once: unified, real-time object detection [C]. Proceedings of IEEE Conference on Computer Vision and Pattern Recognition, 2016: 779-788.

[25] GOODFELLOW I J, POUGET-ABADIE J, MIRZA M, et al. Generative adversarial nets [C]. Advances in Neural Information Processing Systems 27, 2014: 2672-2680.

[26] CHUNG J, GULCEHRE C, CHO K, et al. Empirical evaluation of gated recurrent neural networks on sequence modeling [J]. arXiv abs: 1412. 3555, 2014.

[27] VASWANI A, SHAZEER N, PARMAR N, et al. Attention is all you need [C]. Advances in Neural Information Processing Systems 30, 2017: 6000-6010.

[28] DEVLIN J, CHANG M W, LEE K, et al. BERT: pre-training of deep bidirectional transformers for language understanding [C]. Proceedings of Conference of the North American Chapter of the Association for Computational Linguistics, 2019.

[29] RADFORD A, NARASIMHAN K, SALIMANS T, et al. Improving language understanding by generative pretraining [EB/OL]. https://openai. com/research/language-unsupervised, 2018.

[30] 史忠植. 高级人工智能 [M]. 北京: 科学出版社, 2011.

[31] 史蒂芬·卢奇, 丹尼·科佩克. 人工智能 [M]. 2版. 林赐, 译. 北京: 人民邮电出版社, 2018.

[32] 周志华. 机器学习 [M]. 北京: 清华大学出版社, 2016.

[33] 李航. 统计学习方法 [M]. 2版. 北京: 清华大学出版社, 2019.

本章人物：Geoffrey Hinton 教授

Geoffrey Hinton（1947~），多伦多大学杰出教授，英国皇家学会院士，美国国家工程院外籍院士，美国艺术与科学院外籍院士，2018 年图灵奖获得者。他在反向传播算法、玻尔兹曼机、时间延迟神经网络（Time-Delay Neural Network）、变分学习（Variational Learning）与深度学习等领域做出杰出文献，被誉为“深度学习之父”。

Geoffrey Hinton 教授于 1970 年获剑桥大学（University of Cambridge）实验心理学学士学位，1978 年获爱丁堡大学（University of Edinburgh）人工智能学博士学位，1982~1987 年在卡内基梅隆大学（Carnegie-Mellon University）工作，历任助理教授、副教授，之后加入多伦多大学计算机科学系，任教授。他也曾在 Google 公司工作，任主任工程研究员和 Vector 研究院首席科学家。

Geoffrey Hinton 教授长期从事人工神经网络领域研究，20 世纪 80 年代以来，这个领域很多重大的成果几乎都和他的研究组有关，例如：1985 年，Geoffrey Hinton 和 Terry Sejnowski 在 Hopfield 神经网络的基础上提出了玻尔兹曼机，之后还提出了用于训练受限玻尔兹曼机和 Product of Expert 的对比散度算法（Contrastive Divergence，CD）；1986 年，David E. Rumelhart、Geoffrey Hinton 和 Ronald Williams 提出了训练多层感知机的反向传播算法，并指出多层感知机可以解决异或操作这样的线性不可分问题；2006 年，Geoffrey Hinton 和他的同事们提出了一种称作深度信念网络的多层网络并进行了有效的训练，同年提出了深度自编码器进行数据降维，从而奠定了深度学习的理论基础。近几年，Geoffrey Hinton 教授也发表了很多研究成果，如胶囊网络（Capsule Network）、对比学习算法 SimCLR 和深度神经网络的前向-前向训练算法（Forward-Forward Algorithm）等，值得我们持续关注。

Geoffrey Hinton 教授培养了很多优秀的学生，桃李满天下，很多人活跃在人工智能领域研究的前沿，包括 Radford Neal（贝叶斯统计领域做出重要贡献）、Alex Krizhevsky（AlexNet 主要提出者）、Ilya Sutskever（OpenAI 联合创始人与首席科学家）、Brendan Frey（DeepGenomics 公司创始人）、Ruslan Salakhutdinov（卡内基梅隆大学大学教授）等，Yann LeCun 教授也曾做过 Geoffrey Hinton 教授的博士后。

Geoffrey Hinton 教授的个人主页：https://www.cs.toronto.edu/~hinton/。

CHAPTER2

第 2 章

卷积神经网络

2.1 卷积神经网络的起源与发展

2.1.1 卷积神经网络的起源

卷积神经网络（Convolutional Neural Network，CNN）是一类特殊的人工神经网络，可视为基于生物学的多层感知机结构的变体。卷积神经网络的起源最早可以追溯到 20 世纪 60 年代神经生理学家 David Hubel 和 Torsten Wiesel 对猫大脑视觉皮层细胞的研究[1]，他们让猫观察特定长度的光束，并通过电极获取猫大脑视觉皮层细胞对光束产生的脑电信号。研究发现，这些细胞仅对猫视野内的一部分区域产生反应，这一区域被称为感受野（Receptive Field），而且感受野又分为中心感受野（In-center Receptive Field）与周边感受野（Surround Receptive Field）。同时，他们还发现这些大脑视觉皮层细胞对光束的反应也不尽相同，有的细胞对光束的位置有反应，有的细胞对光束的位置和移动有反应，有的细胞对有端点的光束移动有反应，分别称它们为简单细胞（Simple Cell）、复杂细胞（Complex Cell）和超级复杂细胞（Hyper-Complex Cell），而且这些细胞之间存在对光束特征的不断提取和综合的过程，最终实现整个光束的识别。这个实验被称为 Hubel-Weisel 实验，如图 2-1 所示。

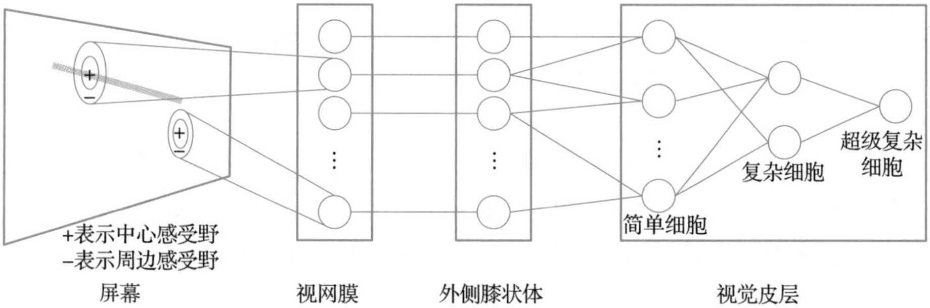

图 2-1　Hubel-Weisel 实验

到了20世纪80年代，Kunihiko Fukushima 教授在 Hubel-Weisel 实验分层模型的基础上提出了神经认知机（Neocognitron）[2]，可视为卷积神经网络的原始模型。在神经认知机中，包含两类组成单元：简单细胞（S-Cell）和复杂细胞（C-Cell）。其中简单细胞用于抽取特征，可对应于现今卷积神经网络中的卷积操作；复杂细胞用于容错，可对应于现今卷积神经网络中的激活函数及池化操作。神经认知机的结构包含一个输入层 U_0、一个 U_G 层、多个中间 U_S 层、多个中间 U_C 层和最后的识别层 U_{C_4}，如图2-2所示。神经认知机各层的具体功能如下所示。

1）U_0 层：输入图像数据。

2）U_G 层：负责图像对比度提取。

3）中间 U_S 层（简单细胞层）：负责图像特征提取，如边缘、纹理、颜色等图像特征。

4）中间 U_C 层（复杂细胞层）：支持抗变形、畸变容错。

5）U_{C_4} 层：输出识别结果。

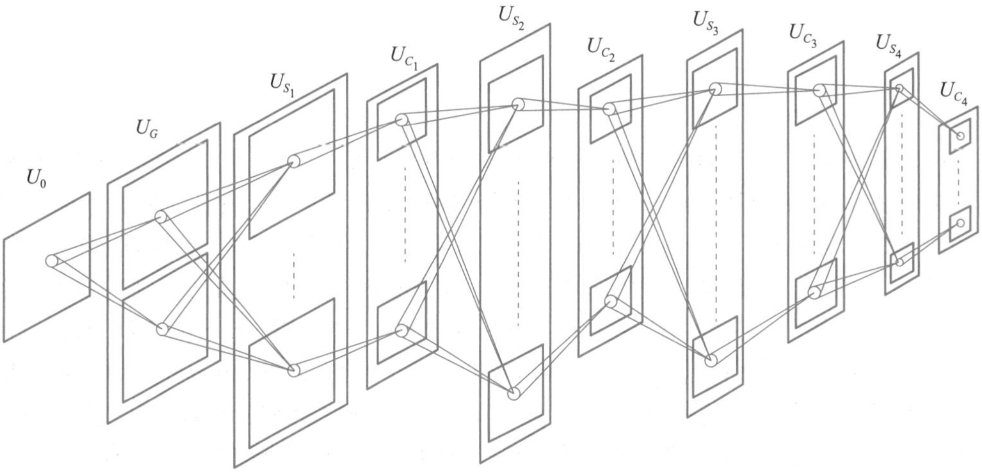

图2-2 神经认知机㊀

2.1.2 卷积神经网络的发展

1998年，在神经认知机的基础上，美国纽约大学（New York University）的 Yann LeCun 提出了 LeNet-5[3]，率先将人工神经网络应用于图像识别任务，被认为是第一个真正意义上的卷积神经网络。

2012年，Alex Krizhevsky 等人提出了一种称作 AlexNet 的卷积神经网络[4]，它引入了 ReLU 激活函数和 Dropout 机制，并使用 GPU 进行加速。在著名的 ImageNet 图像识别大赛中，AlexNet 使得图像识别错误率从26%下降到了15%，并夺得冠军，在图像分类任务上取得了历

㊀ 根据文献［2］重新绘制。

史性突破。

之后，更多卷积神经网络被提出，在多种计算机视觉任务上都取了突破性的成绩。在图像分类任务上，提出的卷积神经网络有 VGGNet[5]、GoogleNet 系列[6-9]、ResNet[10]、DenseNet[11] 等；在目标检测任务上，基于卷积神经网络并结合其他算法，提出了 R-CNN 系列（R-CNN[12]、Fast R-CNN[13] 和 Faster R-CNN[14]）、YOLO 系列（从 YOLO 到 YOLOv6 等）[15-20]、SSD[21] 等模型；在图像分割任务上，提出了 FCN[22]、SegNet[23]、UNet[24] 等模型；在姿态估计任务上，提出了沙漏网络（Hourglass Network）[25]；在人脸识别任务上，提出了 DeepFace[26]、DeepID[27] 和 FaceNet[28] 等模型。当然，还有很多经典的卷积神经网络模型，这里不再一一列举。卷积神经网络的主要发展情况如图 2-3 所示。

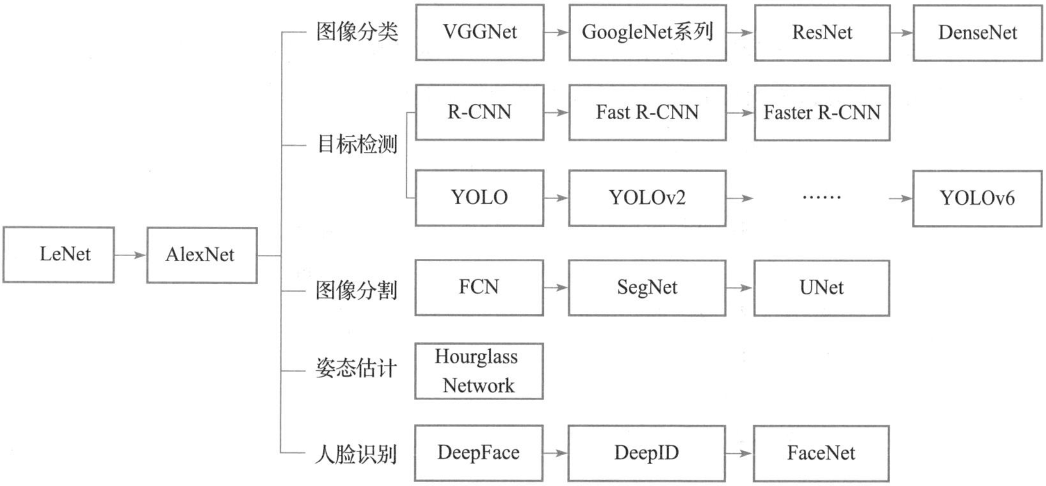

图 2-3 卷积神经网络的发展

卷积神经网络现今已被广泛用于图像分类、目标检测、目标跟踪、图像分割、姿态估计、人脸识别等领域，是深度学习中使用最广泛的神经网络模型之一。

2.2 卷积神经网络的基本结构

典型的卷积神经网络一般由卷积层（含激活函数）、池化层、全连接层和输出层构成，其中卷积层与池化层一般交替排列，之后接一层或者多层全连接层，最后是输出层。因此，可将卷积神经网络视为一种多层模型，形象地体现了深度学习中“深度”的含义。

2.2.1 卷积层

1. 卷积运算

卷积运算（Convolution）是数学中的常见运算，分为离散卷积与连续卷积，一维离散卷积和连续卷积、二维离散卷积与连续卷积的公式为

$$(f*g)(n)=\int_{-\infty}^{\infty} f(\tau)g(n-\tau)\mathrm{d}\tau \tag{2-1}$$

$$(f*g)(n)=\sum_{\tau=-\infty}^{\infty} f(\tau)g(n-\tau) \tag{2-2}$$

$$(f*g)(x,y)=\sum_{\tau_1=-\infty}^{\infty}\sum_{\tau_2=-\infty}^{\infty} f(\tau_1,\tau_2)g(x-\tau_1,y-\tau_2) \tag{2-3}$$

$$(f*g)(x,y)=\int_{\tau_1=-\infty}^{\infty}\int_{\tau_2=-\infty}^{\infty} f(\tau_1,\tau_2)g(x-\tau_1,y-\tau_2)\mathrm{d}\tau_1\mathrm{d}\tau_2 \tag{2-4}$$

2. 卷积操作

卷积运算是卷积神经网络的核心运算，给定二维图像 $\boldsymbol{I}$ 与二维卷积核 $\boldsymbol{K}$，我们将其看作矩阵，根据上述二维离散卷积运算公式，图像 $\boldsymbol{I}$ 与卷积核 $\boldsymbol{K}$ 的卷积运算可表示为：

$$(\boldsymbol{I}*\boldsymbol{K})(u,v)=\sum_i\sum_j I_{i,j}K_{(u-j),(v-j)} \tag{2-5}$$

举例来说，给定 5×5 的输入图像 $\boldsymbol{I}$、3×3 的卷积核 $\boldsymbol{K}$，相应的卷积操作如图 2-4 所示。卷积操作时卷积窗口在输入图像 $\boldsymbol{I}$ 对应的输入上滑动，步长为 1。

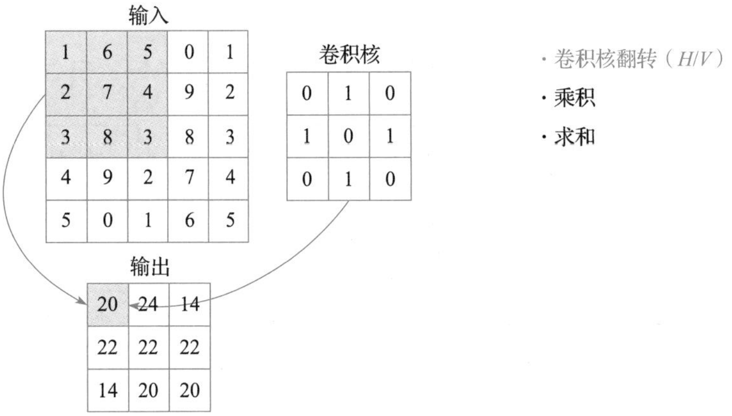

图 2-4 卷积运算示例

需要说明的是，按照二维离散卷积公式，卷积核需要先翻转（先水平翻转再垂直翻转或者相反）再和滑动窗口中对应的数值相乘，求和得到输出中对应位置的值，如图 2-4 中右上角的文字所示，H 代表水平翻转，V 代表垂直翻转。但是，在实际的卷积神经网络中，卷积核并没有翻转就可以和滑动窗口中对应的数值相乘，主要原因是卷积核中的值是训练得到的，翻转不翻转就没有关系了，所以并没有进行翻转，图 2-4 中的卷积操作之后的结果也是按照没有翻转来计算的。

进而，如果存在 k 个卷积核 $\boldsymbol{K}$，则对于同一个二维输入矩阵，则可以得到 k 个相同大小的卷积输出矩阵，即引出了卷积层的概念，一个卷积层通常包含多个尺寸大小相同的卷积核，利用每一个卷积核对输入进行卷积运算，得到多个卷积输出，并将其作为下一层的输入。

卷积神经网络中的卷积核相当于传统计算机视觉领域中的特征算子，用于提取图像特征，如传统的 Sobel 梯度算子 45°方向模板被设计为：

$$\begin{bmatrix} -2 & -1 & 0 \\ -1 & 0^* & 1 \\ 0 & 1 & 2 \end{bmatrix}$$

使用 Sobel 梯度算子进行卷积运算得到的梯度图如图 2-5 所示。

图 2-5　Sobel 算子梯度图⊖（详见彩插）

但不同于传统特征算子的是，传统特征算子需要人工设计，卷积神经网络中的卷积核参数则是通过训练学习得到的，不需要人工设计。同时，浅层卷积层学习到的卷积核参数提取的是基本特征，如图像中物体的边缘、方向和纹理等特征，随着卷积层的增加，深层卷积层提取出的图像特征更为复杂，出现了高层语义模式，如车轮、人脸等高阶特征，这也是卷积神经网络中特征的层次性表现。

3. 数据填充

从前面的卷积操作示例可以看到，用一个 3×3 的卷积核对 5×5 的图像进行卷积，只有 3×3 个可能的位置能够进行匹配。因此，会得到一个 3×3 的输出。如果有一个 $n \times n$ 的图像，使用 $f \times f$ 的卷积核进行卷积操作，那么卷积输出的大小为 $(n-f+1) \times (n-f+1)$。

但是这样的话，卷积操作存在两个显而易见的缺点：1）随着卷积层数的增多，图像会变得越来越小，到最后可能只有 1×1 大小，这也就限制了模型的复杂度；2）观察前面的卷积操作示例，对于输入图像中间的数据，有许多 3×3 的区域与之重叠，而对于图像边缘的数据，则只被利用了一次，这也意味着在进行卷积操作过程中，丢失了图像边缘的很多信息。

为了解决这些问题，一个很朴素的方法就是在进行卷积操作之前对输入图像进行数据填充。如前面的卷积操作示例，可以在图像边缘填充一层数据，如图 2-6 所示。这样的话，原始输入 5×5 变成了 7×7，再使用 3×3 的卷积核进行卷积，得到的输出大小则为 $(7-3+1) \times (7-3+1) = 5 \times 5$，与输入图像大小相同。原则上，可以在原始图像边缘外填充任意层的数据，如果有一个 $n \times n$ 的图像，使用 $f \times f$ 的卷积核进行卷积操作，在进行卷积操作之前在图像周围填充 p 层数据，那

⊖　该图为中国科学院大学雁栖湖校区钟楼。

么卷积输出的大小为（n+2p−f+1）×（n+2p−f+1）。

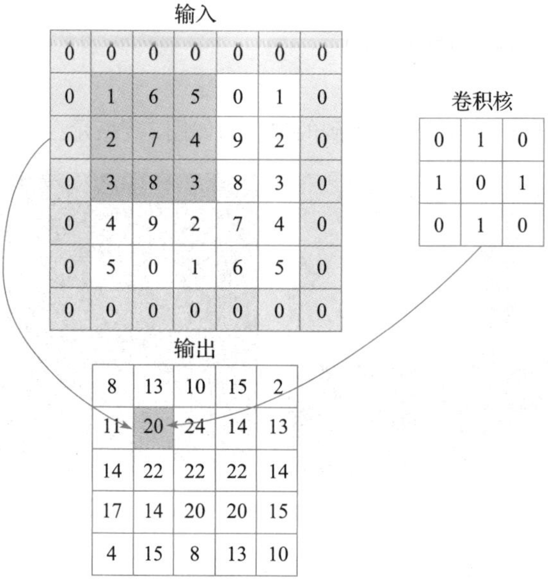

图 2-6　基于数据填充的卷积运算示例

在使用 PyTorch 或者 TensorFlow 等深度学习框架时，卷积层会有 Padding 参数，常用的有三种选择：Full、Valid 和 Same。Full 表示需要填充，当卷积核与输入开始接触时进行卷积操作；Valid 表示不需要填充；Same 表示需要填充并保证输出与输入具有相同的尺寸，如图 2-7 所示。

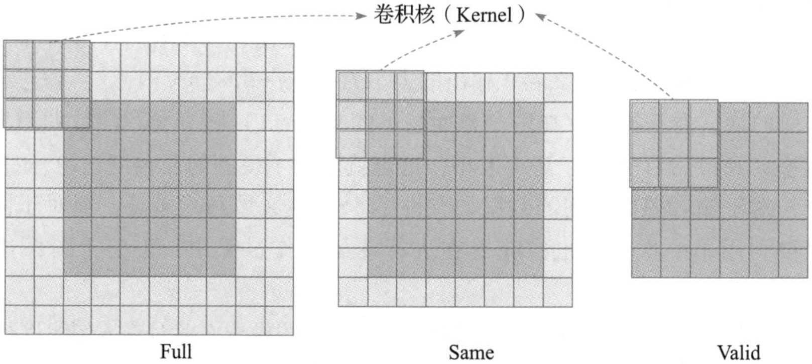

图 2-7　三种不同的卷积类型

4. 卷积步长

在构建卷积神经网络时，卷积步长也是一个很重要的基本参数。仍以前面的卷积示例为例，将卷积步长设置为 2，卷积操作如图 2-8 所示。原则上，可以自行设置卷积步长，如果有

一个 $n×n$ 的图像，使用 $f×f$ 的卷积核进行卷积操作，在进行卷积操作之前在图像周围填充 p 层数据，同时卷积步长设置为 s，那么卷积输出的大小为

$$\left\lfloor \frac{n+2p-f}{s}+1 \right\rfloor \times \left\lfloor \frac{n+2p-f}{s}+1 \right\rfloor \tag{2-6}$$

其中符号⌊.⌋表示当取值不是整数时，取小于它的整数值。

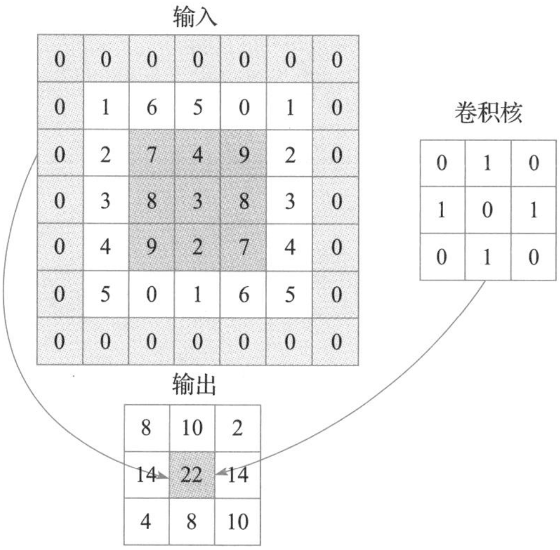

图 2-8　步长为 2 的卷积运算示例

5. 通道与特征图

通道（Channel）一般指图像的颜色通道。灰度图像为单通道图像，彩色图像为多通道图像，包含 R、G、B 三个通道，如图 2-9 所示。特征图（Feature Map）指的是经卷积和激活函数处理后的图像。

图 2-9　RGB 图像的通道（详见彩插）

单通道图像多卷积核卷积与多通道图像多卷积核卷积示意图如图 2-10 和图 2-11 所示。需要说明的是，多通道图像多卷积核卷积时，一般有多个卷积核组，多通道图像与每个卷积核组中的卷积核卷积时，需将各个通道对应位置的卷积结果相加得到一个特征图。

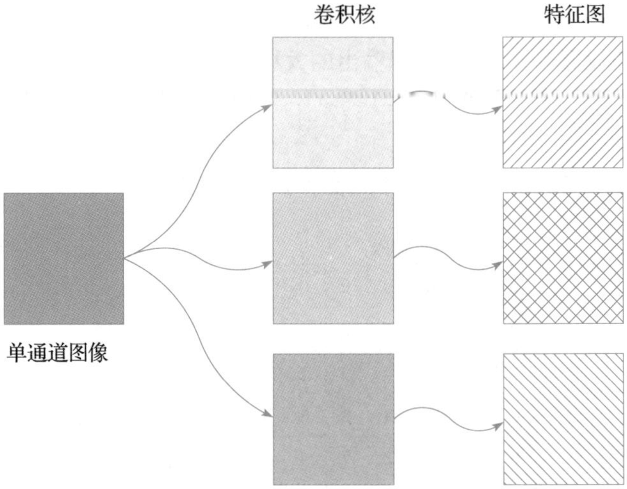

图 2-10　单通道图像多卷积核卷积示意图

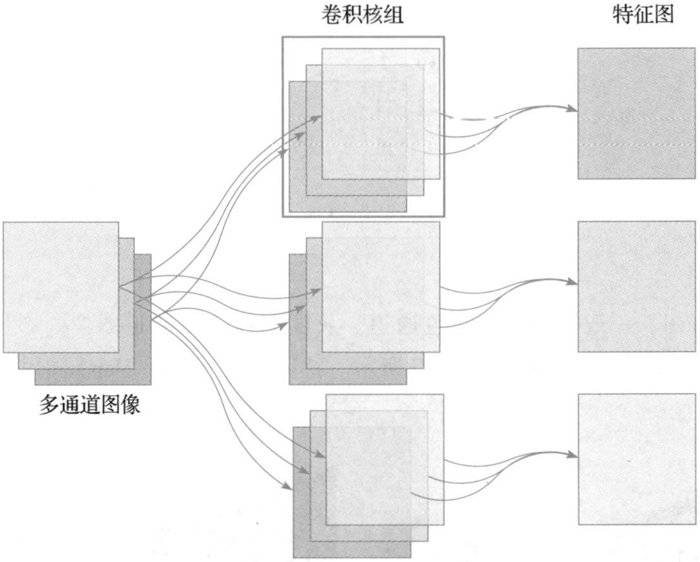

图 2-11　多通道多卷积核卷积示意图（详见彩插）

2.2.2　激活函数

激活函数在理论上是对生物神经元进行模拟，对于一组输入信号，若其累计效果超过某个阈值，生物神经元则被激活处于兴奋状态，否则被抑制。激活函数的引入，增强了人工神经网络的非线性表达能力，从而提高了模型的学习能力。在人工神经网络发展的初期，Sigmoid 激活函数起到了十分重要的作用，但随着人工神经网络层数的增加以及反向传播算法的使用，会产生梯度消失问题。在卷积神经网络中，为了缓解梯度消失问题，常用的激活函数有 ReLU、PReLU、ERU 和 Maxout 等。接下来除了介绍上述激活函数外，为了进行比较说明，也介绍一下 Sigmoid 和 Tanh 激活函数。

1. Sigmoid 激活函数

Sigmoid 激活函数的定义为

$$\mathrm{Sigmoid}(x)=\frac{1}{1+\mathrm{e}^{-x}} \tag{2-7}$$

Sigmoid 激活函数及其梯度如图 2-12 所示。

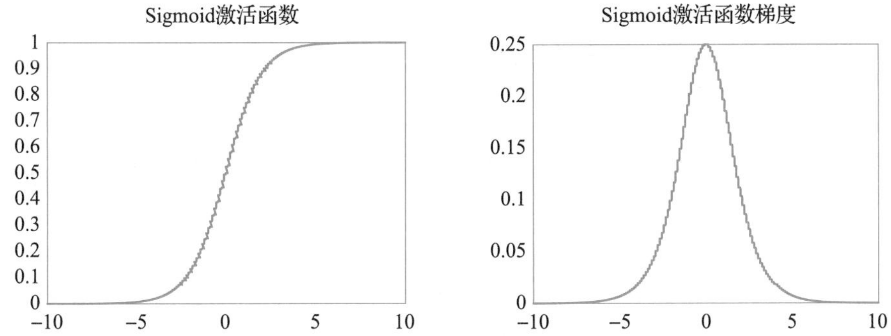

图 2-12　Sigmoid 激活函数及其梯度

Sigmoid 激活函数存在“梯度饱和效应”问题，即 Sigmoid 激活函数两端梯度都趋于 0，因此在使用误差反向传播算法进行网络训练时，该区域的误差无法传递到前一层，从而导致网络训练失败。

2. Tanh 激活函数

Tanh 激活函数的定义为：

$$\tanh(x)=\frac{\mathrm{e}^{x}-\mathrm{e}^{-x}}{\mathrm{e}^{x}+\mathrm{e}^{-x}} \tag{2-8}$$

Tanh 激活函数及其梯度如图 2-13 所示。

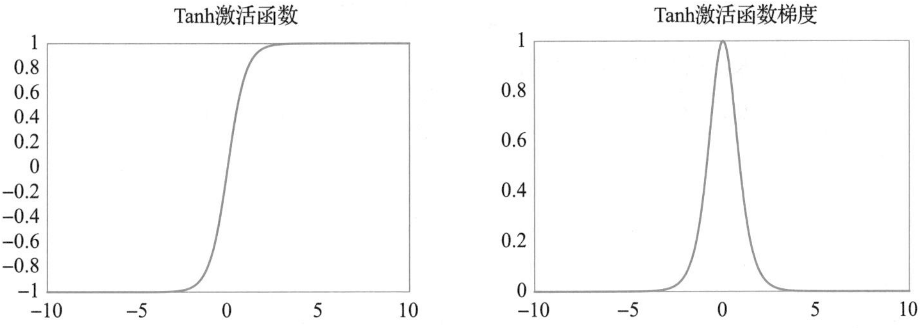

图 2-13　Tanh 激活函数及其梯度

Tanh 激活函数同样存在“梯度饱和效应”问题，即 Tanh 激活函数两端梯度也都趋于 0，因此在使用误差反向传播算法进行网络训练时，该区域的误差也无法传递到前一层，从而导致网络训练失败。

3. ReLU 激活函数

为了在一定程度上避免“梯度饱和效应”问题，Vinod Nair 和 Geoffrey Hinton 提出修正线性单元（Rectified Linear Unit，ReLU）激活函数[29]，其函数定义为

$$\mathrm{ReLU}(x)=\begin{cases}x & x\geqslant 0\\0 & x<0\end{cases} \tag{2-9}$$

ReLU 激活函数及其梯度如图 2-14 所示。

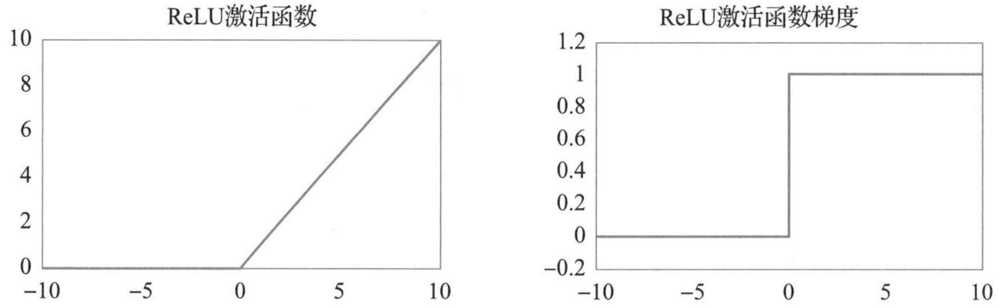

图 2-14 ReLU 激活函数及其梯度

与 Sigmoid 激活函数相比，ReLU 在 $x\geqslant 0$ 部分消除了“梯度饱和效应”，且 ReLU 的计算更简单，计算速度更快。但 ReLU 本身也存在缺陷，如果输入为负值，其梯度等于 0，导致“神经元死亡”，将无法进行权重更新，进而无法完成网络训练。即便如此，ReLU 仍然是当前深度学习领域中最为常用的激活函数之一。

4. PReLU

为了解决 ReLU 激活函数存在的“神经元死亡”问题，人们又提出了参数化的 ReLU（Parametic ReLU，PReLU）激活函数，其定义为

$$f(x)=\begin{cases}\alpha x, & x<0\\x, & x\geqslant 0\end{cases},\quad x\in(-\infty,+\infty) \tag{2-10}$$

PReLU 激活函数及其梯度如图 2-15 所示。

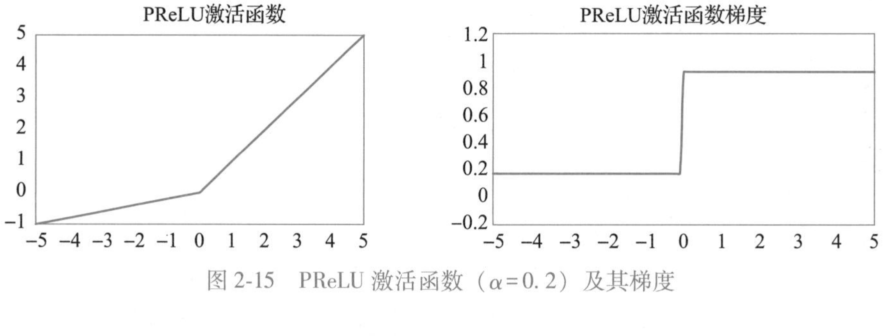

图 2-15 PReLU 激活函数（α=0.2）及其梯度

其中 α 是一个需要学习的参数，当指定 $\alpha=0.01$ 时，又称为 Leakly ReLU；当 α 通过高斯分布随机产生时，又称为随机化的 ReLU（Randomized ReLU，RReLU）。

PReLU 激活函数的优点是比 Sigmoid 激活函数收敛快，解决了 ReLU 激活函数的“神经元死亡”问题。PReLU 激活函数的缺点是需要再学习一个参数 α，工作量变大。

5. ELU 激活函数

为了解决“神经元死亡”问题，也可以使用 ELU 激活函数，其函数定义为

$$f(x)=\begin{cases}\alpha(e^{x}-1), & x<0\\ x, & x\geqslant 0\end{cases},\quad x\in(-\infty,+\infty) \tag{2-11}$$

ELU 激活函数及其梯度如图 2-16 所示。

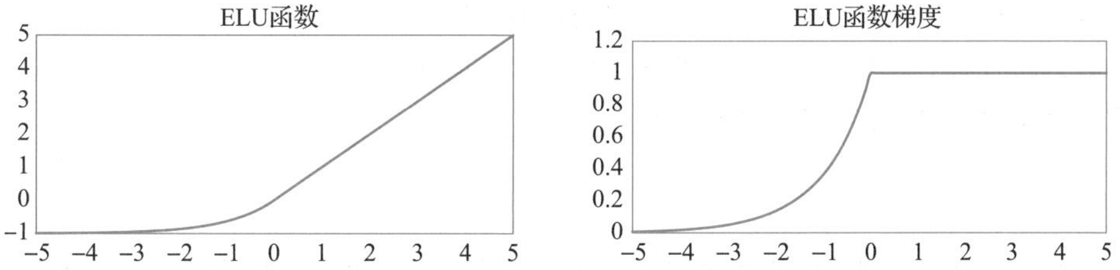

图 2-16　ELU 激活函数（$\alpha=1$）及其梯度

ELU 激活函数的优点是处理含有噪声的数据有优势，与 Sigmoid 激活函数相比更容易收敛。ELU 激活函数的缺点是计算量较大，与 ReLU 激活函数相比，收敛速度较慢。

6. Maxout 激活函数

Maxout 激活函数实际上是增加了一层全连接神经网络，神经元个数 k 自定，其函数定义为

$$h_i(\boldsymbol{x})=\max_{j\in[1,k]} z_{ij},\quad 其中\ z_{ij}=\boldsymbol{x}^{\mathrm{T}}w_{ij}+b_{ij} \tag{2-12}$$

Maxout 激活函数的结构如图 2-17 所示。

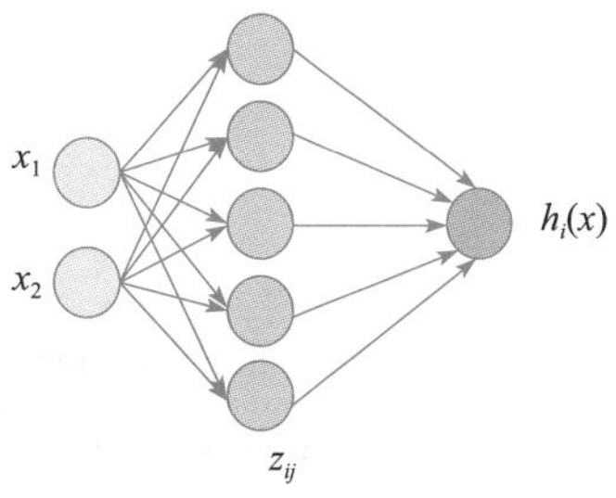

图 2-17　Maxout 激活函数的结构

Maxout 激活函数的优点是能够缓解梯度消失问题，规避了 ReLU 激活函数“神经元死亡”的缺点。Maxout 激活函数的缺点是增加了一层神经网络，无形中增加了参数和计算量。

7. 卷积神经网络中的激活函数选择

卷积神经网络中，尽量不要使用 Sigmoid 激活函数，因为它的梯度小于 1，将导致梯度消失问题。因此，一般首先选用 ReLU 激活函数，使用较小的学习率，以免造成神经元死亡的情况。如果 ReLU 激活函数失效，考虑使用 Leaky ReLU、PReLU、ELU 或者 Maxout，此时一般情况下都可以解决。

2.2.3 池化层

池化操作使用某位置相邻输出的总体统计特征作为该位置的输出，常用的池化类型有最大池化（Max Pooling）和均值池化（Average Pooling）。池化层不包含需要学习的参数，只需要指定池化核的大小、步长以及池化类型。举例来说，输入 3×3 的特征图，池化核大小为 2×2，步长为 1，那么对其进行池化操作的情况如图 2-18 所示。

池化操作实际上是对输入对象进行“降采样”（Down-sampling）操作，一定程度上提高了模型的容错能力。池化的引入保证了当输入出现少量平移时，输出近似不变；池化核的指定相当于在空间范围内对特征图的特征进行了维度约减，同时缩小了下一层输入的特征图尺寸，进而在一定程度上减少了网络的参数个数和计算量。

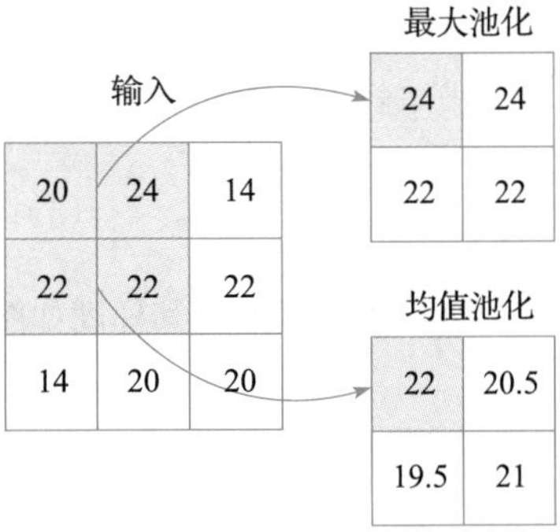

图 2-18　池化操作示例

2.2.4 全连接层

全连接层一般由一到多层的全连接神经网络组成，它的功能是对卷积层或池化层输出的特征图（二维）进行降维，输出一维的数据，最终送到输出层进行分类或者回归。以两层全连接层为例，全连接层的组成以及计算过程如图 2-19 所示。

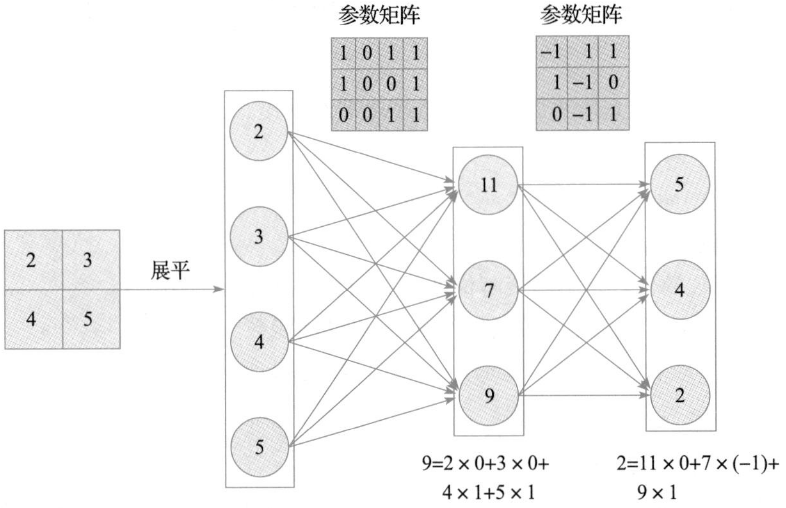

图 2-19　全连接层示例（详见彩插）

2.2.5 输出层

对于分类问题，输出层一般采用 Softmax 函数来进行计算，计算公式如下：

$$y_i = \frac{e^{z_i}}{\sum_{i=1}^{n} e^{z_i}} \tag{2-13}$$

Softmax 计算示例如图 2-20 所示。

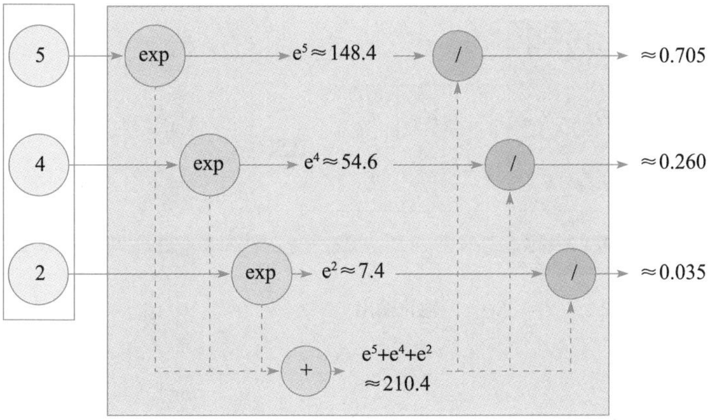

图 2-20　Softmax 计算示例

对于回归问题，输出层一般采用线性函数来进行计算，计算公式如下：

$$y_i = \sum_{m=1}^{M} w_{im} x_m \tag{2-14}$$

2.3　卷积神经网络的训练

2.3.1　卷积神经网络的训练过程

以图像分类任务为例，卷积神经网络的训练过程如下所示。

1）用随机数初始化网络需要训练的参数（如权重、偏置）。

2）将训练图像作为输入，进行卷积层、ReLU、池化层以及全连接层的前向传播，并计算每个类别的对应输出概率。

3）计算输出层的总误差：总误差＝－∑（目标概率×log（输出概率））。

4）使用 BP 算法计算总误差相对于所有参数的梯度，并用梯度下降法或其他优化算法更新所有参数的值，以使输出误差最小。

需要说明的是，卷积核个数、卷积核大小以及网络架构，是在步骤 1）之前就已经确定的，且不会在训练过程中改变，只有网络的其他参数，如神经元的权重、偏置会更新。

2.3.2　池化层的训练

要实现池化层的训练，首先需要将池化层转化为多层神经网络的形式，如图 2-21 所示。无论是最大池化还是均值池化，均没有需要学习的参数，因此对池化层的训练所需要的操作仅仅是将误差项传递到上一层，而不需要计算梯度。如图 2-22 所示，假设第（l−1）层的特征图大小为 4×4，池化核大小为 2×2，步长为 2，进行最大池化后，第 l 层的特征图大小为 2×2，

同样假设第 l 层的误差项已经得到计算，需要做的则是将误差项传递到第（l−1）层。下面根据池化类型来具体说明。

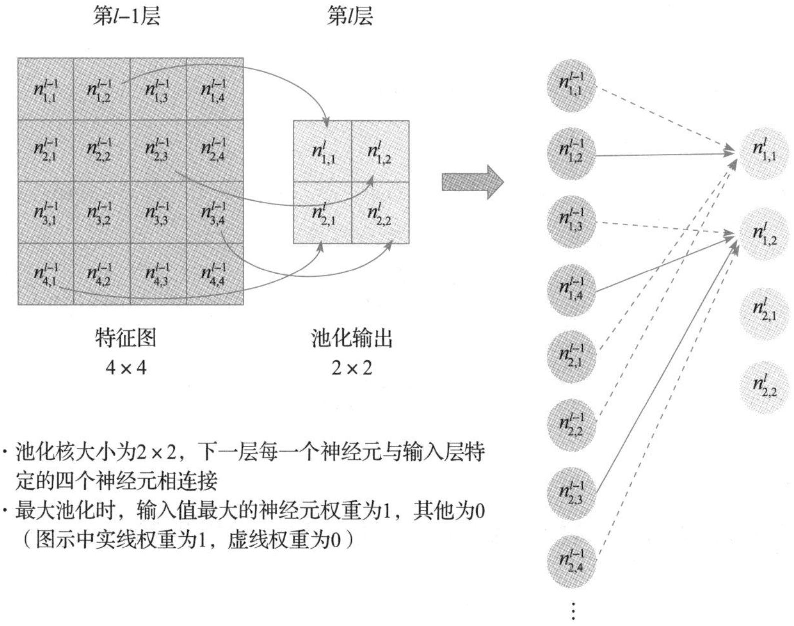

图 2-21　池化层转化为多层神经网络的形式㊀

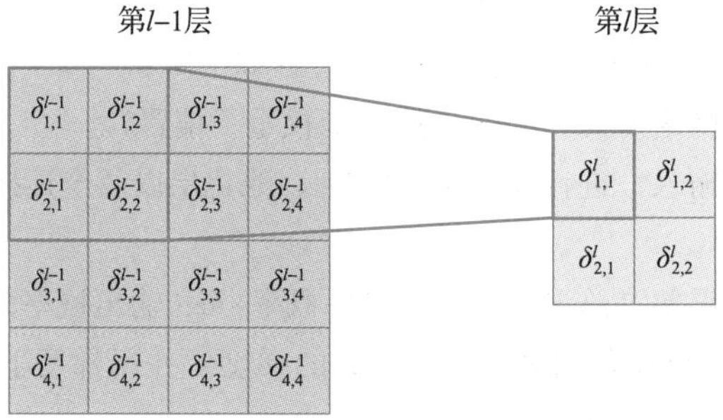

图 2-22　池化层误差反传

1. 最大池化

对于最大池化，第 l 层的误差项会原封不动的传递到第（l−1）层对应感受域最大值（前向传播时记录的最大值的位置索引）所对应的神经元，而其他神经元的误差项则都为 0，如图 2-23 所示。

㊀ 图 2-21 根据文献［29］改编。

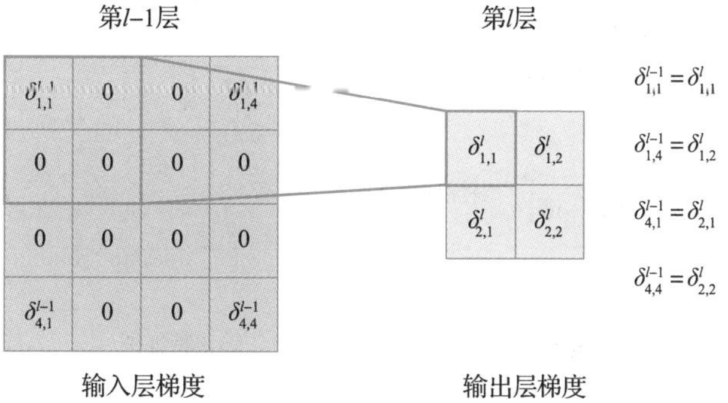

图 2-23　最大池化的误差反传

2. 均值池化

对于均值池化，第 l 层的误差项会平均分配到第（$l-1$）层对应感受域的每一个神经元，如图 2-24 所示。

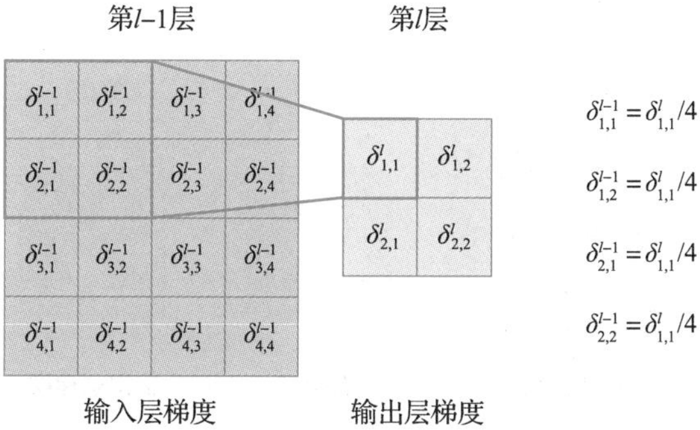

图 2-24　均值池化的误差反传

2.3.3　卷积层的训练

要实现卷积层的训练，也需要首先将卷积层转化为多层神经网络的形式，如图 2-25 所示。然后，使用反向传播算法进行训练。

由人工神经网络的反向传播算法可知，需要计算每一个神经元的误差项，从而计算每个神经元连接权重的梯度。

1. 误差项的计算

首先考虑最简单的情况，卷积步长为 1，卷积核个数也为 1。假设输入的图像大小为 3×3，卷积核大小为 2×2，不进行数据填充，得到的输出特征图大小为 2×2，如图 2-26 所示。

其中 E 为误差，$\mathbf{net}^l=\mathrm{conv}(\boldsymbol{W}^l,\boldsymbol{a}^{l-1})+W_b^l$，$a_{i,j}^{l-1}=f^{l-1}(\mathrm{net}_{i,j}^{l-1})$，下标 i 和 j 分别表示输入层输

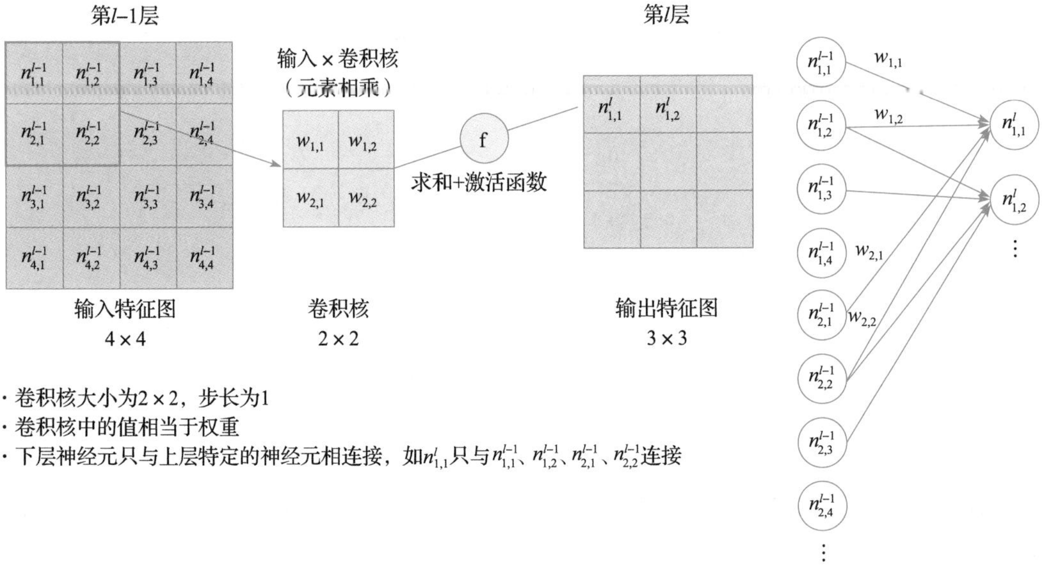

图 2-25 卷积层转化为多层神经网络的形式[⊖]

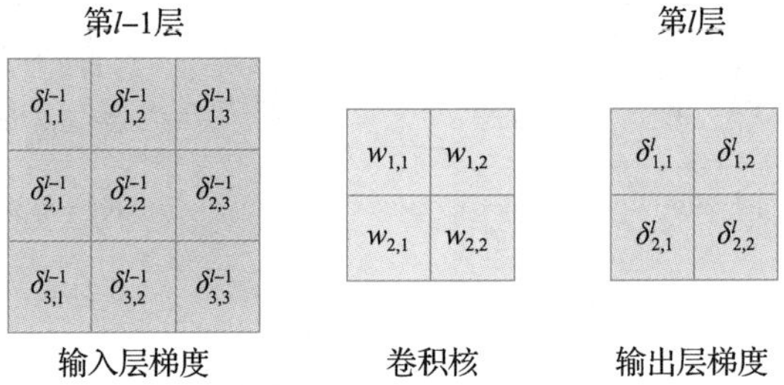

图 2-26 误差项的计算（图 1）

入的行索引与列索引，$\boldsymbol{W}^l$ 为卷积核参数，W^l_b 为偏置参数，$\boldsymbol{a}^{l-1}$ 为第（$l-1$）层的输出，conv 为卷积运算，f^{l-1}为第（$l-1$）层的激活函数。假设第 l 层的误差项第 $\boldsymbol{\delta}^l$ 已经得到计算，需要利用 $\boldsymbol{\delta}^l$ 计算第（$l-1$）层的误差项 $\boldsymbol{\delta}^{l-1}$。由反向传播算法，得到第（$l-1$）层每个位置的梯度：

$$\delta^{l-1}_{i,j}=\frac{\partial E}{\partial \mathrm{net}^{l-1}_{i,j}}=\frac{\partial E}{\partial a^{l-1}_{i,j}}\frac{\partial a^{l-1}_{i,j}}{\partial \mathrm{net}^{l-1}_{i,j}} \tag{2-15}$$

这里不进行推导，仅给出如何计算第 1 项$\dfrac{\partial E}{\partial a^{l-1}_{i,j}}$的结论。如图 2-27 所示，已知第 l 层的误差项 $\boldsymbol{\delta}^l$，将其作为输入并进行数据填充，将原卷积核进行 180°翻转，然后进行卷积运算，即

$$\frac{\partial E}{\partial a^{l-1}_{i,j}}=\sum\nolimits_{m=1}^{M}\sum\nolimits_{n=1}^{N}w^l_{m,n}\delta^l_{i+m,j+n} \tag{2-16}$$

⊖ 图 2-25 根据文献［29］改编。

其中，下标 m 和 n 分别表示卷积核中值的行索引与列索引，M 和 N 分别表示卷积核的高度与宽度，在本节示例（见图 2-26 和图 2-27）中，$M=N=2$。

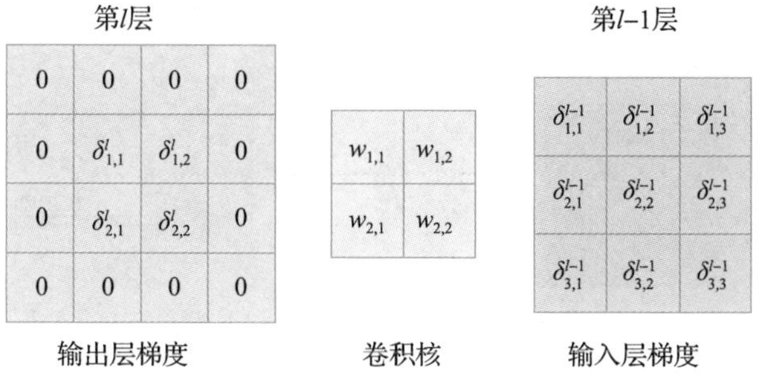

图 2-27 误差项的计算（图 2）

然后计算第 2 项 $\frac{\partial a_{i,j}^{l-1}}{\partial \mathrm{net}_{i,j}^{l-1}}$，因为 $a_{i,j}^{l-1}=f^{l-1}(\mathrm{net}_{i,j}^{l-1})$，因此只需要求第（$l-1$）层激活函数的导数即可，即

$$\frac{\partial a_{i,j}^{l-1}}{\partial \mathrm{net}_{i,j}^{l-1}}=f'(\mathrm{net}_{i,j}^{l-1}) \tag{2-17}$$

2. 参数梯度的计算

计算得到每一层的误差项后，还需要计算卷积核的权重和偏置参数的梯度，如下所示：

$$\nabla W_{i,j}^{l}=\frac{\partial E}{\partial W_{i,j}^{l}}=\sum_m\sum_n\frac{\partial E}{\partial \mathrm{net}_{m,n}^{l}}\frac{\partial \mathrm{net}_{m,n}^{l}}{\partial W_{i,j}^{l}}=\sum_m\sum_n\delta_{m,n}a_{i+m,j+n}^{l-1} \tag{2-18}$$

$$\nabla W_{b}^{l}=\frac{\partial E}{\partial W_{b}^{l}}=\sum_m\sum_n\frac{\partial E}{\partial \mathrm{net}_{m,n}^{l}}\frac{\partial \mathrm{net}_{m,n}^{l}}{\partial W_{b}^{l}}=\sum_m\sum_n\delta_{m,n} \tag{2-19}$$

同样，不进行详细的推导，仅给出了计算结论。得到每个权重参数的梯度后，则可以根据梯度下降算法来更新每个权重。

在上述示例中，假设输入图像的大小为 3×3，卷积核大小为 2×2，得到的输出特征图大小为 2×2。对于更大尺寸的图像输入和卷积核，上述公式仍然适用。

2.4 典型卷积神经网络

2.4.1 LeNet-5

LeNet-5[3] 由 Yann LeCun 等人于 1998 年提出，主要进行手写数字识别和手写英文字母识别。LetNet-5 是一个经典的卷积神经网络，它虽然网络层次并不多，但是功能齐全，是学习卷积神经网络的基础。LeNet-5 的官方主页为 http://yann.lecun.com/exdb/lenet/。

LeNet-5 的结构如图 2-28 所示，每个层次描述如下。

1）输入层：输入尺寸大小为 32×32 的图像。

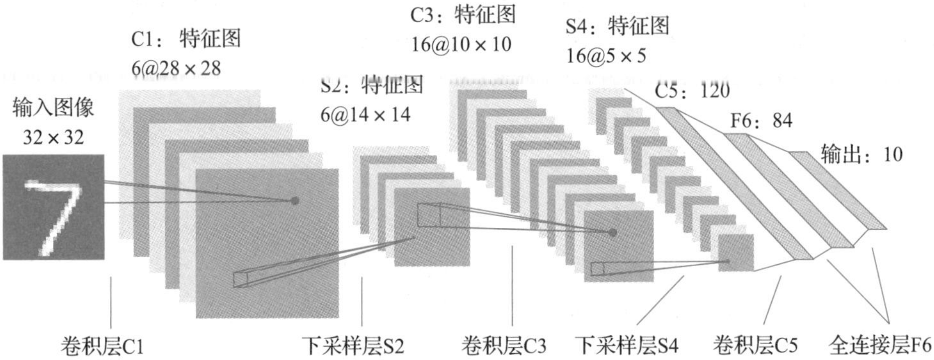

图 2-28 LeNet 的组成结构㊀

2）C1 层（卷积层）：选用 6 个 5×5 的卷积核，步长为 1，得到 6 个大小为 28×28 的特征图（32−5+1＝28），神经元个数为 6×28×28＝4704。

3）S2 层（下采样层）：对 C1 所得 6 个 28×28 的特征图进行均值池化，池化核大小选择 2×2，步长为 2，得到的均值乘上一个权重加上一个偏置作为 Sigmoid 激活函数的输入，得到 6 个 14×14 的特征图，神经元个数为 6×14×14＝1176。

4）C3 层（卷积层）：选用 16 个 5×5 的卷积核组（前 6 个卷积核组中的卷积核个数为 3，中间 6 个为 4，之后 3 个为 4，最后 1 个为 6）对 S2 层的输出特征图进行卷积，加偏置和 Sigmoid 激活函数后得到 16 个 10×10（14−5+1＝10）的特征图，此时神经元个数为 16×10×10＝1600。C3 层的 16 个卷积核组的设计情况如图 2-29 所示。

	0	1	2	3	4	5	6	7	8	9	10	11	12	13	14	15
0	X				X	X	X			X	X	X	X		X	X
1	X	X				X	X	X			X	X	X	X		X
2	X	X	X				X	X	X			X		X	X	X
3		X	X	X			X	X	X	X			X		X	X
4			X	X	X			X	X	X	X		X	X		X
5				X	X	X			X	X	X	X		X	X	X

图 2-29 C3 层的 16 个卷积核组[3]

5）S4 层（下采样层）：对 C3 所得 16 个 10×10 的特征图进行最大池化，池化核大小为 2×2，步长为 2，得到的最大值乘以一个权重，再加上一个偏置作为 Sigmoid 激活函数的输入，得到 16 个 5×5 的特征图，神经元个数减少为 16×5×5＝400。

6）C5 层（卷积层）：选用 16 个 5×5 的卷积核进行卷积，结果乘以一个权重并求和，再加上一个偏置作为 Sigmoid 激活函数的输入，得到 1×1（5−5+1＝1）的特征图。然后希望得到

㊀ 图 2-28 根据文献［3］绘制。

120 个特征图，就要使用总共 120 个 5×5 的卷积核组（每个卷积核组包含 16 个卷积核）进行卷积，神经元个数减少为 120 个。

7）F6 层（全连接层）：与 C5 层全连接，有 84 个神经元，对应于一个 7×12 的比特图。将输入乘以一个权重并求和，再加上一个偏置作为 Sigmoid 函数的输入，得到 84 个值。

8）输出层（全连接层）：与 F6 层全连接，共有 10 个神经元，分别代表数字 0 到 9。输出层采用径向基函数（Radial Basis Function，RBF）的网络连接方式，如图 2-30 所示。径向基函数的定义如公式（2-20）所示，其中 w_{ij} 的值由 i 的比特图编码确定，i 的取值从 0 到 9，j 的取值从 0 到 83(7×12−1)。第 i 个神经元的径向基函数输出值越接近于 0，表示当前网络输入的识别结果与字符 i 越接近。

$$y_i=\sum_j(x_j-w_{ij})^2 \tag{2-20}$$

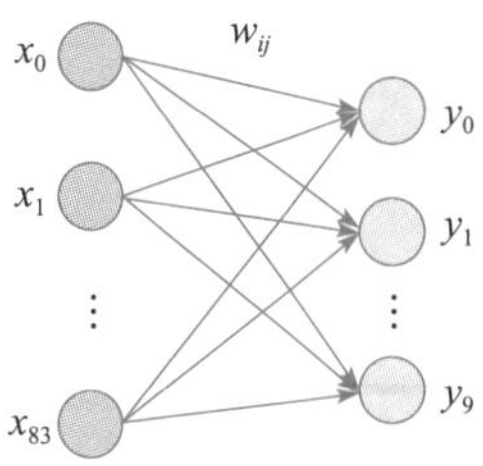

图 2-30　径向基函数的结构

2.4.2　AlexNet

AlexNet[4] 由 Alex Krizhevsky 等人于 2012 年提出，可以说 AlexNet 确定了卷积神经网络在计算机视觉领域的重要地位，同时也推动了深度学习在语音识别、自然语言处理等领域的发展。AlexNet 使用了一些新的技术，如下所示：

1）首次应用 ReLU 作为激活函数，成功解决了 Sigmoid 激活函数带来的梯度消失问题。

2）训练过程中使用 Dropout 技术随机丢弃一部分神经元，成功避免了模型陷入过拟合。

3）在 AlexNet 之前的卷积神经网络中普遍使用均值池化，但在 AlexNet 中使用了重叠最大池化（池化步长小于池化核大小），让池化层的输出之间存在重叠和覆盖，一定程度上提升了特征的丰富性。

4）首次使用 CUDA 加速卷积神经网络的训练过程。

5）使用了数据增强，基于大小为 256×256 的原始图像重复截取 224×224 大小的区域，大幅增加了数据量，减轻了过拟合，提升了模型的泛化能力。

6）对图像数据通过主成分分析（Principal Component Analysis，PCA）方法进行降维处理，并对主成分做标准差为 0.1 的高斯扰动以增加噪声，使得识别错误率再次下降。

AlexNet 论文中使用的网络模型如图 2-31 所示，受制于当时的计算能力，论文中提到训练时使用了两块 GPU，因此 AlexNet 的结构也相应地被拆分成了两个部分。但如今的 GPU 已经足以放下整个模型，因此其结构可以简化为如图 2-32 所示的结构。

AlexNet 的网络结构分为 8 层（池化层未单独算作一层），包括 5 个卷积层以及 3 个全连接层。

1）输入层：AlexNet 首先使用大小为 224×224×3 图像作为输入，后改为 227×227×3。

2）第 1 个卷积层（含池化）：包含 96 个大小为 11×11 的卷积核，卷积步长为 4，因此，卷积后的输出为 55×55×96；然后构建一个核大小为 3×3、步长为 2 的最大池化进行数据降采样，进而输出变为 27×27×96。

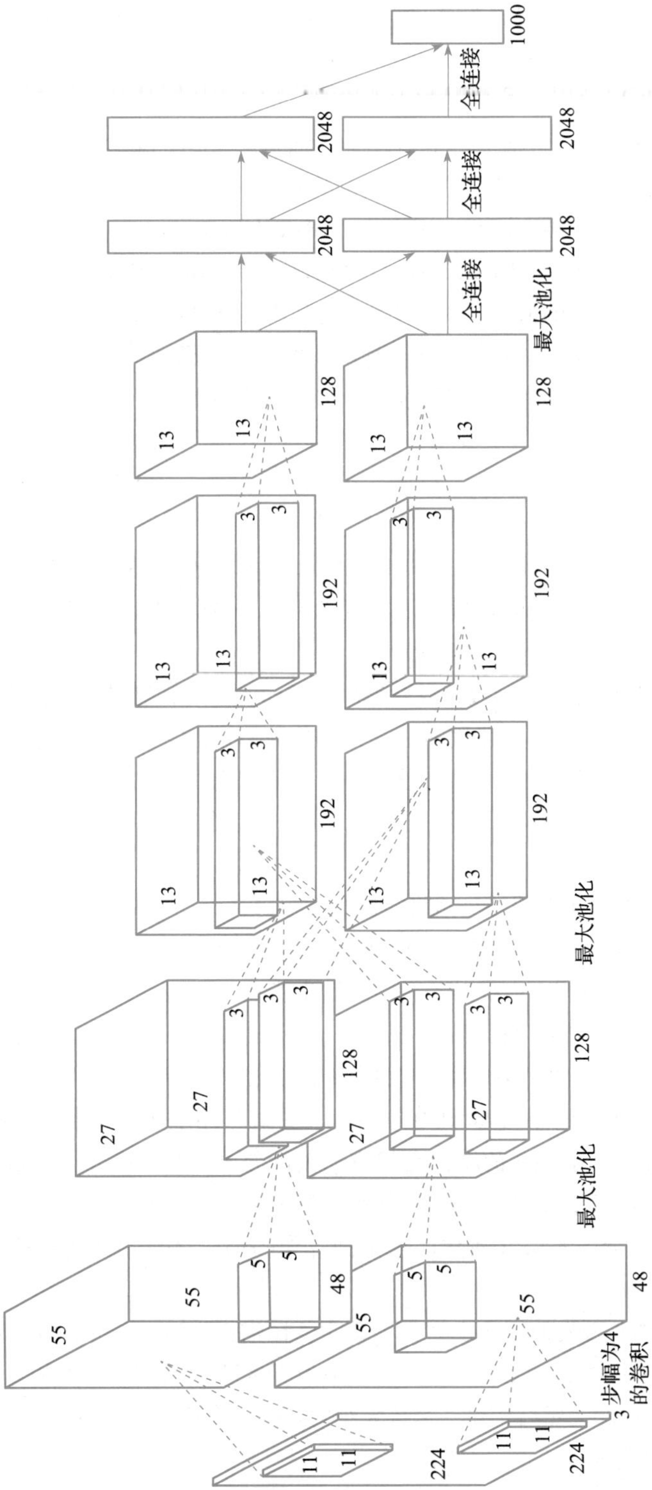

图2-31 AlexNet的原始结构[4]

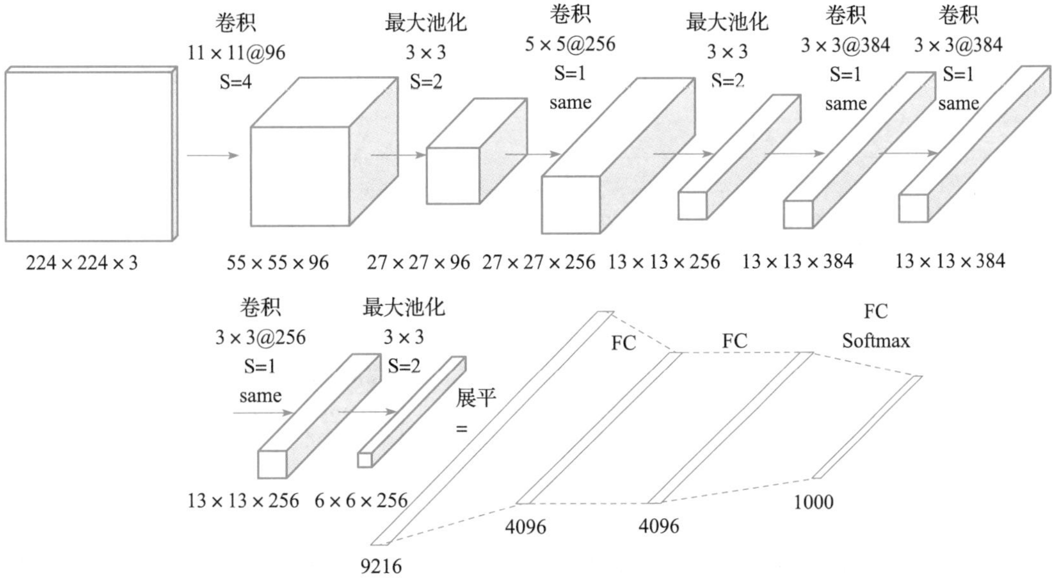

图 2-32　AlexNet 的简化结构

3）第 2 个卷积层（含池化）：包含 256 个大小为 5×5 卷积核，卷积步长为 1，同时利用填充（Padding）保证输出尺寸不变，因此卷积后的输出为 27×27×256；然后再次通过核大小为 3×3、步长为 2 的最大池化进行数据降采样，进而输出大小变为 13×13×256。

4）第 3 个卷积层与第 4 个卷积层：均为卷积核大小为 3×3、卷积步长为 1 的 Same 卷积，共包含 384 个卷积核，因此两层的输出大小均为 13×13×384。

5）第 5 个卷积层：同样为卷积核大小为 3×3、卷积步长为 1 的 Same 卷积，但包含 256 个卷积核，进而卷积后的输出大小为 13×13×256；在数据进入全连接层之前再次通过一个核大小为 3×3、池化步长为 2 的最大池化进行数据降采样，数据大小变为 6×6×256，并将数据扁平化处理展开为 9216 个单元。

6）第 1 个、第 2 个和第 3 个全连接层：第 1 个全连接层与第 2 个全连接层的神经元个数都是 4096，第 3 个全连接层神经元个数为 1000 个，使用 Softmax 分类器输出 1000 类的分类结果。

2.4.3　VGGNet

VGGNet[5] 由牛津大学计算机视觉组（Visual Geometry Group）和 Google DeepMind 公司共同研发，包含 VGG-16 和 VGG-19 两种结构。这里主要介绍应用比较广泛的 VGG-16，相较于 AlexNet，VGG-16 网络模型中的卷积层均使用卷积核大小为 3×3、卷积步长为 1 的 Same 卷积，池化层均使用池化核大小为 2×2、池化步长为 2 的最大池化，其简单规整的结构使其有着很强的拓展性，如图 2-33 所示。

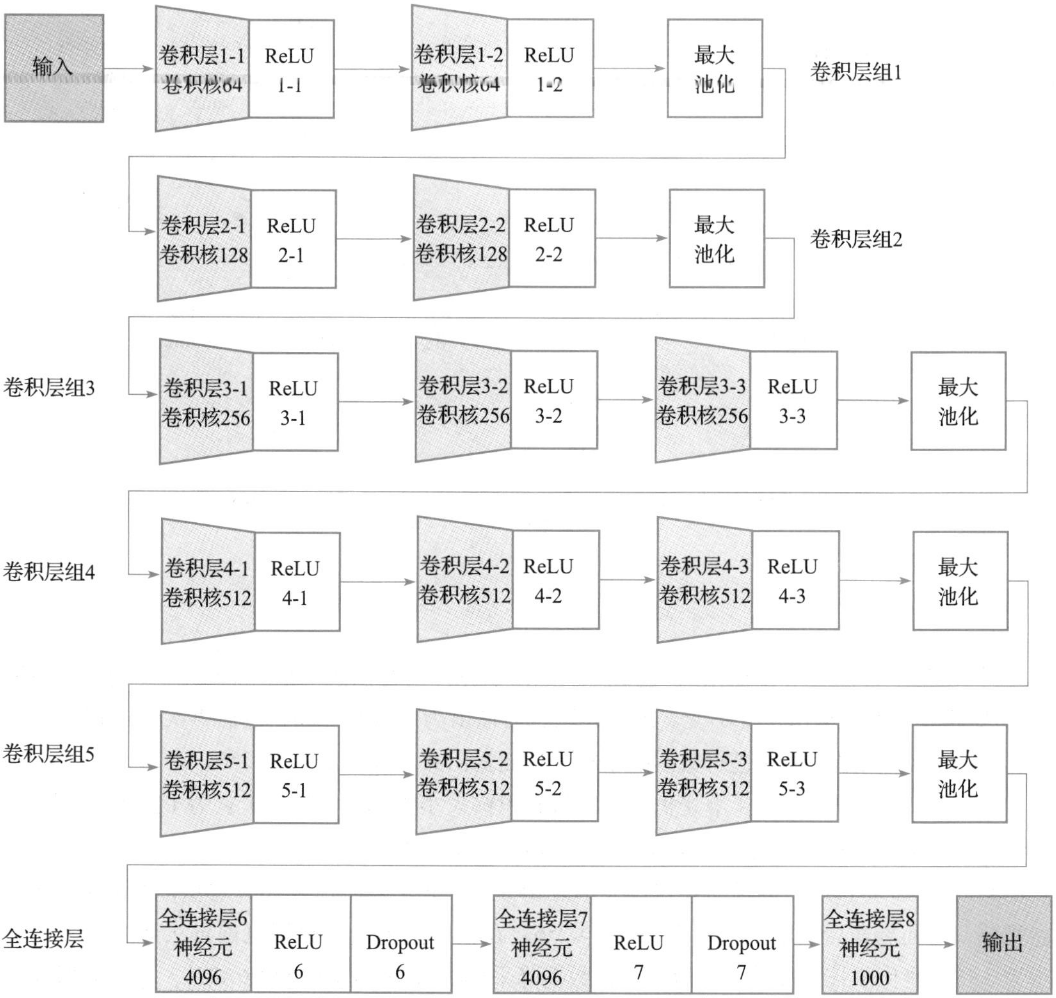

图 2-33 VGG-16 的结构

VGG-16 一共包含 16 层，可分为 5 组卷积层与 3 个全连接层，网络结构中每个卷积层后使用 ReLU 激活函数，并在每组卷积层后都进行最大池化，各组的卷积层数及卷积核个数如表 2-1 所示，随着卷积层的增加，卷积核的数量也随之增多。

表 2-1 VGG-16 相关参数

	卷积组 1	卷积组 2	卷积组 3	卷积组 4	卷积组 5
卷积层数	2	2	3	3	3
卷积核数	64	128	256	512	512

如图 2-34 所示，两个卷积核大小为 3×3 的卷积层串联后的感受野尺寸为 5×5，相当于单

个卷积核大小为 5×5 的卷积层。两者参数数量比值为（2×3×3）÷(5×5)= 72%，前者参数量更少；此外，两个 3×3 的卷积层串联可使用两次 ReLU 激活函数，而一个 5×5 的卷积只使用一次。因此，这种多个卷积核大小皆为 3×3 的卷积层串联的设计在一定程度上减少了参数量的同时也使得网络的特征学习能力（非线性表达能力）更强。

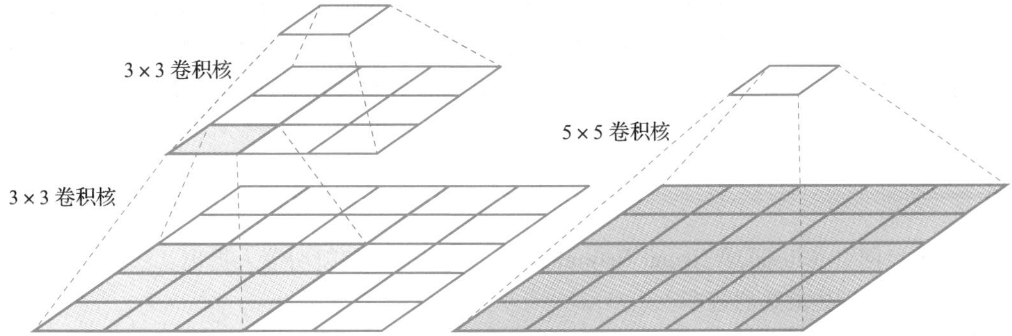

图 2-34　3×3 卷积串联与 5×5 卷积示意图

2. 4. 4　GoogleNet

GoogleNet[6] 由 Google 公司提出，它的主要思想是除了在网络深度上加深（22 层）之外，在宽度上也加宽。GoogleNet 的核心是 Inception 模块，它体现了在网络宽度上加宽的思想，基本结构如图 2-35 所示。Inception 模块包含 4 个分支，每个分支均使用了 1×1 卷积，它可以跨通道组织信息，提高网络的表达能力，同时还可以对输出通道进行升维和降维。Inception 模块中包含了 1×1、3×3、5×5 三种不同尺寸的卷积和 1 个 3×3 最大池化，增强了网络对不同尺度特征图的适应性。

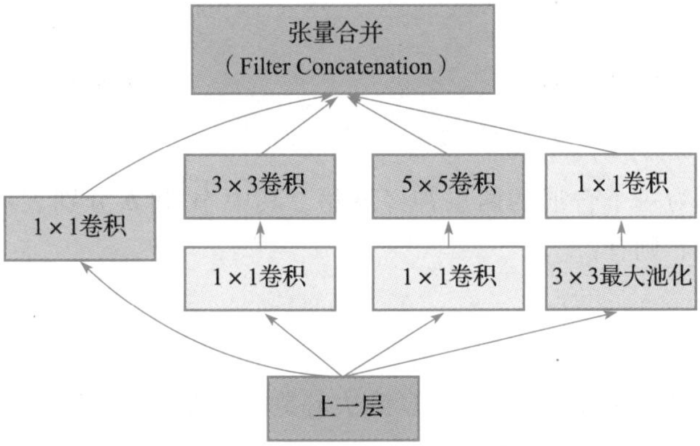

图 2-35　GoogleNet 中的 Inception 模块㊀

㊀ 图 2-35 根据文献［6］重新绘制。

GoogleNet 的第 2 版[7]、第 3 版[8] 和第 4 版[9] 对第 1 版进行了改进，进一步减小了在 ImageNet 物体识别挑战赛数据集上的分类错误率。GoogleNet 第 2 版主要是针对深度神经网络训练过程中存在的内部协变量偏移（Internal Covariate Shift，ICS）问题（是指如果训练数据在经过深度神经网络的每一层后其分布发生了变化，就可能降低整个网络的优化效率），提出使用批归一化（Batch Normalization，BN）来解决这一问题。GoogleNet 第 3 版主要是对之前版本的卷积进行分解来减少参数量，如跟 VGG-16 中的一样，用两个 3×3 的卷积串联来代替一个 5×5 的卷积。GoogleNet 第 4 版的主要思想是将要讲述的 ResNet 和 Inception 模块结合起来，起到了非常好的效果。

2.4.5 ResNet

残差神经网络（Residual Neural Network，ResNet）[10] 由何凯明等人提出，获得了 2015 年 ImageNet 物体识别挑战赛的冠军。

ResNet 的核心是称作残差块（Residual Block）的单元，残差块可以视作在标准神经网络基础上加入了跳跃连接（Skip Connection），可以从某一层获取激活输出，迅速反馈给另一层，如图 2-36 所示。

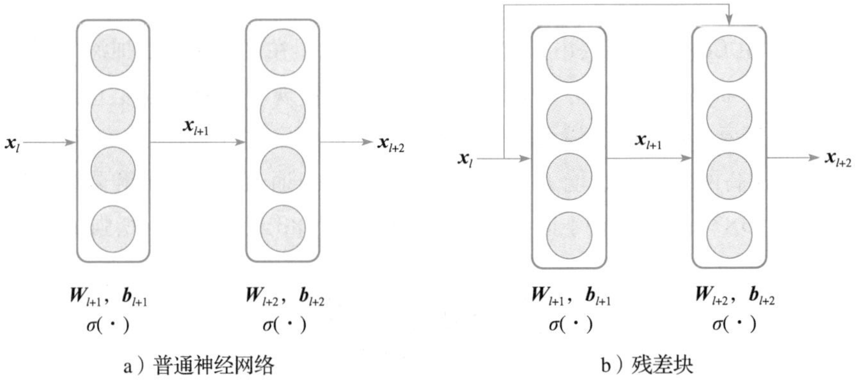

图 2-36　ResNet 的残差块

如图 2-36a 所示为一个普通的两层神经网络，其中 $\boldsymbol{W}$ 和 $\boldsymbol{b}$ 分别表示连接权重和偏置，$\sigma(\cdot)$ 表示激活函数，则有：

$$
\begin{aligned}
\boldsymbol{x}_{l+1} &= \sigma(\boldsymbol{W}_{l+1}\boldsymbol{x}_l + \boldsymbol{b}_{l+1}) \\
\boldsymbol{x}_{l+2} &= \sigma(\boldsymbol{W}_{l+2}\boldsymbol{x}_{l+1} + \boldsymbol{b}_{l+2})
\end{aligned}
\tag{2-21}
$$

也就是说，在普通的神经网络中，信息流从 $\boldsymbol{x}_l$ 到 $\boldsymbol{x}_{l+1}$ 再到 $\boldsymbol{x}_{l+2}$ 需要经过如上的计算过程，可以看成信息沿着一条直的管道流动。

如图 2-36b 所示是一个残差块，相较于普通神经网络，添加了一条直接从 $\boldsymbol{x}_l$ 到 $\boldsymbol{x}_{l+2}$ 的连接，即前文所说的跳跃连接，因此有：

$$
\begin{aligned}
\boldsymbol{x}_{l+1} &= \sigma(\boldsymbol{W}_{l+1}\boldsymbol{x}_l+\boldsymbol{b}_{l+1}) \\
\boldsymbol{x}_{l+2} &= \sigma(\boldsymbol{W}_{l+2}\boldsymbol{x}_{l+1}+\boldsymbol{b}_{l+2}+\boldsymbol{x}_l)
\end{aligned} \tag{2-22}
$$

也就是说，在残差块里面，通过跳跃连接使得前面某层的输出作为后面某层的输入。如果存在跳跃连接的输入、输出维度不一致的情况，则可以对输入进行简单的线性映射变换即可。

由前面讲述的 VGGNet 可以看出，随着卷积神经网络层数的加深，其性能也有了大幅提升。那么为什么会提出残差网络呢？主要是因为随着卷积网络层数的增加，误差的反向传播过程中存在的梯度消失和梯度爆炸问题同样也会导致模型的训练难以进行，甚至会出现随着网络深度的加深，模型在训练集上的训练误差出现先降低再升高的现象。而残差块的引入则有助于缓解梯度消失和梯度爆炸问题。

2.5 卷积神经网络的主要应用

2.5.1 目标检测

目标检测任务是指将图像或者视频中的目标物体用边框（Bounding Box）标记并识别出该目标物体的类别。目前目标检测任务有两类模型：一类是以区域卷积神经网络（Region-CNN，R-CNN）系列为代表的两阶段模型，一类是以 YOLO 系列为代表的一阶段模型。

1. R-CNN 系列

R-CNN[12] 由 Ross Girshick 等人 2014 年提出。R-CNN 首先在 ImageNet 上训练模型，然后在 PASCAL VOC 数据集上进行微调（Finetuning），将目标检测的验证指标平均精度均值（Mean Average Precision，mAP）提升到了 53.7%，这比之前最好的结果提升了 13.3%。R-CNN 的结构如图 2-37 所示。

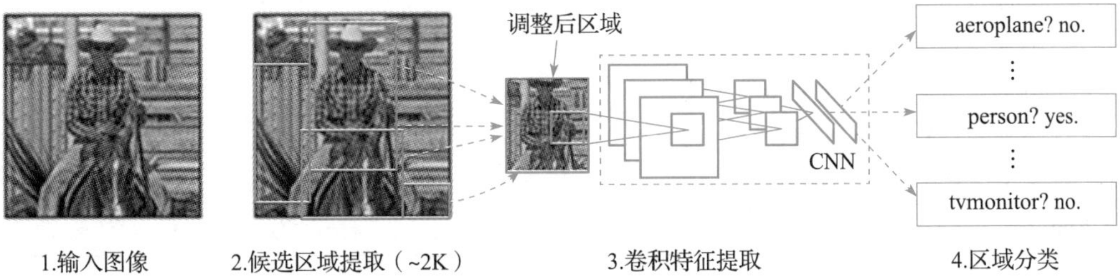

图 2-37 R-CNN 的结构[12]

R-CNN 的实现过程如下所示。

1）区域划分：给定一张输入图片，采用选择性搜索（Selective Search）算法从图片中提取 2000 个左右独立的候选区域。

2）特征提取：对于每个区域利用 AlexNet 抽取一个固定长度的特征向量。

3）目标分类：对每个区域利用 SVM 进行分类。

4）边框回归：进行边框坐标偏移优化和调整。

（1）区域划分

使用选择性搜索算法[30]进行区域划分，它的核心思想是图像中目标可能存在的区域存在某些相似性或者连续性。基于这一思想，选择性搜索算法采用子区域合并的方法提取候选边界框。首先，通过图像分割算法将输入图像分割成许多小的子区域；其次，根据这些子区域之间的相似性（主要考虑颜色、纹理、尺寸和空间交叠 4 个方面的相似性）进行区域合并，并进行不断迭代。每次迭代过程中对这些合并的子区域做外切矩形，这些子区域的外切矩形就是通常所说的候选边框。选择性搜索算法（层次分组算法）的伪代码如算法 2-1 所示。

算法 2-1　层次分组算法（Hierarchical Group Algorithm）

```
输入：（彩色）图像
输出：目标定位假设 L 的集合
获取初始化区域 R={r_1,…,r_n}
初始化相似度集合 S=Ø
For each 相邻的区域对 (r_i,r_j) do
    计算相似度 s(r_i,r_j)
    S=S∪s(r_i,r_j)
End
While S≠Ø do
    获取最大相似度值：s(r_i,r_j)=max (S)
    合并对应区域：r_t=r_i∪r_j
    移除与 r_i 相关的相似度：S=S\ s(r_i,r_*)
    移除与 r_j 相关的相似度：S=S\ s(r_*,r_j)
    计算 r_t 与其相邻区域的相似度集合 S_t
    更新相似度集合：S=S∪S_t
    更新区域集合：R=R∪r_t
End
```

（2）目标分类

使用 SVM 对目标进行分类，训练时，把人工标定边框（Ground Truth）作为该类别的正例，把 IoU 小于 0.3 的建议边框（Proposal）作为该类别的负例；调优 CNN 时，把 IoU 大于 0.5 的建议边框作为该类别的正例，其他作为负例（所有类别的背景）。如图 2-38 所示，假设有两个矩形边框 A 和 B，那么 IoU 的定义如下：

$$\text{IoU}=(A\cap B)/(A\cup B) \tag{2-23}$$

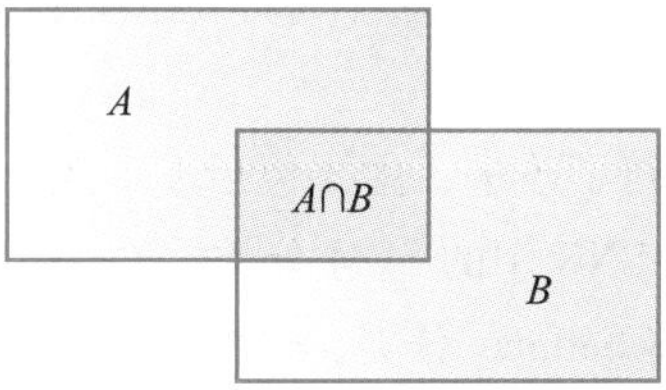

图 2-38　矩形边框 A 和 B 之间的关系

（3）边框回归

边框回归的目的是使得预测的边框尽可能与人工标定的边框接近。如图 2-39 所示，P 表示建议边框，$\hat{G}$ 表示预测边框（Predicted），G 表示人工标定边框（Ground Truth）。

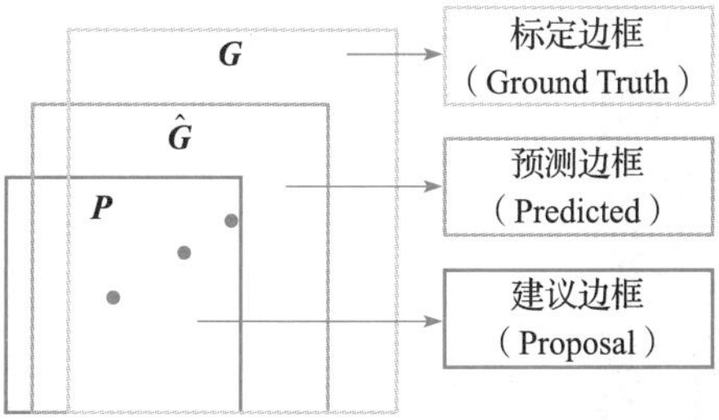

图 2-39　目标检测中的边框类型

在边框回归时，给定（P_x,P_y,P_w,P_h），P_x，P_y，P_w，P_h 分别表示建议边框的中心点坐标以及宽度与高度，目的就是寻找一种映射 f，使得：

$$(\hat{G}_x,\hat{G}_y,\hat{G}_w,\hat{G}_h)=f(P_x,P_y,P_w,P_h) \tag{2-24}$$

$$(\hat{G}_x,\hat{G}_y,\hat{G}_w,\hat{G}_h)\approx(G_x,G_y,G_w,G_h) \tag{2-25}$$

先做平移：$(\Delta x,\Delta y)$，$\Delta x=P_w\mathrm{d}_x(P)$，$\Delta y=P_h\mathrm{d}_y(P)$，那么：

$$\hat{G}_x=P_w\mathrm{d}_x(P)+P_x \tag{2-26}$$

$$\hat{G}_y=P_h\mathrm{d}_y(P)+P_y \tag{2-27}$$

再做缩放：(Δ_w,Δ_h)，$\Delta_w=\exp(\mathrm{d}_w(P))$，$\Delta_h=\exp(\mathrm{d}_h(P))$，那么：

$$\hat{G}_w=P_w\exp(\mathrm{d}_w(P)) \tag{2-28}$$

$$\hat{G}_h=P_h\exp(\mathrm{d}_h(P)) \tag{2-29}$$

那么，真实的偏移量：

$$t_x=(G_x-P_x)/P_w \tag{2-30}$$

$$t_y=(G_y-P_y)/P_h \tag{2-31}$$

$$t_w=\log(G_w/P_w) \tag{2-32}$$

$$t_h=\log(G_h/P_h) \tag{2-33}$$

边框回归的损失函数为

$$\boldsymbol{w}_*=\mathrm{argmin}_{\hat{w}_*}\sum_i^N(\boldsymbol{t}_*^i-\hat{\boldsymbol{w}}_*^T\varnothing_5(\boldsymbol{P}^i))^2+\lambda\|\hat{\boldsymbol{w}}_*\|^2 \tag{2-34}$$

其中 $\varnothing_5(\boldsymbol{P}^i)$ 表示建议边框的特征向量，它是 AlexNet 第 5 层池化输出的特征，$\boldsymbol{w}_*$ 是要学习的参数。

Fast R-CNN[13] 对 R-CNN 进行了改进，主要包括以下几个方面：

1）使用 Softmax 分类替换 R-CNN 中的 SVM 分类。

2）设计了联合损失函数，将 Softmax 分类、边框回归一起训练。

3）添加感兴趣区域池化（Region of Interest Pooling，RoI Pooling）层，实现了不同大小区域特征图的池化。

4）训练时所有的特征存在缓存中，不再存到硬盘上，提升了速度。

Fast R-CNN 的结构如图 2-40 所示。

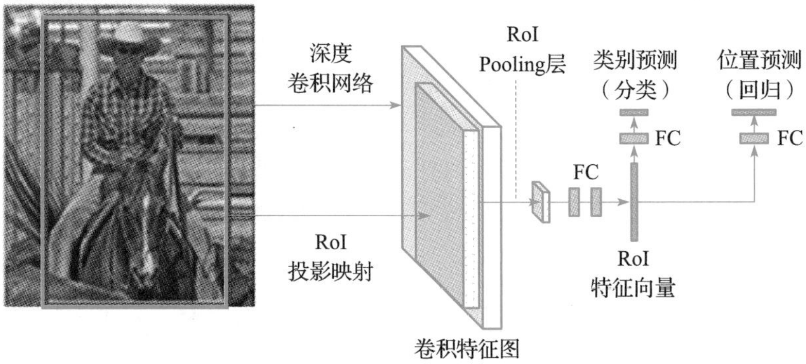

图 2-40　Fast R-CNN 的结构[13]

Fast R-CNN 在 CNN 提取特征后，进行 RoI Pooling，再将候选框目标分类与边框回归同时放入全连接层，形成一个多任务学习（Multi-task Learning）模型。RoI Pooling 是指将每个候选区域均匀分成 $M\times N$ 块，对每块进行最大池化，将特征图上大小不一的候选区域转变为大小统一的数据，送入下一层，如图 2-41 所示。

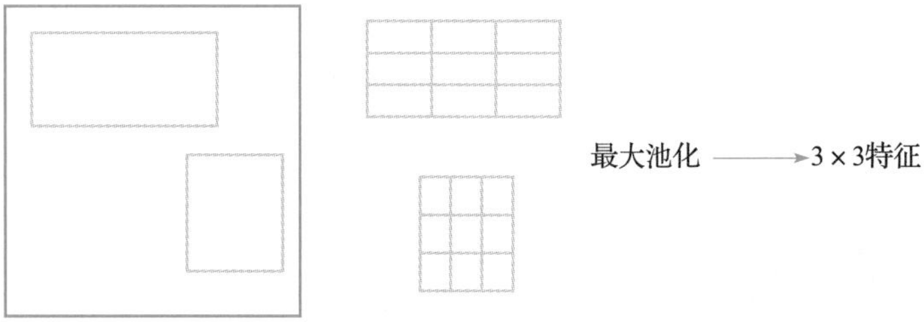

图 2-41　RoI Pooling 示意图

Fast R-CNN 采用联合损失函数，一部分是分类损失函数，一部分是边框回归损失函数，如下所示：

$$L(\boldsymbol{p},\boldsymbol{u},\boldsymbol{t}^u,\boldsymbol{v})=L_{\text{cls}}(\boldsymbol{p},\boldsymbol{u})+\lambda[u\geqslant 1]L_{\text{loc}}(\boldsymbol{t}^u,\boldsymbol{v}) \tag{2-35}$$

$$L_{\text{cls}}(\boldsymbol{p},\boldsymbol{u})=-\log p_u \tag{2-36}$$

$$L_{\mathrm{loc}}(\boldsymbol{t}^u,\boldsymbol{v})=\sum_{i\in(x,y,w,h)}\mathrm{smooth}_{L_1}(t_i^u-v_i) \tag{2-37}$$

$$\mathrm{smooth}_{L_1}(x)=\begin{cases}0.5x^2 & |x|<1\\ |x|-0.5 & \text{其他情况}\end{cases} \tag{2-38}$$

其中 $L_{\mathrm{cls}}(\boldsymbol{p},\boldsymbol{u})$ 指的是类 u 为正例的对数损失，$\boldsymbol{p}=(p_0,p_1,\cdots)$ 是每个类别的概率，$L_{\mathrm{loc}}(\boldsymbol{t}^u,\boldsymbol{v})$ 是定义在类 u 上的一组正例边框回归目标的损失，$\boldsymbol{v}=(v_x,v_y,v_w,v_h)$，$\boldsymbol{t}^u$ 表示一组类 u 上的预测边框，$\boldsymbol{t}^u=(t_x^u,t_y^u,t_w^u,t_h^u)$，$\lambda[u\geq1]$ 当 $u\geq1$ 时为 1，其他情况为 0，λ 是边框回归损失的权重参数，$\mathrm{smooth}_{L_1}(x)$ 是平滑函数。

Faster R-CNN[14] 使用一种称作区域建议网络（Region Proposal Network，RPN）的全卷积神经网络来生成区域建议（Region Proposal），替代之前的选择性搜索算法。Faster R-CNN 的结构如图 2-42 所示。

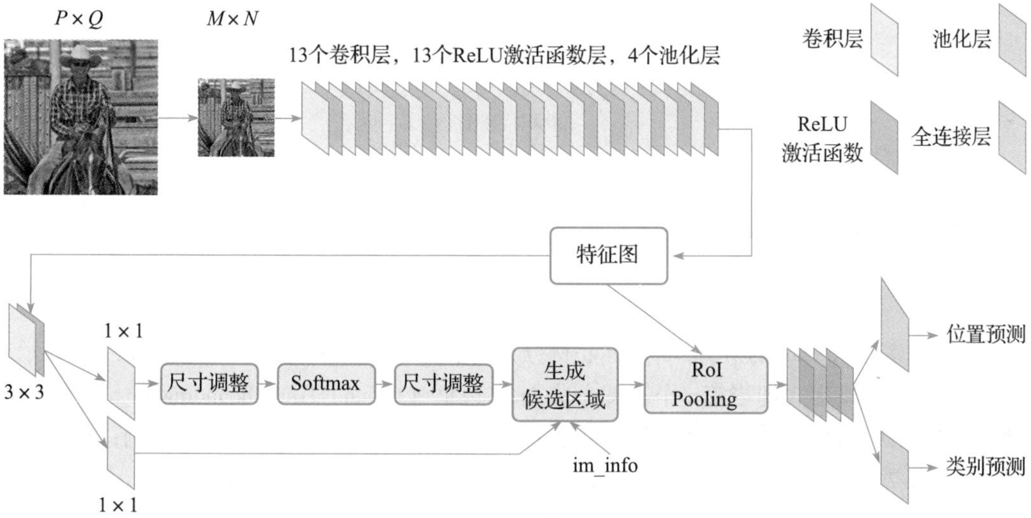

图 2-42　Faster R-CNN 的结构㊀（详见彩插）

Faster R-CNN 首先使用一组由卷积、ReLU、池化组成的结构提取输入图像的特征图，特征图同时用于后续的 RPN 和 RoI Pooling。RPN 层用于生成区域建议，它通过 Softmax 判断区域是有目标的正例（Positive）还是没有目标的负例（Negative），再利用边框回归获得候选区域。RoI Pooling 层接收卷积和池化后的特征图和 RPN 层的候选区域，综合这些信息后送入全连接层判定目标类别，同时再次使用边框回归获得边框的最终精确位置。

在 RPN 中，使用长宽比为 1∶1、1∶2 和 2∶1 三种矩形框，称作 Anchor。首先，为特征图每个位置生成 k（默认为 9）个 Anchor。其中分类用 Softmax 判断 Anchor 是有目标的正例（Positive Anchor）还是没有目标的负例（Negative Anchor），因此输出大小为 $2k$。回归实现

㊀ 根据 https://www.lablab.top/post/how-does-faster-r-cnn-work-part-i/中的图重新绘制。

Anchor 边框的回归输出，为每个 Anchor 得到位置偏移量（x, y, w, h），因此输出大小为 $4k$。如图 2-43 所示。

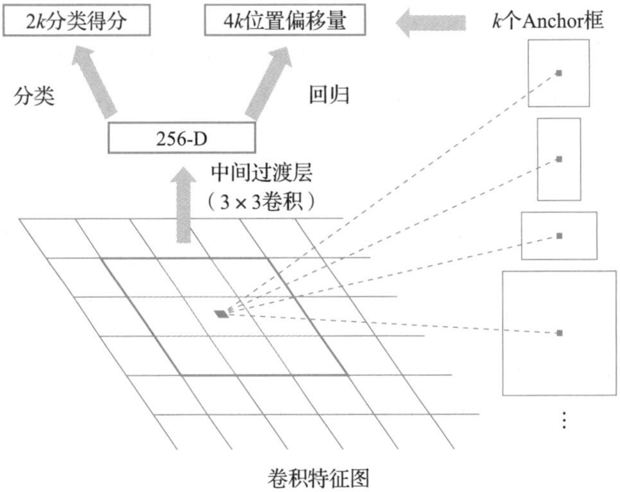

图 2-43　RPN Anchor 示意图㊀

RPN 训练时的损失函数定义为

$$L(\{p_i\},\{t_i\})=\frac{1}{N_{\text{cls}}}\sum_i L_{\text{cls}}(p_i,p_i^*)+\lambda\frac{1}{N_{\text{reg}}}\sum_i p_i^* L_{\text{reg}}(t_i,t_i^*) \tag{2-39}$$

其中，i 表示 Anchor 的索引，p_i 表示正例分类概率（Positive Softmax Probability），p_i^* 表示对应的 Anchor 预测概率（即当第 i 个 Anchor 与标定边框（Ground Truth Bounding Box））之间的 IoU>0.7 时，认为是该 Anchor 是正例；反之 IoU<0.3 时，认为是该 Anchor 是负例；至于那些 0.3≤IoU≤0.7 的 Anchor 则不参与训练；t_i 表示预测边框（Predicted Bounding Box），t_i^* 表示对应正例 Anchor 对应的人工标定边框。分类损失用于分类 Anchor 为正例与负例的网络训练。回归损失用于边框回归训练。注意在该损失中乘了 p_i^*（正例 $p_i^*=1$、负例 $p_i^*=0$），相当于只关心正例 Anchor 的回归，而没必要去关心负例 Anchor 的回归。λ 是边框回归损失的权重参数。

2. YOLO 系列

YOLO 系列模型[15-20] 与 R-CNN 系列最大的区别是用一个卷积神经网络就可以直接预测输入图像中的目标边框和类别概率，实现了端到端（End2End）的训练。YOLO[15] 的网络结构如图 2-44 所示。

YOLO 模型中，将检测任务看作一个回归问题，将图像划分为一个 $S \times S$ 的网格，每一个网格预测 B 个边框以及它的置信度，还有 C 个类别的概率，整个预测被编码为 $S \times S \times (B \times 5 + C)$ 的张量，如图 2-45 所示。

㊀ 图 2-43 根据文献［14］重新绘制。

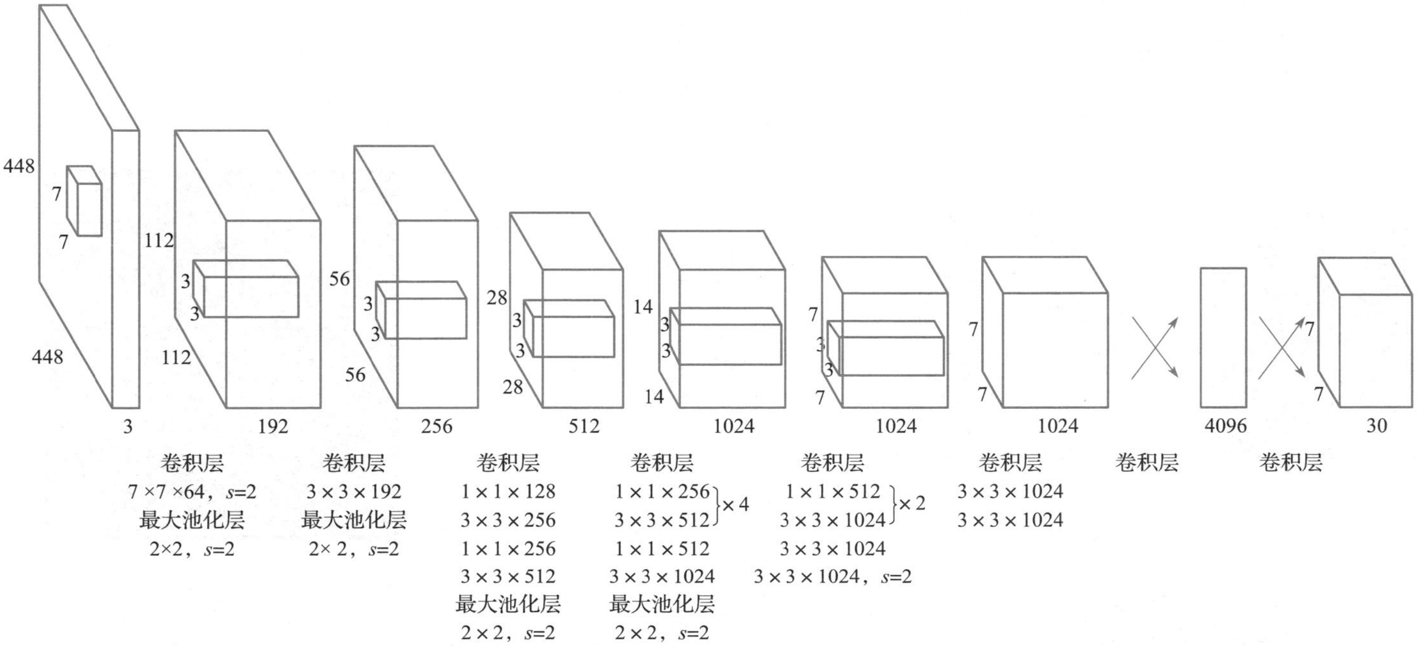

图 2-44　YOLO 的网络结构[㊀]

㊀ 图 2-44 根据文献［15］重新绘制。

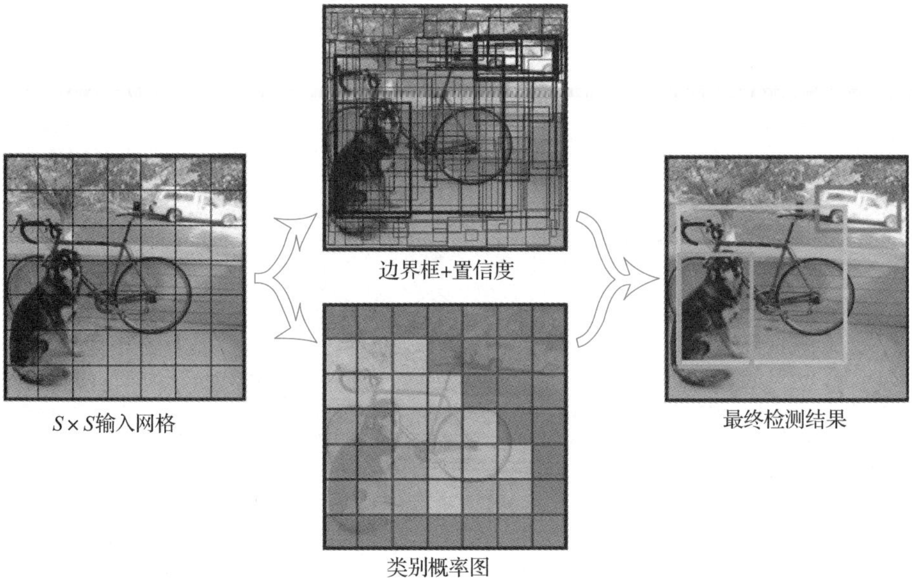

图 2-45 YOLO 模型[15]（详见彩插）

如图 2-46 所示，设定每个网格预测两个边框，边框 1 和边框 2 的回归结果都是五维，其中前四维代表位置（$\hat{x},\hat{y},\hat{w},\hat{h}$），最后一维代表置信度 $\hat{C}$。（$\hat{x},\hat{y}$）是边框的中心相对于网格（Cell）的偏移量（Offset），（$\hat{w},\hat{h}$）是边框相对于整个图片的比例，计算公式如下：

$$\hat{x}=\frac{x_c}{w_{\text{total}}}\times S-x_{\text{col}} \tag{2-40}$$

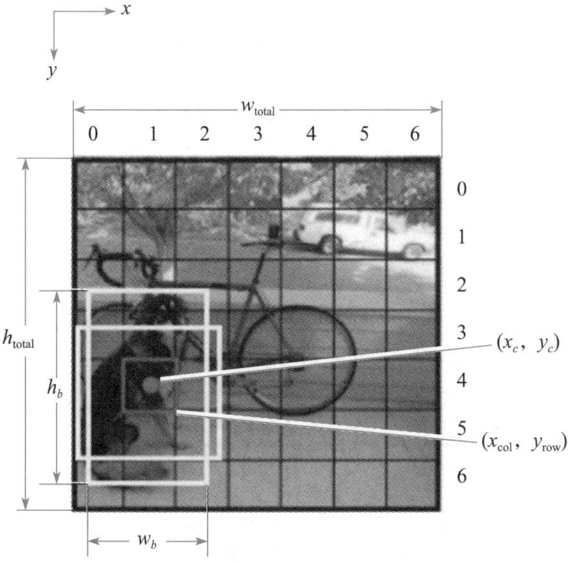

图 2-46 边框位置计算示意图（详见彩插）

$$\hat{y}=\frac{y_c}{h_{\text{total}}}\times S-y_{\text{row}} \tag{2-41}$$

$$\hat{w}=\frac{w_b}{w_{\text{total}}} \tag{2-42}$$

$$\hat{h}=\frac{h_b}{h_{\text{total}}} \tag{2-43}$$

置信度 $\hat{C}$ 的计算公式如下：

$$\hat{C}=P_r(\text{Object})*\text{IoU}_{\text{pred}}^{\text{truth}} \tag{2-44}$$

置信度 $\hat{C}$ 由以下两部分组成。

1）$P_r(\text{Object})$：用来判断网格内是否有目标（Object），如果有等于 1，没有等于 0。

2）$\text{IoU}_{\text{pred}}^{\text{truth}}$：预测边框的准确度，也就是与标定边框的 IoU。

类别的条件概率 $P_r(\text{Class}_i \mid \text{Object})$ 表示该网格内存在目标物体且属于第 i 类的概率，测试的时候计算每个类别的得分：

$$\begin{aligned}&P_r(\text{Class}_i \mid \text{Object})\times\hat{C}\\=&P_r(\text{Class}_i \mid \text{Object})\times P_r(\text{Object})\times\text{IoU}_{\text{pred}}^{\text{truth}}\\=&P_r(\text{Class}_i)\times\text{IoU}_{\text{pred}}^{\text{truth}}\end{aligned} \tag{2-45}$$

总之，图像分割成 $S\times S$ 个网格，每个网格预测 B 个边框，每个边框预测 5 个值；同时，每个格子预测 C 个类别，所以检测器最终需要预测一个 $S\times S\times(B\times5+C)$ 的张量。对于图 2-46 中的例子，$S=7$、$B=2$、$C=20$，所以最终会得到一个 $7\times7\times(2\times5+20)=7\times7\times30$ 的张量。

YOLO 的损失函数如公式（2-46）所示，它包含四个部分：位置误差、含有目标的置信度误差、不含目标的置信度误差和分类误差，其中，$\mathbb{1}_{ij}^{\text{obj}}$ 表示第 i 个网格的第 j 个边框含有目标（Object），$\mathbb{1}_{ij}^{\text{nobj}}$ 表示第 i 个网格的第 j 个边框不含有目标（Object），$\mathbb{1}_{i}^{\text{obj}}$ 表示第 i 个网格含有目标（Object）的一部分。

$$\begin{aligned}&\lambda_{\text{coord}}\sum_{i=0}^{s^2}\sum_{j=0}^{B}\mathbb{1}_{ij}^{\text{obj}}\left[(x_i-\hat{x}_i)^2+(y_i-\hat{y}_i)^2\right]\\&+\lambda_{\text{coord}}\sum_{i=0}^{s^2}\sum_{j=0}^{B}\mathbb{1}_{ij}^{\text{obj}}\left[\left(\sqrt{w_i}-\sqrt{\hat{w}_i}\right)^2+\left(\sqrt{h_i}-\sqrt{\hat{h}_i}\right)^2\right] &&\text{位置误差}\\&+\sum_{i=0}^{s^2}\sum_{j=0}^{B}\mathbb{1}_{ij}^{\text{obj}}(C_i-\hat{C}_i)^2 &&\text{含有目标的置信度误差}\\&+\lambda_{\text{nobj}}\sum_{i=0}^{s^2}\sum_{j=0}^{B}\mathbb{1}_{ij}^{\text{nobj}}(C_i-\hat{C}_i)^2 &&\text{不含目标的置信度误差}\\&+\sum_{i=0}^{s^2}\mathbb{1}_{i}^{\text{obj}}\sum_{c\in\text{classes}}(p_i(c)-\hat{p}_i(c))^2 &&\text{分类误差}\end{aligned} \tag{2-46}$$

通过实验可以发现，YOLO 可以学到物体的全局信息，背景误检率比 R-CNN 降低一半，泛化能力强。同时由于 YOLO 采用一阶段方法，检测速度非常快，实时性好。但 YOLO 前景检测的准确率不如 R-CNN 系列高，小目标检测效果较差。

在 YOLO 提出后，又先后出现了 YOLOv2[16]、YOLOv3[17]、YOLOv4[18]、YOLOv5[19] 和 YOLOv6[20] 版本。YOLOv2 更改了骨干网络，使用 Darknet-19 进行特征提取，并使用批归一化、分辨率提升和多尺度训练等方法提升了检测准确率。YOLOv3 使用 Darknet-53 作为骨干网络进行特征提取，并借鉴特征金字塔[31] 的思想进行通道拼接与融合，进一步提升了检测准确率。YOLOv4 使用 CSPDarknet-53 作为骨干网络，并引入特征金字塔池化、Mosaic 数据增强和 Mish 激活函数等改进方法，与 YOLOv3 相比，检测准确率有较大的提升。YOLOv5 与 YOLOv4 相比，改进不大，主要是把最大池化由并行改为了串行。YOLOv6 的改进也不大，主要的改进是骨干网络由 CSPDarknet-53 改为了 EfficientRep[32]。这些版本的 YOLO 在保证实时性的同时，也提高了目标检测的准确率，成为当前目标检测框架的首选。

2.5.2 图像分割

全卷积网络（Fully Convolutional Network，FCN）[22] 是使用深度神经网络进行图像分割的开山之作。FCN 与传统的卷积神经网络不同，仅包含卷积层和池化层，不再包含全连接层和输出层。因此，它也不再对整幅图像进行分类，而是实现了像素级的分类，进而输出图像分割的结果。FCN 与传统卷积神经网络的区别如图 2-47 所示。

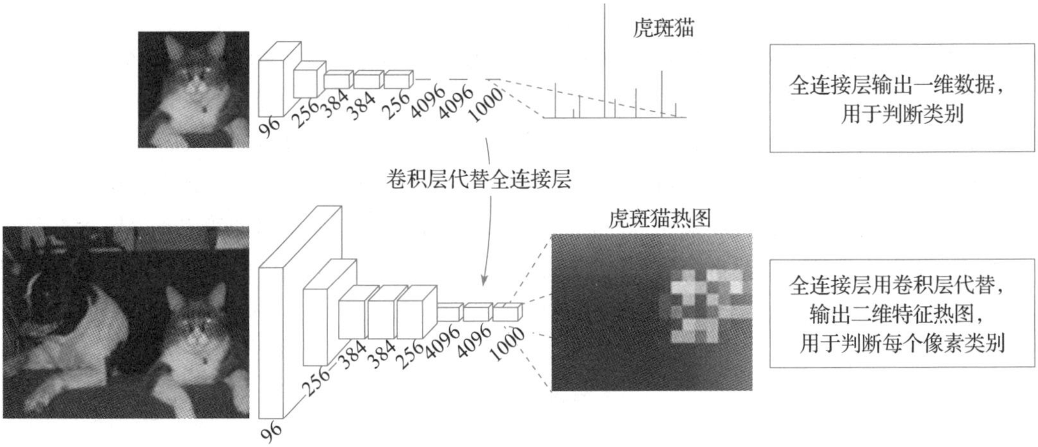

图 2-47 FCN 与传统卷积神经网络的区别[22]

如图 2-48 所示，FCN 中的卷积过程如下所示：

1）图像经过多个卷积和一个最大池化变为 pool1 特征图，特征图的宽高变为图像的 1/2。

2）pool1 特征图再经过多个卷积和一个最大池化后变为 pool2 特征图，宽高变为图像的 1/4。

3）pool2 特征图再经过多个卷积和一个最大池化后变为 pool3 特征图，宽高变为图像的 1/8。

4）重复上述操作，直到得到 pool5 特征图，宽高变为图像的 1/32。

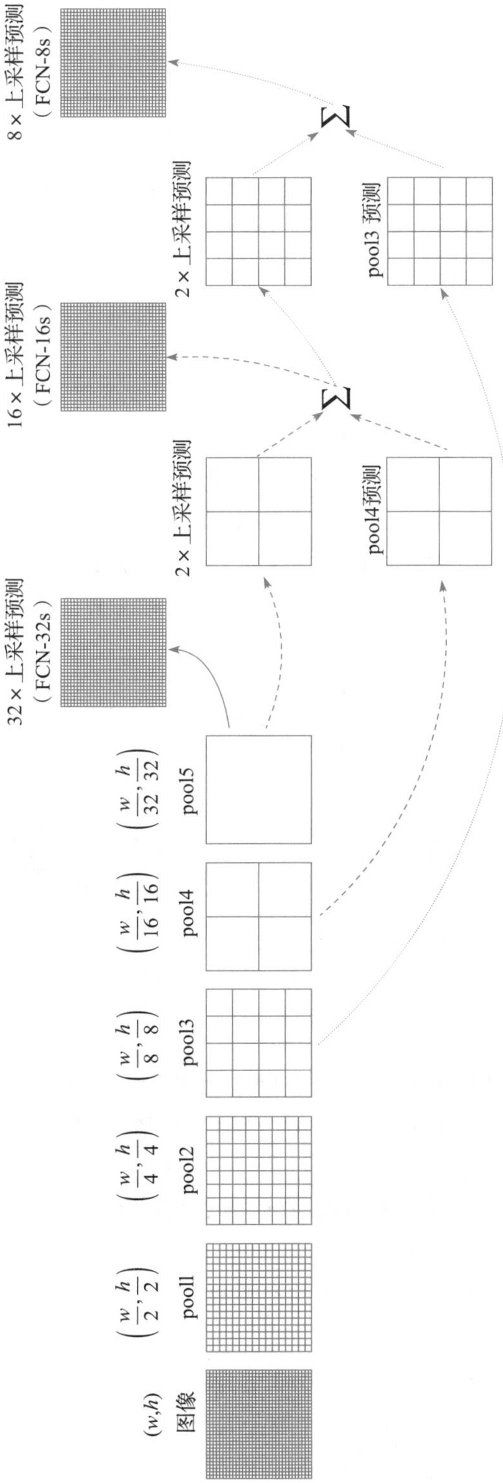

图 2-48　FCN 的卷积、上采样流程⊖

⊖ 图 2-48 根据文献［22］重新绘制。

如图 2-48 所示，FCN 中的上采样过程如下所示：

1）对于 FCN-32s 分割，直接对 pool5 特征图进行 32 倍的上采样，获得 32×上采样特征图，再对 32×上采样特征图的每个点做 Softmax 分类预测，获得 32×上采样预测，即 FCN-32s 分割图。

2）对于 FCN-16s 分割，首先对 pool5 特征图进行 2 倍上采样，获得 2×上采样特征图，再把 pool4 特征图和 2×上采样特征图逐点相加，然后对相加的特征图进行 16 倍上采样，并进行 Softmax 分类预测，获得 16×上采样预测，即 FCN-16s 分割图。

3）对于 FCN-8s 分割，首先把 pool4 特征图和 pool5 的 2×上采样特征图逐点相加，再进行 2 倍上采样，然后与 pool3 特征图逐点相加，然后对相加的特征图进行 8 倍上采样，并进行 Softmax 分类预测，获得 8×上采样预测，即 FCN-8s 分割图。

上采样（Upsampling）一般包括 2 种方式：1）调整尺寸，如使用双线性插值进行图像放大；2）逆卷积（Deconvolution）。逆卷积与卷积的操作示例如下所示：1）先做卷积，对于大小为 $m \times m$ 特征图，用大小为 $k \times k$ 的卷积核做卷积，步长为 1，则得到的特征图大小为 $(m-k+1)\times(m-k+1)$；2）再做逆卷积，对大小为 $(m-k+1)\times(m-k+1)$ 特征图先进行 $(k-1)$ 层的填充（Padding），再用大小为 $k \times k$ 的卷积核做卷积，则得到的特征图的大小为 $(m-k+1)+2(k-1)-k+1=m$。

在 FCN 的基础上，产生了多种变体，其中 SegNet[23] 比较著名，它采用了 Encoder-Decoder 结构，如图 2-49 所示。

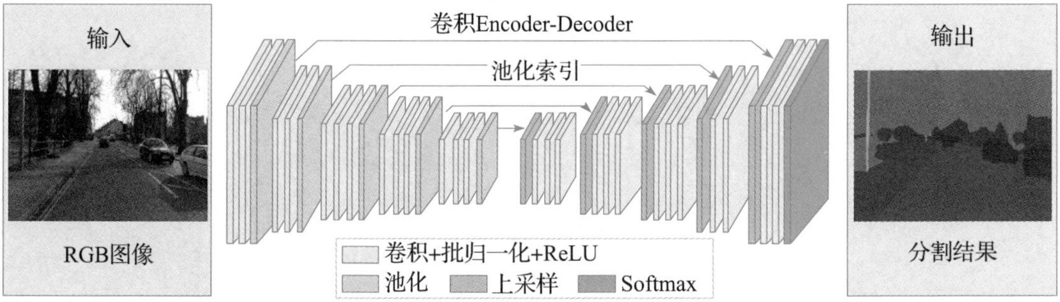

图 2-49 SegNet 的结构[23]（详见彩插）

SegNet 的 Encoder 骨干网络是 VGG-16，包含 13 个卷积层（卷积+批归一化+ReLU），不含全连接层，还有 5 个最大池化层，进行 2×2 最大池化时，存储相应的最大池化位置索引。

SegNet 的 Decoder 骨干网络也是 VGG-16，包含 13 个卷积层（卷积+批归一化+ReLU），不含全连接层，还有 5 个上采样层，采用 Encoder 存储的最大池化位置索引进行上采样。使用 K 类 Softmax 分类器预测每个像素的类别。

UNet[24] 是一个广泛应用于医疗图像分割的经典模型，也采用 Encoder-Decoder 结构，如图 2-50 所示。

在 UNet 中，左半部分是 Encoder，由两个 3×3 的卷积层（含激活函数 ReLU）再加上一个 2×2 的最大池化层组成，一共下采样 4 次。右半部分是 Decoder，由一个上采样的 2×2 逆卷积层加上特征拼接再加上两个 3×3 的卷积层（含激活函数 ReLU）组成，也相应地上采样 4 次。

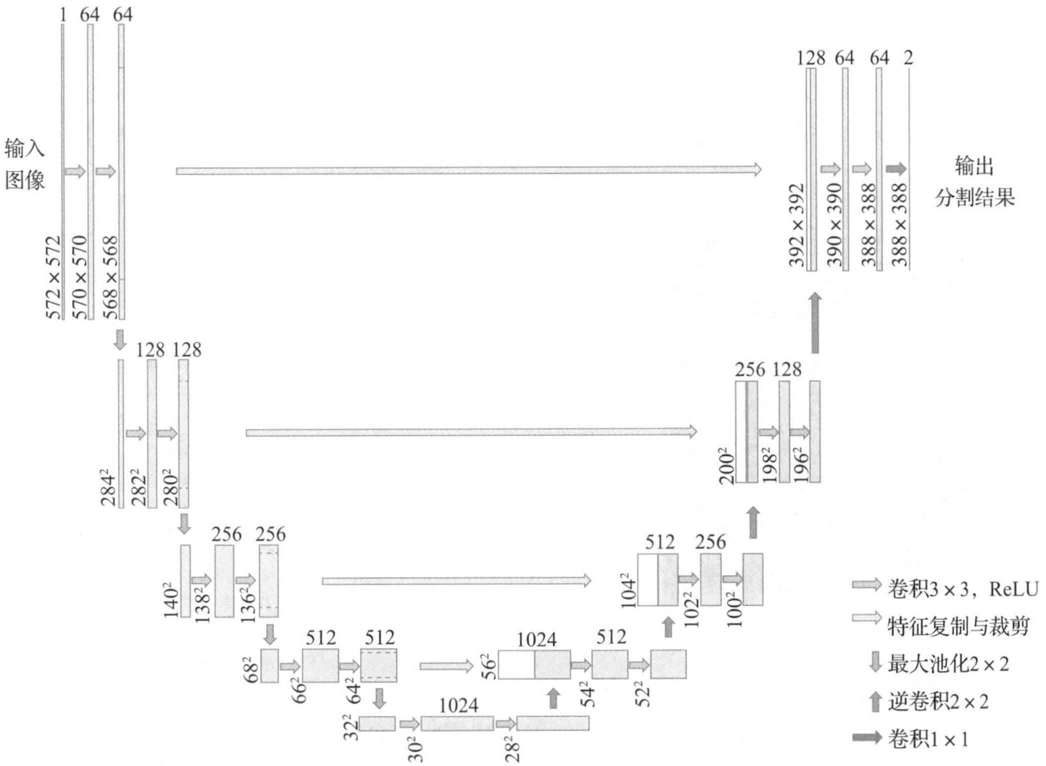

图 2-50　UNet 的结构[24]（详见彩插）

同时，在 UNet 中含有跳跃连接（Skip Connection），在同一层进行了特征复制（Copy），保证最后恢复出来的特征图融合了更多的底层特征，也使得不同尺度（Scale）的特征得到了的融合，从而可以进行多尺度预测，4 次上采样也使得分割图恢复边缘等信息更加精细。进行眼球血管图像分割的效果如图 2-51 所示。

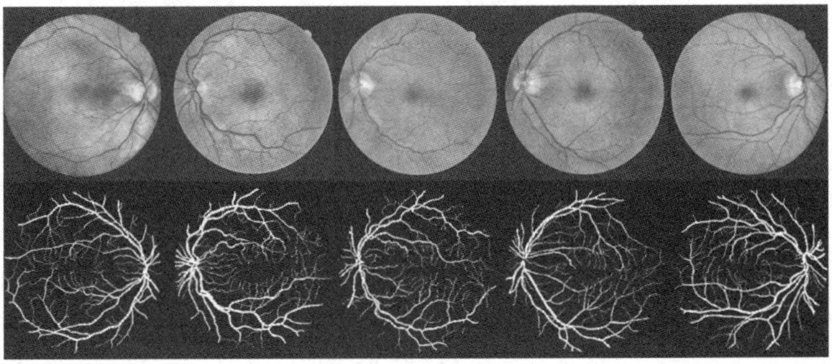

图 2-51　基于 UNet 的眼球血管图像分割㊀

㊀　基于 DRIVE 数据集：https://drive.grand-challenge.org/。

2.5.3 姿态估计

姿态估计（Pose Estimation）可视为图像或视频中人体关节位置（也称为关键点，如手肘、膝盖、肩膀等）的定位问题，因此也称为人体关键点检测。在 MSCOCO 数据集中，人体姿态关键点格式如图 2-52 所示。

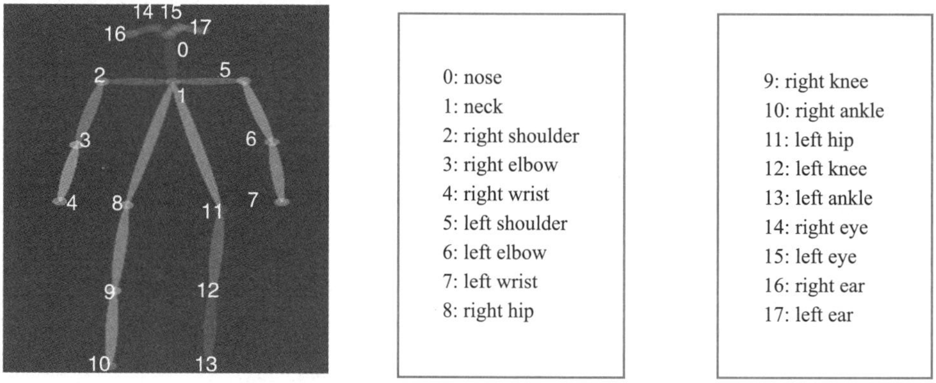

图 2-52　MSCOCO 数据集中的人体关键点

姿态估计一般分为单人姿态估计（Single Person Pose Estimation，SPPE）和多人姿态估计（Multiple Person Pose Estimation，MPPE）。姿态估计算法与姿态估计数据集密切相关，早期的姿态估计数据集一般都是单人的，因此当时的姿态估计主要集中于 SPPE，但 MPPE 更符合实际情况，随着更多 MPPE 数据集的出现，针对 MPPE 的研究也越来越多。

多人姿态估计方法又分为两类：1）Top-Down 方法。首先利用目标检测算法检测图像中的多个人，然后使用 SPPE 模型估计每一个人的姿态，这种方法的优点是精度高、易于实现，缺点是依赖于目标检测算法的效果，无法很好地解决遮挡问题，并且速度会随着图像场景中人数的增加而变慢。2）Bottom-Up 方法。首先检测出图像中所有人体关键点，然后将关键点分配给不同的人，这种方法的优点是整个图像只需要处理一次，且速度不受图像场景中人数变化影响，缺点是精度不如 Top-Down 方法，同样无法很好地解决遮挡问题。

DeepPose[33] 是使用深度神经网络进行人体姿态识别的开山之作，它将姿态估计问题转换为图像的卷积特征提取与关键点坐标位置的回归问题。DeepPose 的结构由 AlexNet 加上额外的全连接层组成，将输出投影到 $2k$ 维度，直接对表征人体 k 个关键点的坐标进行回归预测，如图 2-53 所示。不同于分类任务，DeepPose 使用 L2 作为损失函数进行训练。

DeepPose 将姿态估计问题看作回归任务，使用函数 $\varphi(\boldsymbol{x};\boldsymbol{\theta})\in\mathbb{R}^{2k}$，$\boldsymbol{x}$ 代表图像，$\boldsymbol{\theta}$ 代表模型的参数，k 个关键点的坐标 $\boldsymbol{y}=(\boldsymbol{y}_1^{\mathrm{T}},\boldsymbol{y}_2^{\mathrm{T}},\cdots,\boldsymbol{y}_i^{\mathrm{T}},\cdots,\boldsymbol{y}_k^{\mathrm{T}})^{\mathrm{T}}$，其中 $\boldsymbol{y}_i$ 表示第 i 个关键点的坐标，其中包含横坐标和纵坐标。损失函数采用 L2 损失：

$$\operatorname{argmin}\sum_{(x,y)\in D_N}\sum_{i=1}^{k}\|\boldsymbol{y}_i-\varphi_i(\boldsymbol{x};\boldsymbol{\theta})\|_2^2 \tag{2-47}$$

图 2-53　DeepPose 的结构[33]

DeepPose 还使用了级联回归器（Cascaded Regressor）对预测结果进行细化。模型基于前一阶段预测的坐标位置对图像进行局部裁剪作为现阶段的输入，这使得现阶段的输入具有更高的分辨率，从而能学习到更为精细的特征，以此来对前一阶段的预测结果进行细化，如图 2-54 所示。图 2-54 中绿色的点与连线表示标定的关键点及连线，红色的点与连线表示每一阶段的预测输出。

图 2-54　DeepPose 中的级联输出[33]（详见彩插）

DeepPose 直接对 k 个关键点的坐标进行回归，训练复杂度较高，一定程度上削弱了模型的泛化能力，而且模型使用的骨干网络是 AlexNet，它的学习能力有限。一种解决方法是将回归问题转换为预测 k 个尺寸为 $W_0 \times H_0$ 的热图（Heatmap）$\{\boldsymbol{h}_1, \boldsymbol{h}_2, \cdots, \boldsymbol{h}_k\}$，其中 $\boldsymbol{h}_i$ 表示第 i 个关键点的热图。根据此方法，基于沙漏网络（Hourglass Network）的姿态估计算法被提出[25]。堆叠的沙漏网络（Stacked Hourglass）的提出具有里程碑意义，它不仅在各个姿态估计数据集上取得了当时最好的结果，后续也被应用于目标检测、图像分割等领域，图 2-55 中重复的形似沙漏的结构就是沙漏网络。

沙漏网络包含重复的降采样（高分辨率到低分辨率）和上采样（低分辨率到高分辨率），此外还使用了残差连接保存不同分辨率下的空间信息。与 DeepPose 采用级联回归器一样，使用 Hourglass 模块的初衷在于捕捉与利用多个尺度上的信息，因为局部特征信息对于识别人体的脸部、手部等部位十分重要，但人体最终的姿态估计也需要图像的全局特征信息。与 DeepPose 的不同之处在于，沙漏网络不直接对关键点坐标进行回归，而是输出热图用于预测在每个像素点存在关键点的概率。

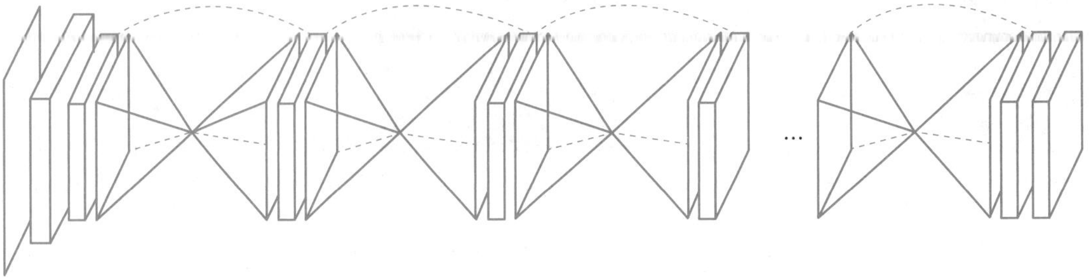

图 2-55　沙漏网络㊀

沙漏网络模型使用均方误差损失评价预测的热图与标定的热图（以实际关节点位置为中心的标准差为 1 的二维高斯分布）的误差。

2.5.4　人脸识别

人脸识别是指利用计算机分析人脸图像，并从中提取出有效的特征，最终判别人脸对象的身份。人脸识别已经成为计算机视觉领域的最重要的应用之一，目前在人们生产和生活的很多方面开展了应用，包括乘坐高铁/飞机时的身份验证、银行账户验证、手机支付验证等。

人脸识别一般分为两类：1）人脸验证/人脸比对（Face Verification）。指人脸 1 对 1 的比对，即判断两张人脸图片里的人是否为同一个人，如手机人脸解锁使用的就是这一类。2）人脸识别（Face Identification）。指人脸的 1 对 N 比对，即判断系统当前见到的人，为数据库中众多人中的哪一个，如疑犯识别、会场签到和客户识别等应用使用的就是这一类。

传统的人脸识别方法一般是先设计特征提取器，提取多个特征，再利用机器学习算法对提取的这些特征组合进行分类，如一共提取 6 个特征，每个特征有 2 个取值，那么就有 64 种组合，也就是说可以识别 64 张不同的人脸。传统的人脸识别方法需要人工设计要提取的特征，工作量较大，随着深度学习的诞生与发展，人们开始使用卷积神经网络进行人脸识别，识别准确率得到了很大提升。

2014 年，基于卷积神经网络的人脸识别模型 DeepFace[26] 被提出，它是卷积神经网络在人脸识别领域的奠基之作。人脸识别通常包含 4 个步骤：检测、对齐（校正）、表示和分类。DeepFace 在人脸对齐和表示这两个步骤上提出了新的方法：1）人脸对齐方面主要使用了 3D 人脸模型来对齐人脸；2）人脸表示方面使用了一个 9 层的卷积神经网络，同时使用了局部卷积。DeepFace 的性能远远超过了传统人脸识别算法，在 LFW 数据集上达到了 97.35%的人脸验证精度。

在人脸对齐方面，DeepFace 使用的方法与流程如下。

㊀ 图 2-55 根据文献［25］重新绘制。

1）用局部二值模式（Local Binary Pattern，LBP）结合支持向量回归（Support Vector Regression，SVR）的方法检测出人脸的 6 个基准点，包含眼睛两个点、鼻子一个点、嘴巴三个点。

2）通过拟合一个对基准点的转换（缩放、旋转与平移）对图像进行裁剪。

3）对图像定位 67 个基准点，并进行三角剖分。

4）用一个 3D 人脸库 USF Human-ID 得到一个平均 3D 人脸模型（正脸）。

5）学习一个 3D 人脸模型和原 2D 人脸之间的映射 P，并可视化为三角块。

6）通过相关的映射，把原 2D 人脸中的基准点转换成 3D 模型产生的基准点。

7）得到最后的正脸。

DeepFace 中用于人脸表示的卷积神经网络架构如图 2-56 所示。

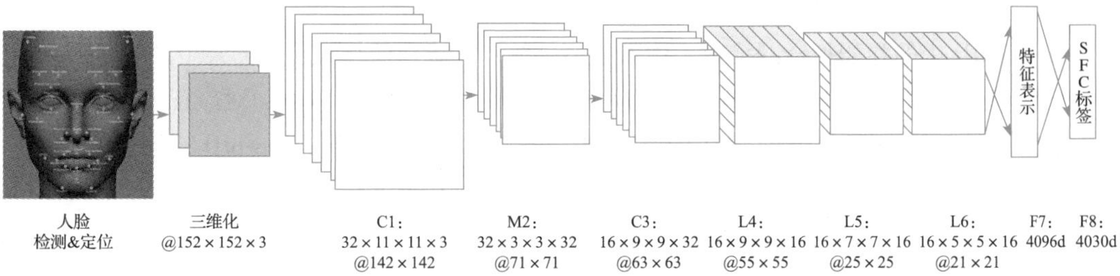

图 2-56　DeepFace 中用于人脸表示的卷积神经网络㊀

在用于人脸表示的卷积神经网络中，各层的功能说明如下：

1）C1、C3 是卷积层，M2 是最大池化层，前三层主要提取低水平特征，其中最大池化层可以使输出对微小的偏移更加鲁棒。

2）L4、L5、L6 是局部卷积层，对于特征图上的每个区域，学习不同的卷积核（即一张特征图上的卷积核参数不共享），因为人脸的不同区域会有不同的统计特征，比如眼睛和眉毛之间的区域比鼻子和嘴巴之间的区域具有更高的区分能力。

3）F7 是全连接层，用来捕捉不同区域特征的相关性，比如眼睛的位置与形状、鼻子的位置与形状、嘴巴的位置与形状。

4）F8 层对 F7 层的输出特征进行归一化（除以训练集上所有样本中的最大值），得到的特征向量值位于 0 到 1 之间，使用 Softmax 进行分类，输出是 4030 维的分类结果。

2014 年，DeepID[27] 被提出，主要针对的是人脸验证任务。DeepID 模型在训练集中对 10 000 个人脸实体进行分类，再将学习到的特征用于人脸验证。模型使用人脸上不同的区域训练多个单独的卷积神经网络，每个卷积神经网络的最后一层的输出为提取到的特征，称为 DeepID 特征（Deep Hidden IDentity Feature）。DeepID 中的卷积神经网络结构由四个卷积层和一个 Softmax 输出层组成，如图 2-57 所示。

㊀ 图 2-56 根据文献［26］重新绘制。人脸图片来源：https://insidesources.com/wp-content/uploads/2018/12/bigstock-Face-Detetion-And-Recognition-194513554.jpg。

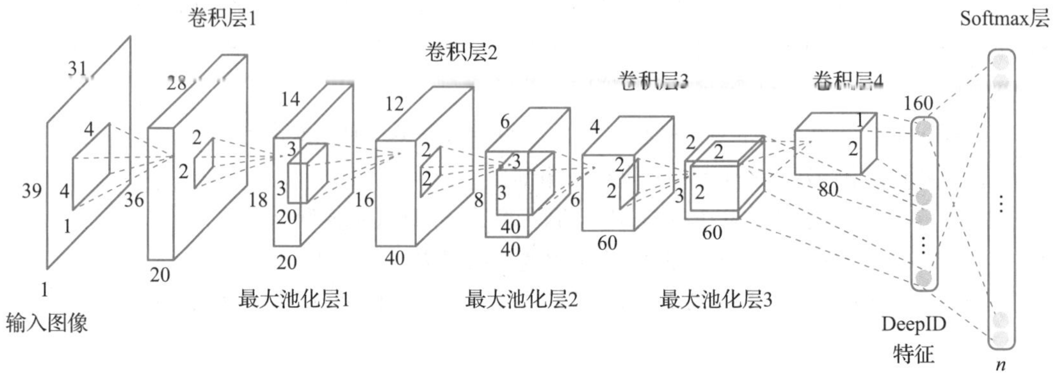

图 2-57　DeepID 中的卷积神经网络㊀

在 DeepID 中的卷积神经网络中，输入的不是整个人脸，而是人脸中的某个区域（Patch）。输入的区域有两种：一种是 39×31×k，对应矩形区域；一种是 31×31×k，对应正方形区域，其中 k 当输入是 RGB 图像时为 3，灰度图时为 1。将不同区域提取到的 DeepID 特征连接起来作为人脸的特征，用主成分分析方法降维到 150 维后送入 Joint Bayesian 分类器（也可以采用其他分类器）进行人脸验证，此时变为二分类任务。模型在 LFW 数据集上取得了 97.45%的准确率。

DeepID 的研究团队同年又提出了 DeepID2[34]，与 DeepID 相比，DeepID2 中的卷积神经网络的输入尺寸更大，输入图像大小从 39×31 增大到 55×47，如图 2-58 所示。DeepID2 的最大改进在于同时使用识别信号和验证信号来监督学习过程，而在 DeepID 中只用到了识别信号。DeepID2 在 LFW 数据集上的准确率达到了 99.15%。识别信号使用的是交叉熵损失，验证信号使用的是 L2 损失。可以看出，验证信号的计算需要两个样本，故每次迭代时需要随机抽取两个样本，然后计算误差。DeepID2 的损失函数如下所示：

$$\mathrm{Ident}(\boldsymbol{f},t,\boldsymbol{\theta}_{\mathrm{id}}) = -\sum_{i=1}^{n} -p_i \log \hat{p}_i = -\log \hat{p}_t \tag{2-48}$$

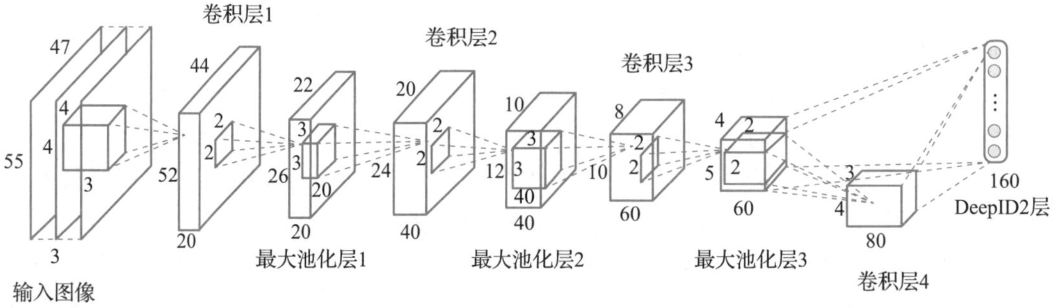

图 2-58　DeepID2 的卷积神经网络结构㊁

㊀ 图 2-57 根据文献［27］重新绘制。
㊁ 图 2-58 根据文献［34］重新绘制。

$$\mathrm{Verif}(\boldsymbol{f}_i,\boldsymbol{f}_j,y_{ij},\boldsymbol{\theta}_{ve})=\begin{cases}\frac{1}{2}\|\boldsymbol{f}_i-\boldsymbol{f}_j\|_2^2, & y_{ij}=1\\ \frac{1}{2}\max(0,m-\|\boldsymbol{f}_i-\boldsymbol{f}_j\|_2)^2, & y_{ij}=-1\end{cases} \tag{2-49}$$

其中 $\boldsymbol{f}$ 是从人脸图像提取的特征向量，t 是目标类别，$\boldsymbol{\theta}_{id}$ 是 Softmax 层的参数，p_i 是目标类的概率分布，目标类 t 的 $p_t=1$，其他类的 $p_i=0$；$\boldsymbol{f}_i$、$\boldsymbol{f}_j$ 是从两个对比人脸图像提取的特征向量，$y_{ij}=1$ 指的是 $\boldsymbol{f}_i$、$\boldsymbol{f}_j$ 来自同一个人脸 ID，$y_{ij}=-1$ 指的是 $\boldsymbol{f}_i$、$\boldsymbol{f}_j$ 来自不同的人脸 ID，$\boldsymbol{\theta}_{ve}=\{m\}$ 是可学习的验证损失函数的参数。

2015 年，FaceNet[28] 被提出，该模型通过将人脸图像映射到欧氏空间上的点进行人脸识别，点之间的空间距离表示人脸的相似度。同一个人的人脸图像，映射后空间距离比较小，不同人的人脸图像，映射后空间距离比较大，这样通过人脸图像的空间映射就可以实现人脸识别。基于相同人脸的距离总是小于不同人脸的距离这一先验知识训练网络，进而可以直接对比两个人脸的欧氏距离，判断是否为同一人。FaceNet 在 LFW 数据集上达到了 99.63%的准确率。FaceNet 的网络结构如图 2-59 所示。

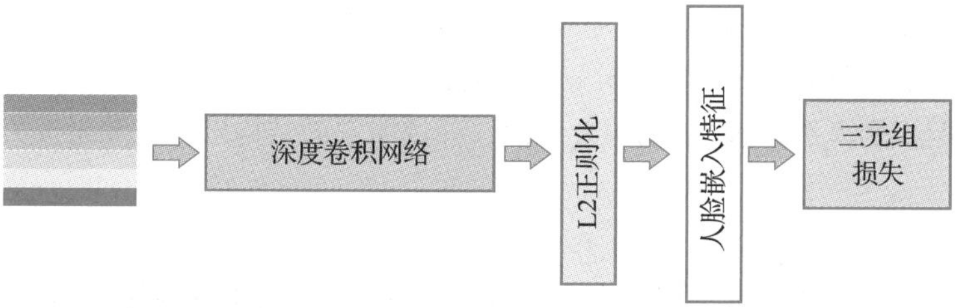

图 2-59　FaceNet 的网络结构㊀

FaceNet 主要用于验证两张人脸是否为同一个人，判断依据是“两张人脸的欧氏距离”，如给定一个阈值 $a=1$，那么：

1）当特征距离等于 0 时，认为两张人脸是同一个人。

2）当特征距离小于 1 时，认为两张人脸是同一个人。

3）当特征距离大于 1 时，认为两张人脸不是同一个人。

三元组损失（Triplet Loss）是 FaceNet 的核心，如图 2-60 所示。FaceNet 希望某个个体的图像 $\boldsymbol{x}_i^a$（anchor，锚点）和该个体其他图像 $\boldsymbol{x}_i^p$（positive，正样本）距离近，与其他个体图像 $\boldsymbol{x}_i^n$（negative，负样本）距离远。损失函数如下所示：

$$\sum_i^N[\|f(\boldsymbol{x}_i^a)-f(\boldsymbol{x}_i^p)\|_2^2-\|f(\boldsymbol{x}_i^a)-f(\boldsymbol{x}_i^n)\|_2^2+\alpha]_+ \tag{2-50}$$

其中，$f(\boldsymbol{x})$ 是一个将图像 $\boldsymbol{x}$ 转换为一个欧氏空间向量的函数，$f(\boldsymbol{x})\in\mathbb{R}^d$，$\alpha$ 是正样本与负样本之间的间隔（Margin）。

㊀ 图 2-59 根据文献［28］重新绘制。

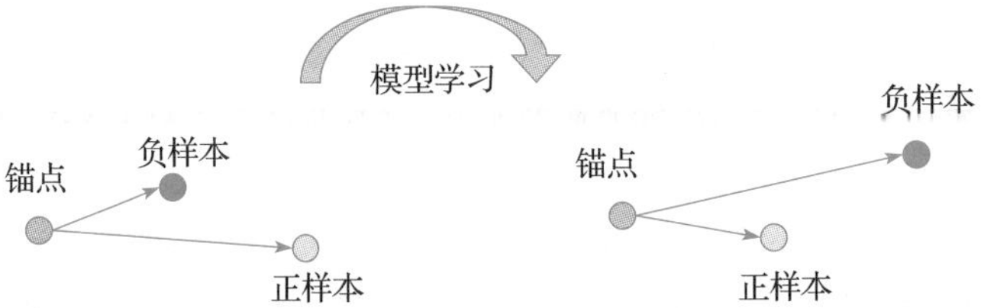

图 2-60 三元组损失示意图[㊀]

复习题

1. 简述卷积神经网络的起源与发展。
2. 简述卷积神经网络的主要组成部分及其功能。
3. 典型的卷积神经网络有哪些？分别说明它们的结构和特点。
4. 简述 R-CNN 系列目标检测方法的主要思想，并说明它们的结构与优缺点。
5. 简述 YOLO 系列目标检测方法的主要思想，并说明它们的结构与优缺点。
6. 简述图像分割模型 FCN 的主要思想，并说明它的结构与特点。
7. 多人姿态估计算法有哪两类？分别说明它们的定义与优缺点。
8. 简述人脸识别算法 FaceNet 的主要思想，并说明它的结构以及三元组损失的定义。

实验题

1. 基于 MNIST 手写数字识别数据集，构建并实现一个规范的卷积神经网络，使得模型在测试集上的准确率至少达到 98%。要求能够完成数据读取、网络设计、网络构建、模型训练和模型测试等过程。数据集官方下载地址：http://yann. lecun. com/exdb/mnist/。

2. 基于猫狗分类数据集，构建并实现一个规范的卷积神经网络，使得模型在测试集上的准确率至少达到 75%。要求能够完成数据读取、网络设计、网络构建、模型训练和模型测试等过程。猫狗分类数据集可在 CIFAR10 数据集中选取，CIFAR10 数据集官方下载地址：https://www. cs. toronto. edu/~kriz/cifar. html。

3. 基于 Pascal VOC2007 数据集，使用 YOLOv5 构建并实现一个目标检测模型，实现图像中特定目标的检测，目标可自选。要求能够完成数据读取、网络设计、网络构建、模型训练和模型测试等过程。Pascal VOC2007 数据集官方下载地址：http://host. robots. ox. ac. uk/pascal/VOC/index. html。

4. 基于 SYNTHIA 数据集，使用 SegNet 构建并实现一个街景分割模型，实现街景图像分割。要求能够完成数据读取、网络设计、网络构建、模型训练和模型测试等过程。SYNTHIA 数据集官方下载地址：https://synthia-dataset. net/。

㊀ 图 2-60 根据文献［28］重新绘制。

参考文献

[1] HUBEL D H, WIESEL T N. Receptive fields, binocular interaction and functional architecture in the cat's visual cortex [J]. Journal of physiology, 1962, 160 (1): 106-154.

[2] FUKUSHIMA K. Neocognitron: a self organizing neural network model for a mechanism of pattern recognition unaffected by shift in position [J]. Biological cybernetics, 1980, 36 (4): 193-202.

[3] LECUN Y, BOTTOU L, BENGIO Y, et al. Gradient-based learning applied to document recognition [J]. Proceedings of the IEEE, 1998, 86 (11): 2278-2324.

[4] KRIZHEVSKY A, SUTSKEVER I, HINTON G E. ImageNet classification with deep convolutional neural networks [C]. Advances in Neural Information Processing Systems, 2012: 1097-1105.

[5] SIMONYAN K, ZISSERMAN A. Very deep convolutional networks for large-scale image recognition [C]. Proceedings of the 3rd International Conference on Learning Representations, 2015.

[6] SZEGEDY C, LIU W, JIA Y, et al. Going deeper with convolutions [C]. Proceedings of IEEE Conference on Computer Vision and Pattern Recognition, 2015: 1-9.

[7] IOFFE S, SZEGEDY C. Batch normalization: accelerating deep network training by reducing internal covariate shift [C]. Proceedings of the 32nd International Conference on Machine Learning, 2015: 448-456.

[8] SZEGEDY C, VANHOUCKE V, IOFFE S, et al. Rethinking the inception architecture for computer vision [C]. Proceedings of IEEE Conference on Computer Vision and Pattern Recognition, 2016: 2818-2826.

[9] SZEGEDY C, IOFFE S, VANHOUCKE V, et al. Inception-v4, inception-ResNet and the impact of residual connections on learning [C]. Proceedings of the 31st AAAI Conference on Artificial Intelligence, 2017: 4278-4284.

[10] HE K, ZHANG X, REN S, et al. Deep residual learning for image recognition [C]. Proceedings of IEEE Conference on Computer Vision and Pattern Recognition, 2016: 770-778.

[11] HUANG G, LIU Z, MAATEN L, et al. Densely connected convolutional networks [C]. Proceedings of IEEE Conference on Computer Vision and Pattern Recognition, 2017: 2261-2269.

[12] GIRSHICK R, DONAHUE J, DARRELL T, et al. Rich feature hierarchies for accurate object detection and semantic segmentation [C]. Proceedings of IEEE Conference on Computer Vision and Pattern Recognition, 2014: 580-587.

[13] GIRSHICK R. Fast R-CNN [C]. Proceedings of International Conference on Computer Vision, 2015: 1440-1448.

[14] REN S, HE K, GIRSHICK R, et al. Faster R-CNN: towards real-time object detection with region proposal networks [C]. Advances in Neural Information Processing Systems 28, 2015: 91-99.

[15] REDMON J, DIVVALA S, GIRSHICK R, et al. You only look once: unified, real-time object detection [C]. Proceedings of IEEE Conference on Computer Vision and Pattern Recognition, 2016: 779-788.

[16] REDMON J, FARHADI A. YOLO9000: better, faster, stronger [C]. Proceedings of IEEE Conference on Computer Vision and Pattern Recognition, 2017: 6517-6525.

[17] REDMON J, FARHADI A. YOLOv3: an incremental improvement [J]. arXiv, abs/1804.02767, 2018.

[18] BOCHKOVSKIY A, WANG C, LIAO H M. YOLOv4: optimal speed and accuracy of object detection [J]. arXiv, abs/2004.10934, 2020.

[19] JOCHER GLENN. YOLOv5 [EB/OL]. https://github.com/ultralytics/yolov5, 2020.

[20] LI C, LI L, JIANG H, et al. YOLOv6: a single-stage object detection framework for industrial applications [J]. arXiv, abs/2209.02976, 2022.

[21] LIU W, ANGUELOV D, ERHAN D, et al. SSD: single shot multiBox detector [C]. Proceedings of the 14th European Conference on Computer Vision, 2016: 21-37.

[22] LONG J, SHELHAMER E, DARRELL T. Fully convolutional networks for semantic segmentation [C]. Proceedings of IEEE Conference on Computer Vision and Pattern Recognition, 2015: 3431-3440.

[23] BADRINARAYANAN V, KENDALL A, CIPOLLA R. SegNet: a deep convolutional encoder-decoder architecture for image segmentation [J]. IEEE transactions on pattern analysis and machine intelligence, 2017, 39 (12): 2481-2495.

[24] RONNEBERGER O, FISCHER P, BROX T. UNet: convolutional networks for biomedical image segmentation [C]. Proceedings of International Conference on Medical Image Computing and Computer-Assisted Intervention, 2015: 234-241.

[25] NEWELL A, YANG K, DENG J. Stacked hourglass networks for human pose estimation [C]. Proceedings of the 14th European Conference on Computer Vision, 2016: 483-499.

[26] TAIGMAN Y, YANG M, RANZATO M, et al. DeepFace: closing the gap to human-level performance in face verification [C]. Proceedings of IEEE Conference on Computer Vision and Pattern Recognition, 2014: 1701-1708.

[27] SUN Y, WANG X, TANG X. Deep learning face representation from predicting 10 000 classes [C]. Proceedings of IEEE Conference on Computer Vision and Pattern Recognition, 2014: 1891-1898.

[28] SCHROFF F, KALENICHENKO D, PHILBIN J. FaceNet: a unified embedding for face recognition and clustering [C]. Proceedings of IEEE Conference on Computer Vision and Pattern Recognition, 2015: 815-823.

[29] 山下隆义. 图解深度学习 [M]. 张弥, 译. 北京: 人民邮电出版社, 2018.

[30] UIJLINGS J, SANDE K, GEVERS T, et al. Selective search for object recognition [J]. International journal of computer vision, 2013, 104: 154-171.

[31] HE K, ZHANG X, REN S, et al. Spatial pyramid pooling in deep convolutional networks for visual recognition [J]. IEEE transactions on pattern analysis and machine intelligence, 2015, 37 (9): 1904-1916.

[32] WENG K, CHU X, XU X, et al. EfficientRep: an efficient repvgg-style convNets with hardware-aware neural network design [J]. arXiv, abs/2302.00386, 2023.

[33] TOSHEV A, SZEGEDY C. DeepPose: human pose estimation via deep neural networks [C]. Proceedings of IEEE Conference on Computer Vision and Pattern Recognition, 2014: 1653-1660.

[34] SUN Y, CHEN Y, WANG X, et al. Deep learning face representation by joint identification-verification [C]. Advances in Neural Information Processing Systems 27, 2014: 1988-1996.

本章人物：Yann LeCun 教授

Yann LeCun（1960~），纽约大学教授，美国国家科学院院士，美国国家工程院院士，法国科学院院士，2018 年图灵奖获得者。Yann LeCun 教授是纽约大学数据科学中心创始人，并担任 Facebook 人工智能首席科学家。他在卷积神经网络、改进反向传播算法、计算神经学和扩展神经网络应用等领域做出杰出贡献，被誉为“卷积神经网络之父”。

Yann LeCun 教授于 1983 年和 1986 年分别获 ESIEE Paris 的学士学位和巴黎第六大学（Université Paris VI）的计算机科学博士学位，毕业后在 Geoffrey Hinton 教授的实验室做了一年的博士后，之后加入贝尔实验室，2003 年加入纽约大学。

Yann LeCun 教授的主要贡献集中在卷积神经网络领域，1998 年他提出的 LeNet-5 是卷积神经网络的基础模型，当时就在一些银行和公司开展了应用，提升了手写数字和手写字母的识别能力。之后出现的典型卷积神经网络，如 AlexNet、VGGNet、GoogleNet 和 ResNet 等都以 LeNet-5 为基础，从网络深度和宽度上进行了扩展。卷积神经网络的发明使得其在计算机视觉领域各项任务上取得了突破性的成绩。此外，Yann LeCun 教授在改进反向传播算法方面也做出较大贡献。

2013 年，Yann LeCun 与 Yoshua Bengio 共同创办了表示学习领域的国际会议 ICLR（International Conference on Learning Representation），至今已举办 11 届，目前该会议已成为人工智能领域的顶级会议之一。

2021 年 8 月 1 日，Yann LeCun 教授出版图书《科学之路：人，机器与未来》，介绍了自己的学术生涯和研究成果，并对人工智能的未来做出了自己的思考。

Yann LeCun 教授也多次来中国进行交流，他还有个中文名字“杨立昆”。

Yann LeCun 教授的个人主页：http://yann.lecun.com/。

CHAPTER3

第 3 章

循环神经网络

卷积神经网络在计算机视觉领域取得了巨大的成功，但是在序列数据建模领域，卷积神经网络并不能提供有效的支持。常见的序列数据包括由字母和词汇序列组成的文本、由音节序列组成的语音、由图像帧序列组成的视频，此外还有气象观测数据、股票数据、房价数据等时态数据。为了处理这些序列数据，出现了循环神经网络（Recurrent Neural Network，RNN），后来又出现了一些循环神经网络的变种，很好地支持了序列数据处理。本章将介绍循环神经网络的起源与发展、循环神经网络的典型结构以及训练方式、长短期记忆网络、循环神经网络的其他变种以及循环神经网络的典型应用。

3.1 循环神经网络的起源与发展

循环神经网络的起源与发展可以分为三个阶段：早期（1980～1990 年）、中期（1990～2010 年）和当前（2010 年至今），如图 3-1 所示。

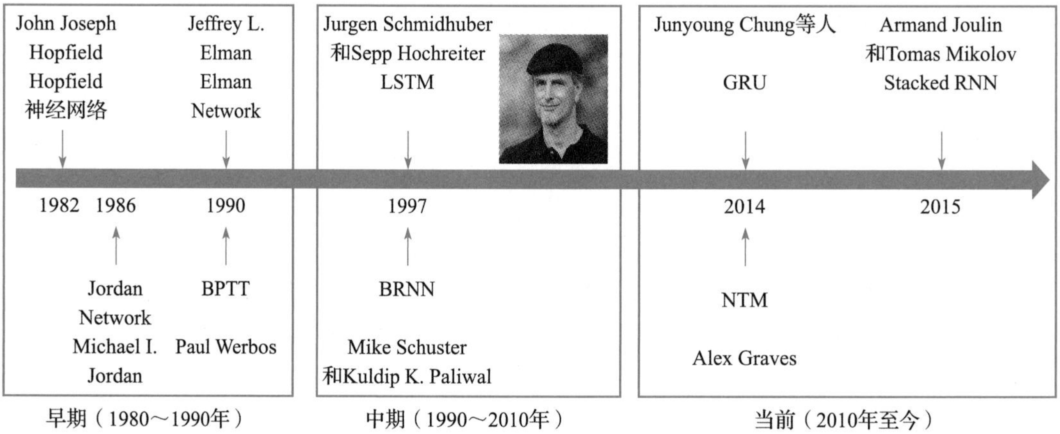

图 3-1 循环神经网络的起源与发展

循环神经网络起源于著名物理学家 John Joseph Hopfield 于 1982 年提出的 Hopfield 神经网络[1]。Hopfield 神经网络具有递归特性，每一个神经元的输入来自其他所有神经元，它的输出又传递给其他所有的神经元，但自身没有反馈连接。

1986 年，Michael I. Jordan 提出了 Jordan Network[2]，它是第一个真正意义上的循环神经网络，实现了序列数据的递归，从而开启了循环神经网络的研究与发展。

1990 年，Jeffrey L. Elman 提出了 Elman Network[3]，他对 Jordan Network 进行了改进，简化了它的结构，成为当今循环神经网络的主流形式。

同样是 1990 年，Paul Werbos 提出了循环神经网络的训练算法——基于时间的反向传播算法（Backward Propagation Through Time，BPTT）[4]，它在人工神经网络的反向传播算法的基础上实现了循环神经网络的有效训练。

1997 年，Jurgen Schmidhuber 和 Sepp Hochreiter 提出了长短期记忆网络（Long-Short Term Memory，LSTM）[5]，虽然 LSTM 在当时并没有引起工业界的关注，但是在 2010 年以后，随着深度学习的发展，LSTM 得到了大规模应用。

同样在 1997 年，Mike Schuster 与 Kuldip K. Paliwal 提出了双向循环神经网络（Bi-directional RNN，BRNN）[6]，他们认为，当前的输出不仅与之前的序列有关，还与之后的序列有关。BRNN 由两个循环神经网络上下叠加在一起组成，输出由这两个循环神经网络的隐藏层的状态决定。

2014 年，Junyoung Chung 等人提出了门限循环单元（Gated Recurrent Unit，GRU）[7]，它简化了 LSTM 的结构，在多个任务上达到了与 LSTM 相媲美的结果。

同样在 2014 年，Alex Graves 等人提出了神经图灵机（Neural Turing Machine，NTM）[8]，神经图灵机引入了外部存储，增大了记忆容量。

2015 年，Armand Joulin 与 Tomas Mikolov 提出了堆叠循环神经网络（Stacked Recurrent Neural Network，Stacked RNN）[9]，它将多个循环神经网络堆叠成多层循环神经网络，上一层循环神经网络的输入为下一层循环神经网络的输出，Stack RNN 在一些自然语言处理任务（如机器翻译）上有很好的表现。

3.2　循环神经网络的训练

循环神经网络是一种人工神经网络，神经元之间的连接形成一个遵循时间序列的有向图。输入样本之间存在顺序关系，即每个样本和它之前的样本存在关联，通过神经元在时序上的展开，就可以找到样本之间的这些序列相关性。

RNN 的一般结构如图 3-2 所示。

如图 3-2 所示，RNN 的计算公式如下：

$$\boldsymbol{h}_t=\sigma(\boldsymbol{U}\boldsymbol{x}_t+\boldsymbol{W}\boldsymbol{h}_{t-1}+\boldsymbol{b}_s) \tag{3-1}$$

$$\hat{\boldsymbol{y}}_t=\varphi(\boldsymbol{V}\boldsymbol{h}_t+\boldsymbol{b}_y) \tag{3-2}$$

其中：

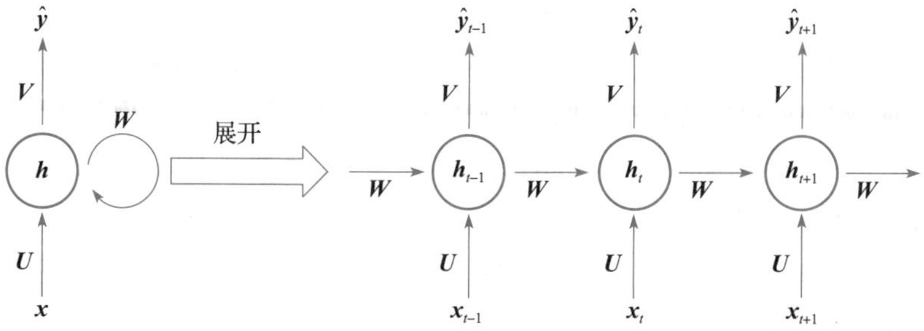

图 3-2　RNN 的一般结构

1）$\boldsymbol{x}_t$ 是 t 时刻的输入向量，$\boldsymbol{x}_t \in \mathbb{R}^m$。

2）$\boldsymbol{h}_t$ 是 t 时刻的记忆或者隐态向量，$\boldsymbol{h}_t \in \mathbb{R}^n$。

3）$\hat{\boldsymbol{y}}_t$ 是 t 时刻的输出向量。

4）$\boldsymbol{U}$、$\boldsymbol{V}$、$\boldsymbol{W}$ 是连接权重矩阵。

5）$\boldsymbol{b}_s$、$\boldsymbol{b}_y$ 是偏置向量。

6）σ、φ 是激活函数，σ 通常选用 Tanh 或 Sigmoid 激活函数，φ 通常选用 Softmax。

RNN 的训练一般采用基于时间的反向传播算法（Back Propagation Through Time，BPTT）[3]，它在反向传播算法的基础上加上了时间演化。首先回顾一下反向传播算法的主要思想：定义误差函数 E，通过链式法则自顶向下求得 E 对网络权重与偏置的偏导，之后沿梯度的反方向更新权重与偏置的值，直到 E 收敛。下面以图 3-3 中的 RNN 为例，基于文献［10］，详细讲解 BPTT 算法的流程。

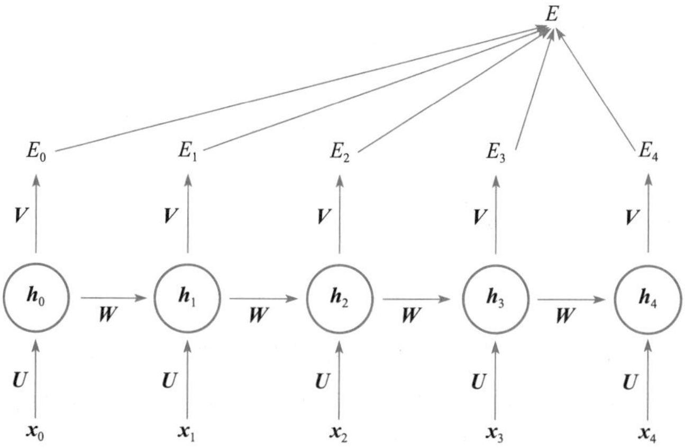

图 3-3　一个典型的 RNN 示例（$E_0 \sim E_4$ 是每个时刻的误差函数，E 为总误差函数）

首先，对公式（3-1）和公式（3-2）中的 RNN 定义进行简化，不考虑偏置，得到：

$$\boldsymbol{h}_t = \tanh(\boldsymbol{U}\boldsymbol{x}_t + \boldsymbol{W}\boldsymbol{h}_{t-1}) \tag{3-3}$$

$$\hat{\boldsymbol{y}}_t = \mathrm{softmax}(\boldsymbol{V}\boldsymbol{h}_t) \tag{3-4}$$

RNN 的损失函数选用交叉熵损失，如下所示：

$$E_t(\boldsymbol{y}_t, \hat{\boldsymbol{y}}_t) = -\boldsymbol{y}_t \log \hat{\boldsymbol{y}}_t \tag{3-5}$$

$$E(\boldsymbol{y}, \hat{\boldsymbol{y}}) = \sum_t E_t(\boldsymbol{y}_t, \hat{\boldsymbol{y}}_t) = -\sum_t \boldsymbol{y}_t \log \hat{\boldsymbol{y}}_t \tag{3-6}$$

根据反向传播算法，需要求 E 对 U、V、W 的梯度：

$$\frac{\partial E}{\partial \boldsymbol{V}} = \sum_t \frac{\partial E_t}{\partial \boldsymbol{V}} \tag{3-7}$$

$$\frac{\partial E}{\partial \boldsymbol{W}} = \sum_t \frac{\partial E_t}{\partial \boldsymbol{W}} \tag{3-8}$$

$$\frac{\partial E}{\partial \boldsymbol{U}} = \sum_t \frac{\partial E_t}{\partial \boldsymbol{U}} \tag{3-9}$$

如图 3-4 所示，求 E 对 $\boldsymbol{V}$ 的梯度，需要分别求各个时刻的误差 E_t 对 $\boldsymbol{V}$ 的梯度再求和，以求 E_3 对 $\boldsymbol{V}$ 的梯度为例：

$$\frac{\partial E_3}{\partial \boldsymbol{V}} = \frac{\partial E_3}{\partial \hat{\boldsymbol{y}}_3}\frac{\partial \hat{\boldsymbol{y}}_3}{\partial \boldsymbol{V}} = \frac{\partial E_3}{\partial \hat{\boldsymbol{y}}_3}\frac{\partial \hat{\boldsymbol{y}}_3}{\partial z_3}\frac{\partial z_3}{\partial \boldsymbol{V}} \tag{3-10}$$

其中，$z_3 = \boldsymbol{V}\boldsymbol{h}_3$，同样求得其他时刻误差对 $\boldsymbol{V}$ 的梯度，求和可得$\frac{\partial E}{\partial \boldsymbol{V}}$。

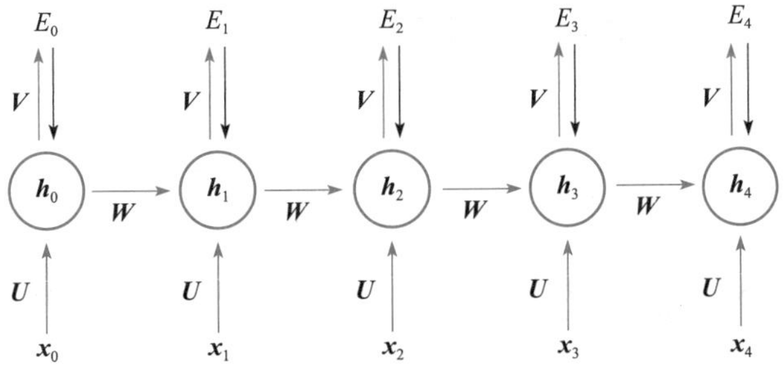

图 3-4　求 E 对 $\boldsymbol{V}$ 的梯度示意图

如图 3-5 所示，求 E 对 $\boldsymbol{W}$ 的梯度，也是以求 E_3 对 $\boldsymbol{W}$ 的梯度为例：

$$\frac{\partial E_3}{\partial \boldsymbol{W}} = \frac{\partial E_3}{\partial \hat{\boldsymbol{y}}_3}\frac{\partial \hat{\boldsymbol{y}}_3}{\partial \boldsymbol{h}_3}\frac{\partial \boldsymbol{h}_3}{\partial \boldsymbol{W}} \tag{3-11}$$

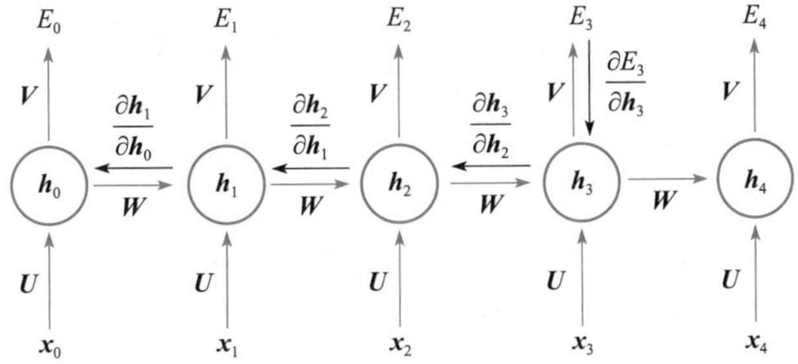

图 3-5　求 E 对 $\boldsymbol{W}$ 的梯度示意图

$$\boldsymbol{h}_3=\tanh(\boldsymbol{U}\boldsymbol{x}_3+\boldsymbol{W}\boldsymbol{h}_2) \tag{3-12}$$

$$\frac{\partial E_3}{\partial \boldsymbol{W}}=\sum_{k=0}^{3}\frac{\partial E_3}{\partial \hat{\boldsymbol{y}}_3}\frac{\partial \hat{\boldsymbol{y}}_3}{\partial \boldsymbol{h}_3}\frac{\partial \boldsymbol{h}_3}{\partial \boldsymbol{h}_k}\frac{\partial \boldsymbol{h}_k}{\partial \boldsymbol{W}}=\sum_{k=0}^{3}\frac{\partial E_3}{\partial \hat{\boldsymbol{y}}_3}\frac{\partial \hat{\boldsymbol{y}}_3}{\partial \boldsymbol{h}_3}\left(\prod_{j=k+1}^{3}\frac{\partial \boldsymbol{h}_j}{\partial \boldsymbol{h}_{j-1}}\right)\frac{\partial \boldsymbol{h}_k}{\partial \boldsymbol{W}} \tag{3-13}$$

需要说明的是：$\boldsymbol{h}_3$ 依赖于 $\boldsymbol{h}_2$，而 $\boldsymbol{h}_2$ 依赖于 $\boldsymbol{h}_1$ 和 $\boldsymbol{W}$，依赖关系一直传递到 $t=0$ 的时刻。因此，当计算对 $\boldsymbol{W}$ 的偏导时，不能把 $\boldsymbol{h}_2$ 看作是常数项。

同样求得其他时刻误差对 $\boldsymbol{W}$ 的梯度，求和可得$\frac{\partial E}{\partial \boldsymbol{W}}$。

如图 3-6 所示，求 E 对 $\boldsymbol{U}$ 的梯度，同样以求 E_3 对 $\boldsymbol{U}$ 的梯度为例：

$$\frac{\partial E_3}{\partial \boldsymbol{U}}=\frac{\partial E_3}{\partial \hat{\boldsymbol{y}}_3}\frac{\partial \hat{\boldsymbol{y}}_3}{\partial \boldsymbol{h}_3}\frac{\partial \boldsymbol{h}_3}{\partial \boldsymbol{U}} \tag{3-14}$$

$$\boldsymbol{h}_3=\tanh(\boldsymbol{U}x_3+\boldsymbol{W}\boldsymbol{h}_2) \tag{3-15}$$

$$\frac{\partial E_3}{\partial \boldsymbol{U}}=\sum_{k=0}^{3}\frac{\partial E_3}{\partial \hat{\boldsymbol{y}}_3}\frac{\partial \hat{\boldsymbol{y}}_3}{\partial \boldsymbol{h}_3}\frac{\partial \boldsymbol{h}_3}{\partial \boldsymbol{h}_k}\frac{\partial \boldsymbol{h}_k}{\partial \boldsymbol{U}}=\sum_{k=0}^{3}\frac{\partial E_3}{\partial \hat{\boldsymbol{y}}_3}\frac{\partial \hat{\boldsymbol{y}}_3}{\partial \boldsymbol{h}_3}\left(\prod_{j=k+1}^{3}\frac{\partial \boldsymbol{h}_j}{\partial \boldsymbol{h}_{j-1}}\right)\frac{\partial \boldsymbol{h}_k}{\partial \boldsymbol{U}} \tag{3-16}$$

同样，需要说明的是：$\boldsymbol{h}_3$ 依赖于 $\boldsymbol{h}_2$，而 $\boldsymbol{h}_2$ 依赖于 $\boldsymbol{h}_1$ 和 $\boldsymbol{U}$，依赖关系一直传递到 $t=0$ 的时刻。因此，当计算对 $\boldsymbol{U}$ 的偏导时，也不能把 $\boldsymbol{h}_2$ 看作是常数项。

同样求得其他时刻误差对 $\boldsymbol{U}$ 的梯度，求和可得$\frac{\partial E}{\partial \boldsymbol{U}}$。

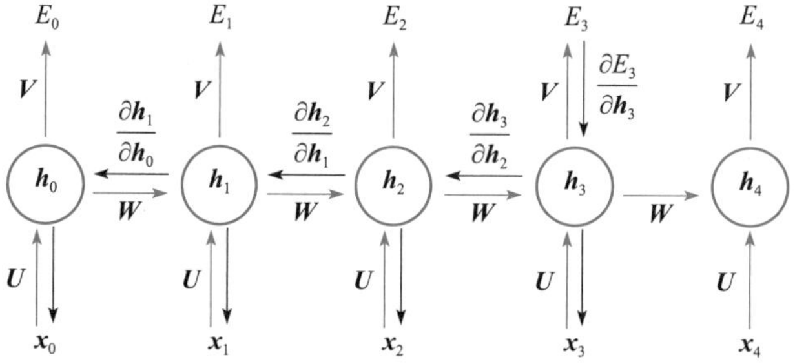

图 3-6 求 E 对 $\boldsymbol{U}$ 的梯度示意图

3.3 长短期记忆网络

循环神经网络的前向传播过程，会使得与当前时刻间隔较长的时间步对当前的影响削弱甚至消失，其根本原因在于 BPTT 算法与 BP 算法一样，在进行梯度反向传播的时候，会产生梯度不断减小甚至消失的问题。

为了解决循环神经网络的梯度消失问题，人们提出了多种方法，包括引入时间维度的跳跃连接、门控 RNN、梯度截断、引导信息流的正则化和外部记忆等方法。其中，门控 RNN 是一类比较特殊的 RNN，最有代表性的是 LSTM[5]。本节我们将详细介绍 LSTM 的网络结构。

LSTM 单元（Unit）一般由一个细胞（Cell）、一个输入门（Input Gate）、一个输出门（Output Gate）和一个遗忘门（Forget Gate）组成。细胞能够记住任意时间间隔上的细胞状态，三个门能够控制进出细胞的信息流动。LSTM 网络结构如图 3-7 所示。

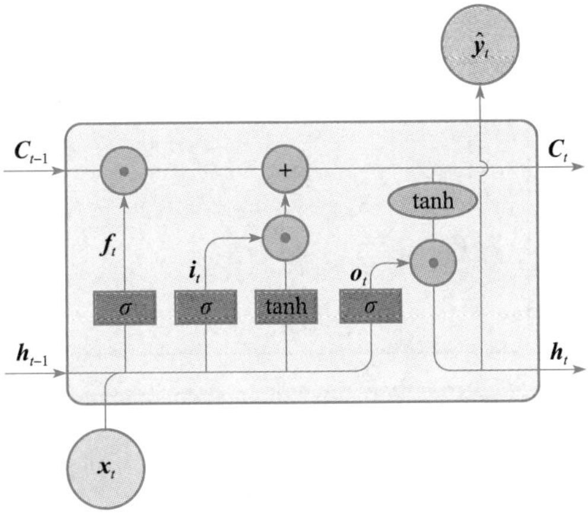

图 3-7 LSTM 的网络结构

LSTM 依靠贯穿隐藏层的细胞状态实现隐藏单元之间的信息传递，其中只有少量的线性干预和改变，如图 3-8a 所示。LSTM 引入“门”机制对细胞状态信息进行添加或删除，由此实现长期记忆。“门”机制由一个 Sigmoid 激活函数和一个向量点乘操作组成，Sigmoid 激活函数的输出控制了信息传递的比例，结构如图 3-8b 所示。

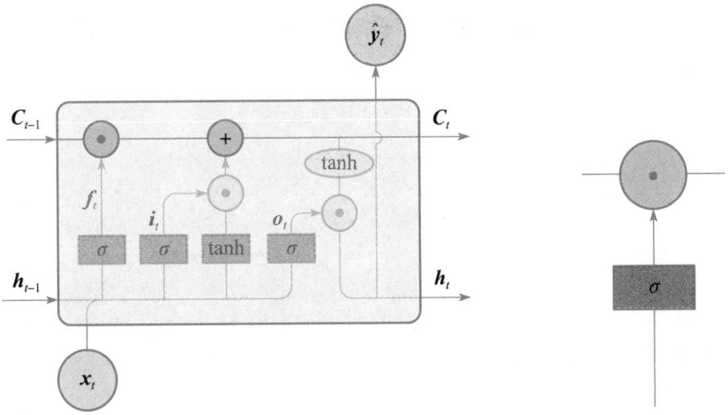

a）LSTM单元状态 b）“门”机制

图 3-8 LSTM 单元状态及“门”机制

每个 LSTM 基本单元包含遗忘门、输入门和输出门三个门结构。

1. 遗忘门

如图 3-9 所示，LSTM 通过遗忘门实现对细胞状态信息遗忘程度的控制，输出当前状态的遗忘权重，取决于 $\boldsymbol{h}_{t-1}$ 和 $\boldsymbol{x}_t$。

$$f_t=\sigma(\boldsymbol{U}_f\boldsymbol{x}_t+\boldsymbol{W}_f\boldsymbol{h}_{t-1}+\boldsymbol{b}_f) \tag{3-17}$$

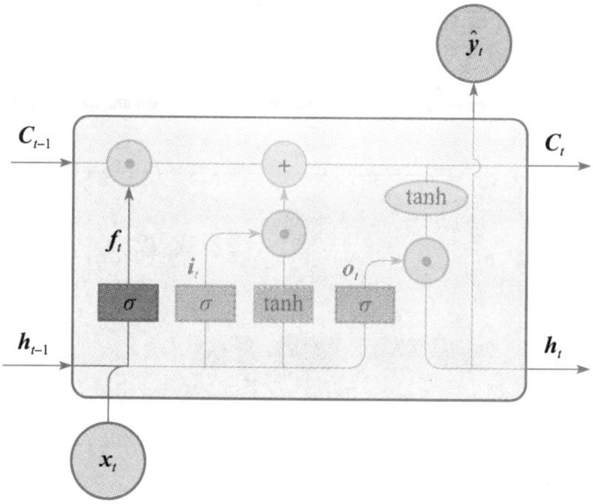

图 3-9　LSTM 遗忘门示意图

2. 输入门

如图 3-10 所示，LSTM 通过输入门实现对细胞状态输入接收程度的控制，输出当前输入信息的接受权重，取决于 $\boldsymbol{h}_{t-1}$ 和 $\boldsymbol{x}_t$。

$$\boldsymbol{i}_t=\sigma(\boldsymbol{U}_i\boldsymbol{x}_t+\boldsymbol{W}_i\boldsymbol{h}_{t-1}+\boldsymbol{b}_i) \tag{3-18}$$

3. 输出门

如图 3-11 所示，LSTM 通过输出门实现对细胞状态输出认可程度的控制，输出当前输出信息的认可权重，取决于 $\boldsymbol{h}_{t-1}$ 和 $\boldsymbol{x}_t$。

$$\boldsymbol{o}_t=\sigma(\boldsymbol{U}_o\boldsymbol{x}_t+\boldsymbol{W}_o\boldsymbol{h}_{t-1}+\boldsymbol{b}_o) \tag{3-19}$$

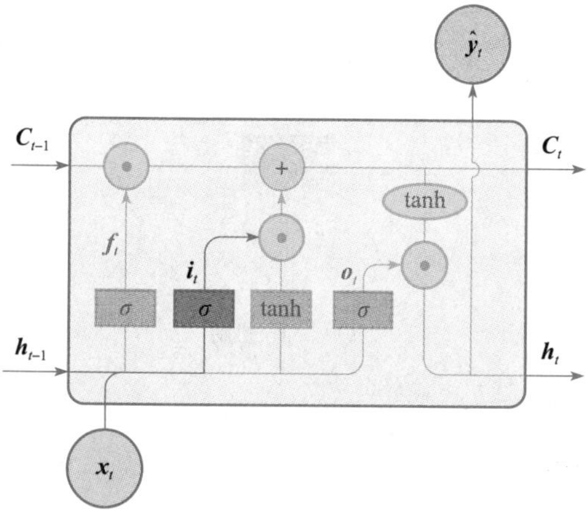

图 3-10　LSTM 输入门示意图

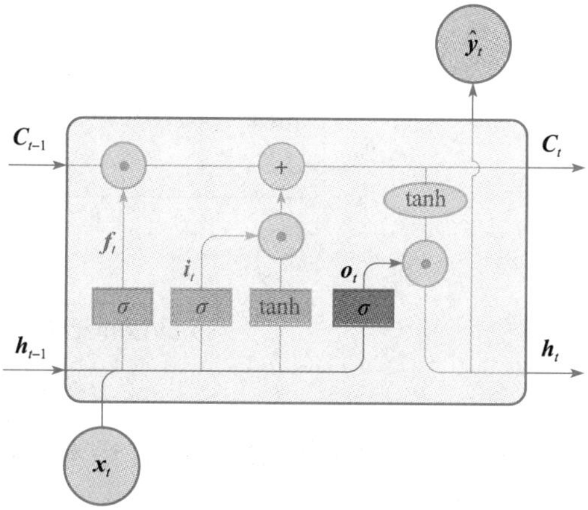

图 3-11　LSTM 输出门示意图

4. 状态更新

如图 3-12 所示，LSTM 中细胞状态会进行更新。“门”机制对细胞状态信息进行添加或删除，由此实现长期记忆。

$$\widetilde{C}_t=\tanh(U_C x_t+W_C h_{t-1}+b_C) \tag{3-20}$$

$$C_t=f_t \cdot C_{t-1}+i_t \cdot \widetilde{C}_t \tag{3-21}$$

$$h_t=o_t \cdot \tanh(C_t) \tag{3-22}$$

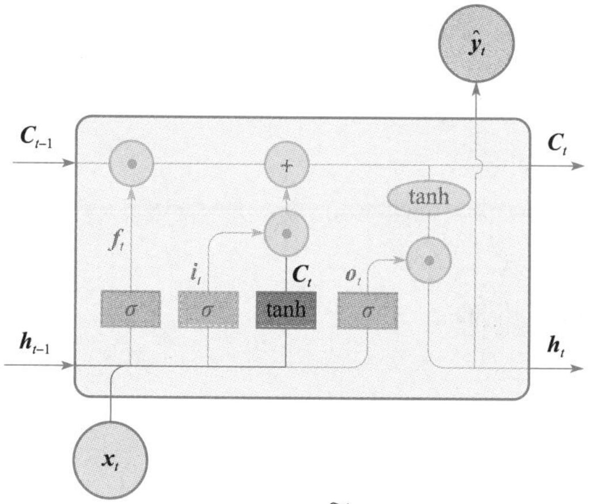

a）计算$\widetilde{C}_t$

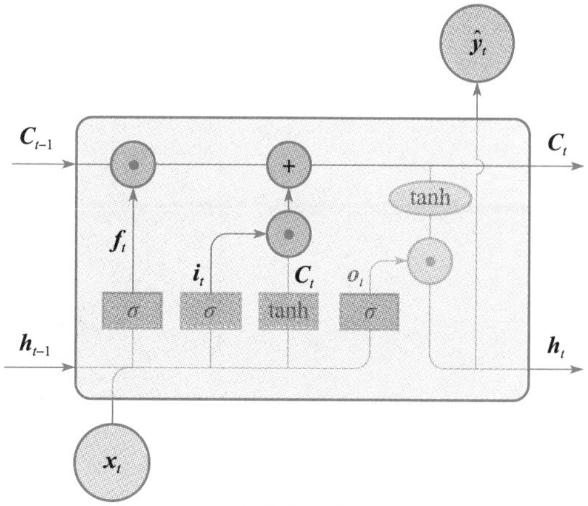

b）计算细胞状态C_t

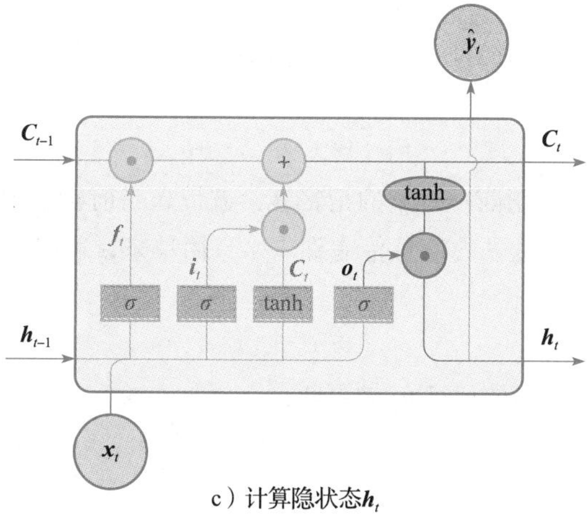

c）计算隐状态h_t

图 3-12　LSTM 状态更新示意图

3.4　循环神经网络的变种

3.4.1　GRU

2014 年，Junyoung Chung 等人提出了门限循环单元（Gated Recurrent Unit，GRU）[7]，可认为它是 LSTM 的一个变种。GRU 可以解决 RNN 不支持长期记忆和反向传播中的梯度消失等问题，与 LSTM 的作用类似，不过比 LSTM 结构简单，容易进行训练。GRU 将 LSTM 中的遗忘门和输入门用更新门来代替，将细胞状态与隐态（记忆）合并，在计算当前时刻记忆的方法和 LSTM 有所不同。GRU 在音乐建模、语音信号建模领域与 LSTM 具有相似的性能，但是参数更少。

GRU 的网络结构如图 3-13 所示。

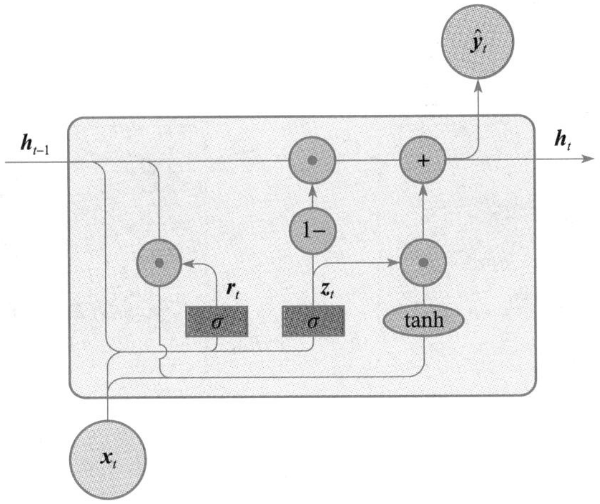

图 3-13 GRU 的网络结构

GRU 中的重置门决定了如何将新的输入 $\boldsymbol{x}_t$ 与前一时刻的记忆 $\boldsymbol{h}_{t-1}$ 相结合以产生新的输入信息，其计算公式如下：

$$\boldsymbol{r}_t=\sigma(\boldsymbol{W}_r\boldsymbol{x}_t+\boldsymbol{U}_r\boldsymbol{h}_{t-1}+\boldsymbol{b}_r) \tag{3-23}$$

GRU 中的更新门用于控制前一时刻的记忆 $\boldsymbol{h}_{t-1}$ 被带入当前状态中的程度，也就是更新门帮助模型决定到底要将多少过去的信息传递到未来，简单来说就是用于更新记忆，其计算公式如下：

$$z_t=\sigma(\boldsymbol{W}_z\boldsymbol{x}_t+\boldsymbol{U}_z\boldsymbol{h}_{t-1}+\boldsymbol{b}_z) \tag{3-24}$$

基于重置门和更新门，新的记忆 $\boldsymbol{h}_t$ 被更新：

$$\boldsymbol{h}_t=(1-z_t)\cdot\boldsymbol{h}_{t-1}+z_t\cdot\tanh(\boldsymbol{W}_h\boldsymbol{x}_t+\boldsymbol{U}_h(\boldsymbol{r}_t\cdot\boldsymbol{h}_{t-1})+\boldsymbol{b}_h) \tag{3-25}$$

其中：

1）$\boldsymbol{x}_t$ 是 t 时刻的输入向量，$\boldsymbol{x}_t\in\mathbb{R}^m$。

2）$\boldsymbol{h}_t$ 是 t 时刻的记忆或者隐态向量，$\boldsymbol{h}_t\in\mathbb{R}^n$。

3）z_t 是 t 时刻的更新门向量。

4）$\boldsymbol{r}_t$ 是 t 时刻的重置门向量。

5）$\boldsymbol{W}$、$\boldsymbol{U}$ 是连接参数矩阵。

6）$\boldsymbol{b}_r$、$\boldsymbol{b}_z$ 和 $\boldsymbol{b}_h$ 是偏置向量。

7）σ 是 Sigmoid 函数。

8）tanh 是 Tanh 激活函数。

3.4.2 双向 RNN

观察上一节讲述的循环神经网络，它在某一时刻，只能从过去的序列以及当前输入中捕获信息，来预测当前输出。然而，在很多的应用中，当前的输出不仅仅依赖于过去和当前的信息，也可能依赖于未来的信息，如语音识别等。

基于此，双向循环神经网络（Bidirectional Recurrent Neural Network，BRNN）[6] 被提出，其典型的网络结构如图 3-14 所示。双向 RNN 将从序列起点开始移动的 RNN 与从序列末端开始移动的 RNN 相结合，实现了对过去和未来信息的依赖。

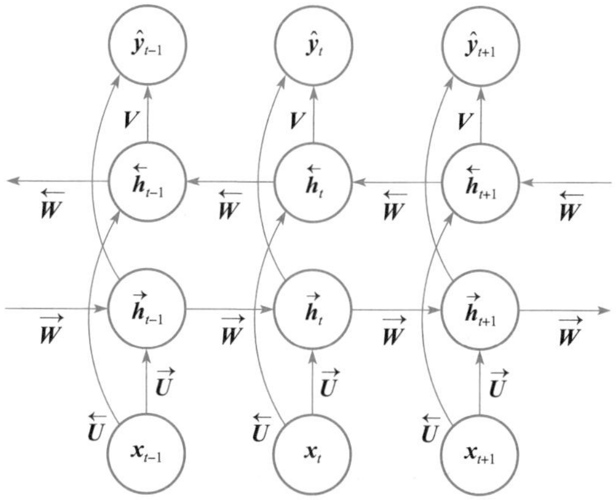

图 3-14 典型的双向循环神经网络

双向循环神经网络的计算公式如下：

$$\overrightarrow{\boldsymbol{h}}_t=f(\overrightarrow{\boldsymbol{U}}\boldsymbol{x}_t+\overrightarrow{\boldsymbol{W}}\overrightarrow{\boldsymbol{h}}_{t-1}+\overrightarrow{\boldsymbol{b}}) \tag{3-26}$$

$$\overleftarrow{\boldsymbol{h}}_t=f(\overleftarrow{\boldsymbol{U}}\boldsymbol{x}_t+\overleftarrow{\boldsymbol{W}}\overleftarrow{\boldsymbol{h}}_{t-1}+\overleftarrow{\boldsymbol{b}}) \tag{3-27}$$

$$\hat{\boldsymbol{y}}_t=g(\boldsymbol{V}[\overrightarrow{\boldsymbol{h}}_t;\overleftarrow{\boldsymbol{h}}_t]+\boldsymbol{c}) \tag{3-28}$$

双向 RNN 也可以扩展到多维输入中，例如对于二维数据，可以分别沿着上、下、左、右 4 个方向构建 RNN，最后将它们结合起来。

对于双向 RNN，它的训练方法与 RNN 类似，这里不再赘述。

3.4.3 堆叠 RNN

堆叠循环神经网络（Stacked Recurrent Neural Network，Stacked RNN）[9] 也是一种循环神经网络的变种，它将多个 RNN 层堆叠在一起以产生更强大的模型，一个由两层 RNN 组成的堆叠 RNN 如图 3-15 所示。与单层 RNN 相比，堆叠多个 RNN 层可以提供更深的学习和更强的表达能力，这在很多自然语言处理和其他序列建模任务中都取得了很好的效果。

堆叠 RNN 通常定义为多个递归层，其中每个递归层的输出被作为下一层的输入。这样一

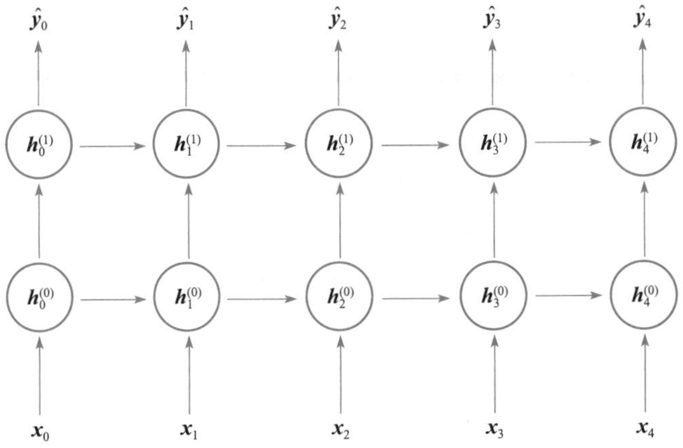

图 3-15　一个由两层 RNN 组成的堆叠 RNN

来，每个递归层都可以从前面的递归层中学到一个更高级别的表征，并通过更深层的模型进行推理。

3.5 循环神经网络的典型应用

3.5.1 语言模型

语言模型（Language Model）的核心思想是按照特定的训练方式从语料中提取所蕴含的语言知识，应用于词序列的预测。语言模型通常可以分为基于规则的语言模型和统计语言模型。目前，统计语言模型处于主流地位，它通过对语料库的统计学习，归纳出其中的语言知识，获得词与词之间的连接概率，并以词序列的概率为依据来判断其是否合理。

统计语言模型的目的是估计自然语言中单词序列 $\boldsymbol{S}=(w_1,w_2,\cdots,w_T)$ 的概率，并且这个概率可以表示为一系列给定上文的每个单词的条件概率的乘积：

$$\begin{aligned} P(\boldsymbol{S}) &= P(w_1,w_2,\cdots,w_T) \\ &= P(w_1,w_2,\cdots,w_{T-1})P(w_T \mid (w_1,w_2,\cdots,w_{T-1})) \\ &= P(w_1)P(w_2 \mid w_1)\cdots P(w_T \mid (w_1,w_2,\cdots,w_{T-1})) \end{aligned} \tag{3-29}$$

这个链式法则建立在假设单词序列中的单词只依赖于出现在它们前面的单词，这是所有统计语言模型的基础。统计语言模型包括传统的 N-gram 语言模型与神经网络语言模型，神经网络语言模型又包括前馈神经网络语言模型、循环神经网络语言模型、LSTM 语言模型以及 Transformer 语言模型等，这里主要介绍前馈神经网络语言模型、循环神经网络语言模型。

尽管很多研究者曾试图将人工神经网络应用到语言模型中，但是直到 2003 年 Yoshua Bengio 等人提出前馈神经网络语言模型[11] 才引起人们的广泛关注，之后循环神经网络被应用到语言模型中，使得语言模型的研究取得了突破性的进展。下面对前馈神经网络语言模型和循环神经网络语言模型进行介绍。

1. 前馈神经网络语言模型

前馈神经网络语言模型[11] 基于 N-gram 语言模型的思想，单词序列中的单词在统计上更依赖于靠近它的单词，在评估条件概率时，只有前（$n-1$）个直接先导词被考虑，即

$$P(S)=\prod_{t=1}^{T}P(w_t \mid w_{t-n+1}^{t-1}) \tag{3-30}$$

前馈神经网络语言模型的结构如图 3-16 所示，其中 w_0 和 w_{T+1} 表示单词序列的开始和结束标记。

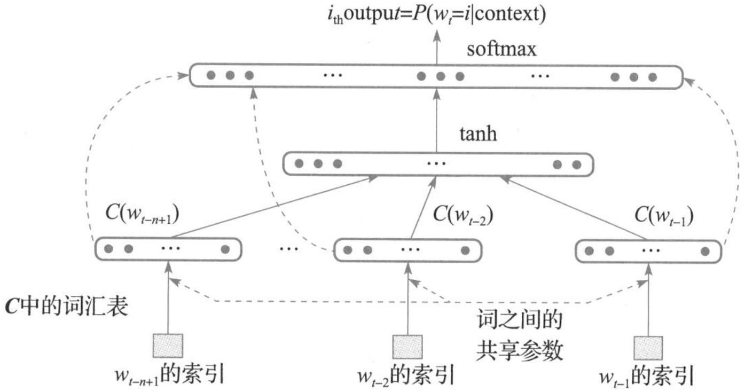

图 3-16　前馈神经网络语言模型的结构㊀

在前馈神经网络语言模型中，词汇表是从训练数据中建立的，并且这个词汇表中的每一个单词会被设置为一个独立的索引。为了评估每个单词 w_t 的条件概率，它的（$n-1$）个直接先导词根据各自在词汇表中的索引使用一个共享矩阵 $\boldsymbol{C}\in\mathbb{R}^{k\times m}$ 线性投影到特征向量中，其中，k 表示词汇表的大小，m 表示向量的维度。实际上，投影矩阵 $\boldsymbol{C}$ 的每一行都表示词汇表中一个单词对应的特征向量。前馈神经网络的输入为 $\boldsymbol{x}\in\mathbb{R}^{n_i}$，其中 $n_i=m\times(n-1)$ 是前馈神经网络输入层的大小。前馈神经网络可以表示为

$$\boldsymbol{y}=\boldsymbol{b}+\boldsymbol{W}\times\boldsymbol{x}+\boldsymbol{U}\times\tanh(\boldsymbol{d}+\boldsymbol{H}\times\boldsymbol{x}) \tag{3-31}$$

其中，$\boldsymbol{H}\in\mathbb{R}^{n_h\times n_i}$ 是输入的权重系数，$\boldsymbol{U}\in\mathbb{R}^{n_o\times n_h}$ 是输入层与隐藏层之间的权重矩阵，n_h 是隐藏层大小，$n_o=k$ 表示输出层大小，权重矩阵 $\boldsymbol{W}\in\mathbb{R}^{n_o\times n_i}$ 是输入层与输出层之间的连接权重，当输入层与输出层之间无直接连接时，权重为 0。$\boldsymbol{d}\in\mathbb{R}^{n_h}$、$\boldsymbol{b}\in\mathbb{R}^{n_o}$ 分别是隐藏层和输出层的偏置，$\boldsymbol{y}\in\mathbb{R}^{n_o}$ 表示输出向量，$\tanh(\cdot)$ 是激活函数。

输出向量的第 i 个元素是未归一化的词汇表中第 i 个单词的条件概率。为了保证所有的条件概率是正数并且加权和为 1，所以在输出层后连接一个 Softmax 层：

$$P(w_t \mid w_{t-1},\cdots,w_{t-n+1})=\frac{\mathrm{e}^{y_{w_t}}}{\sum_i \mathrm{e}^{y_i}} \tag{3-32}$$

前馈神经网络语言模型的训练目标是寻找参数 $\boldsymbol{\theta}$ 使得训练数据的对数似然函数最大化：

㊀ 图 3-16 根据文献［11］重新绘制。

$$L=\frac{1}{T}\sum_t \log f(w_t,w_{t-1},\cdots,w_{t-n+1};\boldsymbol{\theta})+R(\boldsymbol{\theta}) \tag{3-33}$$

其中，$R(\boldsymbol{\theta})$ 是正则项，$\boldsymbol{\theta}$ 表示参数集合，$\boldsymbol{\theta}=(\boldsymbol{b},\boldsymbol{d},\boldsymbol{W},\boldsymbol{U},\boldsymbol{H},\boldsymbol{C})$。

通常采用随机梯度下降方法和反向传播算法作为神经网络语言模型的参数学习算法，参数更新公式如下：

$$\boldsymbol{\theta}\leftarrow\boldsymbol{\theta}+\varepsilon\frac{\partial \log P(w_t \mid w_{t-1},\cdots,w_{t-n+1})}{\partial\boldsymbol{\theta}} \tag{3-34}$$

其中，ε 表示学习率。

2. 循环神经网络语言模型

循环神经网络语言模型[12] 是由 Tomas Mikolov 等人提出的，它采用了 Elman 循环神经网络结构，如图 3-17 所示。循环神经网络语言模型主要由输入层、隐藏层和输出层组成，隐藏层有 30~500 个单元，词汇量大小在 3000~200 000 之间。由于循环神经网络多用在时序序列上，因此输入层、隐藏层和输出层都有 t 标记。

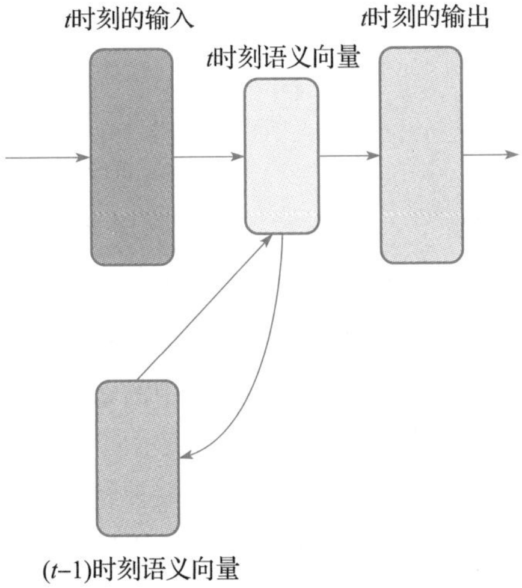

图 3-17 循环神经网络语言模型㊀

循环神经网络语言模型输入层、隐藏层和输出层的计算公式如下：

$$\boldsymbol{x}(\boldsymbol{t})=\boldsymbol{w}(\boldsymbol{t})+\boldsymbol{h}(\boldsymbol{t}-\boldsymbol{1}) \tag{3-35}$$

$$\boldsymbol{h}_j(\boldsymbol{t})=f(\sum_i \boldsymbol{x}_i(\boldsymbol{t})u_{ji}) \tag{3-36}$$

$$\boldsymbol{y}_k(\boldsymbol{t})=g(\sum_j \boldsymbol{h}_j(\boldsymbol{t})v_{kj}) \tag{3-37}$$

其中 $\boldsymbol{x}_t$ 表示 t 时刻的输入，$\boldsymbol{w}(\boldsymbol{t})$ 表示 t 时刻要输入的单词，$\boldsymbol{h}_j(\boldsymbol{t})$ 表示 t 时刻的隐藏层状态，$\boldsymbol{y}_k(\boldsymbol{t})$ 表示 t 时刻的输出，$f(\cdot)$ 表示 Sigmoid 激活函数，$g(\cdot)$ 表示 Softmax 激活函数，u_{ji} 和 v_{kj} 表示对应的权重。需要注意的是，这里的计算方式与之前的讲述的 RNN 有所不同。

相较于前馈神经网络语言模型，循环神经网络语言模型有了突破性的进步，这些进步的主要原因是相比于前馈神经网络语言模型，循环神经网络语言模型在结构上能够考虑当前单词之前的全部单词，具有更丰富的语义信息。

上述神经网络语言模型在取得显著成效的同时，也存在着一些局限性，比如计算复杂性高、语料库单一引起模型缺乏可迁移性、无法处理词汇量过大的情况等。针对这些局限性，出现了很多基于神经网络语言模型的优化技术和改进工作，主要包括层次概率神经网络语言模型（Hierarchical Probabilistic Neural Network Language Model）[13]、基于分类的语言模型（Class Based Language Model）[14]、上下文依赖的语言模型（Context Dependent Language Model）[15]

㊀ 图 3-17 根据文献［12］重新绘制。

以及卷积神经网络语言模型（CNN Based Language Model）[16] 等。

衡量不同语言模型质量的基本指标是困惑度（Perplexity），对于单词序列 $\boldsymbol{S}=(w_1, w_2, \cdots, w_T)$，其困惑度定义为

$$\mathrm{PPL}=\sqrt[T]{\prod_{i=1}^{T}\frac{1}{P(w_i \mid w_1, w_2, \cdots, w_{i-1})}} \tag{3-38}$$

困惑度与一些测试数据之间的交叉熵密切相关，语言模型的困惑度与系统性能有非常强的正相关关系。

3.5.2　自动文本摘要

自动文本摘要（Automatic Text Summarization，ATS）是利用计算机自动地将文本（或文本集合）转换生成简短摘要的一种信息压缩技术，可以应用在自动报告生成、新闻标题生成等多个应用场景。一份合格的摘要，需要包含足够的信息量、较低的冗余度和较高的可读性。从生成方法上来说，自动文本摘要的主流方法有两种，一种是抽取式文本摘要（Extractive Text Summarization），另一种是生成式文本摘要（Abstractive Text Summarization）。

1. 抽取式文本摘掉

抽取式文本摘要就是从原文中抽取一些句子组成摘要，它本质上是一种排序问题。通过一定的算法对原文中的句子进行重要性评分，抽取高分句子，去除冗余得到摘要。抽取式摘要方法简单直观，因此应用比较广泛。

Text Rank 排序算法[17] 是一种经典的抽取式摘要生成算法，该算法的基本步骤：1）去除原文中的停用词，度量原文中每个句子的相似度，计算每一个句子相对于另一个句子的相似度得分，迭代传播，直至误差小于某一个范围；2）对关键句子进行排序，根据摘要长度选择一定数量的句子组成摘要。

抽取式方法主要考虑句子的重要性，直接从原文中抽取已有的句子组成摘要，但是缺乏语义信息，不符合摘要生成的本质。

2. 生成式文本摘要

随着深度学习技术和序列到序列模型的发展，生成式文本摘要成为一种主流的自动文本摘要方法。生成式文本摘要的主流框架是序列到序列结构，也就是编码器-解码器（Encoder-Decoder）结构[18]，普遍的做法是使用单向循环神经网络或双向循环神经网络作为编码器，将原文进行编码，使用单向循环神经网络作为解码器，负责从编码器所生成的向量中提取语义信息，生成文本摘要。生成式文本摘要模型的一般结构如图 3-18 所示。

但是由于“长距离依赖”问题的存在，RNN 到最后一个时间步输入单词时，已经丢失了相当一部分信息。此时编码生成的语义向量同样也丢失了大量信息，就可能导致生成的摘要准确性不高。为了解决这个问题，在摘要生成的任务中引入了注意力（Attention）机制[19]。基于注意力机制的生成式文本摘要模型如图 3-19 所示。

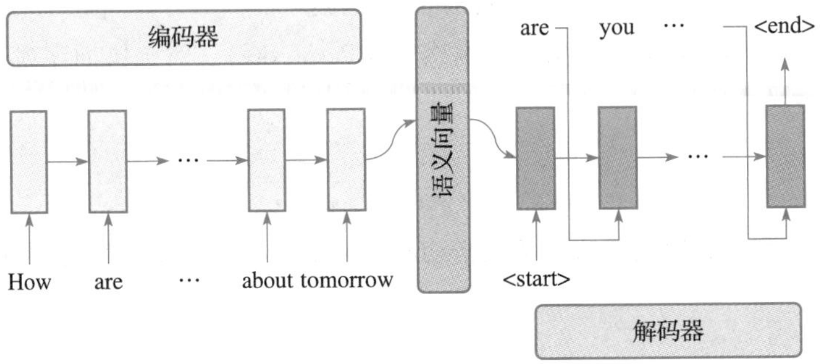

图 3-18 生成式文本摘要的模型结构

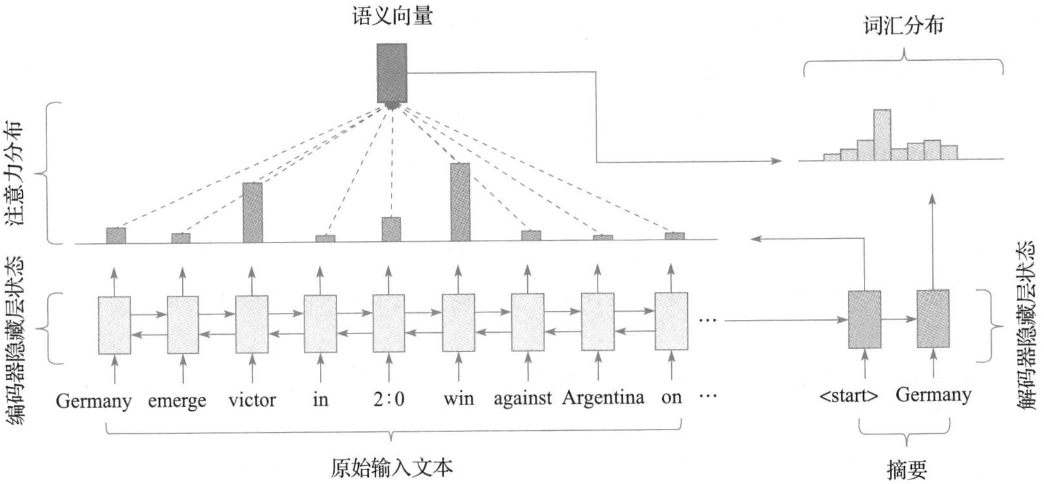

图 3-19 基于注意力机制的生成式文本摘要模型[㊀]

目前，基于注意力机制的生成式文本摘要模型是生成式文本摘要的主流框架，但是序列到序列模型在应用于摘要生成时还存在三个主要问题：1）难以准确复述原文的事实细节；2）无法处理原文中的未登录词（Out of Vocabulary，OOV）；3）生成的摘要中存在重复的片段。针对这三个问题，Abigail See 等人于 2017 年提出了指针-生成器网络（Pointer-Generator Network）以及覆盖率机制（Coverage Mechanism）[20]，近两年的生成式摘要模型大多以这个模型为基础模型，该模型的结构如图 3-20 所示。

指针-生成器网络是基于序列到序列模型和指针网络（Pointer Network）的混合模型，一方面通过序列到序列模型保持抽象生成的能力，另一方面通过指针网络直接从原文中取词，提高摘要的准确度和缓解 OOV 问题。在预测的每一步，通过动态计算一个生成概率 p_{gen}，把二者软性地结合起来。这样，每一步单词的概率分布计算如下：

㊀ 图 3-19 根据文献［19］重新绘制。

$$P(\boldsymbol{w}) = p_{\text{gen}} P_{\text{vocab}}(\boldsymbol{w}) + (1 - p_{\text{gen}}) \sum_{i: w_i = w} a_i^t \tag{3-39}$$

其中，p_{gen} 表示使用序列到序列模型生成该单词的概率，$P_{\text{vocab}}(\boldsymbol{w})$ 是词汇表中所有单词的概率分布，a_i^t 是注意力系数。指针-生成器网络相当于在每次摘要生成过程中，都会把原文动态地加入词表中，并且在每一步的预测过程中，相比于单纯的序列到序列模型，选取原文中出现的词作为摘要的概率要更大一些。

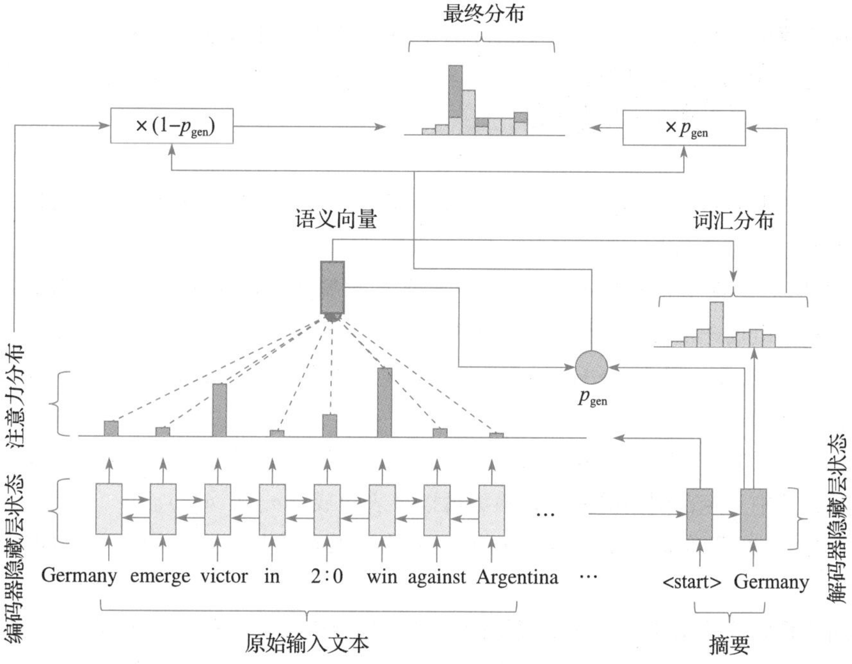

图 3-20　基于指针-生成器网络的生成式文本摘要模型㊀

文本生成问题通常面临着重复问题，将用于机器翻译的覆盖机制应用到摘要生成问题上，取得了很好的效果。覆盖机制就是在预测的过程中，维护一个 Coverage 向量。Coverage 向量表示过去每一步预测中注意力分布的累计和，记录着模型已经关注过原文的哪些词并且让这个 Coverage 向量影响当前步的注意力计算，这样就能有效避免模型持续关注到某些特定的词上。

自动文本摘要的评价方法主要有两种：一种是人工评价方法，一种是自动评价方法。人工评价方法虽然简单但是耗时耗力，成本较高，无法应用于大规模自动文本摘要数据的评价。自动评价方法中的主要评价指标是 ROUGE（Recall-Oriented Understudy for Gisting Evaluation）[21]，它是一个指标集合，包括一些衍生指标，最常用的有 ROUGE-n，ROUGE-L。

1）ROUGE-n：该指标旨在通过比较生成的摘要和参考摘要的 N-gram（连续 n 个单词）评

㊀　图 3-20 根据文献［20］重新绘制。

价摘要的质量，常用的有 ROUGE-1、ROUGE-2 和 ROUGE-3。

2）ROUGE-L：不同于 ROUGE-n，该指标基于最长公共子序列（Longest Common Subsequence，LCS）评价摘要。如果生成的摘要和参考摘要的最长公共子序列越长，那么认为生成的摘要质量越高。该指标的不足之处在于它要求 N-gram 一定是连续的。

3.5.3 机器阅读理解

机器阅读理解（Machine Reading Comprehension，MRC）任务是一个有监督学习问题，给定一组训练实例 $\{(p_i, q_i, a_i)\}_{i=1}^{n}$，目标是学习一个预测器，它以一段文本 p 和一个给定的问题 q 作为输入，然后将答案 a 作为输出。

$$f(p, q) \to a \tag{3-40}$$

根据答案的类型不同，答案 a 可以有不同的形式，一般来说，现有的机器阅读理解任务可以分为 4 类：

1）完形填空类型（Cloze Style）：基于文章来猜测哪些词或者实体可以被用来完善句子，答案要么是从一组预先定义好的候选集中选择，要么是从一个完整的词汇表中选择。

2）多项选择类型（Multiple Choice）：正确答案从 k 个假设答案中选取，给出的假设答案中有一个是正确的。

3）范围预测类型（Span Prediction）：也称为抽取式问答（Extractive Question Answering），答案是给定文章中一定范围内的文字，答案可以被表示成（a_{start}，a_{end}）。

4）自由形式回答类型（Free-Form Answer）：允许答案是任何形式的文本（即任意长度的单词序列）。

机器阅读理解算法主要包含基于规则的方法、基于机器学习的方法与基于深度学习的方法，目前基于深度学习的方法是主流方法，这里主要介绍基于深度学习的方法。

2015 年，DeepMind 公司的研究人员 Karl Moritz Hermann 等人提出了一个面向机器阅读理解任务的基于注意力机制的 LSTM 模型[22]。2016 年，Danqi Chen 等人创建了大规模有监督训练数据集 CNN/Daily Mail[23]，在 CNN/Daily Mail 数据集中，将一篇新闻文章看作一个段落（Passage），通过使用占位符（Placeholder）来替换段落中实体（Entity）的方式将段落转换成一个完形填空问题，而答案就是这个被替换的实体。由于数据集的创建方法问题，CNN/Daily Mail 数据集存在一些噪声，这限制了机器阅读理解方法的进一步研究。

为了解决这些限制，Pranav Rajpurkar 等人构建了一个名为 SQuAD（Stanford Question Answer Dataset）的数据集[24]，该数据集包含了 536 篇文档、107 785 个问答对，每个问题的答案对应文章中的一段文本。SQuAD 数据集是第一个大规模机器阅读理解数据集，由于质量高并可进行在线自动评估，该数据集引起了研究人员的极大关注。截止到 2022 年 12 月，所有在 SQuAD 上表现比较好的模型都建立在深度学习模型之上，这些模型从编码文章和问题开始，然后经过交互层，最后进行答案的预测。

图 3-21 展示了现有大部分机器阅读理解模型的基础结构[25]，主要包含四层。

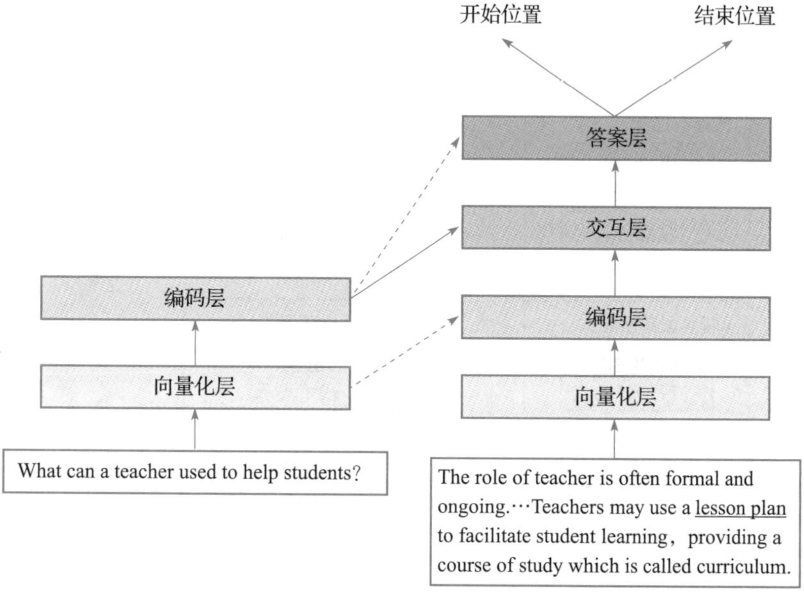

图 3-21　常用机器阅读理解模型的基础架构⊖

1）向量化层：分别将原文和问题中的 Token 映射为向量表示（如可以使用 Word2Vec、Glove 等向量化方法）。

2）编码层：主要使用循环神经网络对原文和问题进行编码，这样编码后每个 Token 的向量表示就蕴含了上下文的语义信息。

3）交互层：主要负责分析问题和原文之间的交互关系，并输出编码了问题语义信息的原文表示，即 Query-Aware 原文表示。

4）答案层：基于 Query-Aware 原文表示来预测答案范围，即答案的开始位置和结束位置。

经典的机器阅读理解模型主要有 R-Net[26]、BiDAF[27]、FastQA[28]、ReasoNet[29] 和 Mnemonic Reader[30] 等，这里主要介绍 R-Net 和 BiDAF 模型。

1. R-Net

R-Net[26] 是由 Yuxin Wang 等人提出的机器阅读理解模型。对于该模型，其向量化层使用 Glove 词向量和字符嵌入（Char Embedding）两种方法进行向量化以丰富输入特征。编码层使用循环神经网络对问题和原文进行编码。交互层是一个双层交互结构，其中，第一层使用基于门限注意力的循环神经网络（Gated-Attention Based Recurrent Networks）匹配问题（Question）和段落（Passage），获取问题相关的段落表示（Question-Aware Passage Representation）；第二层基于自匹配注意力机制的循环神经网络将段落和它自己进行匹配，从而实现整个段落的高效编码。答案层使用指针网络定位答案所在的位置。R-Net 的网络结构如图 3-22 所示。

⊖ 图 3-21 根据文献［25］重新绘制。

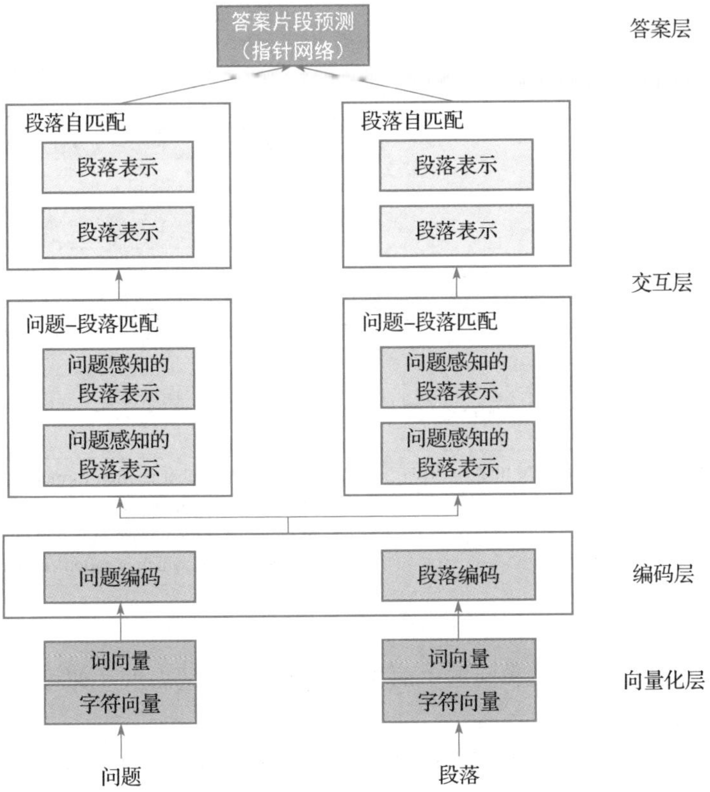

图 3-22 R-Net 的网络结构㊀

2. BiDAF

BiDAF 是由 Minjoon Seo 等人[27] 提出的一种经典的机器阅读理解模型，如图 3-23 所示。在该模型中，向量化层首先混合了单词和字符级别的表示，单词级别的词表示使用预训练的词向量 Glove 进行初始化，而字符级别的表示使用 CNN 进行编码。随后，单词级别的表示和字符级别的表示送入一层双向 LSTM 进行编码。交互层引入双向注意力机制，即首先计算一个段落和问题的对齐矩阵，然后基于该矩阵计算 Query2Context 和 Context2Query 两种注意力，并基于两种注意力计算 Query-Aware 的段落表示，接着使用双向 LSTM 进行语义信息的聚合。最后，该模型使用边界模型（Boundary Model）来预测答案的开始位置和结束位置。

对于范围预测类型的机器阅读理解任务，需要将预测的答案与正确答案进行比较，通常使用 Pranav Rajpurkar 等人[24] 提出的两种评估指标：精确匹配（Extract Match，EM）和 F1 得分。

1）EM：如果预测的答案等于正确答案，则 EM 将分配满分 1 分，否则分配 0 分。

㊀ 图 3-22 根据文献［26］改编。

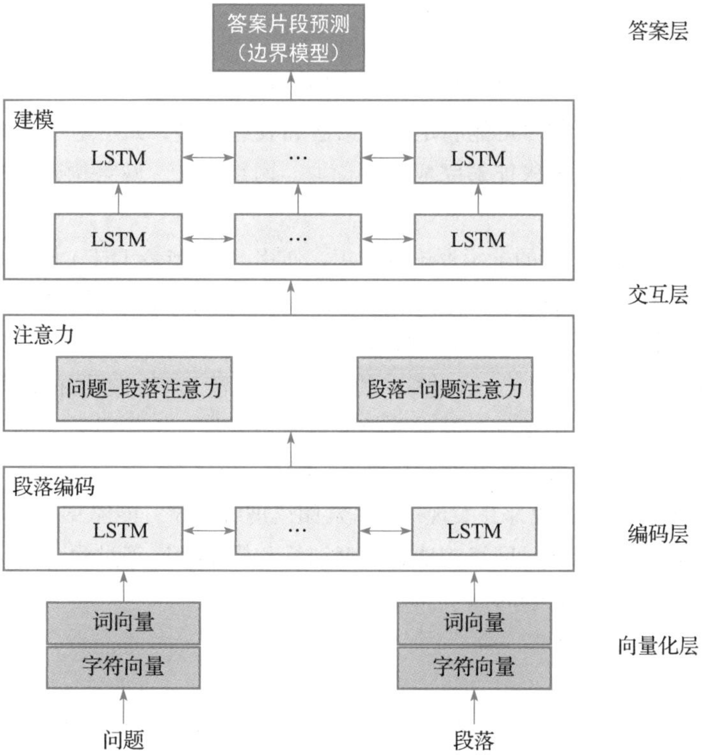

图 3-23　BiDAF 的网络结构[⊖]

2）F1 得分：计算预测答案和正确答案之间的平均单词重叠，预测答案和正确答案被看作一堆 Token，计算它们得分为

$$F1=2\times\text{precision}\times\text{recall}/(\text{precision}+\text{recall}) \tag{3-41}$$

对于自由形式回答的机器阅读理解任务，目前还没有最理想的评价标准，一种常见的方法是使用自然语言生成任务中的评估指标，如 BLEU、METEOR 和 ROUGE 等。

复习题

1. 简述循环神经网络的起源与发展。
2. 简述循环神经网络的训练过程。
3. 长短期记忆网络与经典的循环神经网络的主要区别在哪里，它的优点有哪些？
4. 简述 GRU 的主要思想以及与长短期记忆网络的区别。
5. 自动文本摘要包含哪两种主要方法？简述它们的主要思想以及优缺点。
6. 抽取式问答的基础框架有哪几层？简述它们的主要功能。

⊖ 图 3-23 根据文献［27］改编。

实验题

1. 基于给定的或自行下载的唐诗数据集，使用 RNN 或者 LSTM 设计并实现一个自动写诗的程序，要求程序写出的诗句尽可能满足汉语语法和表达习惯，如给定“湖光秋月两相和”，程序即可输出续写的诗句。要求能够完成数据读取、网络设计、网络构建、模型训练和模型推理等过程。

2. 基于给定的或自行下载的电影评论数据集，使用 RNN 或者 LSTM 设计并实现一个电影评论分析程序，能够对给定的电影评论给出正向或者负向的评价。要求能够完成数据读取、网络设计、网络构建、模型训练和模型测试等过程。

3. 基于 Penn TreeBank（PTB）语料库，使用 RNN 或者 LSTM 设计并实现一个语言模型，能够根据输入单词预测下一个单词。要求能够完成数据读取、网络设计、网络构建、模型训练和模型测试等过程。PTB 语料库官方下载地址：https://www.ldc.upenn.edu/。

4. 基于 SQuAD 数据集，设计并实现一个机器阅读理解程序，能够支持抽取式问答。要求能够完成数据读取、网络设计、网络构建、模型训练和模型测试等过程。SQuAD 数据集官方下载地址：https://rajpurkar.github.io/SQuAD-explorer/。

参考文献

[1] HOPFIELD J J. Neural networks and physical systems with emergent collective computational abilities [J]. Proceedings of the national academy of sciences of the United States of America, 1982, 79 (8): 2554-2558.

[2] JORDAN M I. Serial order: a parallel distributed processing approach [R]. Report 8604, institute for cognitive science, University of California, San Diego, 1986.

[3] ELMAN J L. Finding structure in time [R]. CRL technical report 8801, center for research in language, University of California, San Diego, 1988.

[4] WERBOS P J. Backpropagation through time: what it does and how to do it [J]. Proceeding of IEEE, 1990, 78 (10): 1550-1560.

[5] HOCHREITER S, SCHMIDHUBER J. Long short-term memory [J]. Neural computation, 1997, 9 (8): 1735-1780.

[6] SCHUSTER M, PALIWAL K K. Bidirectional recurrent neural networks [J]. IEEE transactions on signal processing, 1997, 45 (11): 2673-2681.

[7] CHUNG J, GULCEHRE C, CHO K, et al. Empirical evaluation of gated recurrent neural networks on sequence modeling [J]. arXiv, preprint arXiv: 1412. 3555, 2014.

[8] GRAVES A, WAYNE G, DANIHELKA I. Neural turing machines [J]. arXiv, preprint arXiv: 1410. 5401, 2014.

[9] JOULIN A, MIKOLOV T. Inferring algorithmic patterns with stack-augmented recurrent nets [C]. Advances in Neural Information Processing Systems 28, 2015: 190-198.

[10] BRITZ D. Recurrent neural networks tutorial, part 3-backpropagation through time and vanishing gradients [EB/OL]. https://dennybritz.com/posts/wildml/recurrent-neural-networks-tutorial-part-3, 2015-10-08.

[11] BENGIO Y, DUCHARME R, VINCENT P. A neural probabilistic language model [J]. The journal of machine learning research, 2003, 3: 1137-1155.

[12] MIKOLOV T, KARAFIAT M, BURGET L, et al. Recurrent neural network based language model [C]. Proceedings of the 11 th Annual Conference of the International Speech Communication Association, 2010: 1045-1048.

[13] MORIN F, BENGIO Y. Hierarchical probabilistic neural network language model [C]. Proceedings of the 10th International Workshop on Artificial Intelligence and Statistics, 2005.

[14] BROWN P F, PIETRA V J, DESOUZA P V, et al. Class-based n-gram models of natural language [J]. Computational linguistics, 1992, 18 (4): 467-480.

[15] MIKOLOV T, ZWEIG G. Context dependent recurrent neural network language model [C]. Proceedings of 2012 IEEE Spoken Language Technology Workshop, 2012: 234-239.

[16] ATHIWARATKUN B, STOKES J W. Malware classification with LSTM and GRU language models and a character-level CNN [C]. Proceedings of IEEE International Conference on Acoustics, Speech and Signal Processing, 2017: 2482-2486.

[17] MALLICK C, DAS A K, DUTTA M, et al. Graph-based text summarization using modified textrank [C]. Proceedings of International Conference on Soft Computing in Data Analytics, 2018: 137-146.

[18] EL-KASSAS W S, SALAMA C R, RAFEA A A, et al. Automatic text summarization: a comprehensive survey [J]. Expert systems with applications, 2021, 165.

[19] CHOPRA S, AULI M, RUSH A M. Abstractive sentence summarization with attentive recurrent neural networks [C]. Proceedings of the 2016 Conference of the North American Chapter of the Association for Computational Linguistics: Human Language Technologies, 2016: 93-98.

[20] SEE A, LIU P J, MANNING C D. Get to the point: summarization with pointer-generator networks [C]. Proceedings of the 55 th Annual Meeting for the Association for Computational Linguistics, 2017: 1073-1083.

[21] LIN C Y. ROUGE: a package for automatic evaluation of summaries [C]. Proceedings of Text Summarization Branches Out, 2004: 74-81.

[22] HERMANN K M, KOCISKY T, GREFENSTETTE E. Teaching machines to read and comprehend [C]. Advances in Neural Information Processing Systems 28, 2015: 1693-1701.

[23] CHEN D, BOLTON J, MANNING C D. A thorough examination of the CNN/Daily mail reading comprehension task [C]. Proceedings of the 54th Annual Meeting of the Association for Computational Linguistics, 2016: 2358-2367.

[24] RAJPURKAR P, ZHANG J, LOPYREV K, et al. SQUAD: 100 000+ questions for machine comprehension of text [C]. Proceedings of the 2016 Conference on Empirical Methods in Natural Language Processing, 2016: 2383-2392.

[25] WEISSENBORN D, WIESE G, SEIFFE L. Making neural QA as simple as possible but not simpler [C].

Proceedings of the 21st Conference on Computational Natural Language Learning, 2017: 271-280.

[26] WANG Y, XIE H, ZHA Z, et al. R-Net: a relationship network for efficient and accurate scene text detection [J]. IEEE transactions on multimedia, 2020, 23, 1316-1329.

[27] SEO M, KEMBHAVI A, FARHADI A, et al. Bidirectional attention flow for machine comprehension [C]. Proceedings of the 5th International Conference on Learning Representations, 2016.

[28] WEISSENBORN D, WIESE G, SEIFFE L. FastQA: a simple and efficient neural architecture for question answering [J]. arXiv, preprint arXiv: 1703. 04816, 2017.

[29] SHEN Y, HUANG PS, G J, et. al. ReasoNet: learning to stop reading in machine comprehension [C]. Proceedings of the 23rd ACM SIGKDD International Conference on Knowledge Discovery and Data Mining, 2017: 1047-1055.

[30] HU M, PENG Y, HUANG Z, et al. Reinforced mnemonic reader for machine reading comprehension [C]. Proceedings of the 27th International Joint Conference on Artificial Intelligence, 2017: 4099-4106.

本章人物：Jürgen Schmidhuber 教授

Jürgen Schmidhuber（1962~），瑞士 IDSIA 人工智能实验室（Dalle Molle Institute for Artificial Intelligence）教授，实验室共同主任。获 2013 年国际神经网络学会（International Neural Network Society）Helmholtz 奖、2016 年 IEEE 计算智能分会（IEEE Computational Intelligence Society）神经网络先锋奖（Neural Networks Pioneer Award）。Jürgen Schmidhuber 教授在循环神经网络领域做出重要贡献，于 1997 年与 Sepp Hochreiter 一起提出长短期记忆网络（Long Short Term Memory，LSTM），被誉为“LSTM 之父”。

Jürgen Schmidhuber 教授于 1987 年和 1991 年在慕尼黑工业大学（Technische Universität München）先后获得计算机科学学士学位和博士学位。毕业后加入瑞士 IDSIA 人工智能实验室，开始进行神经网络领域研究。

Jürgen Schmidhuber 教授的主要贡献是提出了 LSTM，并在机器翻译、语音识别等领域开展了大规模应用，目前，很多著名科技公司，如苹果、Google、华为、百度等都在应用 LSTM 运营各种智能业务。此外，Jürgen Schmidhuber 教授还提出了 Highway Network，它通过门机制来解决深度神经网络的训练问题。

Jürgen Schmidhuber 教授的个人主页：https://people.idsia.ch/~juergen/。

CHAPTER 4

第4章 Transformer

2018 年，Ashish Vaswani 等人提出了 Transformer[1]，它使用自注意力机制实现了并行，与之前的循环神经网络相比，加快了训练速度，在机器翻译任务上达到了当时最好的实验结果。本章首先从注意力机制讲起，之后介绍 Transformer 以及基于 Transformer 的 BERT、GPT 等预训练大模型，最后介绍 Transformer 的主要应用。

4.1 注意力机制

4.1.1 注意力机制的 Encoder-Decoder 结构

注意力机制（Attention Mechanism）最早由 Dzmitry Bahdanau 等人提出[2]，最初被用于神经机器翻译任务。提到神经机器翻译，就不得不提到 Encoder-Decoder 结构。Encoder-Decoder 结构在第 3 章也经常提到，它最初是利用神经网络进行机器翻译的基本方法，又被称为序列到序列模型（Sequence to Sequence，Seq2Seq）。在机器翻译中，源语言和目标语言的长度一般并不相等，如源语言的长度为 n，目标语言的长度为 m，那么往往 $n \neq m$，而 Encoder-Decoder 结构则可以有效地对这类输入序列和输出序列不等长的问题进行建模。简单来说，基于 Encoder-Decoder 结构的模型首先利用 Encoder 对源语言输入序列 $\boldsymbol{x}$ 进行编码，形成一个语义向量 $\boldsymbol{c}$，然后利用 Decoder 对 $\boldsymbol{c}$ 进行解码，最终得到目标语言输出序列 $\boldsymbol{y}$，如图 4-1 所示。

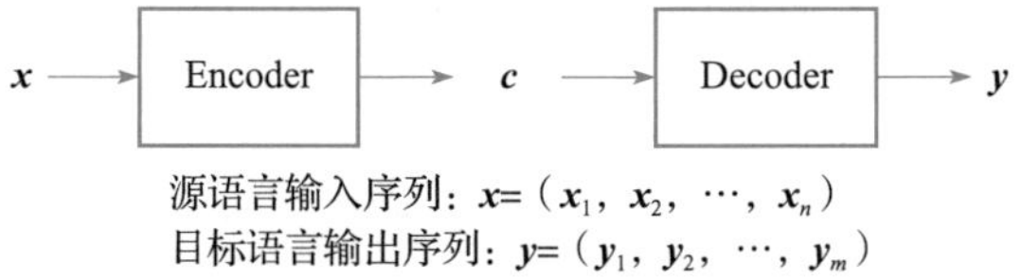

图 4-1 Encoder-Decoder 架构

在机器翻译中，Encoder 当时采用 RNN 实现，得到语义向量 $\boldsymbol{c}$ 的方法有很多，可以直接将最后一个隐态作为语义向量，也可以对最后的隐态进行一个 $\sigma(\cdot)$ 变换得到语义向量，或对

所有的隐态进行 $\sigma(\cdot)$ 变换得到语义向量，如下所示：

$$\boldsymbol{c}=\boldsymbol{h}_n \tag{4-1}$$

$$\boldsymbol{c}=\sigma(\boldsymbol{h}_n) \tag{4-2}$$

$$\boldsymbol{c}=\sigma(\boldsymbol{h}_1,\boldsymbol{h}_2,\cdots,\boldsymbol{h}_n) \tag{4-3}$$

得到语义向量 $\boldsymbol{c}$ 后，Decoder 当时也采用一个 RNN 进行解码，常采用两种方法：一种是将语义向量 $\boldsymbol{c}$ 作为 Decoder 的初始状态输入，如图 4-2 所示；另一种则是将语义向量 $\boldsymbol{c}$ 作为 Decoder 的每一步输入，如图 4-3 所示。

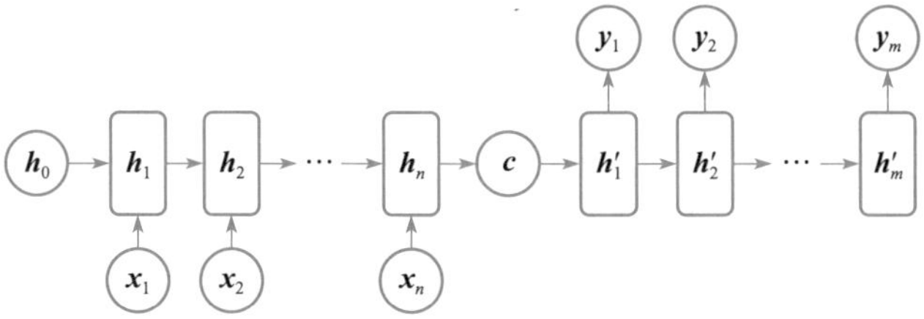

图 4-2　采用语义向量 $\boldsymbol{c}$ 作为初始输入的 Encoder-Decoder 结构

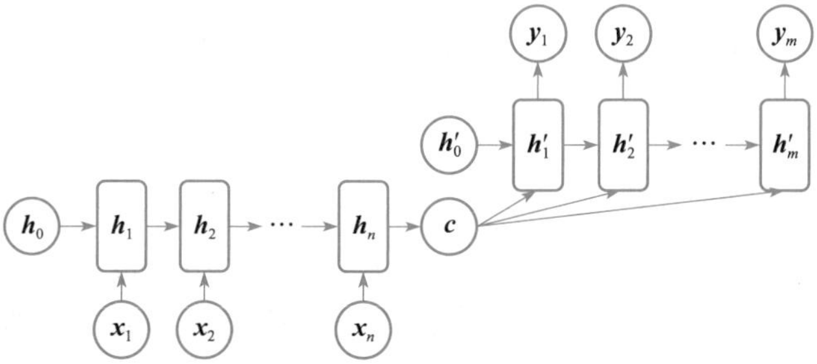

图 4-3　采用语义向量 $\boldsymbol{c}$ 作为每一步输入的 Encoder-Decoder 结构

可以看出，Encoder-Decoder 结构会将任意长度的输入编码成一个固定长度的语义向量 $\boldsymbol{c}$。因此，如果要准确地对源语言进行翻译，则语义向量 $\boldsymbol{c}$ 应包含源语言输入序列的所有信息。但是，如果源语言输入序列比较长，这种结构可能会导致固定长度的语义向量 $\boldsymbol{c}$ 无法存储全部的语义信息，而注意力机制的提出则解决了这个问题。

图 4-4 是引入了注意力机制的 Encoder-Decoder 结构。可以看出，在解码过程中，每一步使用的是不同的语义向量 $\boldsymbol{c}_j(j=1,2,\cdots,m)$，$\boldsymbol{c}_j$ 会表达与当前输出 $\boldsymbol{y}_j$ 更相关的语义信息。

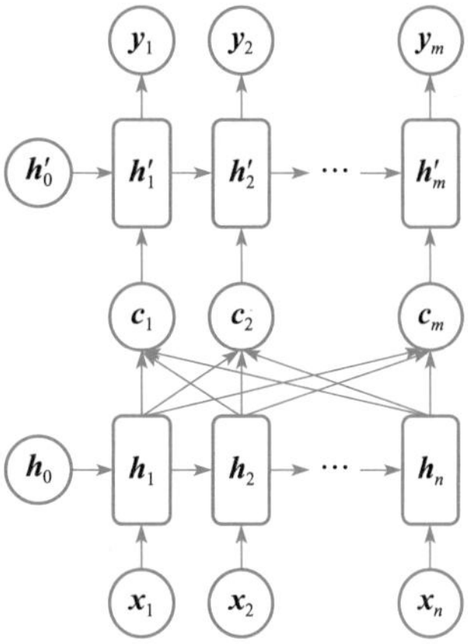

图 4-4　引入注意力机制的 Encoder-Decoder 结构

在这个新结构中，定义每个输出的条件概率为

$$p(\boldsymbol{y}_i \mid \boldsymbol{y}_1,\cdots,\boldsymbol{y}_{i-1},\boldsymbol{x})=g(\boldsymbol{y}_{i-1},\boldsymbol{h}'_i,\boldsymbol{c}_i) \tag{4-4}$$

其中，$g(\cdot)$ 是一个非线性函数，$\boldsymbol{h}_i'$ 为解码器 RNN 中的隐态：

$$\boldsymbol{h}_i'=f(\boldsymbol{h}_{i-1}',\boldsymbol{y}_{i-1},\boldsymbol{c}_i) \tag{4-5}$$

这里的上下文向量$\boldsymbol{c}_i$ 取决于 Encoder 状态序列，通过使用注意力系数 α_{ij} 对 $\boldsymbol{h}_j$ 加权求得：

$$\boldsymbol{c}_i=\sum_{j=1}^{T_x}\alpha_{ij}\boldsymbol{h}_j \tag{4-6}$$

注意力系数 α_{ij} 的计算公式如下：

$$\alpha_{ij}=\frac{\exp(e_{ij})}{\sum_{k=1}^{T_x}\exp(e_{ik})} \tag{4-7}$$

而计算注意力系数的函数主要有以下几种：

$$e_{ij}=a(\boldsymbol{h}_i',\boldsymbol{h}_j)=\begin{cases}\boldsymbol{h}_i'^{\mathrm{T}}\cdot\boldsymbol{h}_j\\ \boldsymbol{h}_i'^{\mathrm{T}}\cdot\boldsymbol{W}_\alpha\cdot\boldsymbol{h}_j\\ \boldsymbol{W}_\alpha\cdot[\boldsymbol{h}_i'^{\mathrm{T}},\boldsymbol{h}_j^{\mathrm{T}}]^{\mathrm{T}}\\ \boldsymbol{V}_\alpha\tanh(\boldsymbol{U}_\alpha\boldsymbol{h}_i'+\boldsymbol{W}_\alpha\boldsymbol{h}_j)\end{cases} \tag{4-8}$$

除了在机器翻译任务中可以引入注意力机制，在计算机视觉领域同样有注意力机制的用武之地，并且在计算机视觉领域应用注意力机制在直观上更好理解。人们在观察图像时，往往会关注其中的重要区域，比如会更多地关注图像中的前景而非背景，这也就是使用注意力机制的意义所在。

4.1.2 注意力机制的分类

注意力机制一般分为全局注意力、局部注意力和自注意力三种。

全局注意力是指 Decoder 端的注意力计算时要考虑 Encoder 端输入序列中所有的序列，如图 4-4 中的注意力就是全局注意力。

局部注意力[3] 是指 Decoder 端的注意力计算时仅考虑 Encoder 端输入序列中的部分序列。首先预估一个对齐位置 p_i，然后在 p_i 左右大小为 D 的窗口范围内来取序列进行注意力计算，如图 4-5 所示。

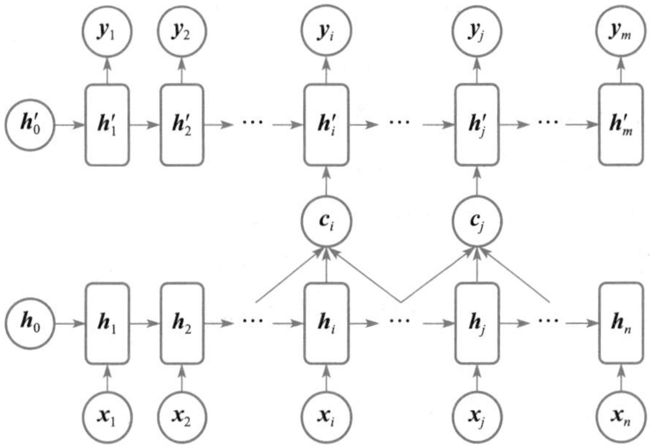

图 4-5 局部注意力

局部注意力中语义向量的计算方式如下：

$$\boldsymbol{c}_i=\sum_{j=p_i-D}^{p_i+D}\alpha_{i,j}\boldsymbol{h}_j \tag{4-9}$$

$$\alpha_{i,j}=\frac{\exp(e_{ij})}{\sum_{k=p_i-D}^{p_i+D}\exp(e_{ik})}\exp\left(-\frac{(j-p_i)^2}{2(D/2)^2}\right) \tag{4-10}$$

$$e_{ij}=\boldsymbol{h}_i'^{\mathrm{T}}\cdot\boldsymbol{W}_\alpha\cdot\boldsymbol{h}_j \tag{4-11}$$

$$p_i=\boldsymbol{T}_x\cdot\operatorname{sigmoid}(\boldsymbol{V}_p^{\mathrm{T}}\tanh(\boldsymbol{W}_p\boldsymbol{h}_j')) \tag{4-12}$$

其中，p_i 是对齐位置，D 是窗口范围，$\alpha_{i,j}$ 是注意力系数，$\boldsymbol{T}_x$ 是 Encoder 端的向量表示，$\boldsymbol{W}_\alpha$、$\boldsymbol{W}_p$ 和 $\boldsymbol{V}_p$ 是可学习的参数。

自注意力是指让模型注意到整个输入中不同部分之间的相关性，自注意力机制是 Transformer 模型的核心，我们将在 4.2.3 节中对其进行详细介绍。

4.2 Transformer 概述

4.2.1 Transformer 的结构

Transformer[1] 的结构如图 4-6 所示，它由编码器（Encoder）和解码器（Decoder）两部分组成，每个部分包含若干个模块（Block）。其中，编码器负责理解输入，为每个输入构造对应的语义表示。解码器负责以自回归的方式逐个生成输出序列中的元素。

Transformer 的编码器由 6 个相同的层堆叠而成，每个层包含两个子层，分别是多头自注意力层和前馈神经网络层。其中，多头自注意力是 Transformer 的核心，将在 4.2.3 节中对其进行详细介绍。此外，在两个子层中，Transformer 使用残差连接（Residual Connection）和层归一化（Layer Normalization，LN）机制进行性能优化。这样一来，编码器中每一层的输出可以表示为

$$\text{output}=\text{LayerNorm}(\boldsymbol{X}+\text{SubLayer}(\boldsymbol{X})) \tag{4-13}$$

其中，$\boldsymbol{X}$ 表示输入，SubLayer 表示多头自注意力子层或者前馈神经网络子层，LayerNorm(·) 表示层归一化。

此外，Transformer 的解码器也是由 6 个相同的层堆叠而成。与编码器中每层的两个子层不同的是，解码器的每层还包含第 3 个子层，第 3 个子层对编码器的输出进行多头自注意力计算。另外，与编码器中的多头自注意力子层（第 1 个子层）不同的是，解码器中的第 1 个子层中的多头自注意力使用了掩码（Mask）操作，因此在解码过程中，解码器只可以看到已经生成的解码序列，对未来即将生成的单词，需要进行掩码。在解码器的三个子层中，同样使用残差连接和层归一化机制进行了性能优化。

在接下来的小节中，对 Transformer 架构中的具体细节进行介绍，包括 Transformer 的输入编码、自注意力机制、多头自注意力机制和带有掩码操作的自注意力机制、Transformer 中的残差连接、层归一化等。

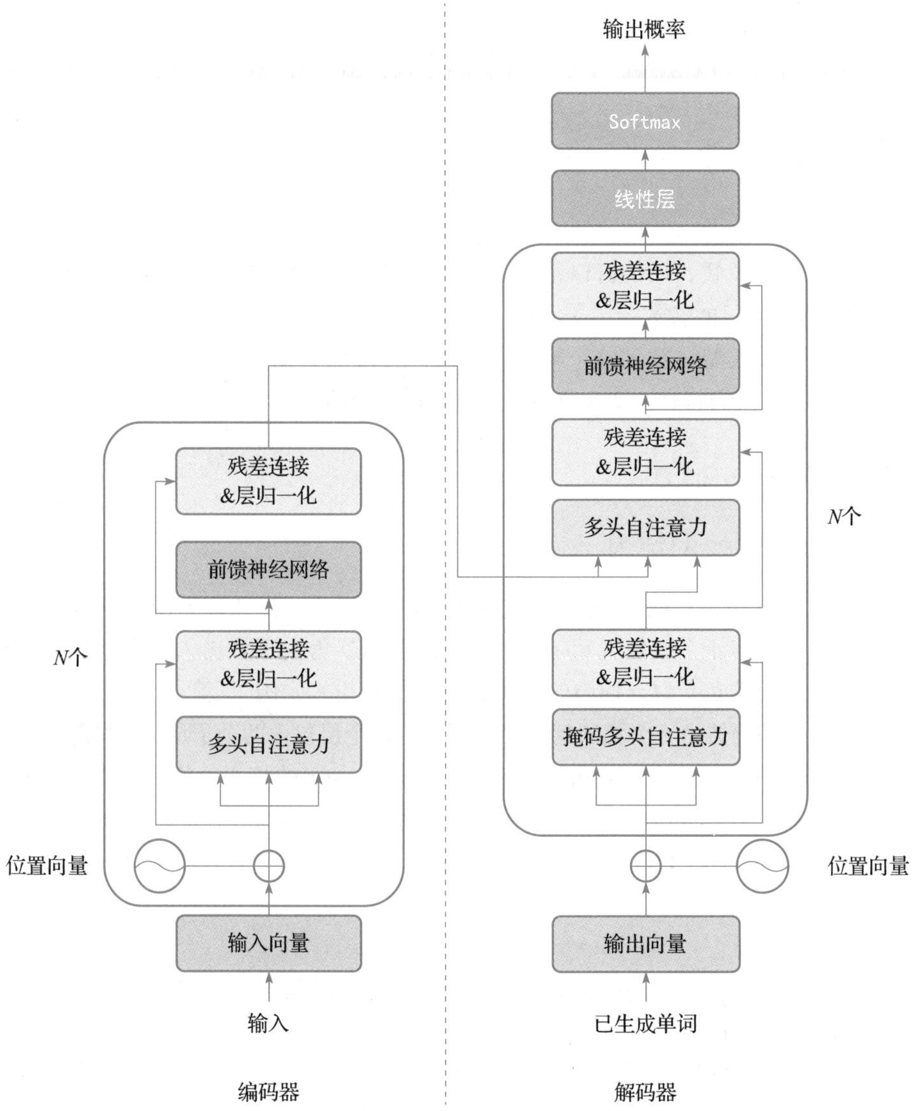

图 4-6 Transformer 的结构[㊀]

4.2.2 Transformer 的输入编码

与其他的序列到序列模型类似，Transformer 首先将输入序列转换成词嵌入（Word Embedding）向量（简称词向量）。在实现过程中，词向量可以随机初始化后随着网络训练得到，也可以加载预先训练好的词向量表示，如 Word2Vec、Glove 等。

㊀ 图 4-6 根据文献［1］重新绘制。

然而，由于 Transformer 中不包含递归或者卷积操作，因此，为了使得 Transformer 架构能够在编码输入序列时包含位置信息，在词向量之外，还增加了位置嵌入（Position Embedding, PE）向量（简称位置向量）。具体地，采用不同频率的正弦和余弦函数得到输入序列中每个标记的位置向量：

$$\mathbf{PE}_{(\mathrm{pos},2i)}=\sin(\mathrm{pos}/10\,000^{2i/d_{\mathrm{model}}}) \tag{4-14}$$

$$\mathbf{PE}_{(\mathrm{pos},2i+1)}=\cos(\mathrm{pos}/10\,000^{2i/d_{\mathrm{model}}}) \tag{4-15}$$

其中，pos 表示单词在输入序列中的位置，d_{model} 表示模型输出的维度，输入的词向量和位置向量的维度与之相等，一般取 512，维度 $2i$ 表示偶数维度，$2i+1$ 表示奇数维度。

这样一来，Transformer 的输入编码最终由输入序列中标记的词向量和位置向量求和得到。举例说明，假设输入序列为 $\boldsymbol{x}=(\boldsymbol{x}_1,\boldsymbol{x}_2,\boldsymbol{x}_3,\boldsymbol{x}_4)$，序列对应的词向量为 $\boldsymbol{w}=(\boldsymbol{w}_1,\boldsymbol{w}_2,\boldsymbol{w}_3,\boldsymbol{w}_4)$，位置向量为 $\boldsymbol{p}=(\boldsymbol{p}_1,\boldsymbol{p}_2,\boldsymbol{p}_3,\boldsymbol{p}_4)$，那么输入序列在 Transformer 中的输入编码为 $\boldsymbol{e}=(\boldsymbol{e}_1,\boldsymbol{e}_2,\boldsymbol{e}_3,\boldsymbol{e}_4)$，其中 $\boldsymbol{e}_i=\boldsymbol{w}_i+\boldsymbol{p}_i$，如图 4-7 所示。

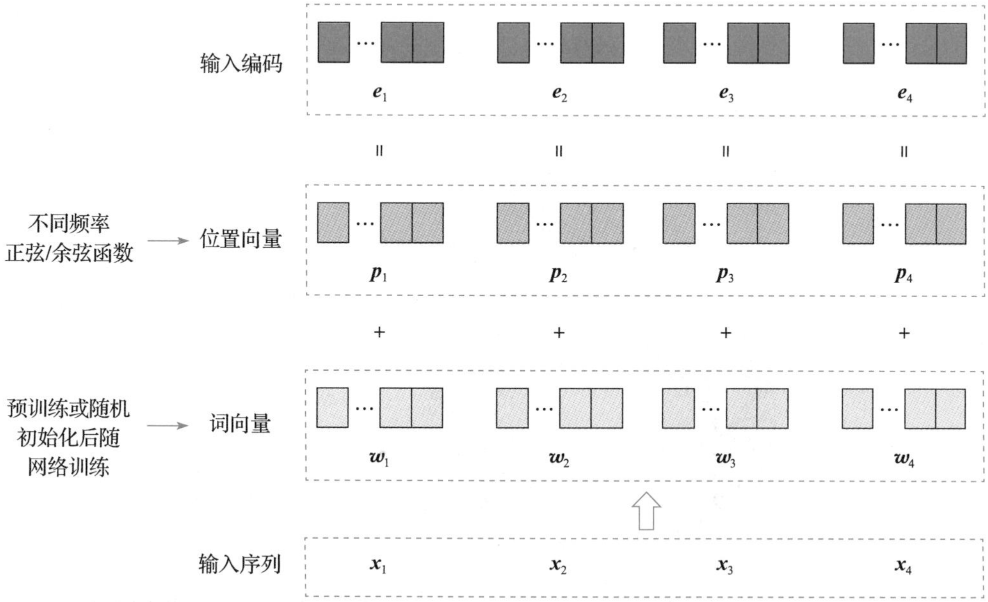

图 4-7 Transformer 的输入编码[㊀]

4.2.3 Transformer 中的自注意力机制

注意力机制可以被描述为给定一个查询（Query）和一组键（Key）值（Value）向量对，计算这个查询和键向量之间的权重系数，然后使用这个权重系数对值向量进行加权平均，得到最终输出向量的过程。

㊀ 图 4-7 根据文献［1］重新绘制。

在 Transformer 中，提出了一种可缩放的点积注意力（Scaled Dot-Product Attention），也就是自注意力。该注意力机制的输入由查询向量 $\boldsymbol{Q}$、维度为 d_k 的键向量 $\boldsymbol{K}$ 和维度为 d_v 的值向量 $\boldsymbol{V}$ 构成。接下来，计算查询向量 $\boldsymbol{Q}$ 和键向量 $\boldsymbol{K}$ 的点积（矩阵相乘），并除以 $\sqrt{d_k}$ 进行缩放，之后在编码器中直接跳过掩码操作，而在解码器中需要进行掩码操作，最后使用 Softmax 函数来获得值向量 $\boldsymbol{V}$ 的权重系数，再与值向量 $\boldsymbol{V}$ 进行矩阵相乘得到最终结果。自注意力机制的总体计算流程如图 4-8 所示。

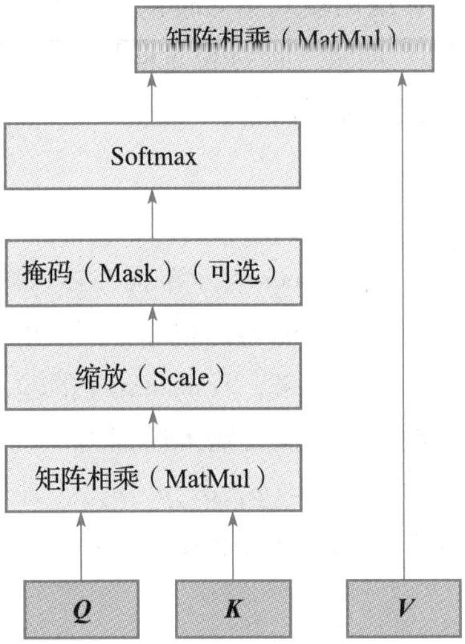

图 4-8　自注意力机制整体流程[㊀]

具体地，在实践中，首先将输入 $\boldsymbol{X}$ 分别通过线性变换矩阵 $\boldsymbol{W}_Q$、$\boldsymbol{W}_K$ 和 $\boldsymbol{W}_V$ 映射成查询矩阵 $\boldsymbol{Q}$、键矩阵 $\boldsymbol{K}$ 和值矩阵 $\boldsymbol{V}$，如图 4-9 所示。

接着，按照如下公式得计算得到注意力输出：

$$\text{Attention}(\boldsymbol{Q},\boldsymbol{K},\boldsymbol{V})=\text{softmax}\left(\frac{\boldsymbol{Q}\boldsymbol{K}^{\mathrm{T}}}{\sqrt{d_k}}\right)\boldsymbol{V} \qquad (4\text{-}16)$$

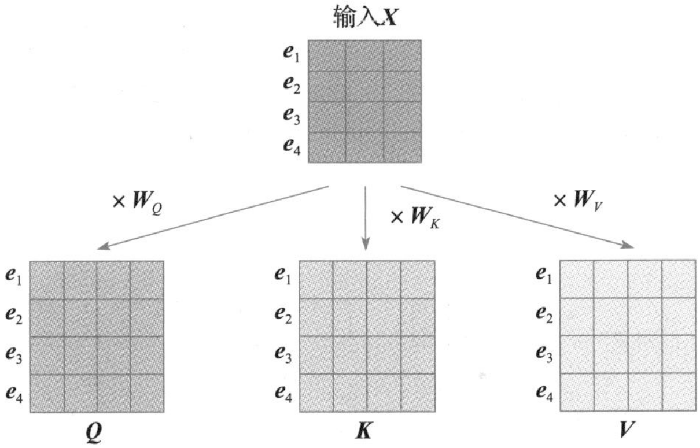

图 4-9　Transformer 的输入矩阵

Transformer 可以并行地执行自注意力机制，产生多个输出值，再将这些值拼接起来进行再次投影。因此，在自注意力机制的基础上设计了多头自注意力机制（Multi-Head Self-Attention Mechanism），如图 4-10 所示。

多头自注意力机制（h 头）的计算公式如下：

$$\text{MultiHead}(\boldsymbol{Q},\boldsymbol{K},\boldsymbol{V})=\text{Concat}(\textbf{head}_1,\cdots,\textbf{head}_h)\boldsymbol{W}^O \qquad (4\text{-}17)$$

其中，$\textbf{head}_i=\text{Attention}(\boldsymbol{Q}\boldsymbol{W}_i^Q,\boldsymbol{K}\boldsymbol{W}_i^K,\boldsymbol{V}\boldsymbol{W}_i^V)$，$\boldsymbol{W}_i^Q$、$\boldsymbol{W}_i^K$、$\boldsymbol{W}_i^V$ 和 $\boldsymbol{W}^O$ 是可学习的参数，$\boldsymbol{W}_i^Q\in$

㊀ 图 4-8 根据文献［1］重新绘制。

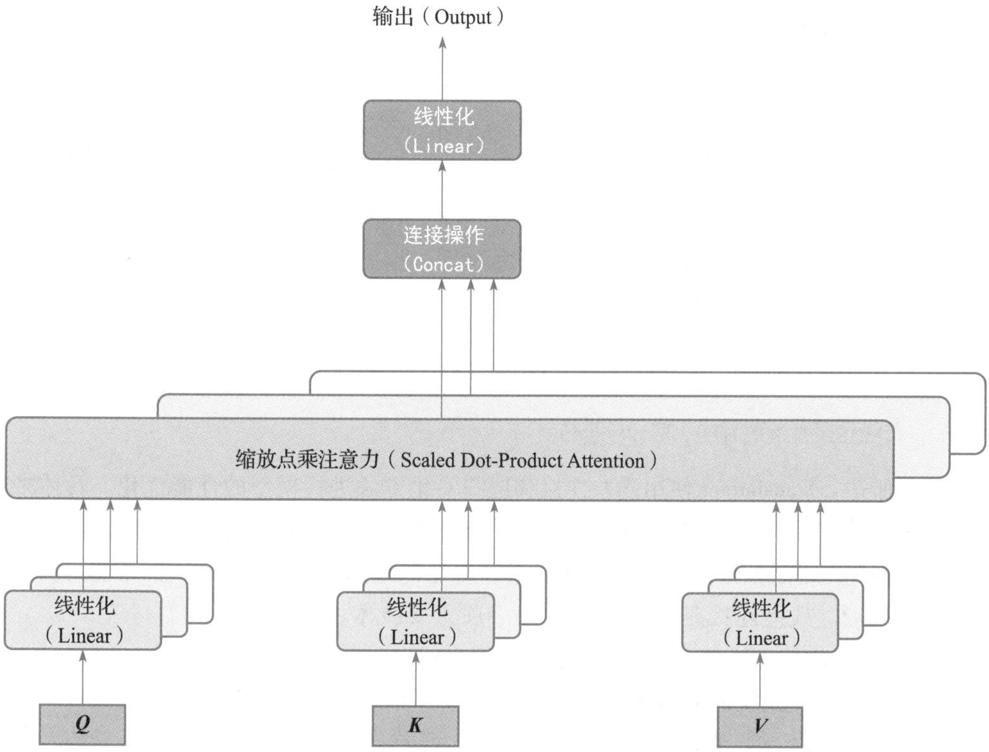

图 4-10 多头注意力机制[⊖]

$\mathbb{R}^{d_{\text{model}}\times d_k}$，$\boldsymbol{W}_i^K\in\mathbb{R}^{d_{\text{model}}\times d_k}$，$\boldsymbol{W}_i^V\in\mathbb{R}^{d_{\text{model}}\times d_v}$，$\boldsymbol{W}^O\in\mathbb{R}^{hd_v\times d_{\text{model}}}$。通常，取 $h=8$，那么 $d_k=d_v=\dfrac{d_{\text{model}}}{h}=\dfrac{512}{8}=64$。

在 4.2.1 节中提到，Transformer 的解码部分的第 3 个子层是一个带有掩码操作的多头自注意力机制。这是因为在实际的序列到序列解码的过程中，通常采用一种称作 Teacher-Force 的方法进行解码过程中的指导，就是说，在 t 时刻解码到当前单词的时候，通常需要已经产生的单词作为输入历史信息对当前单词进行概率预测。在序列到序列模型中，为了提高模型的准确率，减轻累积错误，通常这部分已经产生的单词直接采用目标序列中截止 t 位置的单词序列作为 Teacher 进行生成指导。当这种方法应用在 Transformer 模型中，为了避免模型提前看到 t 时刻之后的单词，需要对输入序列 t 时刻之后的单词进行掩码，也就是带有掩码操作的多头自注意力机制。具体来说，对于前文中的输入 $\boldsymbol{X}$，假设通过输入编码得到 $\boldsymbol{e}=\{\boldsymbol{e}_1,\boldsymbol{e}_2,\boldsymbol{e}_3,\boldsymbol{e}_4,\boldsymbol{e}_5\}$，那么在带有掩码的多头注意力机制中，会有一个掩码矩阵，当解码到第 i 个单词的时候，第 $i+1$ 个单词被掩盖，继而进行后面的操作得到输出，如图 4-11 所示。

⊖ 图 4-10 根据文献［1］重新绘制。

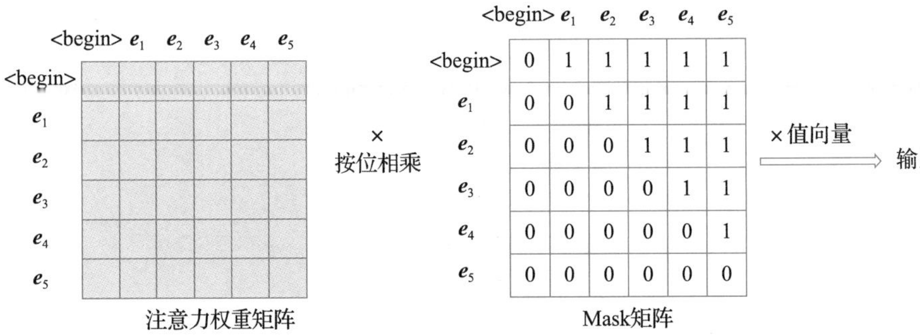

图 4-11　带有掩码的自注意力机制工作示意图

4.2.4　Transformer 中的其他细节

如前文所述，Transformer 使用残差连接和层归一化方法进行模型的性能优化。具体来说，对于网络中的某个层，残差连接会将输入数据和输出数据相加，然后使用一个激活函数处理。这样一来，即使网络层数很深，信息也可以很容易地传递到后面的网络层中，从而有效解决了梯度消失问题。残差连接是深度学习中的一项重要技术，也是 ResNet[4] 中的核心技术，在 2.4.5 节也已经介绍过，其结构如图 4-12 所示。残差网络通过从输入直接引入一个短连接到非线性层的输出，实现输入跨层。也就是说，残差连接是一种网络搭建方式，使用这种搭建方式的网络都可以称为残差网络。

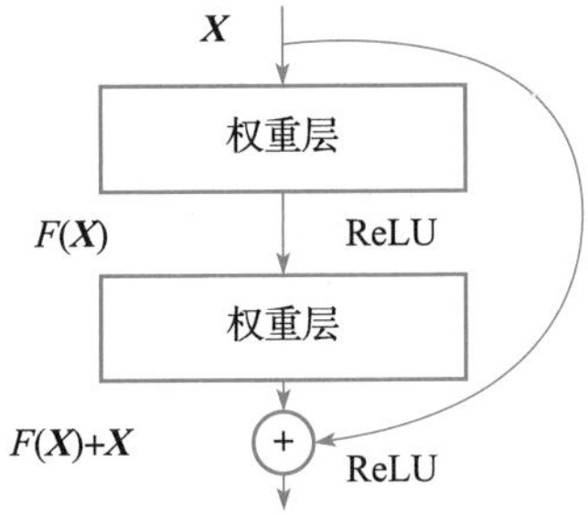

图 4-12　残差连接示意图[4]

其次，Transformer 中与残差连接结合使用的是层归一化（Layer Normalization，LN）[5]，在每个注意力头的输出后，应用层归一化。层归一化的计算是针对每个样本的所有特征进行的，而不是针对每个特征或者每个批次进行的。具体来说，层归一化会计算某个网络层中所有特征的均值和方差，并将这些统计量用于标准化该层的输出。层归一化是一种简单有效的技术，用来帮助深度神经网络更好地学习特征表示，提高模型的性能和泛化能力。具体地，层归一化的计算如下：

$$\text{layernorm}(\boldsymbol{u})=\frac{\boldsymbol{u}-E(\boldsymbol{u})}{\sqrt{\text{Var}(\boldsymbol{u})+\varepsilon}}\boldsymbol{\gamma}+\boldsymbol{\beta} \tag{4-18}$$

其中，$\boldsymbol{u}$ 表示层归一化的输入向量，$E(\boldsymbol{u})$ 是向量的均值，$\text{Var}(\boldsymbol{u})$ 是向量的方差，ε 是用来保证分母不为 0 的小数，$\boldsymbol{\gamma}$ 和 $\boldsymbol{\beta}$ 是可学习参数。我们将在 7.7.2 节详细介绍层归一化。

最后，如前文所述，在 Transformer 的编码器和解码器中，除了上述关键模块，每层都包含一个大家熟知的前馈神经网络，它由两个线性变换组成，中间由 ReLU 激活函数进行激活，对应的计算公式如下：

$$\text{FFX}(\boldsymbol{X})=\max(\boldsymbol{0},\boldsymbol{X}\boldsymbol{W}_1+\boldsymbol{b}_1)\boldsymbol{W}_2+\boldsymbol{b}_2 \tag{4-19}$$

其中，$\boldsymbol{W}_1$、$\boldsymbol{W}_2$ 是前馈神经网络的权重，$\boldsymbol{b}_1$、$\boldsymbol{b}_2$ 是前馈神经网络的偏置。

4.2.5　基于 Transformer 的大规模预训练模型

Transformer 能够并行处理较长的输入序列，这一优点吸引了大量研究人员的关注，基于 Transformer 的大规模预训练模型应运而生，它们使用 Transformer 作为基础架构，广泛应用于自然语言处理领域。基于 Transformer 的大规模预训练模型通常是在大规模文本语料库上进行无监督学习而成，这种预训练方式使得模型能够学习到丰富的语义表示，继而应用到各项自然语言处理任务中，如 OpenAI 的 GPT 系列、Google 的 BERT 系列，均已在机器翻译、文本摘要、情感分析、问答等多个自然语言处理任务中取得了优秀的实验结果，成为当前自然语言处理领域应用最广泛的大规模预训练模型。

4.3　GPT 系列模型

生成式预训练 Transformer（Generative Pre-trained Transformer，GPT）是一种基于 Transformer 的自回归语言模型[6]，即模型能够迭代地根据已经生成的单词来逐个预测后面的单词。GPT 由 OpenAI 公司在 2018 年提出，广泛应用于自然语言处理中的各项任务，如文本分类、文本蕴含、文本相似度计算和问答等。GPT 模型已经推出了多个版本，包括 GPT-1[6]、GPT-2[7] 和 GPT-3[8] 等，它们不断刷新在各项自然语言处理任务上的最好实验结果，成为自然语言处理领域的标志性模型。下面对 GPT 系列模型中的代表性工作进行介绍。

4.3.1　GPT-1

自然语言理解包括多种不同的任务，如文本分类、文本蕴含、语义相似度计算和问答等。尽管大型未标记文本语料库很丰富，但是用于学习特定任务的标记文本语料库数量很少，这为训练特定任务对应的模型带来了挑战。GPT-1 模型[6] 提出在大规模未标记语料库上训练生成式语言模型，并在下游任务上进行微调以提升下游任务的性能，减轻模型对标记数据的依赖。

GPT-1 采用无监督预训练和监督微调相结合的方式，目标是学习一个通用表示，并将其迁移到更广泛的应用上去。在模型架构上，GPT-1 基于 Transformer 构造，这是因为与其他卷积神经网络或者循环神经网络相比，Transformer 提供了效率更高的方法来处理文本中的长期依赖关系。接下来，介绍 GPT-1 中的两个阶段：无监督预训练和有监督微调。

1. 无监督预训练

给定一个无监督的语料数据集 $U=\{\boldsymbol{u}_1,\boldsymbol{u}_2,\cdots,\boldsymbol{u}_n\}$，GPT-1 使用标准的语言模型进行训练，也就是最大化如下似然估计：

$$L_1(U)=\sum_i \log P(\boldsymbol{u}_i \mid \boldsymbol{u}_{i-k},\cdots,\boldsymbol{u}_{i-1};\boldsymbol{\theta}) \tag{4-20}$$

其中，k 表示上下文窗口的大小，P 表示条件概率，$\boldsymbol{\theta}$ 是网络的参数，采用梯度下降法进行训练。

GPT-1 使用一个多层 Transformer 解码器进行语言建模，该模型对输入上下文使用多头自注意力机制，然后使用前馈神经网络预测目标单词的概率分布，建模过程如下：

$$\boldsymbol{h}_0=\boldsymbol{U}\boldsymbol{W}_e+\boldsymbol{W}_p \tag{4-21}$$

$$\boldsymbol{h}_l=\text{transformer\_block}(\boldsymbol{h}_{l-1}) \tag{4-22}$$

$$P(\boldsymbol{U})=\text{softmax}(\boldsymbol{h}_n\boldsymbol{W}_e^{\mathrm{T}}) \tag{4-23}$$

其中，$\boldsymbol{W}_e$ 是一个单词向量矩阵，$\boldsymbol{W}_p$ 是位置向量矩阵，$\boldsymbol{U}$ 表示输入文本的上下文向量，n 是网络层数。

2. 有监督微调阶段

在使用上述方法进行预训练后，GPT-1 采用有监督微调方法将参数调整到更适合下游任务的状态。假设现在有某个有标记的样本集 C，其中每个样本由一系列的输入单词 $\{\boldsymbol{x}^1,\boldsymbol{x}^2,\cdots,\boldsymbol{x}^m\}$ 和一个标签 $\boldsymbol{y}$ 组成，那么输入单词序列首先被送入在前一个阶段预训练好的模型中得到一个状态向量 $\boldsymbol{h}_l^m$，接着被送入一个线性层进行结果预测：

$$P(\boldsymbol{y}\mid\boldsymbol{x}^1,\boldsymbol{x}^2,\cdots,\boldsymbol{x}^m)=\text{softmax}(\boldsymbol{h}_l^m\boldsymbol{W}_y) \tag{4-24}$$

基于此，有监督微调阶段的目标函数就是：

$$L_2(C)=\sum_{(x,y)}\log P(\boldsymbol{y}\mid\boldsymbol{x}^1,\boldsymbol{x}^2,\cdots,\boldsymbol{x}^m) \tag{4-25}$$

与此同时，GPT-1 的设计人员发现，在有监督微调阶段将语言模型作为微调的辅助目标能够进一步提升模型的泛化能力，并且可以加速收敛帮助学习。最终，在有监督微调阶段，模型的训练目标变为

$$L_3(C)=L_2(C)+\lambda*L_1(C) \tag{4-26}$$

其中 λ 是权重系数。

3. 任务适应

对于类似文本分类的任务，可以按照上述有监督微调阶段所提到的方法进行微调，但是像问答、文本蕴含等自然语言理解任务，则需要在输入阶段进行相应的设计和修改，才可以将 GPT 模型进行应用，如图 4-13 所示。

在微调阶段，所有任务的输入都增加了特殊的 Token 作为输入的开始［start］和结束［extract］。此外，对于文本蕴含任务，设计者将前提和假设进行拼接，然后在二者之间增加了一个特殊标记“Delim”；对于文本相似度计算任务，由于被计算相似度的两个句子之间没有前后顺序关系，所以对同一数据进行了不同顺序的拼接，最后使用线性化得到相似度得分。特别地，输入时两个句子之间增加了特殊标记“Delim”，用来区分前后两个句子。对于多项选择的问答任务，将每个候选答案与问题和原文片段进行拼接，得到相应的向量表示，最后使用 Softmax 函数在候选答案范围中进行结果概率预测。

在模型实现细节上，GPT-1 很大程度上遵循了原始的 Transformer 工作模式，训练了一个具有掩码自注意力机制的 12 层仅包含解码器的 Transformer。对于前馈神经网络，使用了 3072 维的内部状态，使用最大学习率为 2.5×10^{-4} 的 Adam 优化方案（Adam 优化方法可查阅 7.9.2 节）。

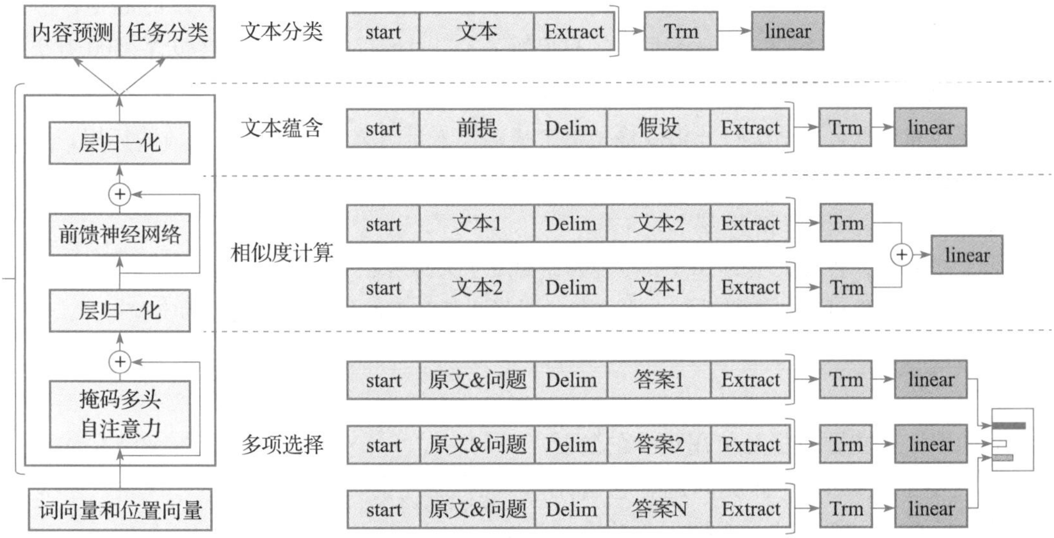

图 4-13 GPT-1 模型内部结构㊀（详见彩插）

对于 GPT 系列模型，无监督训练过程中数据的规模和清洁度也是非常重要的。GPT-1 模型在无监督训练阶段采用 BooksCorpus 数据集，这个数据集包含各种风格的 7000 多本在当时尚未出版的图书数据，主题类型包括冒险、奇幻等。至关重要的是，它包含连续的长文本。另一个数据集是 Word Benchmark 数据集。

GPT-1 在 12 个自然语言理解任务中的 9 个任务上达到了当时最好的实验结果，比如，在常识推理和问答任务上实现了 8.9%的绝对改进，在文本蕴含任务上实现了 1.5%的绝对改进。

4.3.2 GPT-2

GPT-2 在 GPT-1 的基础上进行了更通用的迁移方法探索[7]，证明了语言模型可以在零样本（Zero-Shot）情况下执行下游任务，而不需要任何参数或者架构的修改。GPT-2 的设计者认为，通用的系统应该具备执行不同任务的能力。因此，除了输入之外，一个通用的系统还应该以要执行的任务作为条件。因此，GPT-2 的建模目标被定义为求 p（output | input，task），这种方法早已在多任务学习和元学习中使用过，任务调节通常在架构级别实现，比如为任务设计特定的编码器或者解码器等。但是 GPT-2 提供了一种更为灵活和通用的形式来指定任务、输入和输出，避免了算法级别的任务定制。如在机器翻译任务中，模型的输入可以被设定为“请翻译为法语、英语原文内容、对应法语内容”；在机器阅读理解任务中，训练样本可以被写成“问题的答案、问题、原文、答案”。GPT-2 的思想本质上就是早期的指令微调（Prompt Finetuning）方法，这种方法可以使得模型学习在遇到类似的提示语后，应该输出什么样的内容。

㊀ 图 4-13 根据文献［6］重新绘制。

为了支持多个零样本任务，GPT-2 需要在预训练阶段学习尽可能丰富的数据，因此 OpenAI 自建了高质量的 WebText 数据集，只保留了人工过滤过的网页，最终包含 4500 万个链接。在模型实现上，GPT-2 仍然使用 Transformer 作为主干模型，与 GPT-1 的整体架构类似，只进行了少量修改，包括层归一化被移到每个块的输入部分，起到类似预激活的作用，在最终的自注意力块后又增加了额外的层归一化，同时 Transformer 的 Decoder 层数从 GPT-1 的 12 层增加到了 24 层、36 层和 48 层。

实验中发现，各种大小的 GPT-2 模型开始都处于欠拟合状态，但是随着训练时间的增加，在验证集上的效果可以持续提升，在大多数的零样本任务上取得了当时最好的实验结果。

4.3.3 GPT-3

GPT-3[8] 的主要目标是使用更少的领域数据，且不经过微调去解决问题。它沿用 GPT-2 的模型和训练方法，将模型参数大小从 GPT-2 的 15 亿个升级到 1750 亿。GPT-3 主要探索了语言模型的上下文学习（In-Context Learning）能力，这种能力是指预训练模型以自然语言指令和任务的几个样本作为条件，然后通过预测接下来发生的事件来完成任务。在几十个自然语言处理数据集上对 GPT-3 进行了评估，如图 4-14 所示包括三种设置：1）零样本学习（Zero-Shot Learning）。不允许展示具体的任务样本，只告知模型自然语言表示的指令。2）单样本学习（One-Shot Learning）。只允许向模型展示一个样本。3）小样本学习（Few-Shot Learning）。允许尽可能多地向模型展示样本（大概在 10~100 个之间）。

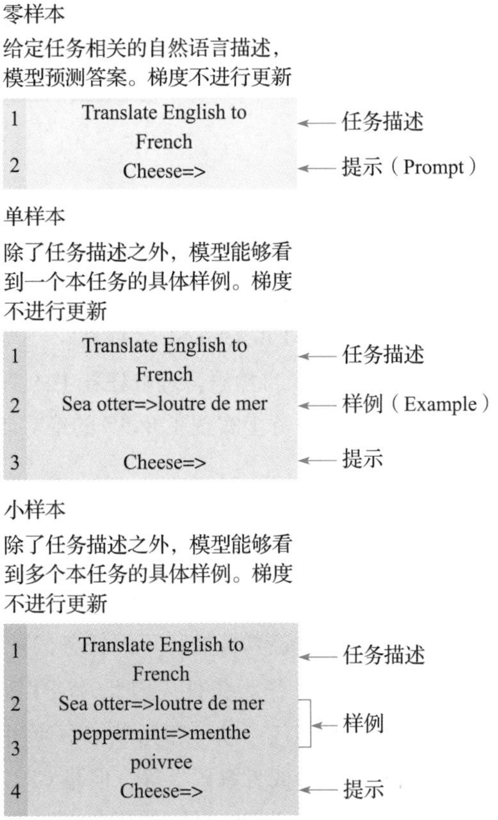

零样本
给定任务相关的自然语言描述，模型预测答案。梯度不进行更新
1 Translate English to French
2 Cheese=>
任务描述
提示（Prompt）
单样本
除了任务描述之外，模型能够看到一个本任务的具体样例。梯度不进行更新
1 Translate English to French
2 Sea otter=>loutre de mer
3 Cheese=>
任务描述
样例（Example）
提示
小样本
除了任务描述之外，模型能够看到多个本任务的具体样例。梯度不进行更新
1 Translate English to French
2 Sea otter=>loutre de mer
3 peppermint=>menthe poivree
4 Cheese=>
任务描述
样例
提示

图 4-14 GPT3 模型评估示意图㊀

在开发 GPT-3 的过程中，研究人员发现，模型增大后引入一些质量较差的数据带来的负面影响变小了，因此与 GPT-1 和 GPT-2 相比，GPT-3 开始使用 Common Crawl 数据集进行训练。最终，它结合了清洗好的 Common Crawl 数据和已有的高质量数据，使用了超过 45TB 的文本数据作为训练数据，并进行了不同

㊀ 图 4-14 根据文献［8］重新绘制。

权重的采样使用。

GPT-3 在零样本学习和单样本学习中取得了很好的实验结果，并且在小样本学习中展现出了与其他优秀模型相媲美的能力。

4.3.4　InstructGPT 和 ChatGPT

在之前的 GPT 系列模型中，给定任务的一些示例作为输入，GPT 系列模型可以通过“提示”（Prompt）来执行自然语言处理领域的相关任务。然而仅仅依靠这些示例，模型通常会产生一些负面的输出，比如产生与原文事实不符的、不遵循用户指令或者有偏见的文本内容。因此，OpenAI 研究如何提升 GPT 模型的性能使其生成更加符合用户指令的文本内容，如开始尝试训练能够与用户意图对齐的语言模型。

具体来说，研究人员尝试使用基于人类反馈的强化学习方法来微调 GPT-3 模型，即以人类的偏好作为奖励信号来微调 GPT 模型。为了获得人类反馈，OpenAI 聘请人员进行数据标记，评价 GPT 模型生成的文本。在初步获得人类反馈后，使用这部分的数据进行 GPT 系列模型的有监督训练。然后，在使用小部分数据进行模型优化后，将更多的输出数据进行偏好标记。最后，使用这个更大规模的带有偏好标记的数据对语言模型进一步微调以最大化人工奖励，图 4-15 展示了这个过程，这个过程得到的模型被称为 InstructGPT[9]。

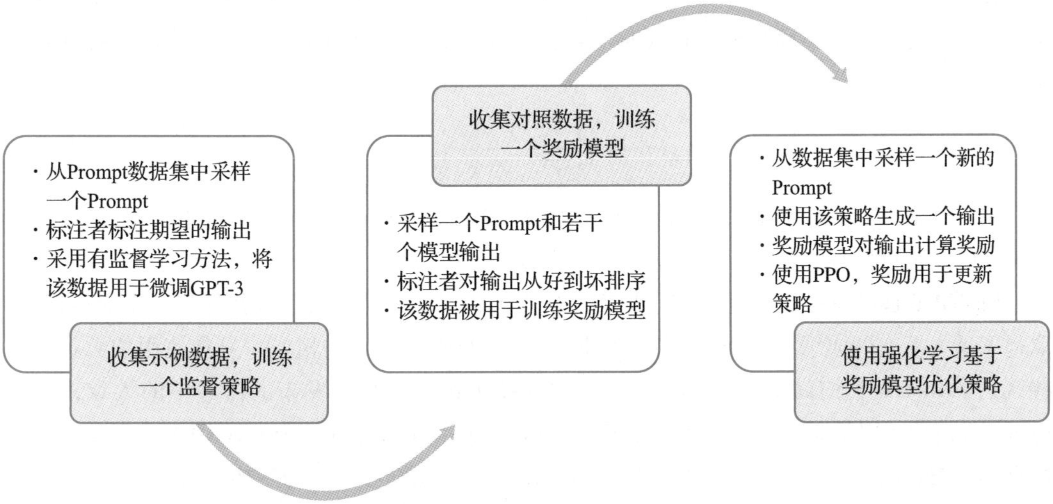

图 4-15　InstructGPT 模型工作流程图㊀

在 InstructGPT 中，基于人类反馈的强化学习（Reinforcement Learning from Human Feedback，RLHF）过程如下：

1）通过人工手写或者 OpenAI 的 API 请求收集一批 Prompt，对于这些 Prompt，人工手写

㊀ 图 4-15 根据文献［9］改编。

期望的答案，用这些 Prompt 和对应的答案作为数据，实现 GPT 模型的有监督微调。

2）使用微调后的模型，根据更多的 Prompt 生成答案，一次 Prompt 多次采样生成多个答案，然后请人工标注生成内容的相对顺序，根据这些带有顺序的 Prompt 和答案数据训练一个奖励模型，模型能够根据输入的 Prompt 和答案输出一个得分。

3）采样更多的 Prompt，采用强化学习的方式不断优化生成模型，在强化学习中，使用2）得到的奖励模型为生成内容打分。

在这个过程中，2）和 3）是一个持续迭代的过程。

InstructGPT 首先使用有监督学习在标签上微调 GPT3，然后训练一个奖励模型来获取提示、响应和对应的奖励。在这个过程中的奖励模型（Reward Model）是一个有监督的微调模型，输入是 Prompt 和生成的答案内容，输出一个标量作为打分结果，奖励模型的损失函数如下：

$$\text{loss}(\boldsymbol{\theta})=-\frac{1}{\binom{K}{2}}E_{(x,y_w,y_l)\sim D}[\log(\sigma(r_\theta(\boldsymbol{x},\boldsymbol{y}_w)-r_\theta(\boldsymbol{x},\boldsymbol{y}_l)))] \tag{4-27}$$

其中，K 是模型生成的答案的个数，$r_\theta(\boldsymbol{x},\boldsymbol{y})$ 是提示 $\boldsymbol{x}$ 和生成 $\boldsymbol{y}$ 对应的奖励标量输出，$\boldsymbol{\theta}$ 是参数，$\boldsymbol{y}_w$ 表示（$\boldsymbol{y}_l,\boldsymbol{y}_w$）模型所生成的序列中的偏好输出。OpenAI 聘请的标注人员对 K 个模型生成的答案进行排序，目标函数的意义是使得奖励模型与人工标注的答案相对顺序一致。

接下来，使用强化学习并利用奖励模型在环境中微调 GPT 模型，给定提示和响应，它产生由奖励模型确定的奖励得分，在强化学习的训练中，InstructGPT 尝试最大化以下组合目标函数：

$$\text{obj}(\varnothing)=E_{(x,y)\sim D_{\pi_\varnothing^{\text{RL}}}}\left[r_\theta(\boldsymbol{x},\boldsymbol{y})-\beta\log\left(\frac{\pi_\varnothing^{\text{RL}}(\boldsymbol{y}\mid\boldsymbol{x})}{\pi^{\text{SFT}}(\boldsymbol{y}\mid\boldsymbol{x})}\right)\right]+\gamma E_{(x)\sim D_{\text{pretrain}}}[\log(\pi_\varnothing^{\text{RL}}(\boldsymbol{x}))] \tag{4-28}$$

其中，$\pi_\varnothing^{\text{RL}}$ 是强化学习策略，π^{SFT} 是有监督训练的模型，D_{pretrain} 是数据的预训练分布。β 是 KL（KL 散度距离）奖励系数，γ 是预训练损失系数。

ChatGPT 是目前影响最大的 GPT 模型，它在人机对话领域超过了以往任何一个对话模型，取得了令人振奋的成绩。ChatGPT 的工作模式与 InstructGPT 大致相似，只是使用的数据集有些区别。OpenAI 目前尚未公布 ChatGPT 的详细技术细节，官方发布的博客中的大致描述是 ChatGPT 使用了对话精调的方式，即多轮 Prompt 和上下文，在训练 InstructGPT 模型中用到的数据集也被转换成对话的形式合并使用。基于反馈的强化学习方法仍然被使用。

4.4 BERT 系列模型

纯 Encoder 模型只使用 Transformer 中的 Encoder 部分，也就是说，在这类模型中，注意力机制可以访问到原始输入句子中的所有单词。基于 Transformer 的双向编码器表示模型（Bidirectional Encoder Representations from Transformer，BERT）[10] 就是一种基于 Transformer 的纯 Encoder 模型，2018 年由 Goolge 公司的 Jacob Devlin 等人提出，广泛应用于自然语言处理领域的各种任务，比如句子分类、句子相似度计算、自然语言推理、命名实体识别、基于机器阅读理解的问答等。

BERT 采用双向 Transformer 编码器作为基础结构，它能够同时利用上下文信息和句子内部信息，提升模型的表达能力。BERT 通过在大规模语料库上进行无监督的预训练，学习到通用的语言知识和上下文信息，然后在特定任务上进行微调，以适应不同的应用场景，如基于多类型自然语言推理语料库（Multi-Genre Natural Language Inference，MNLI）的自然语言推理任务、命名实体识别（Named Entity Recognition，NER）任务、基于 SquAD 数据集的机器阅读理解任务等。

4.4.1 与其他大规模预训练模型的区别

将预训练模型应用于下游任务有两种方法，分别是基于特征的方法和基于微调的方法。ELMo[11] 使用的是一种基于特征的方法，GPT 系列模型使用的是一种基于微调的方法。这两种方法可以通过微调所有的预训练参数对下游任务进行训练，且它们都采用单向语言模型来学习通用的语言表示。

如图 4-16a 所示，ELMo 使用自左向右和自右向左的两个 LSTM 网络作为编码器，分别以 $P(w_i \mid w_1,\cdots,w_{i-1})$ 和 $P(w_i \mid w_{i+1},\cdots,w_n)$ 作为目标函数独立训练，将训练得到的特征向量以拼接的形式实现双向编码。此外，如前面章节所述，GPT 在 Transformer 解码器的基础上进行构建，以 $P(w_i \mid w_1,\cdots,w_{i-1})$ 为目标进行训练，也是一个单向编码模型，如图 4-16b 所示。BERT 的设计者认为单向的语言模型使得每个标记只能关注先前标记的信息，在面对诸如问答类的自然语言处理任务时，单向语言模型的效果可能不是最优的，能够从两个方向合并上下文信息是非常重要的。BERT 使用 $P(w_i \mid w_1,\cdots,w_{i-1},w_{i+1},\cdots,w_n)$ 为目标函数进行训练，它是一个双向编码模型，如图 4-16c 所示。

4.4.2 BERT 的架构与参数

BERT 模型基于 Transformer 模型的编码器构建，实现上与 Transformer 的细节几乎相同。文献［10］中定义 Transformer 的块数为 L、隐藏层状态大小为 H、自注意力机制的头数为 A。在 Base 模式的 BERT 中，$L=12$，$H=768$，$A=16$；在 Large 模式的 BERT 中，$L=24$，$H=1024$，$A=16$。

4.4.3 BERT 的输入表示

为了使 BERT 能够处理各种下游任务，输入表示需要能够区分一个句子或者一对输入句子。BERT 的输入编码可以分为标记和嵌入两个步骤：在标记步骤中，BERT 将输入文本标记成 Token，这些 Token 可以是单词、子词或者字符，然后将每个标记映射到其在词汇表中的唯一整数 ID。BERT 使用 WordPiece 算法将单词或者子词拆分成更小的单元，以扩展词汇表并允许模型更好地处理未知词汇。接着，每个序列的第一个标记始终是一个特殊的分类标记［CLS］，与该标记对应的最终隐藏层状态被用作分类任务的聚合序列表示。句子对被打包成一个序列。此外，设计者采用两种方式对句子对进行区分：1）在句子之间增加［SEP］标记；

2）为每个句子的每个标记增加一个句子标记嵌入，注明其属于哪一个句子，也就是如图 4-17 所示的段向量。最后，对于每个输入单词，同 Transformer 模型中的设计一样，包括词向量和位置向量。

a）ELMo的工作模式

b）GPT系列模型的工作模式

c）BERT模型的工作模式

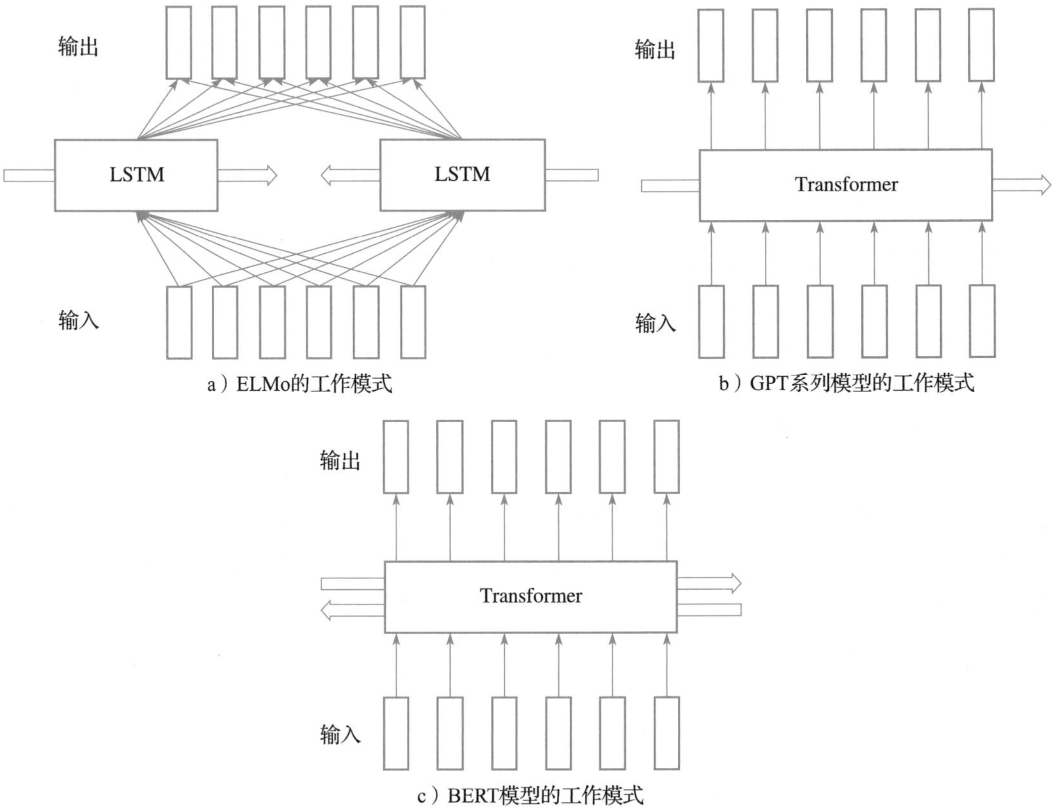

图 4-16　ELMO、GPT 和 BERT 的工作模式比较

输入单词	[cls]	my	dog	is	cute	[SEP]	he	likes	play	##ing	my
词向量	$E_{[cls]}$	E_{my}	E_{dog}	E_{is}	E_{cute}	$E_{[SEP]}$	E_{he}	E_{likes}	E_{play}	$E_{\#\#ing}$	$E_{[my]}$
	+	+	+	+	+	+	+	+	+	+	+
段向量	E_A	E_A	E_A	E_A	E_A	E_A	E_B	E_B	E_B	E_B	E_B
	+	+	+	+	+	+	+	+	+	+	+
位置向量	E_0	E_1	E_2	E_3	E_4	E_5	E_6	E_7	E_8	E_9	E_{10}

图 4-17　BERT 模型的输入表示 ⊖

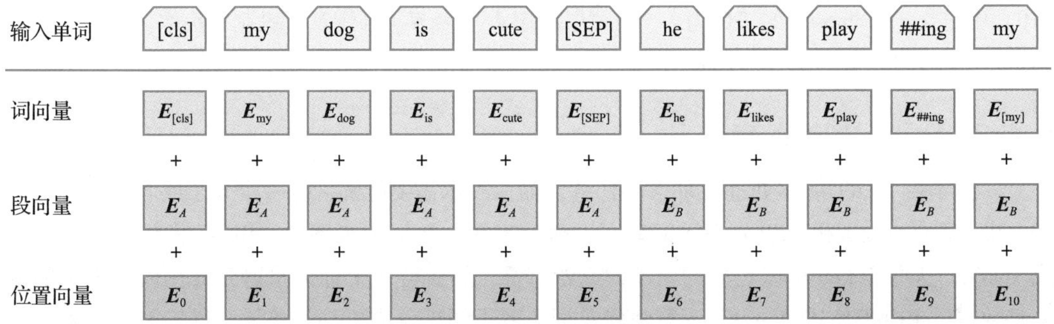

4.4.4　BERT 的训练

BERT 同样采用两阶段训练方法，分别是在大规模无标注语料上的预训练和在特定任务有标签数据上进行的微调。

在预训练阶段，BERT 使用了掩码语言模型（Masked Language Model，MLM）和下一句预测（Next Sentence Prediction，NSP）两种方法进行预训练。

MLM 是在输入文本中随机选择一部分单词，将它们替换成特殊的［MASK］标记，然后要求模型预测输入句子中被随机掩盖的单词。值得注意的是，考虑到在测试阶段［MASK］标记并不会出现，这会导致预训练和微调之间存在一些不匹配的问题。为了缓解这种情况，在实际的训练过程中，并不总是使用［MASK］替换需要被掩码的单词，而是选择在一个小概率的情况下使用随机标记替换需要被掩码的单词，如以 15%概率选择要被掩码的单词，同时随机标记有三种情况：［MASK］(占 80%)、其他任意单词（占 10%）和保持原单词不变（占 10%)。

在许多下游任务中，比如问答、自然语言推理和文本蕴含任务都需要理解两个句子之间的关系。为使得 BERT 能够理解句子之间的关系，NSP 任务要求模型判断两个句子之间是否是连续的，这个任务可以帮助语言模型学习到句子之间的关系和逻辑关联。BERT 在大规模 Wikipedia 和 BookCorpus 语料库上进行预训练，包含 340 亿个单词。对于英语百科数据，只使用其中的文本片段，而忽略列表、表格和标题，使用文档级别的语料库而不是句子级别的语料库。

在微调阶段，可以将 BERT 应用于各种具体的自然语言处理任务，对于文本分类任务，可以将 BERT 的输出向量输入一个全连接层进行分类；对于命名实体识别任务，可以将 BERT 的输出序列输入一个序列标注模型中进行命名实体识别。

4.4.5　BERT 的变种

BERT 的出现，极大地推动了自然语言处理领域相关技术的发展和进步。同时，BERT 也衍生出了诸多变种模型，比如 RoBERTa[12]，ALBERT[13]、BART[14] 和 ERNIE[15] 等，不断提升了各项自然语言处理任务的性能。

BERT 中的训练方法存在一些缺点：1）MLM 直接对单个 Token 进行随机掩码，丢失了短语和实体信息，这一点对中文尤其明显，百度公司提出的 ERNIE 模型对其进行了改进；2）MLM 仅预测被掩码的单词，其他的单词没有参与到预测中；3）NSP 任务可以学到序列层的信息，但是这仅仅是一个二分类问题，而且负样本构造过于简单，导致模型不能进行充分的训练，ALBERT 和 RoBERTa 对其进行了相应的改进。

RoBERTa 的提出者发现了 BERT 存在训练不足的问题，从模型设计选择、训练策略和语料选择方面入手，对 BERT 进行了改进，具体来说：1）原始的 BERT 模型在实现数据处理时执行一次掩码操作，从而产生了静态掩码，为了避免在每个训练轮次中为每个样本使用相同的掩码，RoBERTa 使用了动态掩码，在预训练的不同时刻，重新挑选 15%的单词进行掩码。

2）原始 BERT 模型在预训练的过程中，训练下一个句子任务的样本要么是从同一个文档中连续采样，要么来自不同的文档，这种设置过于简单，RoBERTa 尝试了多种变形，发现在去除 NSP 任务时，模型的性能能够获得提升。3）BERT 采用的是字符级别的编码，词汇表大小是 30K，RoBERTa 在训练中采用字节级别的编码，词汇表大小扩展到了 50K。4）RoBERTa 在训练中增加了批处理的大小。

BERT 和 RoBERTa 模型都采用了大量的参数，为了解决计算资源带来的限制，ALBERT 模型对 BERT 模型进行了参数方面的优化，具体来说，ALBERT 通过两种参数缩减技术进行建模：第 1 种技术是分解嵌入参数，将大词汇嵌入矩阵分解成两个小矩阵，然后将隐藏层的大小与词向量的大小分开；第 2 种技术是跨层共享，BERT 模型使用了 12 层不同的编码器，参数并没有共享，ALBERT 模型将这 12 层的编码器的参数实现了共享。同时，ALBERT 发现 BERT 模型的 NSP 学习任务相比 MLM 学习任务难度较小，因此提出用于句子顺序预测的自监督损失（Sentence-Order Prediction，SOP）任务替代 NSP 任务，SOP 任务关注句子之间的连贯性，将 NSP 任务中的负样本换成了同一篇文章中的两个逆序句子，在预训练时，让模型去预测句子是正序还是逆序，实验证明 SOP 任务带来的提升比 NSP 任务更好。

绝大多数大规模预训练模型仅仅通过上下文预测缺失的单词对文本表示进行建模，这些工作不考虑句子中的先验知识。ERNIE 通过知识掩码策略来解决这一问题，除了最基本的单词标记掩码策略外，ERNIE 增加了两种与知识相关的策略，分别是短语策略和实体策略。ERNIE 与 BERT 的掩码策略对比如图 4-18 所示，它将短语（如 a series of）或者实体（J. K. Rowling）作为一个知识单元，在预训练期间，对这些知识单元进行掩码，这样的训练过程能够使大模型实现与外部知识的结合。在模型架构方面，ERNIE 模型同样采用多层 Transformer 模型作为基础编码器，

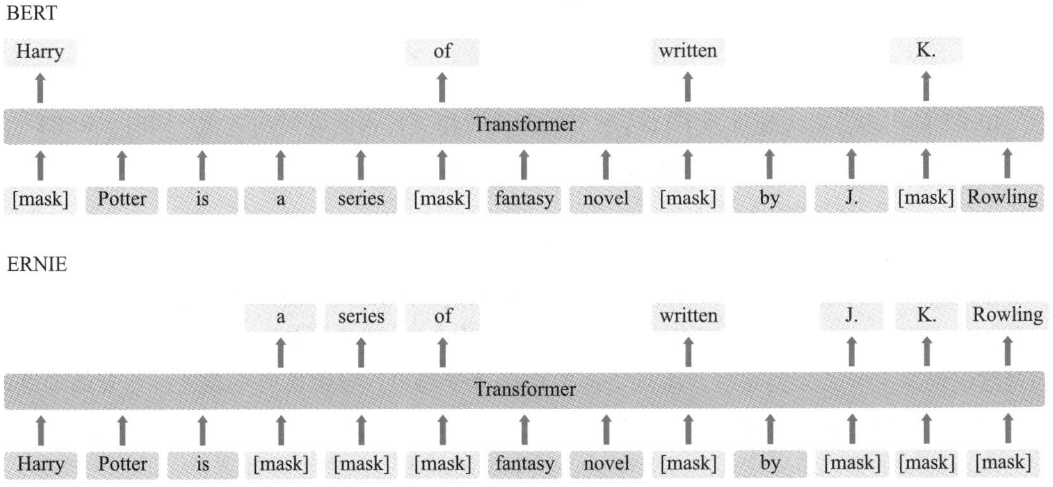

图 4-18 BERT 与 ERNIE 的结构比较㊀

㊀ 图 4-18 根据文献［15］重新绘制。

对于中文语料库，设计者在 CJK Unicode 范围内的每个字符周围添加了空格，并使用 Word Piece 对中文句子进行标记。此外，ERNIE 提出了一种多阶段的知识掩码策略，将短语和实体级别的知识融合到语言表示中。第 1 个阶段是基本级别的掩码，它将句子视为最基本的语言单元，在训练中随机屏蔽 15%的基本单元。第 2 个阶段是短语级别的掩码，短语是一组小的单词或者字符。第 3 个阶段是实体级别的掩码，包括人员、位置、产品等。在数据选择方面，ERNIE 采用异构语料库进行预训练，集合了百度百科、百度新闻等语料。因为对话数据对于语义表示非常重要，因此，ERNIE 还引入了对话语言模型（Dialogue Language Model，DLM），DLM 任务能够让 ERNIE 学习到对话中的隐含关系，进一步提升模型的语义表达能力。ERNIE 在中文异质数据上进行了预训练，然后应用于 5 个中文任务中，实验证明了 ERNIE 模型的有效性和对中文语料强大的语义理解能力。

4.5 Swin Transformer

4.5.1 Swin Transformer 的提出

如前所述，Transformer 主要应用于自然语言处理领域的各个任务，随着 ViT[16] 的提出，Transformer 开始应用于计算机视觉领域。把 Transformer 从自然语言处理领域迁移到计算机视觉领域主要面临两个挑战：1）不同视觉主体存在很大尺寸差异；2）图像像素比起自然语言文本而言有很高的分辨率。针对上述挑战，Ze Liu 等人提出了 Swin Transformer[17]，它是一种基于滑动窗口机制、采用层级设计的视觉 Transformer，可以作为所有计算机视觉任务的骨干网络。在图像分类任务上，Swin Transformer 在 ImageNet-1K 数据集上取得了 87.3 的 Top-1 准确率；在其他密集视觉任务（如目标检测、语义分割等）上，Swin Transformer 也有非常优秀的表现。

Swin Transformer 的关键技术有两个：1）层级化 Transformer 设计；2）滑动窗口机制。下面进行详细介绍。

4.5.2 Swin Transformer 结构

Swin Transformer 结构采用层级化设计，一共分为 4 个阶段。图 4-19 是 Swin Transformer 的模型结构图，鉴于 Swin Transformer 可用于多种计算机视觉任务，图 4-19 仅展示了骨干网络部分。

Swin Transformer 首先将图像输入分成像素块，像素块大小为 4×4。以图像大小 224×224×3 为例，经过第 1 层后数据维度变为 56×56×(4×4×3)，之后送入阶段 1 进行处理。在阶段 1 中，数据从线性嵌入层出来后，维度大小变为 3136×96，这对于 Transformer 块来说过大，因此需要采用窗口内自注意力计算减小计算复杂度。从阶段 2 开始，之后的每一阶段都是一个像素块合并层和 Swin Transformer 模块，其中像素块合并层类似于卷积神经网络中的池化层，经过像素块合并层后，数据的宽和高为原先的 1/2，通道数为原先的 2 倍。接下来详细介绍窗口内自注意力计算、Swin Transformer 模块和像素块合并层。

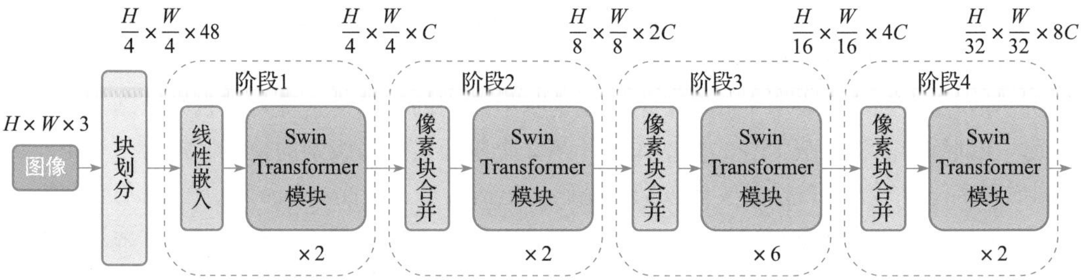

图 4-19 Swin Transformer 的模型结构[㊀]

1. 窗口内自注意力计算

经过阶段 1 的线性嵌入层后，一个 224×224×3 的图像输入维度变成 3136×96，3136 对于 Swin Transformer 模块来说过大，为了减小计算复杂度，Swin Transformer 提出在窗口内进行自注意力计算。图 4-20 展示的是一个 56×56×96 的输入在窗口内计算时窗口与像素块关系说明。首先，默认窗口内有 7×7 的像素块，因此就有 (56/7)×(56/7) = 8×8 = 64 个窗口。在窗口内计算自注意力让计算复杂度与图像大小呈线性相关，大大减小了计算复杂度。

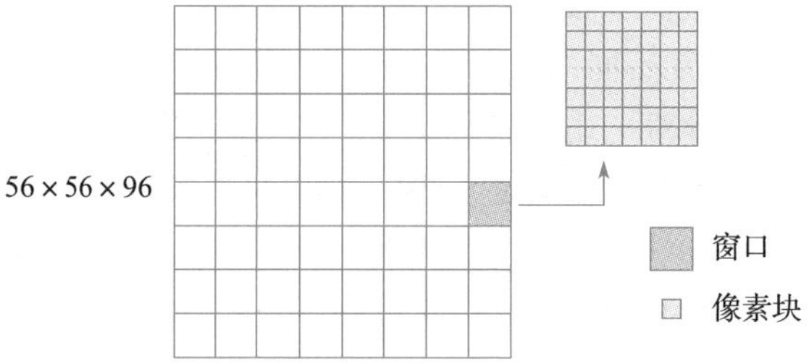

图 4-20 窗口内计算自注意力的窗口与像素块说明

具体来说，自注意力计算流程如图 4-21 所示。向量与三个系数矩阵相乘后分别得到 $\boldsymbol{Q}$、$\boldsymbol{K}$ 和 $\boldsymbol{V}$。然后 $\boldsymbol{Q}$ 与 $\boldsymbol{K}$ 相乘得到自注意力 $\boldsymbol{A}$，$\boldsymbol{A}$ 再与 $\boldsymbol{V}$ 相乘，然后经过投射层得到最终结果。

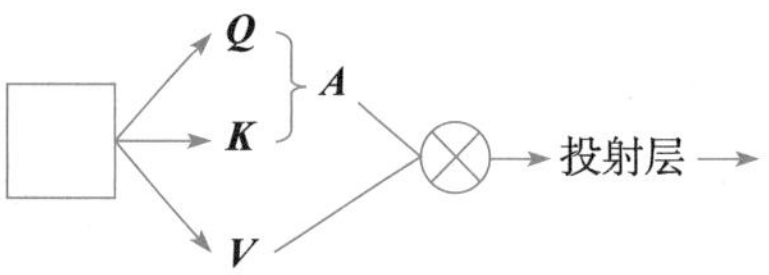

图 4-21 自注意力计算流程

普通的自注意力计算复杂度和窗口内自注意力计算复杂度如公式 (4-29) 和公式 (4-30) 所示，其中 M 为窗口大小，在这里默认为 7（即窗口里有 7×7 个像素块）。

$$\Omega(\mathrm{MSA}) = 4hwC^2+2(hw)^2C \tag{4-29}$$

$$\Omega(W\text{-}\mathrm{MSA}) = 4hwC^2+2M^2C \tag{4-30}$$

㊀ 图 4-19 根据文献 [17] 重新绘制。

2. Swin Transformer 模块

Swin Transformer 是通过将 Transformer 模块中的多头自注意力（Multi-Head Self-Attention，MSA）模块替换为基于滑动窗口的模块来构建的，其他层保持不变。如图 4-22 所示，一个 Swin Transformer 模块由一个基于滑动窗口的 MSA 模块组成，其后是一个 2 层的多层感知机（Multi-Layer Perceptron，MLP），GeLU 非线性介于两者之间。在每个 MSA 模块和每个 MLP 之前应用一个层归一化，在每个模块之后应用一个残差连接。

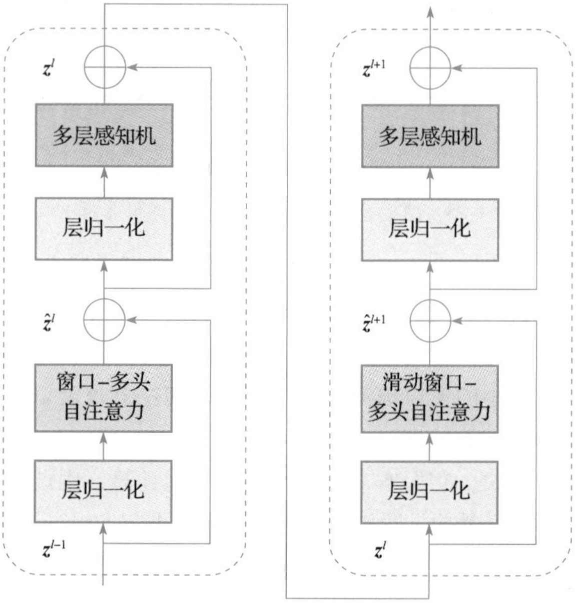

图 4-22 Swin Transformer 模块[⊖]

3. 像素块合并层

像素块合并层类似卷积神经网络中的池化层，对特征进行下采样。这个过程会让空间维度变小，但是通道数会增加。比如原先 $H\times W\times C$ 的输入，经过下采样后维度变为 $H/2\times W/2\times 4C$，这时采用一个 1×1 的卷积后，维度就会变为 $H/2\times W/2\times 2C$。这也就可以解释图 4-19 中每一个阶段之后的维度变化了。

4.5.3 Swin Transformer 的滑动窗口机制

Swin Transformer 使用窗口内自注意力计算，虽然可以大大减小计算复杂度，但是也让不同像素块缺少与其他像素块之间的联系。为了增加感受野，变相达到全局建模的能力，提出了滑动窗口机制，如图 4-23 所示。其中，红色正方形围住的部分是窗口，每个窗口内灰色的

⊖ 图 4-22 根据文献［17］重新绘制。

正方形为像素块。每次滑动时，窗口都向右下方向移动 2 个像素块。这样，一些像素块就从原先的窗口移动到了新的窗口，如此再进行窗口内自注意力计算时，就得到了跨窗口的计算，变相实现了全局建模。

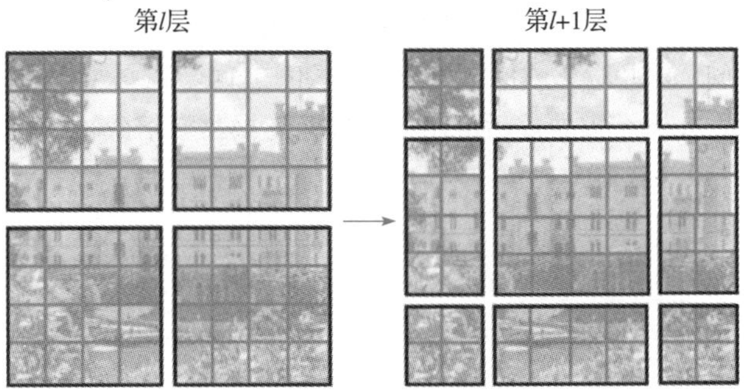

图 4-23　滑动窗口机制示意图[17]（详见彩插）

但是，这样的滑动机制也造成了问题，比如图 4-23 中，第 l 层有 4 个窗口，第（l+1）层就变成了大小不一的 9 个窗口，对计算造成不便，也使计算复杂度增加。Swin Transformer 使用了一种巧妙的循环位移和掩码方式，解决滑动窗口带来的不便。如图 4-24 所示，在窗口正常滑动后，把其他非正常大小的窗口填充到各个部分，如左上角窗口 A 被移动到右下角，上方的窗口 C 被填充到下方，左边的窗口 B 被填充到右方。但是在这样得到的新窗口内可能存在两个本来相距很远的像素块，它们本来不应该放在一起计算，因此使用掩码多头自注意力解决。在计算完毕后，再将其复原，否则该图就不断往右下方向循环下去了。

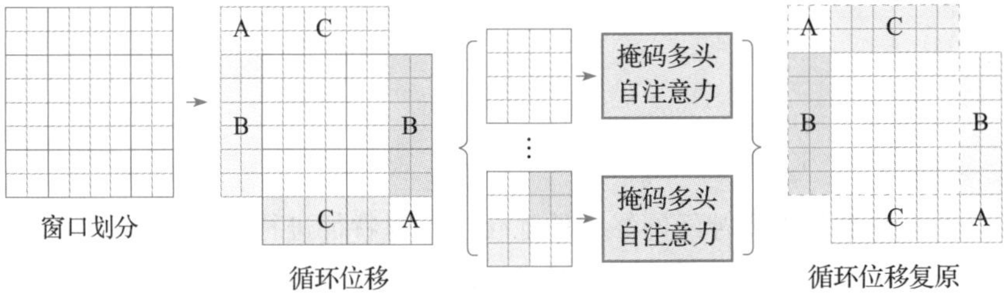

图 4-24　滑动窗口机制中的批次计算方法[17]（详见彩插）

4.6　Transformer 的主要应用

4.6.1　自然语言处理领域

Transformer 最初被设计用于机器翻译任务，取得了非常好的结果。之后，以 Transformer 为主干（Backbone）的一些大规模预训练语言模型，如 GPT 系列、BERT[10]、BART[14] 等在包括文本分类、文本生成、命名实体识别、机器阅读理解、文本蕴含等多个自然语言处理任务上取得了优异的表现。下面主要介绍 Transformer 模型在机器翻译、自动文本摘要和机器阅读理解中的几个应用。

1. 机器翻译（BART 模型）

传统的机器翻译模型使用的是基于循环神经网络的 Encoder-Decoder 结构，该结构在长序列的情况下存在梯度消失等问题，同时训练也比较慢。而 Transformer 模型使用了自注意力机制和多头注意力机制，通过对序列进行多层非线性变换和自注意力聚合来建模输入序列和输出序列之间的关系，使得模型具有更好的表达能力和泛化能力，进而能够在较短时间内训练出高效且准确的机器翻译模型。Transformer 在机器翻译中的应用也是基于 Encoder-Decoder 结构，其中 Encoder 将源语言句子编码为一个连续的向量表示，Decoder 根据这个向量表示生成目标语言。相比于传统的 Encoder-Decoder 结构，Transformer 的优势在于能够在单次计算中同时处理整个句子，减少了不必要的信息丢失，提高了翻译质量，加速了训练和推理过程。

BERT 通过对输入文本进行掩码预测的方式训练语言模型，但是它对每个掩码位置单词的预测是相对独立的，所以 BERT 更适合自然语言理解任务，而不适用于生成任务。GPT 模型从左到右进行编码适用于生成任务，但是这种单向编码的方式不能实现输入序列的双向编码互动。2019 年，Mike Lewis 等人提出了 BART 模型[14]，该模型使用标准的基于 Transformer 的神经机器翻译架构，训练了一个结合双向编码器和自回归解码器的模型，同时它也是一个去噪自编码器，适用于非常广泛的序列到序列模型的构建，如图 4-25 所示。

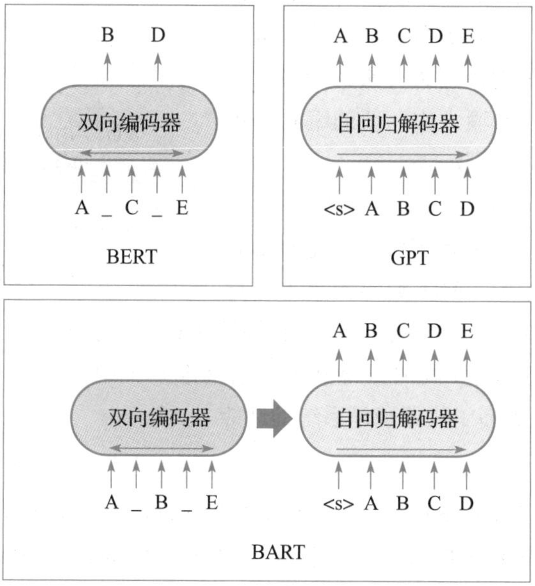

图 4-25 BART 与 BERT、GPT 的比较㊀

BART 的预训练分为两个阶段：第 1 阶段是文本被任意的噪声函数损坏，第 2 阶段是学习

㊀ 图 4-25 根据文献［14］重新绘制。

序列到序列模型来重建原始文本。BART 这样的预训练方式有一个关键的优势是它有灵活的噪声，可以将任意的变换应用于原始文本。BART 在面向文本生成任务微调时特别有效，在此基础上，BART 提出了一种新颖的机器翻译模型，其中 BART 模型堆叠在几个额外的 Transformer 层之上。

不同于 GPT，BART 将激活函数修改为 GeLU。BART 的基本模型（Base Model）包含 6 层编码器和解码器，大模型（Large Model）包含 12 层编码器和解码器。BART 通过破坏原始文档然后进行重建来训练，与现有针对特定噪声方案量身定制的去噪自编码器不同的是，BART 允许使用任何类型的文档破坏方式。具体地，BART 提出了以下几种加入噪声的方式。

1）单词掩码（Token Masking）：选择随机单词并替换成［MASK］标记。

2）单词删除（Token Deletion）：从输入中随机删除单词。

3）文本填充（Text Infilling）：对一些文本跨度进行采样，跨度长度来自泊松分布，每个跨度被一个［MASK］标记取代。

4）句子排列（Sentence Permutation）：将输入序列按照完整的停止符划分成句子后，随机重排序。

5）文件旋转（Document Rotation）：一个标记被均匀地随机选择，从该标记开始的文件被旋转。

图 4-26 展示了用于机器翻译的 BART 整体框架。BART 将编码器嵌入层替换为一个新的随机初始化编码器，它训练新的编码器将外来的词映射到 BART 对噪声具有鲁棒性的输入中。新的编码器可以使用与原始 BART 独立的词汇表。

接下来，使用两个步骤训练源编码器：1）冻结大部分的 BART 参数，只更新随机初始化源编码器、BART 位置嵌入向量和 BART 编码器第 1 层自注意力机制的输入投影矩阵；2）使用少量迭代训练所有模型参数。

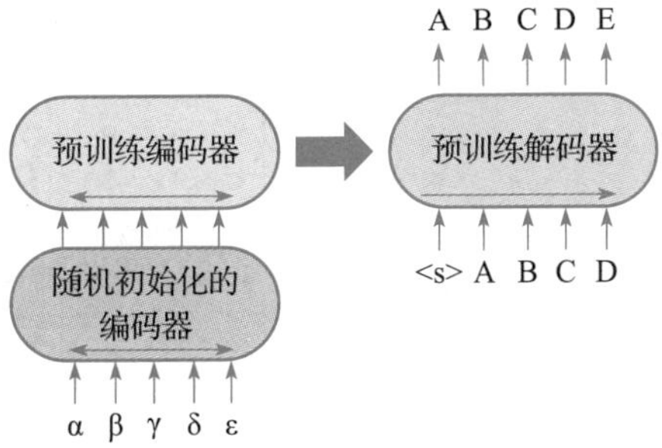

图 4-26　用于机器翻译的 BART 架构[㊀]

实验证明 BART 在 WMT 罗马尼亚语到英语的基准测试中，比反向机器翻译系统提升了 1.1 BLEU 得分，极大地提高了机器翻译系统的性能。

2. 自动文本摘要（BERTSUM 模型）

Yang Liu 等人提出了将 BERT 应用于文本摘要生成的方法，并且为抽取式和生成式模型提出了一个通用的模型框架 BERTSum[18]，如图 4-27 所示。在 BERT 的基础上，BERTSum 提出了一个新颖的文档级别的编码器，用来获取文档中句子的语义表示。BERTSum 在文档级别编码器的基础上，在其顶层增加了句子级别的 Transformer 层。同时，BERTSum 使用了一种新颖的微调方案，对编码器和解码器采用不同的优化器，以缓解二者之间的不平衡问题。

㊀ 图 4-26 根据文献［14］重新绘制。

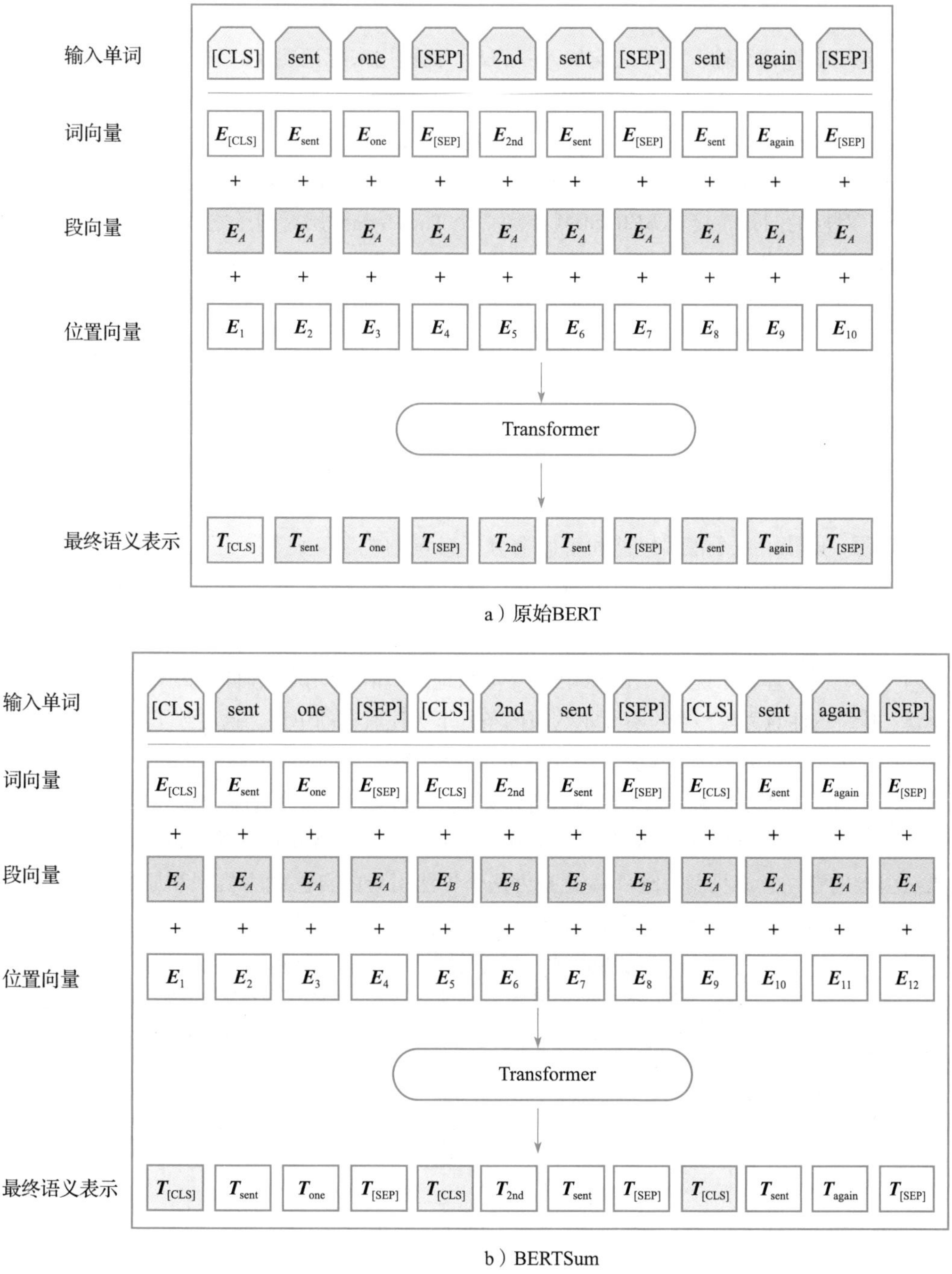

图 4-27　原始 BERT 和 BERTSum 结构对比[⊖]（详见彩插）

⊖ 图 4-27 根据文献［18］重新绘制。

BERTSum 的核心是新定义的编码器，原始 BERT 模型的输入是句子对，而 BERTSum 输入的是多个句子，在每个输入句子之前加入［CLS］标记用来标记独立的句子，同时使用段向量 $\boldsymbol{E}_A$ 标记奇数句子，$\boldsymbol{E}_B$ 标记偶数句子。

抽取式摘要模型的目的是为文档中的每个句子 sent_i 预测一个标签 $y_i \in (0,1)$，该标签用来标记摘要中是否应该包含该句子。在通过 BERTSUM 模型后，向量 $\boldsymbol{t}_i$ 是 BERTSUM 顶层第 i 个［CLS］对应的向量，接着 BERTSUM 使用多个 Transformer 层对句子之间进行信息交互，得到句子的最终向量表示。最后，句子的向量表示被输入 Sigmoid 分类器中，以预测该句子是否应该被包含在摘要内容中。为了训练抽取式摘要模型，使用贪心算法为每个文档获得目标摘要内容，在测试阶段，使用训练好的 BERTSUM 模型对句子进行打分，并选择得分最高的三个句子作为摘要。

在基于 BERT 的生成式模型中，使用编码器-解码器结构进行摘要的生成，编码器采用的是预训练好的 BERTSUM，而解码器则是一个 6 层的随机初始化的 Transformer。但是，编码器和解码器之间存在不平衡的问题，编码器已经训练过，而解码器需要从头开始训练，为了克服这个问题，设计了一个将编码器和解码器分开微调的机制。此外，还尝试首先在抽取式任务上微调，然后再在生成式任务上微调，以实现两个阶段的平衡问题。

3. 机器阅读理解（SG-Net）

对于机器阅读理解来说，从冗长的段落中有效地建模语言知识并排除噪声对于提高其性能非常重要。传统的注意力模型在没有显示约束的条件下关注所有的单词，这导致了机器阅读理解模型对一些冗余单词过分关注，失去了关注的重点。SG-Net（Syntax-Guided Network）[19] 从这一问题出发，将句法规则合并到注意力机制中指导文本建模，以生成更好的语义向量表示。

具体来说，SG-Net 将句法依赖引入自注意力网络（Self-Attention Network，SAN）中，提出语法引导的自注意力机制。SG-Net 就是由这个语法引导的自注意力机制和原始的 Transformer 编码器中的自注意力机制通过对偶语义聚合而成，如图 4-28 所示。

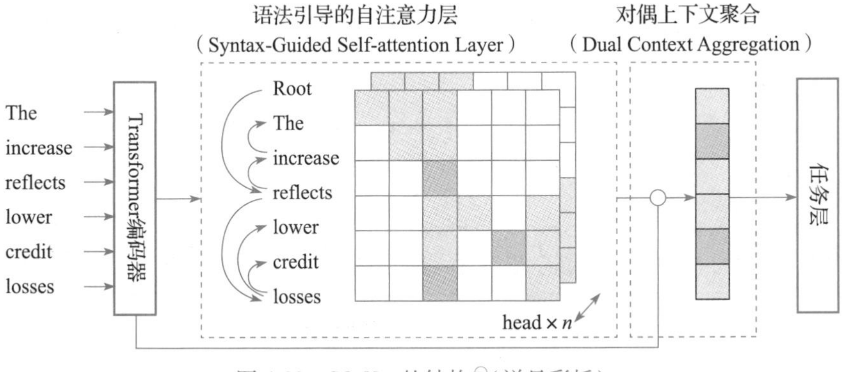

图 4-28　SG-Net 的结构㊀(详见彩插)

㊀ 图 4-28 根据文献［19］重新绘制。

SG-Net 专注两种类型的机器阅读理解任务，分别是基于片段选择的机器阅读理解任务和基于多项选择的机器阅读理解任务，二者分别可以被描述为 $<P,Q,A>$ 和 $<P,Q,C,A>$，其中，P 表示原文，Q 表示问题，A 表示答案，C 表示选项。对于基于片段选择的机器阅读理解任务，在 SQuAD 2.0 数据集上实现了 SG-Net 模型，模型能够预测原文中的开始位置和结束位置，并提取原文 P 的片段作为答案 A，当问题无法被回答时返回空字符串。对于基于多项选择的机器阅读理解任务，在 RACE 数据集上训练并测试了 SG-Net 模型，该数据集要求给定一个段落和问题，从一组候选答案中选择正确答案。SG-Net 采用 BERT 作为 Transformer 编码器的具体实现，输入被送到 BERT 模型中，从而得到语义向量表示 $\boldsymbol{H}$，然后将其传递到 SG-Net 中，得到语法增强的语义向量表示 $\widetilde{\boldsymbol{H}}$。接下来，对于基于片段选择的机器阅读理解任务，$\widetilde{\boldsymbol{H}}$ 被送入线性层并通过 Softmax 获得开始位置和结束位置的概率分布。对于基于多项选择的机器阅读理解，将 $\widetilde{\boldsymbol{H}}$ 送到分类器中，预测多项选择任务的标签。

在包括 SQuAD 2.0 和 RACE 数据集在内的基准测试集上进行实验，证明了 SG-Net 能够提升机器阅读理解系统的性能。

4.6.2　计算机视觉领域

Transformer 最初是为自然语言处理领域设计的，但是其强大的建模能力和优秀的性能使得它在计算机视觉领域也取得了出色的成绩。前面讲述了在计算机视觉领域应用广泛的 Swin Transformer，这里介绍用于图像分类任务的 ViT[16] 以及用于目标检测任务的 DETR[20]。

1. 图像分类（ViT）

在传统的卷积神经网络中，卷积层和池化层通常用于从图像中提取特征，然后通过全连接层进行分类。但是，CNN 在处理长序列数据时存在一些问题，比如当序列很长时，会导致梯度消失问题。此时，Transformer 模型就可以充分发挥其优势，通过自注意力机制来捕捉序列中的相关性，缓解梯度消失问题。

在图像分类任务中，可以将图像中的每个像素或者每个图块看作一个序列，然后使用 Transformer 模型进行图像分类。ViT 模型将图像分割成固定大小的图块（Patch），然后将每个图块展开成一个序列，接着通过 Transformer 模型进行特征提取和分类。ViT 模型在 ImageNet 等图像分类任务中表现出了很好的效果。ViT 本着尽可能少修改的原则，将原始的 Transformer 迁移到图像分类任务上，ViT 模型结构如图 4-29 所示。

ViT 模型首先通过分块和降维操作对图片进行预处理，具体地，首先把 $\boldsymbol{x}\in\mathbb{R}^{H\times W\times C}$ 的图像变成一个 $\boldsymbol{x}_p\in\mathbb{R}^{N\times(P^2\times C)}$ 的 2D 图块。它可以看作是一系列的展平的 2D 图块序列，这个序列中一共有 $N=HW/P^2$ 个展平的 2D 图块，每个图块的维度是（$P^2\times C$）。在得到视觉图像的图块后，需要进一步对每个向量都做一个线性变换（即全连接层），压缩后的维度为 D。

ViT 没有采用原始 Transformer 的位置编码方式，而是直接设置为可学习的位置编码（Positional Encoding）。在进行图块嵌入（Patch Embedding）后，图像序列将进入 ViT 的 Encoder 进行前向传输，这个过程可以公式化为

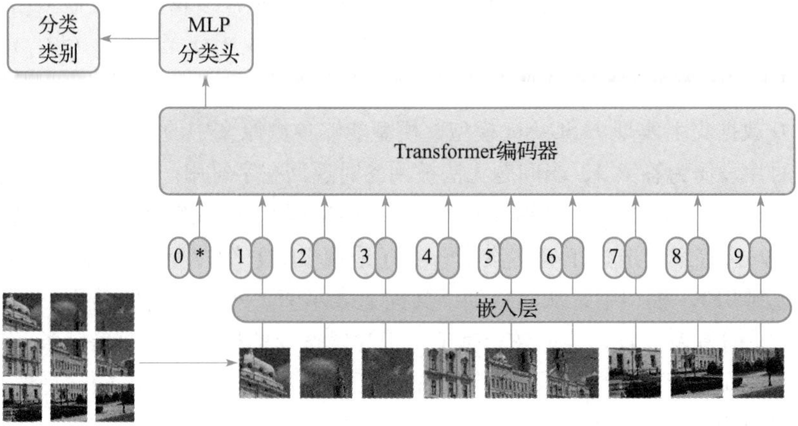

图 4-29 ViT 模型结构图[16]

$$z_0 = [\boldsymbol{x}_{\text{class}}; \boldsymbol{x}_p^1 \boldsymbol{E}; \boldsymbol{x}_p^2 \boldsymbol{E}; \cdots; \boldsymbol{x}_p^N \boldsymbol{E}] + \boldsymbol{E}_{\text{pos}} \tag{4-31}$$

$$z_l' = \text{MSA}(\text{LN}(z_{l-1})) + z_{l-1}, \quad l = 1, 2, \cdots, L \tag{4-32}$$

$$z_l = \text{MLP}(\text{LN}(z_l')) + z_l', \quad l = 1, 2, \cdots, L \tag{4-33}$$

$$\boldsymbol{y} = \text{LN}(z_L^0) \tag{4-34}$$

公式（4-31）表示图块编码和位置编码过程，其中 $\boldsymbol{E}$ 是线性变换矩阵且 $\boldsymbol{E} \in \mathbb{R}^{(P^2 \times C) \times D}$，$\boldsymbol{E}_{\text{pos}} \in \mathbb{R}^{(N+1) \times D}$，$\boldsymbol{x}_{\text{class}}$ 为人为增加的一个可学习的分类向量。

公式（4-32）表示 Transformer 编码器中的多头自注意力、残差连接与层归一化（Add & Norm）过程，重复 L 次。

公式（4-33）表示 Transformer 编码器中前馈神经网络（Feed Forward Network）、残差连接与层归一化（Add & Norm）过程，重复 L 次。

公式（4-34）表示进行层归一化。

2. 目标检测（DETR）

传统的目标检测模型，如 Fast R-CNN[21]、YOLO[22] 等，通常都是基于卷积神经网络构建的，它们使用卷积层从图像中提取特征，并使用后续层进行目标检测。但是，卷积神经网络在处理长序列数据时存在一些问题，比如当序列很长时，模型会变得很深，导致梯度消失问题。而 Transformer 模型通过自注意力机制来捕捉序列中的相关性，缓解了梯度消失问题，并且可以在序列较长时保持较高的精度。

在目标检测任务中，可以将图像中的每个像素或者图块看作一个序列，然后使用 Transformer 模型进行目标检测。例如，目标检测 Transformer（Detection Transformer，DETR）[20] 使用 Transformer 模型从整个图像中预测所有的目标边框和类别，而不是使用卷积神经网络提取特征再通过区域建议网络（Region Proposal Network，RPN）生成目标边框。DETR 模型在 COCO 数据集上取得了很好的效果，在目标检测任务的准确率和运行时间上与 Faster RCNN 相当。DETR 使用端到端（End-to-End）的方式实现目标检测，如图 4-30 所示。

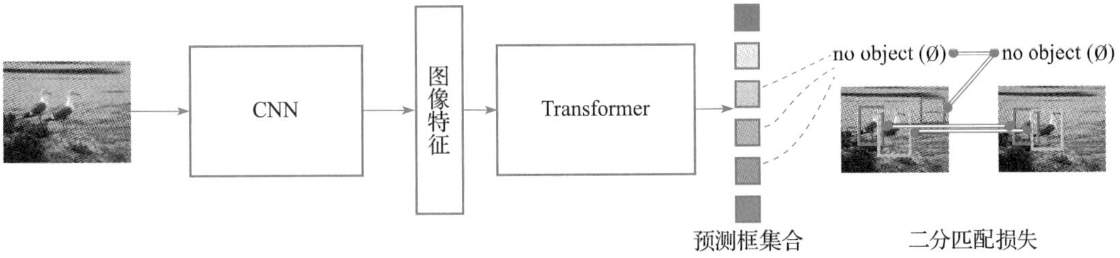

图 4-30 结合 CNN 和 Transformer 的 DETR 结构㊀

DETR 模型的主要组成是 CNN 和 Transformer，Transformer 借助自注意力（Self-Attention）机制，可以显式地对一个序列中的所有元素两两之间的关系进行建模，使得这类 Transformer 结构非常适合带约束的集合预测问题。

DETR 分为 4 个部分：骨干网络、编码器、解码器和预测头。DETR 的结构如图 4-31 所示。

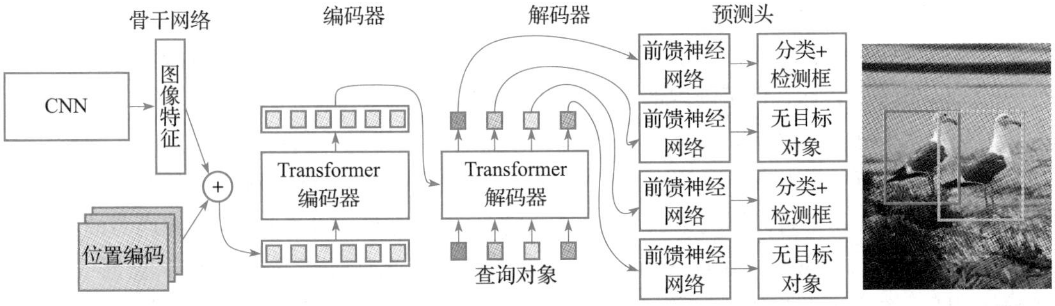

图 4-31 DETR 的结构㊁

首先，DETR 采用了 CNN 作为骨干网络（Backbone）来处理 $\boldsymbol{x}_{\text{img}} \in \mathbb{R}^{B\times3\times H_0\times W_0}$ 的图像，将它转换为 $\boldsymbol{f}\in\mathbb{R}^{B\times C\times H\times W}$ 的特征图。

其次，得到图像特征 $\boldsymbol{f}\in\mathbb{R}^{B\times C\times H\times W}$ 后，DETR 使用 Transformer 编码器对图像特征 $\boldsymbol{f}$ 进行编码与建模。

然后，编码器使用了原始的多头自注意力机制来进行序列之间的关系建模，公式为

$$\text{Attention}(\boldsymbol{Q},\boldsymbol{K},\boldsymbol{V})=\text{softmax}\left(\frac{\boldsymbol{QK}^{\mathrm{T}}}{\sqrt{d_k}}\right)\boldsymbol{V} \tag{4-35}$$

原始 Transformer 中的位置编码为

$$\mathbf{PE}_{(\text{pos},\,2i)}=\sin\left(\frac{\text{pos}}{10\,000^{2i/d}}\right) \tag{4-36}$$

㊀ 图 4-30 根据文献［20］重新绘制。
㊁ 图 4-31 根据文献［20］重新绘制。

$$\mathbf{PE}_{(\mathrm{pos},2i+1)}=\cos\left(\frac{\mathrm{pos}}{10\,000^{2i/d}}\right) \tag{4-37}$$

原始 Transformer 只考虑 x 方向的位置编码，但是 DETR 考虑了 x、y 两个方向的位置编码，因为图像特征是 2D 特征。因此，DETR 中的位置编码为

$$\mathbf{PE}_{(\mathrm{pos}_x,2i)}=\sin\left(\frac{\mathrm{pos}_x}{10\,000^{2i/d}}\right) \tag{4-38}$$

$$\mathbf{PE}_{(\mathrm{pos}_x,2i+1)}=\cos\left(\frac{\mathrm{pos}_x}{10\,000^{2i/d}}\right) \tag{4-39}$$

$$\mathbf{PE}_{(\mathrm{pos}_y,2i)}=\sin\left(\frac{\mathrm{pos}_y}{10\,000^{2i/d}}\right) \tag{4-40}$$

$$\mathbf{PE}_{(\mathrm{pos}_y,2i+1)}=\cos\left(\frac{\mathrm{pos}_y}{10\,000^{2i/d}}\right) \tag{4-41}$$

此外，与原始 Transformer 不同，DETR 的位置编码向量需要加入每个编码器层中。在编码器内部位置编码仅仅作用于 Query 和 Key，即只与 Query 和 Key 相加，Value 不做任何处理。

DETR 的解码器主要有两个输入：一个是 Transformer 编码器的输出与位置编码之和；一个是目标查询（Object Query）。目标查询是一个维度为（100,b,256）的可学习张量，数值类型是 nn. Embedding，目标查询矩阵内部学习建模了 100 个物体之间的全局关系。解码器的输入一开始初始化为维度为（100,b,256）的全部元素都为 0 的张量，和目标查询加在一起后作为第 1 个多头自注意力的 Query 和 Key。第一个多头自注意力的 Value 为解码器的输入，也就是全 0 的张量。到了每个解码器的第 2 个多头自注意力，它的 Key 和 Value 来自编码器的输出张量，维度为（hw,b,256）。DETR 的 Transformer 解码器一次性处理全部的目标查询（Object Query），即一次性输出全部的预测（Prediction），而不像原始的 Transformer 从左到右逐词输出，如图 4-32 所示。

DETR 最大特点是将目标检测问题转化为无序集合的预测问题。DETR 输出一组 N 个固定大小的预测，其中 N 比图像中的目标数量要大。DETR 损失函数产生了预测对象和真值（Ground Truth）之间的最佳二分匹配，然后优化特定对象（边界框）的损失。用 $\boldsymbol{y}$ 来表示对象的真值（Ground Truth）集合，用 $\hat{\boldsymbol{y}}$ 来表示 N 个预测的集合，为了找到这两个集合之间的二分匹配，寻找代价最低的 n 个元素的排列 $\hat{\boldsymbol{\sigma}}\in\boldsymbol{S}_N$，如下所示：

$$\hat{\sigma}=\underset{\sigma}{\operatorname{argmin}}\sum_i^N L_{\mathrm{match}}(y_i,\hat{y}_{\sigma(i)}) \tag{4-42}$$

其中，$\sum_i^N L_{\mathrm{match}}(y_i,\hat{y}_{\sigma(i)})$ 表示的是某一个真值 y_i 和这个真值对应的预测值 $\hat{y}_{\sigma(i)}$ 成对匹配的代价。其中匈牙利算法有效地计算了这种最优分配，如下所示：

$$L_{\mathrm{match}}(y_i,\hat{y}_{\sigma(i)})=-\mathbb{1}_{\{c_i\neq\varnothing\}}\hat{p}_{\sigma(i)}(c_i)+\mathbb{1}_{\{c_i\neq\varnothing\}}L_{\mathrm{box}}(b_i,\hat{b}_{\sigma(i)}) \tag{4-43}$$

$$L_{\mathrm{hungarian}}(\boldsymbol{y},\hat{\boldsymbol{y}})=\sum_{i=1}^N\left[-\log\hat{p}_{\sigma(i)}(c_i)+\mathbb{1}_{\{c_i\neq\varnothing\}}L_{\mathrm{box}}(b_i,\hat{b}_{\sigma(i)})\right] \tag{4-44}$$

其中从真值索引到预测值索引的所有映射为 $\boldsymbol{\sigma}$，对于图片中的每个真值 i，$\boldsymbol{\sigma}(i)$ 为对应的预测值，预测值对应的分类网络的结果为 $\hat{p}_{\sigma(i)}(c_i)$，回归网络的结果为 $\hat{b}_{\sigma(i)}$，真值边框为

b_i，式中的 L_{box} 表示为

$$L_{\text{box}}(b_i,\hat{b}_{\sigma(i)})=\lambda_{\text{iou}}L_{\text{iou}}(b_i,\hat{b}_{\sigma(i)})+\lambda_{L1}\|b_i-\hat{b}_{\sigma(i)}\|_1 \tag{4-45}$$

其中 L_{box} 表示预测边框与真值边框的重合度损失函数，$\|b_i,\hat{b}_{\sigma(i)}\|$ 表示预测边框与真值边框的广义距离，λ_{iou} 和 λ_{L1} 是超参数。

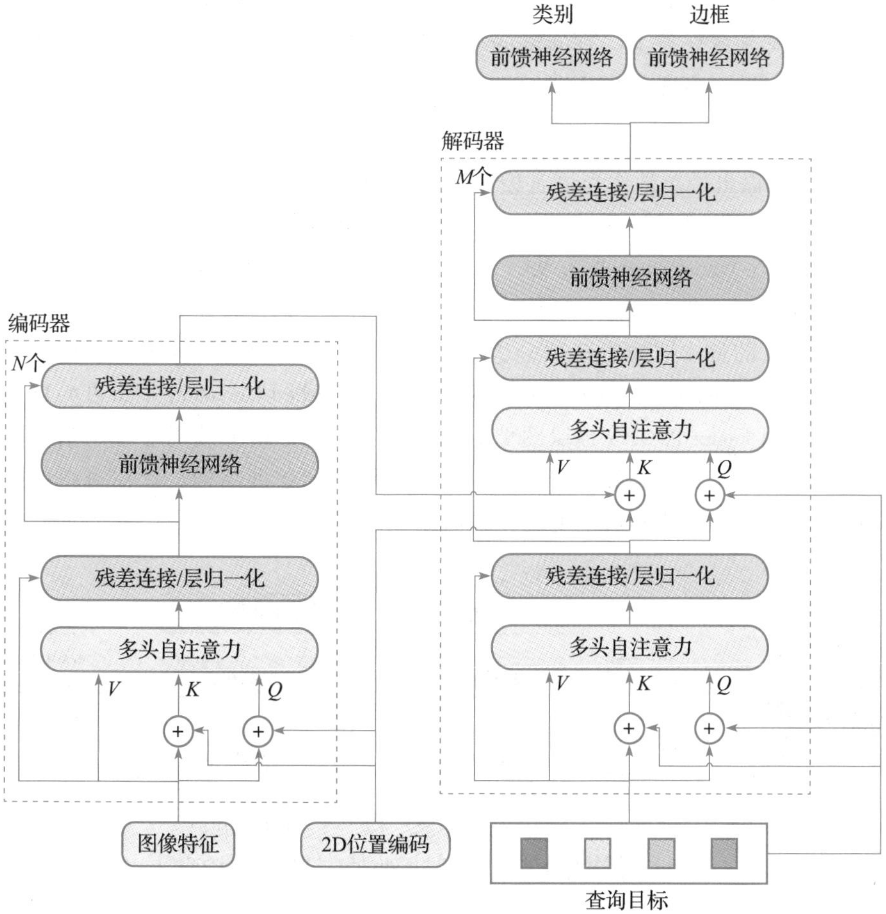

图 4-32 DERT 模型的结构[⊖]

4.6.3 多模态领域

Transformer 在多模态领域，如图像描述（Image Captioning）、视觉问答（Visual Question Answering）和文本生成图像（Text-to-Image Generation）等任务中都有很多应用，这里主要介绍 Transformer 在图像描述任务中的应用。

基于深度学习的图像描述方法大多采用“编码器-解码器”(Encoder-Decoder) 结构，其

⊖ 图 4-32 根据文献［20］重新绘制。

中编码器用于提取给定图像的视觉特征，而解码器用于将视觉特征解码为文本描述。早期的方法常采用卷积神经网络（如 VGG-16、ResNet 等）作为编码器，循环神经网络（如 GRU、LSTM 等）作为解码器，之后目标检测网络（如 Faster R-CNN）被引入作为编码器提取图像区域级特征而非网格特征，这些方法均可归类于 CNN-RNN 类方法。

Transformer 模型的提出在自然语言处理领域相关任务上取得重大突破，随后又被成功拓展到计算机视觉领域任务上。Transformer 模型的成功也促使了研究人员探索其在图像描述任务上的应用，进而出现了 CNN-Transformer 类方法与 Transformer-Transformer 类方法。

1. CNN-Transformer 类方法

Transformer 的提出最初是作为语言模型应用于自然语言处理领域任务，针对图像描述任务，一个很直观的改进思路则是将 CNN-RNN 中的解码器由 RNN 替换为 Transformer，将此类方法称为 CNN-Transformer 类方法，X-Transformer[23]、M2Transformer[24]、RSTNet[25] 和 DLCT[26] 等工作均属于此类方法，这里以 M2Transformer 为例进行介绍。

M2Transformer 的整体框架由三部分组成：骨干编码器（Backbone Encoder）、记忆增强编码器（Memory-Augmented Encoder）和网格解码器（Meshed Decoder）。如图 4-33 所示，其中骨干编码器采用 Faster R-CNN 提取图像的区域特征，记忆增强编码器和网格解码器均采用 Transformer 结构，记忆增强编码器可视为骨干编码器的扩展结构，旨在对图像区域特征进行语义增强，网格解码器则用于生成文本描述。

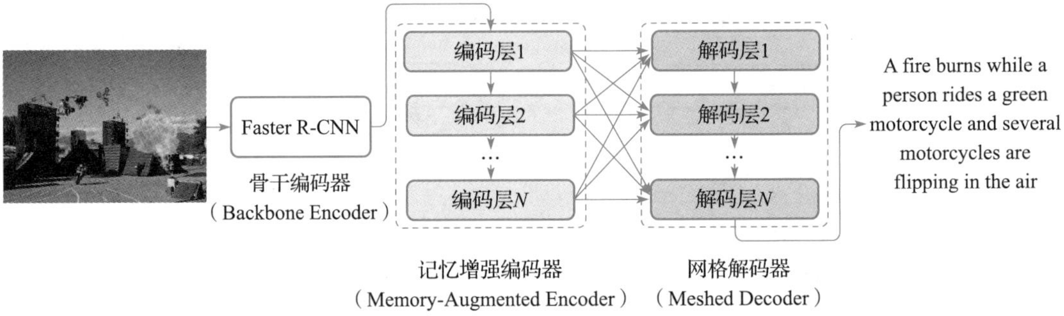

图 4-33 M2Transformer 的总体框架㊀

给定 RGB 图像 $\boldsymbol{I}$，M2Transformer 模型的前向流程可以表示如下：

$$\boldsymbol{X}=\text{BackboneEncoder}(\boldsymbol{I}) \tag{4-46}$$

$$\widetilde{\boldsymbol{X}}_1,\widetilde{\boldsymbol{X}}_2,\cdots,\widetilde{\boldsymbol{X}}_N=\text{Memory-AugmentedEncoder}(\boldsymbol{X}) \tag{4-47}$$

$$\widetilde{\boldsymbol{Y}}=\text{MeshedDecoder}(\widetilde{\boldsymbol{X}}_1,\widetilde{\boldsymbol{X}}_2,\cdots,\widetilde{\boldsymbol{X}}_N) \tag{4-48}$$

在 M2Transformer 中，记忆增强编码器和网格解码器均采用了 Transformer 结构，其核心为多头自注意力层，计算公式如下：

㊀ 图 4-33 根据文献［24］改编。

$$\text{Attention}(\boldsymbol{Q},\boldsymbol{K},\boldsymbol{V})=\text{softmax}\left(\frac{\boldsymbol{Q}\boldsymbol{K}^{\mathrm{T}}}{\sqrt{d_k}}\right)\boldsymbol{V} \tag{4-49}$$

$$\text{MSA}(\boldsymbol{Q},\boldsymbol{K},\boldsymbol{V})=\text{Concat}(\textbf{head}_1,\cdots,\textbf{head}_h) \tag{4-50}$$

$$\textbf{head}_i=\text{Attention}(\boldsymbol{Q}^i,\boldsymbol{K}^i,\boldsymbol{V}^i),\quad i=1,2,\cdots,h \tag{4-51}$$

M2Transformer 采用了目标检测模型 Faster R-CNN 提取图像的区域特征 $\boldsymbol{X}=\{\boldsymbol{x}_1,\cdots,\boldsymbol{x}_{n_r}\}$，$\boldsymbol{x}_i\in\mathbb{R}^D$。得到图像的区域特征 $\boldsymbol{X}\in\mathbb{R}^{n_r\times D}$ 后，应用多头自注意力可以实现对图像区域特征 $\boldsymbol{X}$ 内部成对关系的编码与建模，从而实现对特征进行语义增强的作用，计算公式如下：

$$X'=\text{MSA}(\boldsymbol{W}_q\boldsymbol{X},\boldsymbol{W}_k\boldsymbol{X},\boldsymbol{W}_v\boldsymbol{X}) \tag{4-52}$$

其中，$\boldsymbol{W}_q,\boldsymbol{W}_k,\boldsymbol{W}_v\in\mathbb{R}^{D\times D}$ 为可学习参数，输出 $\widetilde{\boldsymbol{X}}$ 与输入 $\boldsymbol{X}$ 大小一致。

但是 M2Transformer 认为如上这种自注意力仅仅依赖于特征内部成对之间的相似性，而无法对图像区域之间的先验知识关系进行建模以获取更高维的语义信息。例如，给定图像的两个区域特征，一个区域包含一个人，另一个区域包含一个篮球，在没有任何先验知识的情况下，模型很难推断出“球员”或者“比赛”这些更为抽象的信息。基于以上考虑，M2Transformer 在自注意力原有 $\boldsymbol{K}$ 和 $\boldsymbol{V}$ 的基础上，引入了额外的“记忆槽”（Memory Slot）用于对先验信息进行编码，并且为了强调先验信息是独立于输入 $\boldsymbol{X}$ 的，“记忆槽”被建模为可训练的参数矩阵。相应输入与输出的计算公式如下：

$$X'=\text{LayerNorm}(\text{MSA}(\boldsymbol{W}_q\boldsymbol{X},\boldsymbol{K},\boldsymbol{V})+\boldsymbol{X}) \tag{4-53}$$

$$\boldsymbol{K}=[\boldsymbol{W}_k\boldsymbol{X},\boldsymbol{M}_k],\quad V=[\boldsymbol{W}_v\boldsymbol{X},\boldsymbol{M}_v] \tag{4-54}$$

$$\widetilde{\boldsymbol{X}}=\text{LayerNorm}(\text{FeedForward}(\boldsymbol{X}')+\boldsymbol{X}') \tag{4-55}$$

其中，$\boldsymbol{M}_k,\boldsymbol{M}_v\in\mathbb{R}^{n_m\times D}$ 为可学习的“记忆槽”参数，FeedForward 层由带有 ReLU 激活函数的两个线性层组成，可表示如下：

$$\text{FeedForward}(\boldsymbol{x})=\boldsymbol{W}_2\text{ReLU}(\boldsymbol{W}_1\boldsymbol{x}) \tag{4-56}$$

其中，$\boldsymbol{W}_1\in\mathbb{R}^{(4D)\times D}$ 和 $\boldsymbol{W}_2\in\mathbb{R}^{D\times(4D)}$ 为两个线性层的可学习参数矩阵。

记忆增强编码器由多个上述编码层结构按顺序堆叠组成，第 i 层的输出作为第（i+1）层的输入，相当于创建了图像区域之间关系的多级编码，因此 N 个编码层的堆叠将产生 N 个输出 $\{\widetilde{\boldsymbol{X}}_1,\widetilde{\boldsymbol{X}}_2,\cdots,\widetilde{\boldsymbol{X}}_N\}$ 作为图像的多级区域特征。记忆增强编码器的细节结构如图 4-34 所示。

网格解码器的细节结构如图 4-35 所示，该模块使用已生成的单词以及记忆增强编码器输出的多级区域特征作为输入，表示如下：

$$\boldsymbol{Y}'=\text{LayerNorm}(\text{MSA}(\boldsymbol{W}_q^s\boldsymbol{Y},\boldsymbol{W}_k^s\boldsymbol{Y},\boldsymbol{W}_v^s\boldsymbol{Y})+\boldsymbol{Y}) \tag{4-57}$$

$$\boldsymbol{Y}''=\sum\nolimits_{i=1}^{N}\boldsymbol{\alpha}_i\odot\text{LayerNorm}(\text{MSA}(\boldsymbol{W}_q^c\boldsymbol{Y},\boldsymbol{W}_k^c\widetilde{\boldsymbol{X}}_i,\boldsymbol{W}_v^c\widetilde{\boldsymbol{X}}_i)+\boldsymbol{Y}) \tag{4-58}$$

$$\widetilde{\boldsymbol{Y}}=\text{LayerNorm}(\text{FeedForward}(\boldsymbol{Y}'')+\boldsymbol{Y}'') \tag{4-59}$$

其中，$\boldsymbol{W}_q^s,\boldsymbol{W}_k^s,\boldsymbol{W}_v^s\in\mathbb{R}^{D\times D}$ 为掩码自注意力（Masked Self-Attention）层中可学习参数，$\boldsymbol{W}_q^c$，$\boldsymbol{W}_k^c,\boldsymbol{W}_v^c\in\mathbb{R}^{D\times D}$ 为跨模态注意力（Cross Attention）层中可学习参数，$\odot$ 表示逐元素相乘操作（Element-Wise Product）。

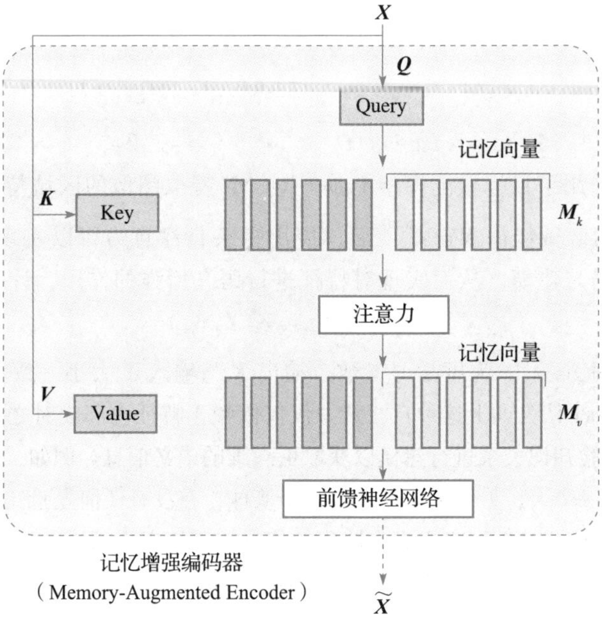

图 4-34 记忆增强编码器的细节结构[⊖]

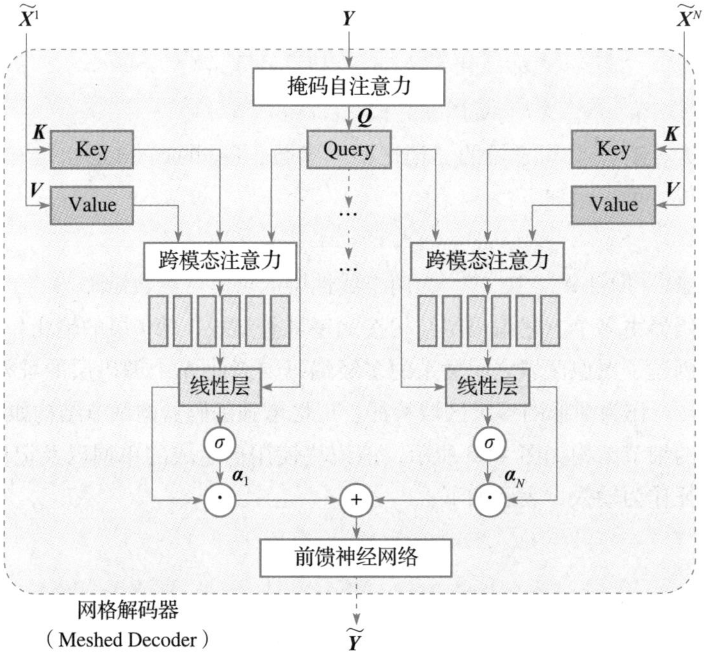

图 4-35 网格解码器的细节结构[24]

⊖ 图 4-34 根据文献［24］重新绘制。

从上述公式可看出，与原始 Transformer 解码器的不同之处在于跨模态注意力层，网格解码器同时利用了图像的多级区域特征，构成与记忆增强编码器各层输出之间的网状连接，并进行了门控加权，门控权重 $\boldsymbol{\alpha}_i$ 的计算公式如下：

$$\boldsymbol{\alpha}_i=\sigma(\boldsymbol{W}_i[\boldsymbol{Y},\mathrm{LayerNorm}(\mathrm{MSA}(\boldsymbol{W}_q^c\boldsymbol{Y},\boldsymbol{W}_k^c\widetilde{\boldsymbol{X}}_i,\boldsymbol{W}_v^c\widetilde{\boldsymbol{X}}_i)+\boldsymbol{Y})]+\boldsymbol{b}_i) \tag{4-60}$$

其中，$\boldsymbol{W}_i\in\mathbb{R}^{D\times 2D}$ 为可学习参数，$\sigma(\cdot)$ 为 Sigmoid 激活函数。

2. Transformer-Transformer 类方法

CNN-RNN 类方法和 CNN-Transformer 类方法大多采用 Faster R-CNN 提取图像区域级特征，但是 Faster R-CNN 需要在额外数据集上进行预训练，导致图像描述被分割为两个独立的子任务从而无法进行端到端的训练，限制了图像描述任务的潜在应用。针对此问题，研究人员开始探索完全基于 Transformer 结构的图像描述模型，此类方法可总结为 Transformer-Transformer 类方法，PureT[27]、PTSN[28]、ViTCAP[29] 等模型均属于此类方法。这里以 PureT 模型为例展开介绍，该模型不依赖于 Faster R-CNN 目标检测模型而完全基于 Transformer 结构，因此能够进行端到端的训练和推理，实现了将图像描述任务从两阶段任务集成到了一阶段，模型整体结构如图 4-36 所示。PureT 模型包含三个部分：1）骨干编码器（Backbone Encoder），用于从输入图像中提取网格级特征；2）增强编码器（Refining Encoder），用于捕获图像网格特征的模态内关系以增强特征的表征能力，可视为图像基础编码器的扩展；3）解码器（Decoder），用于将增强网格特征解码为描述语句。此外还设计了一个预融合模块（Pre-Fusion），用于增加视觉模态信息与文本模态信息之间的交互。

PureT 中使用了原始的多头自注意力机制及其变体窗口自注意力机制（Window MSA，W-MSA）与移位窗口自注意力机制（Shifted Window MSA，SW-MSA）。针对 MSA 全局计算导致的平方计算复杂度，Swin Transformer 提出了 W-MSA 和 SW-MSA，首先将 $\boldsymbol{Q}$、$\boldsymbol{K}$、$\boldsymbol{V}$ 划分为多个窗口，然后在每个小窗口内分别应用 MSA。W-MSA 与 SW-MSA 的区别在于窗口划分的策略不同，如图 4-37 所示。在 W-MSA 后添加 SW-MSA 旨在解决 W-MSA 模块缺乏跨窗口之间信息交互的问题，以进一步提高建模能力。表示如下：

$$(S)\mathrm{W\text{-}MSA}(\boldsymbol{Q},\boldsymbol{K},\boldsymbol{V})=\mathrm{Merge}(\mathbf{window}_1,\cdots,\mathbf{window}_w) \tag{4-61}$$

$$\mathbf{window}_i=\mathrm{MSA}(\boldsymbol{Q}_W^i,\boldsymbol{K}_W^i,\boldsymbol{V}_W^i),\quad i=1,2,\cdots,w \tag{4-62}$$

PureT 使用 Swin Transformer 作为骨干编码器（Backbone Encoder）从输入图像中提取 $m=12\times12$ 个网格特征集合 $\boldsymbol{V}_G=\{\boldsymbol{v}_1,\boldsymbol{v}_2,\cdots,\boldsymbol{v}_m\},\boldsymbol{v}_i\in\mathbb{R}^D$，并计算其均值池化 $\boldsymbol{v}_g=(\sum_{i=1}^m\boldsymbol{v}_i)/m$ 作为初始全局特征，因为 Swin Transformer 同为基于 Transformer 的模型，可以很方便地与后续增强编码器（Refining Encoder）和解码器联合进行端到端训练。

增强编码器由 N 层相同的子模块堆叠组成，每个子模块与 Transformer 模型中的自注意力模块相似，但注意力机制的实现根据所处理的特征情况存在不同，MSA 用于图像全局特征，SW-MSA 和 W-MSA 则交替用于图像网格特征，表示如下：

$$\hat{\boldsymbol{V}}_G^l=\mathrm{LayerNorm}(\boldsymbol{V}_G^{l-1}+(S)\mathrm{W\text{-}MSA}(\boldsymbol{W}_Q^l\boldsymbol{V}_G^{l-1},\boldsymbol{W}_K^l[\boldsymbol{V}_G^{l-1};\boldsymbol{v}_g^{l-1}]_s,\boldsymbol{W}_V^l[\boldsymbol{V}_G^{l-1};\boldsymbol{v}_g^{l-1}]_s)) \tag{4-63}$$

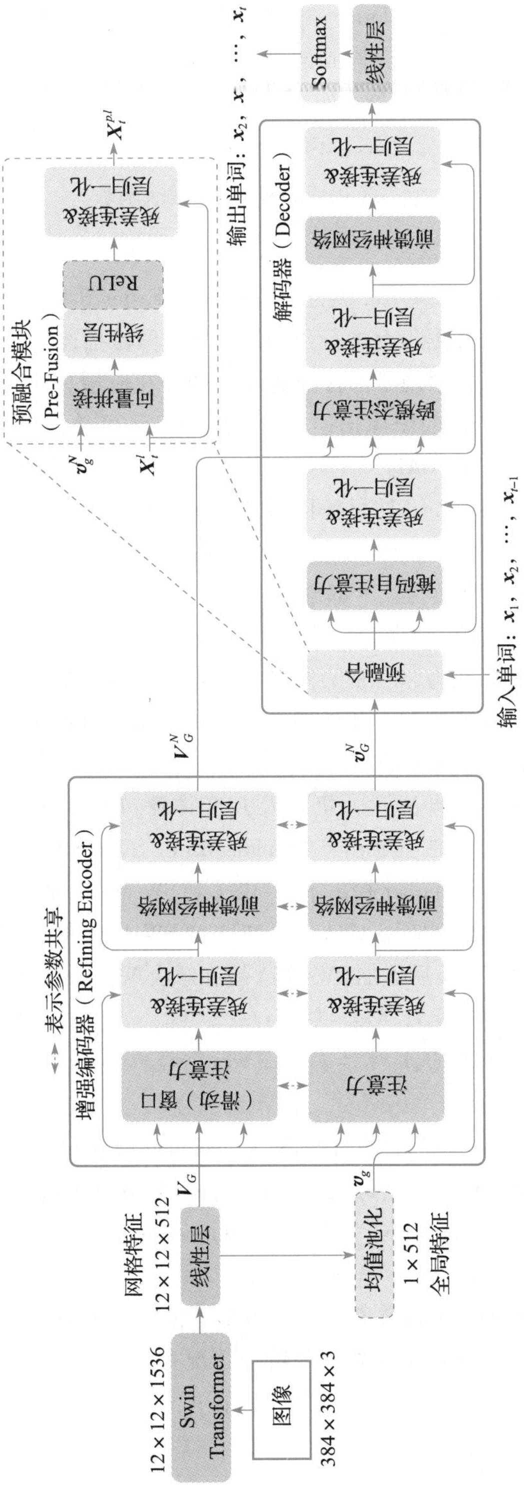

图 4-36 PureT 的总体框架（详见彩插）

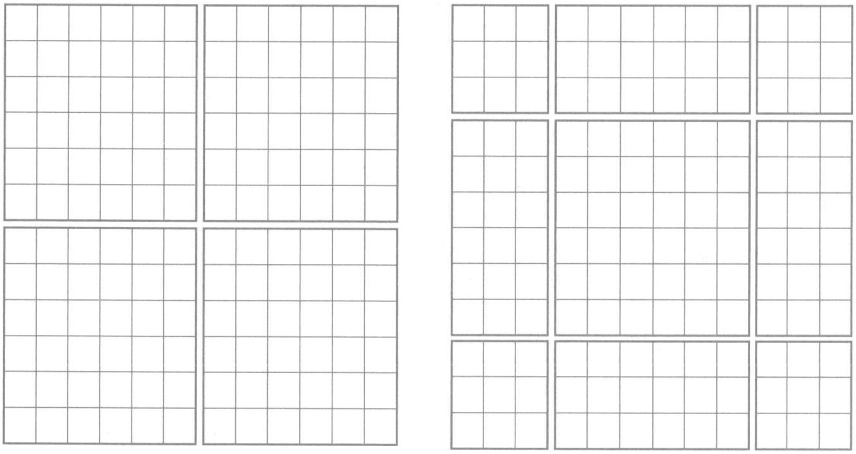

a）W-MSA窗口划分策略　　　　b）SW-MSA窗口划分策略

图 4-37　PureT 的窗口划分策略[27]

$$\hat{\boldsymbol{v}}_g^l = \text{LayerNorm}(\boldsymbol{v}_g^{l-1} + \text{MSA}(\boldsymbol{W}_Q^l \boldsymbol{v}_g^{l-1}, \boldsymbol{W}_K^l [\boldsymbol{V}_G^{l-1}; \boldsymbol{v}_g^{l-1}]_s, \boldsymbol{W}_V^l [\boldsymbol{V}_G^{l-1}; \boldsymbol{v}_g^{l-1}]_s)) \tag{4-64}$$

$$\boldsymbol{V}_G^l = \text{LayerNorm}(\hat{\boldsymbol{V}}_G^l + \text{FeedForward}(\hat{\boldsymbol{V}}_G^l)) \tag{4-65}$$

$$\boldsymbol{v}_g^l = \text{LayerNorm}(\hat{\boldsymbol{v}}_g^l + \text{FeedForward}(\hat{\boldsymbol{v}}_g^l)) \tag{4-66}$$

其中，$\boldsymbol{W}_Q^l, \boldsymbol{W}_K^l, \boldsymbol{W}_V^l \in \mathbb{R}^{D \times D}$ 为可学习参数，$\boldsymbol{V}_G^l$ 和 $\boldsymbol{v}_g^l$ 分别表示第 l 层子模块的输出且 $\boldsymbol{V}_G^0 = \boldsymbol{V}_G, \boldsymbol{v}_g^0 = \boldsymbol{v}_g$，$[\boldsymbol{V}_G^{l-1};\ \boldsymbol{v}_g^{l-1}]_s \in \mathbb{R}^{(m+1) \times D}$ 表示网格特征与全局特征的堆叠操作，即在应用注意力机制时，PureT 同时使用了网格特征和全局特征而非单独进行处理。需要指出的是，网格特征和全局特征的增强过程所使用的参数是共享的。

解码器（Decoder）同样由 N 层堆叠的子模块组成，旨在以特征增强编码器得到的增强全局特征 $\boldsymbol{v}_g^N$ 和网格特征 $\boldsymbol{V}_G^N$ 作为输入逐词生成图像描述。此外，考虑到标准 Transformer 中多模态信息（视觉模态与语言模态）之间仅在交叉自注意力模块（Cross MSA Module）中进行交互，PureT 提出了一个预融合模块（Pre-Fusion Module）用于将增强后的全局特征 $\boldsymbol{v}_g^N$ 融合到每个解码器子模块的输入中，增加多模态信息之间的交互。解码器中每个子模块由 4 部分组成：预融合模块、语言掩码自注意力模块、交叉自注意力模块和单词生成模块。

预融合模块实现视觉模态与语言模态间的第 1 次信息交互，表示如下：

$$\boldsymbol{X}_{1:t-1}^{p,l} = \text{LayerNorm}(\boldsymbol{X}_{1:t-1}^{l-1} + \text{ReLU}(\boldsymbol{W}_f [\boldsymbol{X}_{1:t-1}^{l-1}; \boldsymbol{v}_g^N])) \tag{4-67}$$

其中，$\boldsymbol{W}_f \in \mathbb{R}^{D \times 2D}$ 为线性层的可学习参数，$\boldsymbol{X}_{1:t-1}^{l-1} \in \mathbb{R}^{(t-1) \times D}$ 表示解码器第（$l-1$）个子模块的输出，$[\boldsymbol{X}_{1:t-1}^{l-1}; \boldsymbol{v}_g^N] \in \mathbb{R}^{(t-1) \times 2D}$ 表示特征向量的拼接（Concatenation）操作，$\boldsymbol{X}_{1:t-1}^{p,l} \in \mathbb{R}^{(t-1) \times D}$ 作为后续语言掩码自注意力模块的输入。首个子模块的初始输入为已生成词汇 $\boldsymbol{x}_{1:t-1}$ 的嵌入向量：

$$\boldsymbol{X}_{1:t-1}^0 = \boldsymbol{W}_e \boldsymbol{x}_{1:t-1} \tag{4-68}$$

其中 $\boldsymbol{W}_e \in \mathbb{R}^{D \times |\Sigma|}$ 为词汇嵌入矩阵。

语言掩码自注意力模块旨在对语言模态内（单词-单词）信息交互进行建模，表示如下：

$$\widetilde{\boldsymbol{X}}_{t-1}^{l}=\text{LayerNorm}(\boldsymbol{X}_{t-1}^{p,l}+\text{MSA}(\boldsymbol{W}_{Q}^{m,l}\boldsymbol{X}_{t-1}^{p,l},\boldsymbol{W}_{K}^{m,l}\boldsymbol{X}_{1:t-1}^{p,l},\boldsymbol{W}_{V}^{m,l}\boldsymbol{X}_{1:t-1}^{p,l})) \tag{4-69}$$

其中，$\boldsymbol{W}_{Q}^{m,l},\boldsymbol{W}_{K}^{m,l},\boldsymbol{W}_{V}^{m,l}\in\mathbb{R}^{D\times D}$ 为可学习参数，$\boldsymbol{X}_{t-1}^{p,l}$为（$t-1$）时间步产生单词的词嵌入向量。

交叉自注意力模块旨在对$\boldsymbol{X}_{1:t-1}^{l}$ 和 $\boldsymbol{V}_{G}^{N}$ 的模态间（单词-视觉特征）信息交互进行建模，即视觉模态与语言模态间的第 2 次信息交互，表示如下：

$$\hat{\boldsymbol{X}}_{t-1}^{l}=\text{LayerNorm}(\widetilde{\boldsymbol{X}}_{t-1}^{l}+\text{MSA}(\boldsymbol{W}_{Q}^{c,l}\widetilde{\boldsymbol{X}}_{t-1}^{l},\boldsymbol{W}_{K}^{c,l}\boldsymbol{V}_{G}^{N},\boldsymbol{W}_{V}^{c,l}\boldsymbol{V}_{G}^{N})) \tag{4-70}$$

$$\boldsymbol{X}_{t-1}^{l}=\text{LayerNorm}(\hat{\boldsymbol{X}}_{t-1}^{l}+\text{FeedForward}(\hat{\boldsymbol{X}}_{t-1}^{l})) \tag{4-71}$$

其中，$\boldsymbol{W}_{Q}^{c,l},\boldsymbol{W}_{K}^{c,l},\boldsymbol{W}_{V}^{c,l}\in\mathbb{R}^{D\times D}$ 为可学习参数。

单词生成模块旨在计算该时间步单词的概率分布，表示如下：

$$p(\boldsymbol{x}_{t}\mid\boldsymbol{x}_{1:t-1})=\text{Softmax}(\boldsymbol{W}_{x}\boldsymbol{X}_{t-1}^{N}) \tag{4-72}$$

其中，$\boldsymbol{W}_{x}\in\mathbb{R}^{|\Sigma|\times D}$ 为可学习参数。

复习题

1. 请简述注意力机制的主要结构与分类。
2. 请简述 Transformer 的结构以及各部分的主要功能。
3. 请简述 Transformer 的输入编码机制与自注意力机制。
4. 请简述 GPT-1 的主要结构以及实现过程。
5. 请简述 GPT 后续版本的主要改进思路。
6. 请简述 BERT 的主要结构以及与 ELMo、GPT 的区别。
7. 请简述 Swin Transformer 的主要结构以及各部分的功能。
8. 请列举 Transformer 在自然语言处理领域的主要应用，并说明它们的主要思路。
9. 请列举 Transformer 在计算机视觉领域的主要应用，并说明它们的主要思路。
10. 请列举 Transformer 在图像描述领域的主要应用，并说明它们的主要思路。

实验题

1. 基于 NiuTran 中英文平行语料库，使用 Transformer 实现一个机器翻译模型。要求能够完成数据读取、网络设计、网络构建、模型训练和模型测试等过程。NiuTran 中英文平行语料库官方下载地址：https://github.com/NiuTrans。

2. 基于 CIFAR10 数据集，参考 ViT 设计并实现一个图像分类模型。要求能够完成数据读取、网络设计、网络构建、模型训练和模型测试等过程。CIFAR10 数据集官方下载地址：https://www.cs.toronto.edu/~kriz/cifar.html。

3. 基于 Flickr30k 数据集，设计并实现一个 CNN-Transformer 或 Transformer-Transformer 类图像描述模型。要求能够完成数据读取、网络设计、网络构建、模型训练和模型测试等过程。Flickr30k 数据集官方下载地址：http://shannon.cs.illinois.edu/DenotationGraph/。

参考文献

[1] VASWANI A, SHAZEER N, PARMAR N, et al. Attention is all you need [C]. Advances in Neural In-

formation Processing Systems 30, 2017: 5998-6008.
[2] BAHDANAU D, CHO K H, BENGIO Y. Neural machine translation by jointly learning to align and translate [C]. Proceedings of the 3rd International Conference on Learning Representations, 2015.
[3] LUONG T, PHAM H, MANNING C D. Effective approaches to attention-based neural machine translation [C]. Proceedings of the 2015 Conference on Empirical Methods in Natural Language Processing, 2015: 1412-1421.
[4] HE K, ZHANG X, REN S, et al. Deep residual learning for image recognition [C]. Proceedings of IEEE Conference on Computer Vision and Pattern Recognition, 2016: 770-778.
[5] BA L J, KIROS J R, HINTON, G E. Layer normalization [J]. arXiv, preprint arXiv: 1607.06450, 2016.
[6] RADFORD A, NARASIMHAN K, SALIMANS T, et al. Improving language understanding by generative pretraining [EB/OL]. https://cdn. openai. com/research-covers/language-unsupervised/language_understanding_ paper. pdf, 2018.
[7] RADFORD A, WU J, CHILD R, et al. Language models are unsupervised multitask learners [EB/OL]. https://d4mucfpksywv. cloudfront. net/better-language-models/language-models. pdf, 2019.
[8] BROWN T B, MANN B, RYDER N, et al. Language models are few-shot learners [C]. Advances in Neural Information Processing Systems 33, 2020.
[9] OUYANG L, WU J, JIANG X, et al. Training language models to follow instructions with human feedback [C]. Advances in Neural Information Processing Systems 35, 2022: 27730-27744.
[10] DEVLIN J, CHANG M, LEE K, et al. BERT: pre-training of deep bidirectional transformers for language understanding [C]. Proceedings of the 2019 Conference of the North American Chapter of the Association for Computational Linguistics: Human Language Technologies, 2019: 4171-4186.
[11] PETERS M E, NEUMANN M, IYYER M, et al. Deep contextualized word representations [C]. Proceedings of the 2018 Conference of the North American Chapter of the Association for Computational Linguistics: Human Language Technologies, 2018: 2227-2237.
[12] LIU Y, OTT M, GOYAL N, et al. RoBERTa: a robustly optimized BERT pretraining approach [J]. arXiv, preprint arXiv: 1907. 11692, 2019.
[13] LAN Z, CHEN M, GOODMAN S, et al. ALBERT: a lite BERT for self-supervised learning of language representations [C]. Proceedings of the 8th International Conference on Learning Representations, 2020.
[14] LEWIS M, LIU Y, GOYAL N, et al. BART: denoising sequence-to-sequence pre-training for natural language generation, translation, and comprehension [C]. Proceedings of the 58th Annual Meeting of the Association for Computational Linguistics, 2020: 7871-7880.
[15] SUN Y, WANG S, LI Y, et al. ERNIE: enhanced representation through knowledge integration [J]. arXiv, preprint arXiv: 1904. 09223, 2019.
[16] DOSOVITSKIY A, BEYER L, KOLESNIKOV A, et al. An image is worth 16x16 words: transformers for image recognition at scale [C]. Proceedings of the 9th International Conference on Learning Representations, 2021.

[17] LIU Z, LIN Y, CAO Y, et al. Swin transformer: hierarchical vision transformer using shifted windows [C]. Proceedings of the IEEE/CVF International Conference on Computer Vision, 2021: 10012-10022.

[18] LIU Y, LAPATA M. Text summarization with pretrained encoders [C]. Proceedings of the 2019 Conference on Empirical Methods in Natural Language Processing and the 9th International Joint Conference on Natural Language Processing, 2019: 3730-3740.

[19] ZHANG Z, WU Y, ZHOU J, et al. SG-Net: syntax-guided machine reading comprehension [C]. Proceedings of the AAAI Conference on Artificial Intelligence, 2020: 9636-9643.

[20] CARION N, MASSA F, SYNNAEVE G, et al. End-to-end object detection with transformers [C]. Proceedings of the 16th European Conference on Computer Vision, 2020: 213-229.

[21] GIRSHICK R. Fast R-CNN [C]. Proceedings of the IEEE International Conference on Computer Vision, 2015: 1440-1448.

[22] REDMON J, DIVVALA S, GIRSHICK R, et al. You only look once: unified, real-time object detection [C]. Proceedings of IEEE Conference on Computer Vision and Pattern Recognition, 2016: 779-788.

[23] CHANG W C, YU H F, ZHONG K, et al. Taming pretrained transformers for extreme multi-label text classification [C]. Proceedings of the 26th ACM SIGKDD International Conference on Knowledge Discovery & Data Mining, 2020: 3163-3171.

[24] CORNIA M, STEFANINI M, BARALDI L, et al. Meshed-memory transformer for image captioning [C]. Proceedings of the IEEE Conference on Computer Vision and Pattern Recognition, 2020: 10578-10587.

[25] ZHANG X, SUN X, LUO Y, et al. RSTNET: captioning with adaptive attention on visual and non-visual words [C]. Proceedings of the IEEE Conference on Computer Vision and Pattern Recognition, 2021: 15465-15474.

[26] LUO Y, JI J, SUN X, et al. Dual-level collaborative transformer for image captioning [C]. Proceedings of the AAAI Conference on Artificial Intelligence, 2021: 2286-2293.

[27] WANG Y, XU J, SUN Y. End-to-end transformer based model for image captioning [C]. Proceedings of the AAAI Conference on Artificial Intelligence, 2022: 2585-2594.

[28] ZENG P, ZHU J, SONG J, et al. Progressive tree-structured prototype network for end-to-end image captioning [C]. Proceedings of the 30th ACM International Conference on Multimedia, 2022: 5210-5218.

[29] FANG Z, WANG J, HU X, et al. Injecting semantic concepts into end-to-end image captioning [C]. Proceedings of the IEEE Conference on Computer Vision and Pattern Recognition, 2022: 18009-18019.

本章人物：Yoshua Bengio 教授

Yoshua Bengio（1964～），蒙特利尔大学（University of Montreal）教授，英国皇家学会院士，加拿大皇家学会院士，2018 年图灵奖获得者。他还是加拿大 Mila 实验室创始人和科学负责人，IVADO 实验室科学负责人，并获 2019 年 IEEE 计算智能分会神经网络先锋奖等奖项。

Yoshua Bengio 教授分别于 1986 年、1988 年和 1991 年获麦吉尔大学（McGill University）计算机工程学士、计算机科学硕士和博士学位，1991～1992 年在麻省理工学院从事博士后研究工作，1992～1993 年在贝尔实验室从事博士后研究工作，1993 年加入为蒙特利尔大学，2002 年任教授。

Yoshua Bengio 教授的主要贡献包括：1）与 Dzmitry Bahdanau 等人一起提出了注意力机制，在神经机器翻译任务中取得了很好的效果，为 Transformer 的提出打下了理论基础；2）基于 *N*-gram 统计语言模型思想，提出前馈神经网络语言模型，开创了统计语言模型的新篇章，之后循环神经网络语言模型、Transformer 语言模型相继问世；3）与 Ian Goodfellow 一起提出了生成对抗网络，引发了 GAN 研究热潮；4）组织开发了早期深度学习框架 Theano，虽然 Theano 目前已不再更新，但是也促进了其他深度学习框架的开发；5）与 Pascal Vincent 等人提出了降噪自编码器，可防止在原始数据上训练时产生过拟合。

前面在 Yann LeCun 教授的介绍中提到，两人共同创办了表示学习领域的国际会议 ICLR（International Conference on Learning Representations），至今已举办 11 届，目前该会议已成为人工智能领域的顶级会议之一。

Yoshua Bengio 教授的个人主页：https://yoshuabengio.org/。

CHAPTER5

第 5 章

生成对抗网络

生成方法和判别方法是机器学习方法中的两种经典方法。生成方法通过学习样本的联合概率分布 $P(X,Y)$ 来训练生成模型，以生成符合样本分布的新数据。生成方法在无监督学习中占据主要位置，可以用于在没有样本标签的情况下捕捉样本之间的高阶相关性。判别方法直接学习样本的决策函数 $f(X)$ 或者条件概率分布 $P(Y|X)$ 得到判别模型，通常用于有监督学习，判别方法关心的是给定输入 X，应该预测得到什么样的输出 Y。

有监督学习经常能够获得比无监督学习更好的模型，但是有监督学习需要大量的标注数据，从长远看无监督学习更有发展前景。然而，支持无监督学习的生成方法面临两大困难：1）人们需要大量的先验知识对真实世界进行建模，而建模的好坏直接影响生成模型的表现；2）真实世界中的数据往往很复杂，人们用来拟合模型所需要的计算量往往非常巨大，甚至难以承受。

为了解决上述问题，出现了多种深度生成模型，包括生成对抗网络（Generative Adversarial Network，GAN）[1]、深度信念网络、深度玻尔兹曼机、深度自编码器、扩散模型等。由于 GAN 使用非常广泛，因此本章对其进行单独介绍，其他深度生成模型将在第 6 章进行介绍。

5.1 GAN 的基本原理

5.1.1 零和博弈

GAN 最初被设计用于生成逼真的图像，其设计灵感来源于博弈论中的零和博弈（Zero-Sum Game），也称零和游戏或者零和竞争。在零和博弈中，参与双方的收益是完全相反的，一方的收益必然导致另一方的损失，总收益为零。换句话说，参与双方的收益是互相对立的，一方的成功意味着另一方的失败。

如图 5-1 所示，以一个熟悉的石头剪刀布游戏为例对零和博弈进行深入解析。在两个人的石头剪刀布游戏中，每次博弈的结果必然是一个人赢，一个人输，或者平局，设定赢者得分计 1 分，输者得分计-1 分，平局的情况下二者得分均计 0 分。假设二者进行了多轮博弈，其中甲方选手获胜的次数为 N 次，输掉的次数为 M 次，平局次数为 P 次。这种情况下，乙方选手输掉的次数必然是 N 次，获胜的次数为 M 次，平局次数为 P 次。如此一来，经过多轮博弈之后，甲方选手的总得分为 $1\times N+(-1)\times M+0\times P$，乙方选手的总得分为 $1\times M+(-1)\times N+0\times P$，那么二者得分的总和为 $1\times N+(-1)\times M+0\times P+1\times M+(-1)\times N+0\times P=0$，这就是零和博弈。特别地，图 5-1 也展示了石头剪刀布游戏中的收益矩阵。

	0, 0	1, -1	-1, 1
	-1, 1	0, 0	1, -1
	1, -1	-1, 1	0, 0

图 5-1　石头剪刀布游戏中的收益矩阵

5.1.2　GAN 的基本结构

GAN 主要由两部分组成：生成器（Generator）和判别器（Discriminator）。它们分别扮演了两个不同的角色。生成器的任务是生成接近真实数据分布的样本，而判别器的任务则是尽可能地区分真实的样本和生成器生成的样本。通过生成器和判别器之间的对抗，GAN 可以学习到生成高质量样本的能力。

GAN 的基本结构如图 5-2 所示，这里以图片生成为例进行说明。生成器是一个生成图片的网络，它使用服从某一分布（均匀分布或高斯分布）的噪声生成一个类似真实训练数据的图片，记作 $G(z)$，追求效果是越像真实图片越好。判别器是一个二分类器，用来判断一个图片是不是“真实的”，它的输入是采样的真实图片 $\boldsymbol{x}$ 以及生成器生成的图片 $G(z)$，输出是输入图片是真实图片的概率，如果输入图片来自真实数据，那么判别器输出大的概率；否则，输出小的概率。

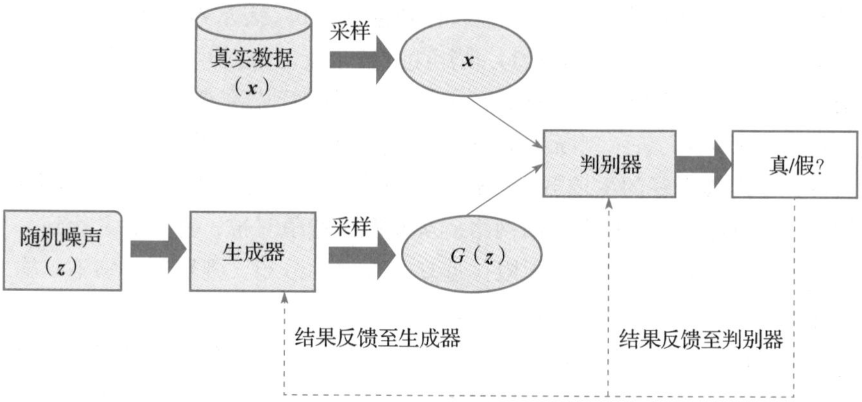

图 5-2　GAN 的基本结构

5.1.3 GAN 的目标函数

GAN 的目标是使生成器生成的数据能够骗过判别器，因此需要定义一个目标函数，使得生成器判断真实样本为“真”、生成样本为“假”的概率最小化。基于这一考虑，GAN 的目标函数定义如下：

$$\min_G \max_D V(D,G)=E_{x\sim p_{\text{data}}(x)}[\log D(\boldsymbol{x})]+E_{z\sim p_z(z)}[\log(1-D(G(\boldsymbol{z})))] \tag{5-1}$$

其中，$V(D,G)$表示真实样本和生成样本的差异程度；$p_{\text{data}}(\boldsymbol{x})$表示真实数据$\boldsymbol{x}$的分布，$p_z(\boldsymbol{z})$表示噪声$\boldsymbol{z}$的分布，$D(\boldsymbol{x})$ 表示判别模型认为$\boldsymbol{x}$是真实样本的概率，$D(G(\boldsymbol{z}))$表示判别模型认为生成样本$G(\boldsymbol{z})$ 是假的概率。

训练 GAN 时，判别器希望目标函数最大化，也就是使判别器判断真实样本为“真”、判断生成样本为“假”的概率最大化，要尽量最大化自己的判别准确率。$\max_D V(D,G)$的意思是固定生成器，尽可能让判别器能够最大化地判别出样本来自真实数据还是生成数据，也可以写作损失函数的形式：

$$L(G,D)=-E_{x\sim p_{\text{data}}(x)}[\log D(\boldsymbol{x})]-E_{z\sim p_z(z)}[\log(1-D(G(\boldsymbol{z})))] \tag{5-2}$$

与判别器相反，生成器希望目标函数最小化，也就是迷惑判别器，降低其对数据来源判断正确的概率，也就是最小化判别器的判别准确率。如果采用零和博弈，生成器的目标是最小化$V(D,G)$，而实际操作时发现零和博弈的训练效果并不好，生成模型一般采用最小化公式（5-3）的形式：

$$E_{z\sim p_z(z)}[\log(1-D(G(\boldsymbol{z})))] \tag{5-3}$$

5.1.4 GAN 的训练

如图 5-3 所示，GAN 的训练过程包含三个步骤[2]：1）首先使用采样的真实数据$\boldsymbol{x}$训练判别器，即输入真实数据$\boldsymbol{x}$到判别器，前向传播，得到输出为 1（表示判断结果为真），之后使用反向传播算法更新判别器的参数；2）使用生成器生成的数据$G(\boldsymbol{z})$训练判别器，即输入生成器生成的数据$G(\boldsymbol{z})$ 到判别器，前向传播，得到输出为 0（表示判断结果为假），之后使用反向传播算法再次更新判别器的参数；3）使用生成器生成的数据$G(\boldsymbol{z})$ 训练生成器，即输入生成器生成的数据$G(\boldsymbol{z})$ 到判别器，采用上一步训练好的判别器的参数（冻结判别器的参数）前向传播，得到输出为 1（表示判断结果为真），之后使用反向传播算法更新生成器的参数，这一步的目的在于训练更好的生成器，以迷惑判别器，使之将生成器生成的数据判别为真。在这个过程中，双方都极力优化自己的网络，从而形成竞争对抗，直到双方达到一个动态的平衡。此时，生成器生成的数据分布无限接近真实数据的分布，判别器判别不出输入的是真实数据还是生成的数据，输出概率都是 50%。

在训练生成对抗网络的过程中使用随机梯度上升或下降的方法，判别器的训练步数k是一个超参数，文献［1］在实验中使用了$k=1$的设置，这是成本最低的选择，同时训练中的随机梯度方法可以使用一般的随机梯度方法，也可以使用优化的随机梯度方法，文献［1］中使用了基于动量（Momentum）的方法（基于动量的方法可查阅 7.8.2 节）。GAN 训练算法的伪代码如下所示：

for 训练迭代轮数 do

　for k 步 do

- 在噪声先验分布为 $p_g(\boldsymbol{z})$ 的情况下采样大小为 m 的小批量噪声样本 $\{\boldsymbol{z}^{(1)},\cdots,\boldsymbol{z}^{(m)}\}$
- 在样本生成分布为 $p_{\text{data}}(\boldsymbol{x})$ 的情况下采样大小为 m 的小批量样本 $\{\boldsymbol{x}^{(1)},\cdots,\boldsymbol{x}^{(m)}\}$
- 通过随机梯度上升法更新判别器：

$$\nabla_{\theta_d}\frac{1}{m}\sum_{i=1}^{m}\left[\log D(\boldsymbol{x}^{(i)})+\log(1-D(G(\boldsymbol{z}^{(i)})))\right]$$

　end for

- 在噪声先验分布为 $p_g(\boldsymbol{z})$ 的情况下采样大小为 m 的小批量噪声样本 $\{\boldsymbol{z}^{(1)},\cdots,\boldsymbol{z}^{(m)}\}$
- 通过随机梯度下降法更新生成器：

$$\nabla_{\theta_g}\frac{1}{m}\sum_{i=1}^{m}\log(1-D(G(\boldsymbol{z}^{(i)})))$$

end for

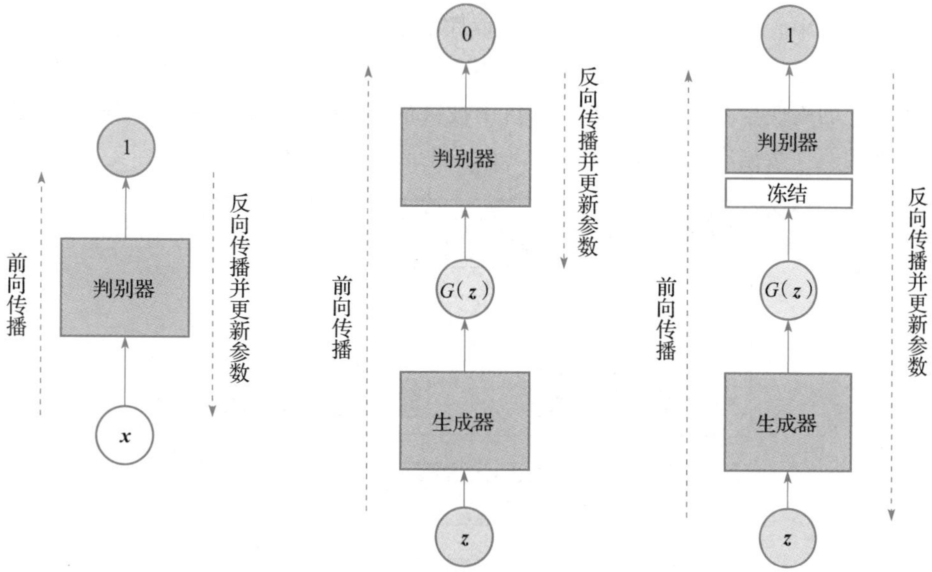

图 5-3　GAN 的训练过程[㊀]

5.2　GAN 的优化与改进

生成对抗网络是一种强大的生成模型，可以生成高质量的样本，但是 GAN 的训练往往非

㊀ 图 5-3 根据文献［2］重新绘制。

常困难，因为 GAN 需要在两个互相对抗的模型之间进行训练，这样的过程往往容易导致训练不稳定和模式崩溃等问题。为了解决这些问题，研究人员从不同角度对 GAN 进行了优化，主要的优化方式包括限定条件优化、迭代式生成优化和结构优化。

5.2.1　限定条件优化

原始 GAN 的生成器只考虑优化生成数据的相似性，而没有考虑其他一些有用的条件限制，如指定特定类别的图像生成、具有某些特定属性的图像生成等。通过加入一些限定条件，可以让生成器产生更多样、更有价值的数据。例如，如果希望 GAN 生成属于特定类别的图像，可以在训练 GAN 时加入额外的标签信息，如一个手写数字图像的分类标签，并将这些标签输入生成器，那么生成器的目标就不仅仅是产生逼真的图像，还应该去满足类别这一约束条件，其他约束也类似。在这种情况下，GAN 的目标就是通过生成器和判别器不断对抗，找到生成数据的最优解（符合目标约束条件的最优解），以达到模仿真实数据的目的。代表性的限定条件优化工作包括 CGAN[3] 和 InfoGAN[4]。接下来，对这两个代表性工作进行介绍以加深对限定条件优化的理解。

1. CGAN

CGAN[3] 的中心思想是可以控制 GAN 生成样本，减少随机性。在 CGAN 中，生成器 G 接受一个噪声向量 $\boldsymbol{z}$ 和一个条件 $\boldsymbol{y}$（通常是一个标签）为输入，它的任务是生成一个具有特定条件的图像，它的表现会在与判别器 D 的对抗中被衡量。D 的任务是给定一个图像，判断它是真实的（来自真实数据集）或者是虚假的（由 G 生成的），如图 5-4 所示。

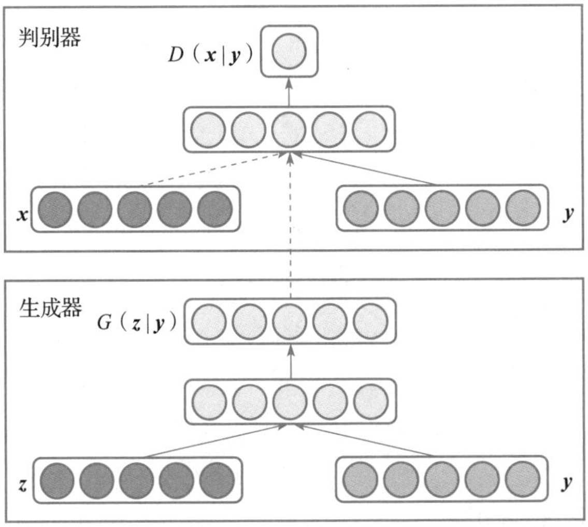

图 5-4　CGAN 示意图㊀

㊀ 图 5-4 根据文献［3］重新绘制。

CGAN 的目标函数如下：

$$\min_G \max_D V(D,G)=E_{x\sim p_{\mathrm{data}}(x)}[\log D(\boldsymbol{x}\mid \boldsymbol{y})]+E_{z\sim p_z(z)}[\log(1-D(G(\boldsymbol{z}\mid \boldsymbol{y})))] \tag{5-4}$$

目标函数中的 $E_{x\sim p_{\mathrm{data}}(x)}[\log D(\boldsymbol{x}\mid \boldsymbol{y})]$ 表示在给定条件 $\boldsymbol{y}$ 的情况下当样本采样自真实数据集时判别器能够准确判别其为真的期望，$E_{z\sim p_z(z)}[\log(1-D(G(\boldsymbol{z}\mid \boldsymbol{y})))]$ 表示在给定条件 $\boldsymbol{y}$ 和输入噪声 $\boldsymbol{z}$ 的情况下通过生成器生成的样本数据被判别器判别为假的期望。

因此，CGAN 在训练过程中可用于生成具有特定属性的图像。例如，在手写数字图像生成实验中，在指定图像类别的情况下，可以分别生成类别为 0~9 的手写数字图像，如图 5-5 所示。

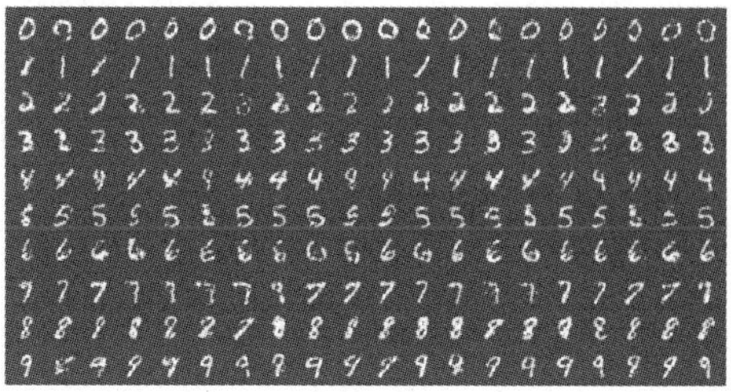

图 5-5　CGAN 生成的手写数字图像（每一行表示一类）[3]

2. InfoGAN

InfoGAN[4] 不仅可以生成高质量的样本，还可以从生成的样本中理解和学习数据分布中的隐含变量并将其分解成独立的特征。这种独立的特征包括一些与数据分布相关的因素，如旋转角度、颜色和形状等。

InfoGAN 的网络结构和 GAN 相似，但是在输入和输出上有一些变化，如图 5-6 所示。

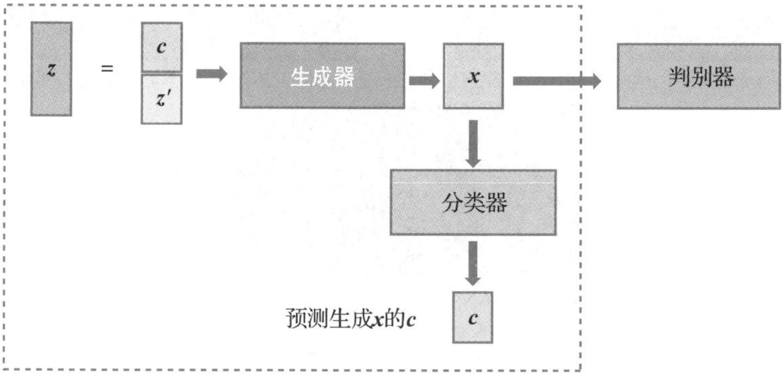

图 5-6　InfoGAN 的结构

InfoGAN 主要由以下 4 个部分组成。

1）输入部分：与 CGAN 相同，InfoGAN 的输入包括一个随机噪声变量 z' 和一个条件变量 $\boldsymbol{c}$，其中条件变量称为“已知变量”。

2）生成器：生成器的作用是将输入的随机噪声变量 z' 和条件变量 $\boldsymbol{c}$ 转换成一张图像，并尽可能使生成的图像与真实图像相似。具体来说，生成器会将输入的两种变量转换成一种不连续的变量 $\boldsymbol{x}$，这意味着生成器输出的图像会因为各种条件变量的变化而产生明显的变化。

3）判别器：判别器的作用是判断输入的图像是真实的还是生成的。在 InfoGAN 中，判别器除了输出一个二进制的真假结果外，还会输出一个表示判决结果可信度的概率值。

4）分类器：在 InfoGAN 中，还配备了一个用于学习特征提取的分类器。这个分类器会从生成器的输出中提取特征，并将特征分解为可解释的约束 $\boldsymbol{c}$。这个过程就是 InfoGAN 提供的“信息推断”部分，用于学习数据分布中的隐含因素并将其分解成为独立的特征。

InfoGAN 的目标函数如下：

$$\min_{G}\max_{D} V_I(D,G)=V(D,G)-\lambda I(\boldsymbol{c};G(z,\boldsymbol{c})) \tag{5-5}$$

与原始 GAN 相比，该目标函数增加了一项 $\lambda I(\boldsymbol{c};G(z,\boldsymbol{c}))$，这一项代表的是 $\boldsymbol{c}$ 与生成器的输出 $G(z,\boldsymbol{c})$ 之间的互信息。这一项越大，表示 $\boldsymbol{c}$ 与 $G(z,\boldsymbol{c})$ 越相关。

在训练过程中，InfoGAN 在生成数据的同时，学习如何去操纵潜在空间中的特定因素，以生成特定的图像或数据，直观的理解就是，如果 $\boldsymbol{c}$ 的每一个维度对输出都有明确的影响，那么分类器就可以根据 $\boldsymbol{x}$ 返回原来的 $\boldsymbol{c}$。如果 $\boldsymbol{c}$ 对输出没有明显的影响，那么分类器也无法返回原来的 $\boldsymbol{c}$。假设希望生成手写数字图像，并希望能够控制数字的倾斜角度，那么在 InfoGAN 中，就可以将手写数字类别（Categorical）作为一个固定输入条件，将倾斜角度（Rotation）和宽度（Width）编码为一个随机噪声变量，生成器可以利用这些变量生成不同类别、特定倾斜角度和宽度的手写数字图像，如图 5-7 所示。

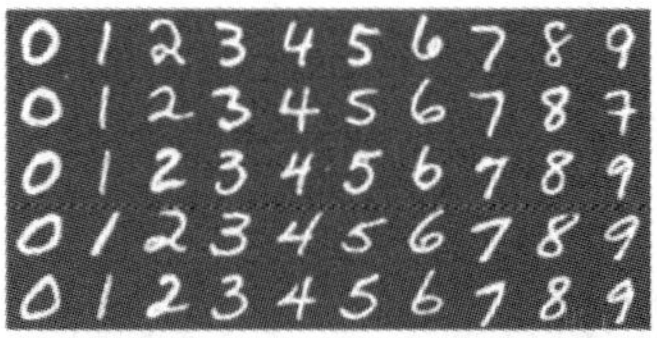

a）InfoGAN生成的不同类别的数字

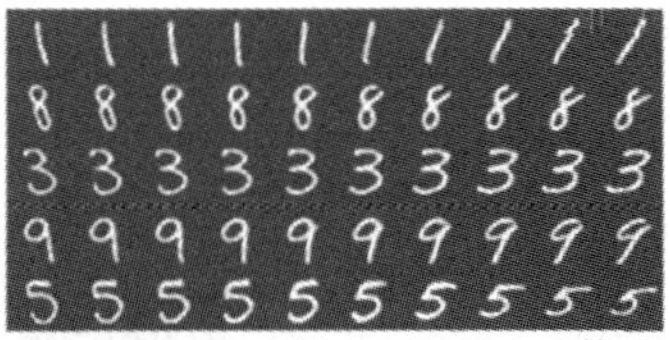

b）InfoGAN生成的不同旋转角度的数字

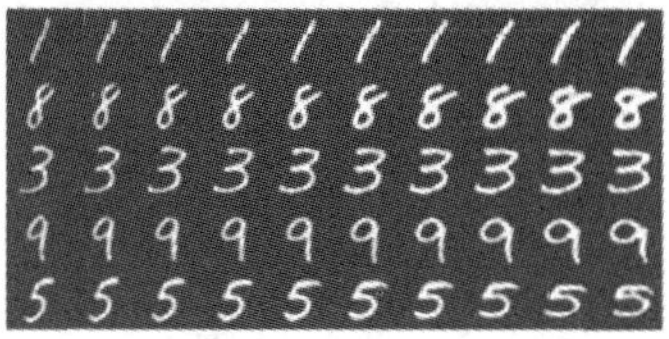

c）InfoGAN生成的不同宽度的数字

图 5-7　InfoGAN 生成的数字[4]

5.2.2　迭代式生成优化

迭代式生成优化方法通过在生成器中引入一种可迭代的机制，对生成的样本进行逐步的精炼和改进，这个机制可以在训练过程中不断更新生成器的参数，以生成更高质量和多样化的样本。代表性的迭代式生成优化工作主要有 LAPGAN[5] 和 StackGAN[6]。接下来，对这两个代表性工作进行介绍以加深对迭代式生成优化的理解。

1. LAPGAN

LAPGAN[5] 通过级联方式改进 GAN 以实现从粗略到精细图片的生成，如图 5-8 所示。网络的级联思想对后续的研究产生了极大的影响。LAPGAN 使用高斯金字塔进行下采样，使用拉普拉斯金字塔进行上采样。

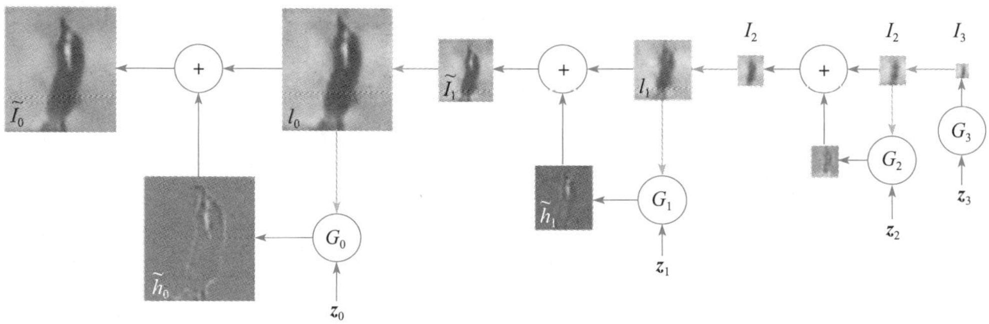

图 5-8　LAPGAN 模型的结构㊀(详见彩插)

假设图像 I 的长度和宽度均为 j，对于图像 $\boldsymbol{I}_0=(j,j)$，下采样得到的图像尺寸为 $(j/2,j/2)$，上采样得到的图像尺寸为 $(2j,2j)$。对图像进行连续 k 次的下采样，可以获得一系列图像 $\boldsymbol{I}_1=(j/2,j/2)$，$\boldsymbol{I}_2=(j/4,j/4)$，$\cdots$，$\boldsymbol{I}_k=(j/2^k,j/2^k)$。

$$\mathcal{G}(\boldsymbol{I})=[\boldsymbol{I}_0,\boldsymbol{I}_1,\cdots,\boldsymbol{I}_k] \tag{5-6}$$

其中，$\mathcal{G}(\boldsymbol{I})$ 表示图像的高斯金字塔。在得到高斯金字塔后，拉普拉斯金字塔可表示如下：

$$\boldsymbol{h}_k=\mathcal{L}_k(\boldsymbol{I})=\mathcal{G}_k(\boldsymbol{I})-u(\mathcal{G}_{k+1}(\boldsymbol{I}))=\boldsymbol{I}_k-u(\boldsymbol{I}_{k+1}) \tag{5-7}$$

其中，拉普拉斯金字塔的第 k 层等于高斯金字塔的第 k 层 $\mathcal{G}_k(\boldsymbol{I})$ 减去高斯金字塔第（$k+1$）层的上采样 $u(\mathcal{G}_{k+1}(\boldsymbol{I}))$。

LAPGAN 将条件对抗生成网络 CGAN 集成到拉普拉斯金字塔结构中：

$$\widetilde{\boldsymbol{I}}_k=u(\widetilde{\boldsymbol{I}}_{k+1})+\widetilde{\boldsymbol{h}}_k=u(\widetilde{\boldsymbol{I}}_{k+1})+G_k(z_k,u(\widetilde{\boldsymbol{I}}_{k+1})) \tag{5-8}$$

其中，G_k 表示第 k 个卷积神经网络，也就是生成器，高斯金字塔第 k 层的重建等于它的第（$k+1$）层上采样 $u(\widetilde{\boldsymbol{I}}_{k+1})$ 加上拉普拉斯金字塔的第 k 层 $\widetilde{\boldsymbol{h}}_k$。除了最高层的生成器外，其余生成器 G_0、G_1、$\cdots$、G_{k-1} 都是采用上一级的上采样和噪声作为联合输入。上采样的结果就是 LAPGAN 中的条件变量。

总之，迭代式生成优化是一种非常有效的 GAN 优化方法，可以在保持模型训练稳定性的同时，提高样本质量和模型的可解释性。这个方法可应用于各种 GAN 模型，包括图像生成、文本生成和视频生成等。

2. StackGAN

StackGAN[6] 用来解决从文本生成图像中的图像分辨率不高的问题，采用与 LAPGAN 相似的思路，也是从粗略到精细的过程，它包含两个 GAN：第 1 个 GAN 用于根据文本描述生成一张低分辨率的图像；第 2 个 GAN 将低分辨率图像和文本作为输入，修正之前生成的图像并添加细节纹理，生成高分辨率图像。StackGAN 的结构如图 5-9 所示。

㊀ 图 5-8 根据文献［5］重新绘制。

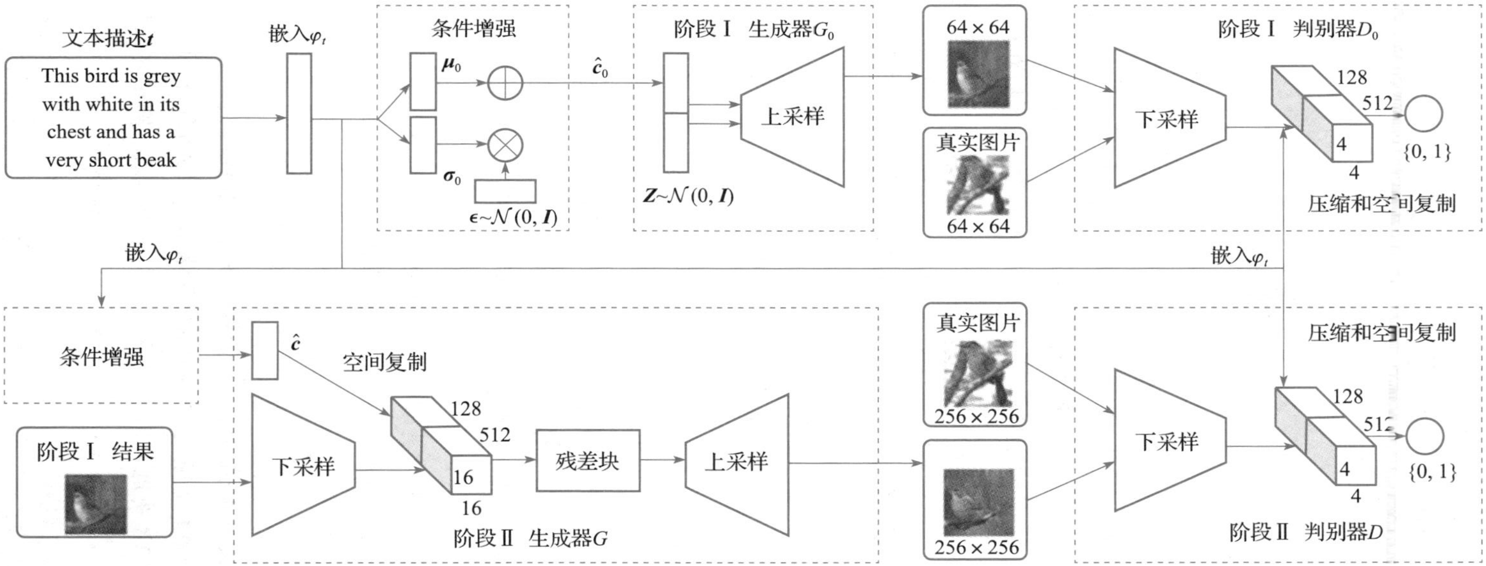

图 5-9 StackGAN 的结构[1](详见彩插)

[1] 图 5-9 根据文献［6］重新绘制。

StackGAN 分为两个阶段，阶段Ⅰ的 GAN 以文本嵌入为条件信息生成具有基本颜色和粗略草图的低分辨率图像。文本描述 $\boldsymbol{t}$ 首先由一个编码器进行编码，从而生成一个文本嵌入 $\boldsymbol{\varphi}_t$，然而基于文本条件信息的潜在空间通常是高维的（大于 100 维），在数据量有限的情况下，通常会导致潜在数据流形的不连续，这不适合学习生成器。为了缓解这一问题，引入了一种条件增强技术，为生成器产生更多的条件变量。从一个独立的高斯分布 $\mathcal{N}(\mu(\boldsymbol{\varphi}_t),\Sigma(\boldsymbol{\varphi}_t))$ 中随机采样潜在变量，从而在少量图像-文本对的情况下产生更多的训练对。为了进一步加强条件流形的平滑性，避免过拟合，在训练过程中对生成器的目标添加了如下正则化项：

$$D_{\mathrm{KL}}(\mathcal{N}(\mu(\boldsymbol{\varphi}_t),\Sigma(\boldsymbol{\varphi}_t))\|\mathcal{N}(0,\boldsymbol{I})) \tag{5-9}$$

这是标准高斯分布和条件高斯分布之间的 Kullback-Leibler 散度（KL 散度）。在高斯潜在变量 $\boldsymbol{c}_0$ 的条件下，第 1 阶段 GAN 通过在下述公式中最大化 L_{D_0} 来训练判别器，用最小化 L_{G_0} 来训练生成器，如下所示：

$$L_{D_0}=E_{(I_0,t)\sim p_{\mathrm{data}}}[\log D_0(\boldsymbol{I}_0,\boldsymbol{\varphi}_t)]+E_{z\sim p_z,t\sim p_{\mathrm{data}}}[\log(1-D_0(G_0(z,\hat{\boldsymbol{c}}_0),\boldsymbol{\varphi}_t))] \tag{5-10}$$

$$L_{G_0}=E_{z\sim p_z,t\sim p_{\mathrm{data}}}[\log(1-D_0(G_0(z,\hat{\boldsymbol{c}}_0),\boldsymbol{\varphi}_t))]+\lambda D_{\mathrm{KL}}(\mathcal{N}(\mu_0(\boldsymbol{\varphi}_t),\Sigma_0(\boldsymbol{\varphi}_t))\|\mathcal{N}(0,\boldsymbol{I})) \tag{5-11}$$

其中，真实的图像 $\boldsymbol{I}_0$ 和文本描述 $\boldsymbol{t}$ 来自真实的数据分布 p_{data}，$\boldsymbol{z}$ 是一个从给定的分布 p_z 中随机采样的噪声向量，$\boldsymbol{\lambda}$ 是一个正则化参数，它控制了两项之间的平衡。$\boldsymbol{\varphi}_t$ 是由一个预先训练好的编码器生成的文本嵌入。

由阶段Ⅰ的 GAN 生成的低分辨率图像缺乏生动的对象部分，也可能包含形状失真。此外，文本中的一些细节在第 1 阶段可能会被省略。而这是生成真实图像所需的重要信息。阶段Ⅱ的 GAN 获取由阶段Ⅰ的 GAN 生成的图像，并以文本嵌入为条件信息生成高分辨率图像。这一阶段的模型主要用来进行缺陷纠正和细节添加，产生逼真的高分辨率图像。基于低分辨率样本 $\boldsymbol{s}_0$ 和高斯潜在向量 $\hat{\boldsymbol{c}}$，这一阶段 GAN 中的判别器 D 和生成器 G 的损失函数如下所示：

$$L_D=E_{(I,t)\sim p_{\mathrm{data}}}[\log D(\boldsymbol{I},\boldsymbol{\varphi}_t)]+E_{s_0\sim p_{G_0},t\sim p_{\mathrm{data}}}[\log(1-D(G(s_0,\hat{c}),\boldsymbol{\varphi}_t))] \tag{5-12}$$

$$L_G=E_{s_0\sim p_{G_0},t\sim p_{\mathrm{data}}}[\log(1-D(G(s_0,\hat{c}),\boldsymbol{\varphi}_t))]+\lambda D_{\mathrm{KL}}(\mathcal{N}(\mu(\boldsymbol{\varphi}_t),\Sigma(\boldsymbol{\varphi}_t))\|\mathcal{N}(0,\boldsymbol{I})) \tag{5-13}$$

其中 $\boldsymbol{s}_0=G_0(\boldsymbol{z},\boldsymbol{c}_0)$，由阶段Ⅰ的 GAN 生成。与原始 GAN 公式不同，随机噪声 $\boldsymbol{z}$ 在这个阶段并没有被使用。本阶段使用的高斯条件向量 $\hat{\boldsymbol{c}}$ 和阶段Ⅰ的 GAN 中使用的 $\hat{\boldsymbol{c}}_0$ 共享相同的预先训练好的文本编码器生成的文本嵌入 $\boldsymbol{\varphi}_t$。但是，它们利用不同的全连接层来产生不同的均值和标准差。

5.2.3 结构优化

结构优化是指对 GAN 的结构进行优化，两个代表性的结构优化工作包括 DCGAN[7] 和 Pix2Pix[8]。

1. DCGAN

DCGAN 将 CNN 和 GAN 结合在一起，并将 CNN 作为 GAN 中的生成器和判别器，生成器由反卷积层、批归一化层和 ReLU 激活函数组成，判别器由跨步卷积层、批归一化层和 Leaky ReLU 激活函数组成。

需要注意的是，DCGAN 并非在生成器和判别器中使用通用的 CNN，而是对 CNN 进行了部分修改：首先，取消了 CNN 中的所有池化层，在生成器中使用反卷积进行上采样，在判别器中使用加入步长（Stride）的卷积代替池化层；其次，除了生成器的输出层和判别器的输入层，在网络的其他层上都进行了批归一化；再次，移除完全连接的隐藏层，以实现更深层次的体系结构；最后，在生成器中，除了输出层使用 Tanh 激活函数外，其他层使用 ReLU 激活函数，判别器的所有层均使用 LeakyReLU 激活函数。

DCGAN 让 CNN 学习多层次的特征，包括从物体细节到整体场景的特征，因此判别器提取的图像特征具有很好的泛化性。DCGAN 将 GAN 应用到表征学习上，从应用角度看，DCGAN 可以对生成图像中的特定对象进行擦除，对生成图像进行向量运算。DCGAN 对于生成图像的提升，可以在很多实际应用中使用。

2. Pix2Pix

Pix2Pix 面向图像翻译任务，是基于前面讲述的 CGAN 进行优化而实现的。Pix2Pix 在图像翻译中将输入图像作为条件，学习从输入图像到输出图像之间的映射，从而得到指定的输出图像。

Pix2Pix 的结构如图 5-10 所示。$\boldsymbol{x}$ 是输入的边缘图，$\boldsymbol{y}$ 是真实图像，G 为生成器，$G(\boldsymbol{x})$ 是生成的图像，D 为判别器。生成器学习如何欺骗判别器以生成更逼真的图像，判别器学习如何判别出哪些是真实图像哪些是生成的假图像。和非条件 GAN 不同的是，条件 GAN 的生成器和判别器都可以观察到输入的边缘图。

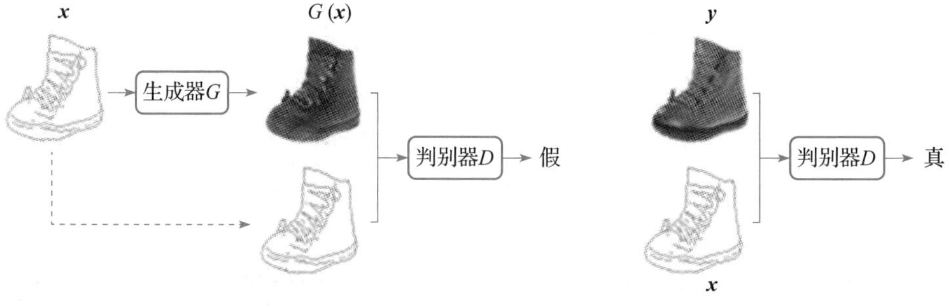

图 5-10 Pix2Pix 结构示意图[㊀]

Pix2Pix 从三个方面对 CGAN 进行了优化，包括目标函数、生成器的网络结构和判别器的判别方式。首先，Pix2Pix 的损失函数定义如下：

$$\min_G \max_D V(D,G)=E_{\boldsymbol{x},\boldsymbol{y}}[\log D(\boldsymbol{x},\boldsymbol{y})]+E_{\boldsymbol{x},\boldsymbol{z}}[\log(1-D(\boldsymbol{x},G(\boldsymbol{x},\boldsymbol{z})))]+\lambda L_{L1}(G) \tag{5-14}$$

㊀ 图 5-10 根据文献［8］重新绘制。

$$L_{L1}(G)=E_{x,y,z}[\ \|y-G(x,z)\|\ ] \tag{5-15}$$

首先，由公式（5-14）可知，Pix2Pix 的损失函数中增加了 L1 约束项，使生成图像不仅要接近真实图像，也要接近输入的条件图像；其次，在 Pix2Pix 的生成器中使用了 Unet 结构，通过在网络中直接传递和共享底层信息提升了 GAN 的性能；最后，Pix2Pix 的判别器使用分块判断算法 PatchGAN[9]。原始 GAN 在评价输入图像时，输出“真”或“假”的二分类结果，与原始 GAN 不同，PatchGAN 的输出是一个 $N\times N$ 的矩阵，其中每一个元素表示来自原图中的一个感受野。

Pix2Pix 的实验结果表明，CGAN 是适用于图像到图像翻译任务的一种很有前景的方法，尤其是那些涉及高度结构化的图像输出任务。从应用角度来看，Pix2Pix 在标签转图像、黑白图像转彩色图像、边缘图转图像等任务中表现突出，Pix2Pix 也可以在更多涉及图像翻译的实际应用中发挥作用。

总之，GAN 结构优化是一个非常活跃的研究领域，各种新的 GAN 结构优化方法不断涌现。这些优化方法的出现使得 GAN 具有更加广泛的应用前景，也为生成模型的发展提供了更加丰富的思路和方法。

5.3 GAN 的主要应用

5.3.1 图像生成

GAN 在图像生成（Image Generation）中的主要方法分为直接方法、迭代方法和分层方法三种[10]，如图 5-11 所示。

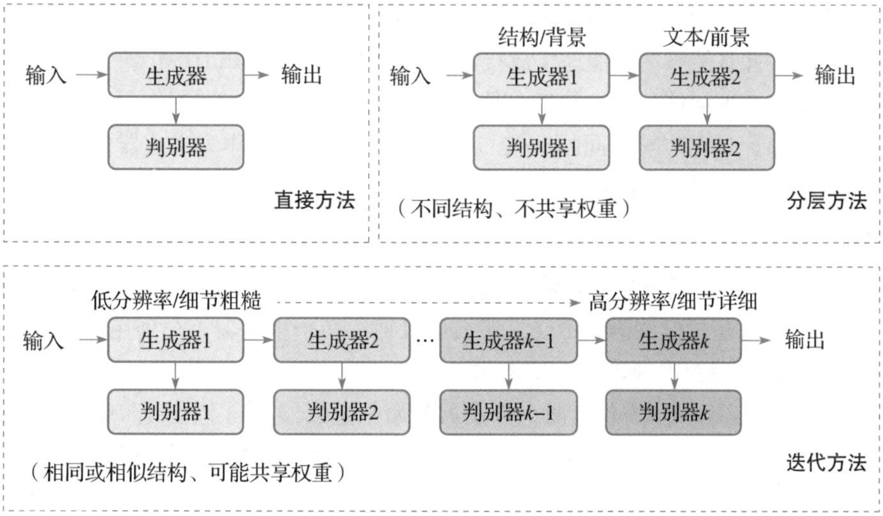

图 5-11 GAN 在图像生成中的三种方法[㊀]

㊀ 图 5-11 根据文献［10］重新绘制。

所有属于直接方法的 GAN 图像生成方法都采用一个生成器和一个判别器的结构，许多早期的 GAN 都属于这一类，如 GAN[1]、InfoGAN[4] 和 DCGAN[7] 等，其中 DCGAN 是最典型的图像生成模型之一，其结构被后来的许多模型使用，这种结构设计和实现简单直接，通常能够获得良好的效果。

分层方法与直接方法不同，其结构使用了两个生成器和两个判别器，其中不同的生成器有不同的功能。这类方法的核心思想是将图像分成两个部分：样式结构和前景背景。两个生成器的关系可以是并行或者串行的关系。分层方法的代表性工作是 SS-GAN[11]，它包含两个部分：结构 GAN（Structure-GAN）生成一个表面法线图；风格 GAN（Style-GAN）以表面法线图为输入，生成二维图像。两个 GAN 首先独立训练，然后通过联合学习融合在一起。

迭代方法与分层方法不同，该类方法使用具有相似或者相同结构的多个生成器，这些生成器从粗略到精细进行图像生成，与分层方法不同的是相同结构的生成器可以在迭代过程中共享权重。LAPGAN[5] 是第一个使用拉普拉斯金字塔迭代方法从粗略到精细生成图像的 GAN 模型，其中多个生成器执行相同的任务，具体来说，LAPGAN 中的每个生成器将前一个生成器得到的图像和噪声作为输入，输出更加清晰的结果，这些生成器的区别在于它们的输入和输出尺寸大小，LAPGAN 在图像生成领域中的表现优于原始 GAN。

5.3.2 图像转换

图像转换（Image Conversion）是指将一张图像转换为另一张图像，这在计算机视觉中是一个非常重要的任务。GAN 在图像转换中有着广泛的应用，常见的应用包括图像超分辨率重建、图像风格变换、物体分割等。前面介绍的 Pix2Pix 模型[8] 是 GAN 在图像转换领域的一个经典模型，该模型将 CGAN 中的损失函数与 L1 正则化损失函数相结合，尝试让生成器不仅仅可以欺骗判别器，并且能够尽可能地生成接近真实图像的图像。PLDT 模型[12] 通过添加另一个判别器来判断来自不同域的图像是否关联。CycleGAN[13] 和 DualGAN[14] 是两个无监督图像到图像转换的工作，二者共享相同的框架。CycleGAN 采用 CNN 作为生成器的主干网络，DualGAN 则采用 Unet 作为主干网络。

1. CycleGAN

CycleGAN[13] 的设计基于如下思路：如果有两个域 A 和 B，想要将域 A 中的图像转换成域 B 中的图像，同时还想保持语义不变，那么可以训练两个生成器，分别用于将 A 域图像翻译成 B 域图像、将 B 域图像翻译成 A 域图像。

如图 5-12 所示，CycleGAN 包含两个判别器和两个生成器：1）生成器 A2B。将真实马的图片转换成相同形状的斑马图片（图 5-12 上半部分）或者将生成的假的马的图片转换成相同形状的斑马图片（图 5-12 下半部分）。2）生成器 B2A。将真实的斑马图片转换成相同形状的马的图片（图 5-12 下半部分）或者将生成的斑马图片转换成相同形状的马的图片（图 5-12 上半部分）。3）判别器 A。判断真实的马的图片或者生成的马的图片是否为真。4）判别器 B。判断真实的斑马图片或者生成的斑马图片是否为真。

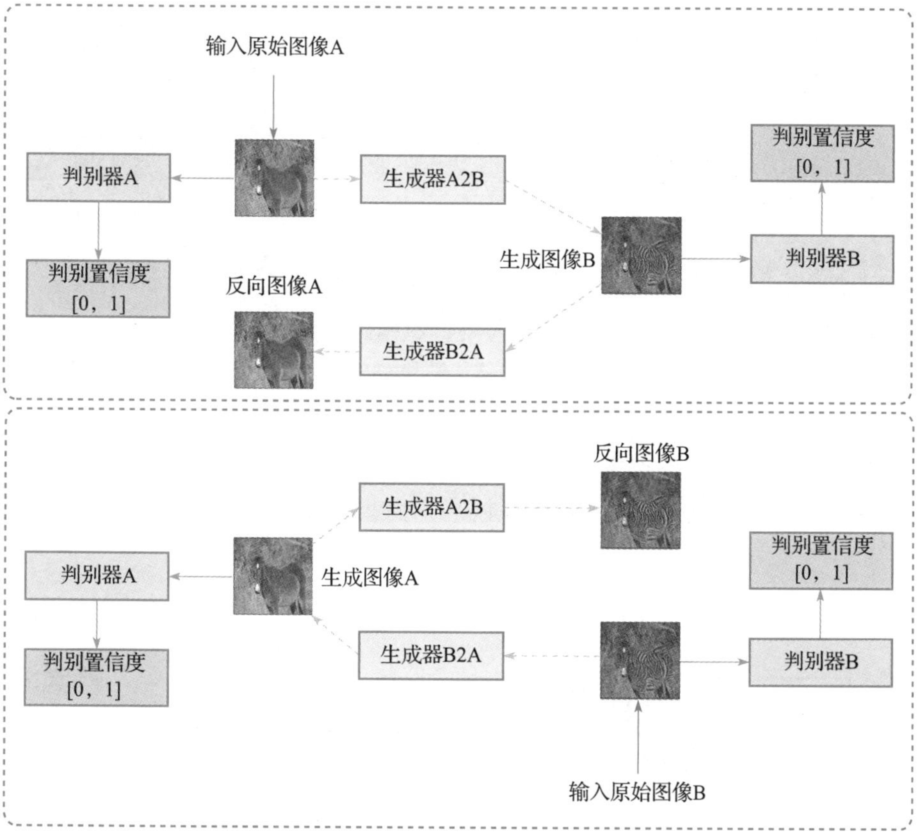

图 5-12 CycleGAN 的结构（详见彩插）

CycleGAN 使用的损失函数是两个循环一致性损失（Cycle Consistency Loss）的和，具体表示如下：

$$L_{cyc}(G,F)=E_{x\sim p_{data}(x)}[\|F(G(x))-x\|_1]+E_{y\sim p_{data}(y)}[\|G(F(y))-y\|_1] \tag{5-16}$$

其中，G 指的是生成器 A2B，F 指的是生成器 B2A，循环一致性损失是为了防止图像迁移后形状差异较大而提出的，就是说图 5-12 中当马的图片通过两个生成器后变回原来的马的图片，计算两个马的图片的距离，如果两者距离越小，就代表两个图片越相似。

CycleGAN 的一个重要应用是域迁移（Domain Adaptation），可以将图片转换为不同风格的图片。与许多之前的图像转换模型不同，CycleGAN 不需要对图像数据进行配对或对齐操作，也不需要任何标记或注释。图 5-13 是 CycleGAN 的一些应用。

2. DualGAN

DualGAN[14] 是一种基于对偶学习的图像转换模型，与 CycleGAN 类似，这个模型也可以实现两个域之间的图像转换。DualGAN 使用自编码器和 GAN 结合的网络架构，同时对源域和目标域进行图像转换，并且通过对偶学习方式进行优化，如图 5-14 所示。

图 5-13 图像域迁移示例[13]（详见彩插）

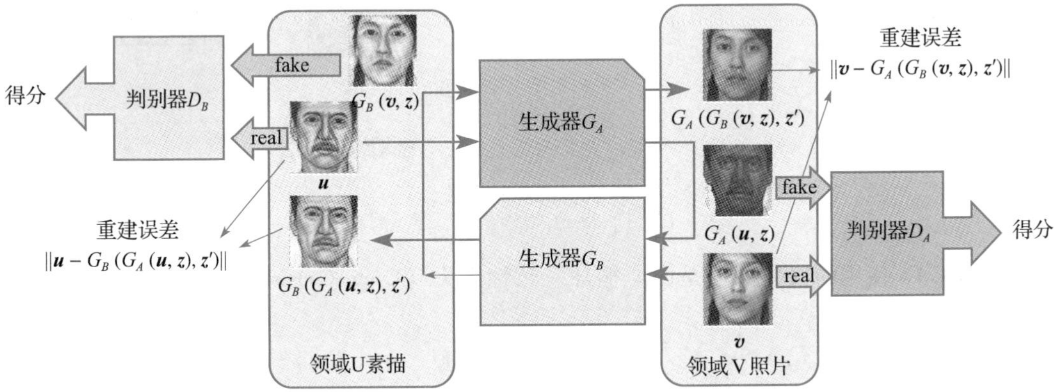

图 5-14 DualGAN 流程示意图[⊖]

DualGAN 为两个域（一个源域 U 和一个目标域 V）各设计了一个生成器和一个判别器。源域的生成器 G_A 将源域的图片转换到目标域中，目标域的生成器 G_B 则将目标域的图片转化到源域中。源域的判别器 D_B 用于区分生成器 G_B 生成的图像和源域中的真实图像，目标域的判别器 D_A 用于区分生成器 G_A 生成的图像和目标域中的真实图像。通过这些生成器和判别器的协作变换，DualGAN 可以实现源域图像到目标域的全方位变换，同时也可以从目标域将图像转换回源域，如图 5-14 所示。以素描与照片之间的相互转换为例，其中第一个生成器 G_A 可以将素描（U）转换为照片（V），生成器 G_A 所完成的任务正是最终想要完成的任务，与这

⊖ 图 5-14 根据文献［14］重新绘制。

个生成器对应的有一个判别器 D_A。与此同时，构建与之对偶的另一个生成器 G_B，将照片转换为素描，与这个生成器所对应的同样有一个判别器 D_B。

与 CycleGAN 不同的是，DualGAN 使用对偶学习方式进行模型优化。对偶学习旨在减少源域和目标域之间距离的不一致性，它通过计算双向转换图像之间的重构误差来实现。在 DualGAN 中，对偶学习引入了两个额外的自编码器，它们用于计算源域图片转化到目标域图片和目标域图片转化到源域图片之间的重构误差：

$$l^g(\boldsymbol{u},\boldsymbol{v})=\lambda_U\|\boldsymbol{u}-G_B(G_A(\boldsymbol{u},z),z')\|+\lambda_V\|\boldsymbol{v}-G_A(G_B(\boldsymbol{v},z'),z)\|-D_B(G_B(\boldsymbol{v},z'))-D_A(G_A(\boldsymbol{u},z)) \tag{5-17}$$

其中 λ 为权重参数。生成器 G_A 可以对素描图片 $\boldsymbol{u}$ 进行转换，最终得到类似照片的图片，其中包含的噪声为 z，转换的结果为 $G_A(\boldsymbol{u},z)$，把这个转换的结果送给另一个专门用于生成素描图片的生成器 G_B，得到的结果为 $G_B(G_A(\boldsymbol{u},z),z')$，即为对原有的素描图片的一次重构，这里的 z' 指的也是噪声。

这种方法可以避免图像变形过度的问题，同时也可以降低图像之间的距离不一致性，提高图像转换的质量和稳定性。

5.3.3　图像超分辨率重建

图像超分辨率重建（Image Super-Resolution Reconstruction）是指一种将一幅低分辨率图像重建出高分辨率图像的技术。很多 GAN 的变种被用于图像超分辨率重建，效果很好，如 SRGAN[15]、FSRAGAN[16] 等，这里主要介绍 SRGAN。

SRGAN 的生成网络由常规的卷积层组成并引入了残差结构和像素重排来进行高分辨率图像生成。生成器的网络结构由 16 个重复的块堆叠而成，每一个块都包含“卷积/批归一化/PreLU 激活函数/卷积/批归一化/残差相加”的结构，如图 5-15 所示。图 5-15 中字符串“k3n64s1”中的 k3 代表卷积核的大小为 3，n64 代表卷积输出的通道数为 64，s1 代表步长为 1，下面两个不同指向的箭头表示残差链接。判别器的网络结构与生成器的网络结构类似，包含 8 个卷积层，从第 2 个卷积层开始，每一个卷积层后面加一个批归一化层来归一化中间层的分布，如图 5-16 所示。

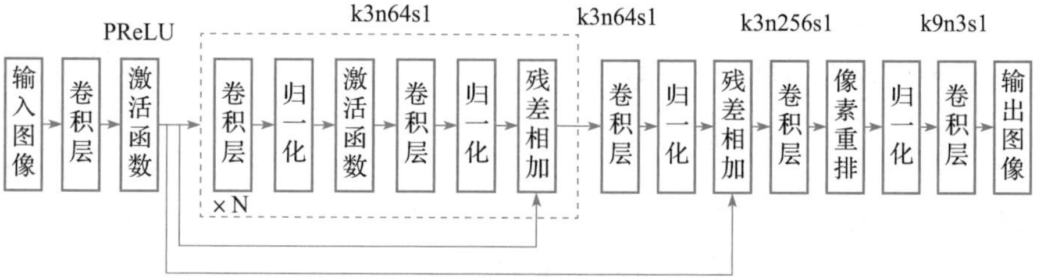

图 5-15　SRGAN 生成器的网络结构㊀

㊀ 图 5-15 根据文献［15］重新绘制。

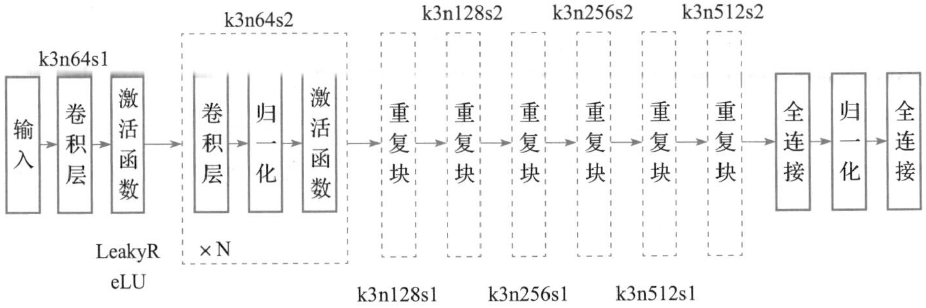

图 5-16 SRGAN 判别器的网络结构[㊀]

在 SRGAN 中，生成器 G 的输入从随机噪声变成了低分辨率图像 $\boldsymbol{I}^{\mathrm{LR}}$，判别器 D 的输入是高分辨率图像 $\boldsymbol{I}^{\mathrm{HR}}$。这样的话，生成器 G 就不再是随机生成图像，而是根据一幅低分辨率图像生成一幅高分辨率图像，然后再送入判别器来判断输入图像是真实高分辨率图像还是生成的高分辨率图像。SRGAN 的对抗损失函数（误差函数）如下所示：

$$L_{\mathrm{Gen}}^{\mathrm{SR}}=\sum_{n=1}^{N}(-\log D_{\theta_D}(G_{\theta_G}(\boldsymbol{I}^{\mathrm{LR}})))\tag{5-18}$$

其中 $\boldsymbol{\theta}_D$，$\boldsymbol{\theta}_G$ 分别表示判别器和生成器的参数，$D_{\theta_D}(G_{\theta_G}(\boldsymbol{I}^{\mathrm{LR}})$ 表示判别器判断生成图片为真实高分辨率图像的概率。

此外，SRGAN 还使用了一种感知损失函数，这种损失函数用于让低分辨率图像和高分辨率图像的内容对齐，从而避免直接使用均方误差去寻找像素平均解，如下所示：

$$L_{\mathrm{VGG}/i,j}^{\mathrm{SR}}=\frac{1}{W_{i,j}H_{i,j}}\sum_{x=1}^{W_{i,j}}\sum_{y=1}^{H_{i,j}}(\phi_{i,j}(\boldsymbol{I}^{\mathrm{HR}})_{x,y}-\phi_{i,j}(G_{\theta_G}(\boldsymbol{I}^{\mathrm{LR}}))_{x,y})^2\tag{5-19}$$

其中 $\phi_{i,j}$ 表示在 VGG-Net 中第 i 个最大池化层之前通过第 j 次卷积（激活后）获得的特征图，$W_{i,j}H_{i,j}$ 表示对应卷积位置处 VGG-Net 输出的特征图的尺寸大小。

具体来说，首先把高分辨率图像送入 VGG-Net 进行退化，再把高分辨率图像退化出来的低分辨率图像送入 SRGAN 的生成器，并把生成器输出的高分辨率图像也送入 VGG-Net。根据两幅高分辨率图像经 VGG-Net 第 i 层的中间结果逐像素求均方误差，就得到感知误差。

将感知损失与判别器的对抗损失相加得到 SRGAN 的总损失函数：

$$L_{\mathrm{SR}}=L_{\mathrm{VGG}/i,j}^{\mathrm{SR}}+\omega L_{\mathrm{Gen}}^{\mathrm{SR}}\tag{5-20}$$

其中 ω 为对抗损失的权重，一般设为 10^{-3}。

5.3.4 音乐生成

与图像与文本相比，音乐可以说是一种特殊的语言，是表达人类思想感情、反映人类现实生活的一种艺术形式。GAN 除了可用于图像生成外，也适用于音乐的生成。典型的音乐生成方法有 C-RNN-GAN[17] 和 MuseGAN[18]。

㊀ 图 5-16 根据文献［15］重新绘制。

1. C-RNN-GAN

C-RNN-GAN 同样由一个生成器和一个判别器组成，只是生成器和判别器采用 LSTM 双向循环神经网络和全连接神经网络的组合结构。由于数字乐器音乐往往使用 MIDI 格式进行不同乐器迁移，C-RNN-GAN 的数据集使用 4 个实值标量对音乐信号的数据进行建模：音调长度、频率、强度和自上一个音调以来花费的时间。因此，C-RNN-GAN 的生成器使用随机变量生成一个由上述四值标量组成的四元组并送入判别器进行处理，如图 5-17 所示。

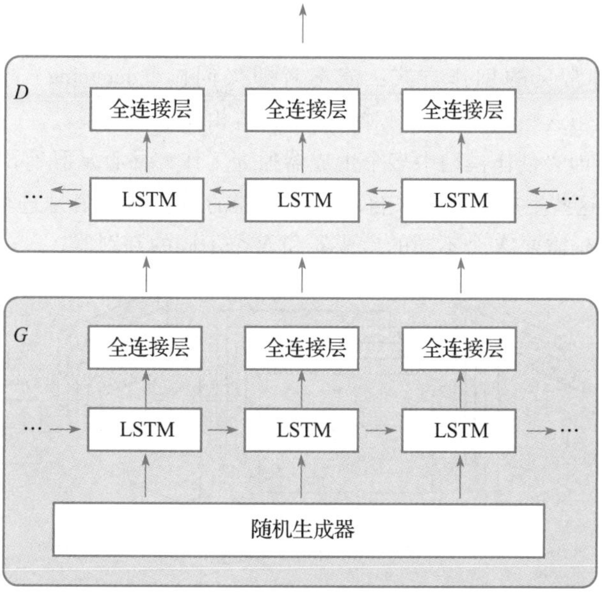

图 5-17　C-RNN-GAN 模型架构㊀

C-RNN-GAN 生成器的输入是一组随机变量，而判别器的输入为上文中提到的由四个实值标量组成的四元组。C-RNN-GAN 的损失函数与常见的 GAN 形式一样：

$$L_G=\frac{1}{m}\sum_{i=1}^{m}\log(1-D(G(z^{(i)})))\tag{5-21}$$

$$L_D=\frac{1}{m}\sum_{i=1}^{m}[-\log(D(\boldsymbol{x}^{(i)}))-\log(1-D(G(\boldsymbol{z}^{(i)})))]\tag{5-22}$$

其中 $\boldsymbol{z}^{(i)}$ 是 $[0,1]^k$ 中的均匀随机变量序列，$\boldsymbol{x}^{(i)}$ 为来自训练数据的四元组序列，k 为随机序列中数据的维度。

2. MuseGAN

复调音乐（Polyphonic Music）中，音符用来组成和弦、琶音或旋律，因此仅考虑音符的时间顺序是不合适的。在考虑基本假设和网络架构差异的情况下，MuseGAN 提出了三个基于

㊀ 图 5-17 根据文献［17］重新绘制。

GAN 框架的符号多音轨音乐生成模型：干扰模型、作曲家模型和混合模型。同时提出了一些生成音乐的评估标准（Metric）。

（1）数据表示

MuseGAN 将小节（Bar）作为作曲的基本单元，并选用了多音轨 Piano-Roll 表示法，Piano-Roll 是一个二进制值的、类似记分表的矩阵，表示音符在不同时间步长上的存在。一个 M 轨道的 Piano-Roll 的一个小节表示为 $\boldsymbol{x} \in \{0,1\}^{R \times S \times M}$，其中 R 和 S 分别表示一个小节的时间步长数和相关音符数。每个小节对应的矩阵/张量的大小都是固定的。

（2）多轨道相互依赖模型

音乐创作有两种常见的创作方式：演奏者即兴创作（Jamming）与作曲家统筹创作。MuseGAN 设计了三个与这些创作方式相对应的多轨道相互依赖模型。

如图 5-18 所示，即兴创作模型中多个生成器独立工作，并且从私有随机向量 $\boldsymbol{z}_i$ 生成其自己曲目的音乐，同时这些生成器接受来自不同判别器的对抗损失信号进行训练。因此这种模型生成 N 个轨道的音乐需要 N 个不同的生成器和 N 个不同的判别器。

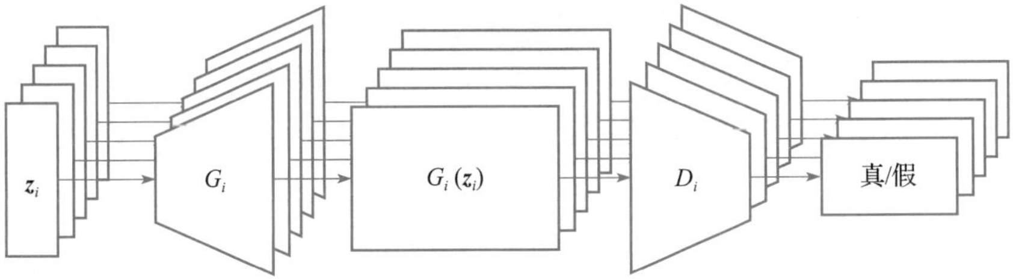

图 5-18 即兴创作模型㊀

如图 5-19 所示，作曲家统筹创作模型中，一个单独的生成器生成一个多声道钢琴曲，每一个声道代表一个特定的音轨。这种模型只需要输入一个共享的随机向量 $\boldsymbol{z}$ 和一个单独的判别器用于直接判断多轨道音乐来自真实音乐还是生成器。

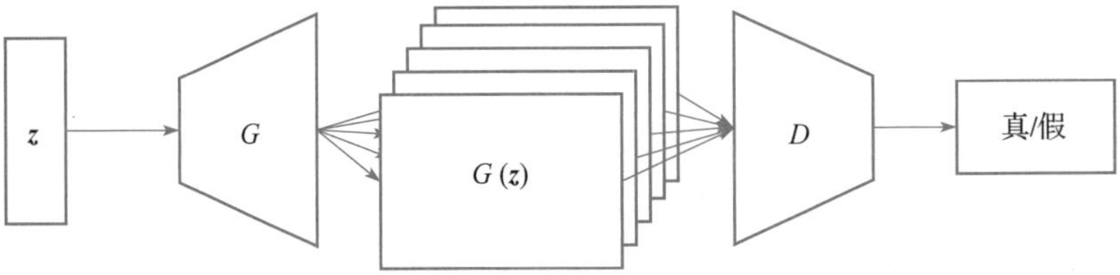

图 5-19 统筹创作模型㊁

混合模型就是混合上述两种模型的模型，每个音轨一个生成器，接受独立的 $\boldsymbol{z}_i$（Intra-Track Random Vector）及全局的 $\boldsymbol{z}$（Inter-Track Random Vector）共同组合成的输入向量，同时

㊀ 图 5-18 根据文献［18］重新绘制。

㊁ 图 5-19 根据文献［18］重新绘制。

共用一个判别器来判断来自真实音乐还是生成器。与第二种方式相比，混合模式更加灵活，可以在生成器模型中使用不同的参数（如层数、卷积核大小等），将音轨的独立生成和全局和谐结合起来，如图 5-20 所示。

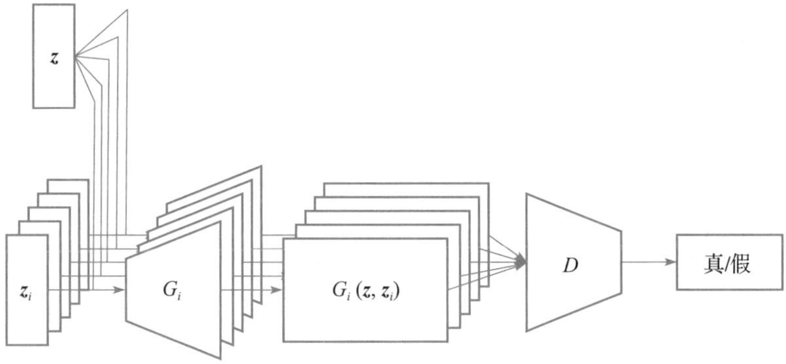

图 5-20　混合模型㊀

（3）时序模型

以上三种模型只能逐小节生成多音轨音乐，而小节之间可能没有连贯性。因此需要一个时序模型来生成多小节音乐。MuseGAN 给出了两种时态模型：重头（From Scratch）生成模型与条件音轨（Track-Conditional）生成模型。

如图 5-21 所示，将生成器分为两个子网络：时序生成器 G_{temp} 和小节生成器 G_{bar}。G_{temp} 将一个输入噪声 z 映射为一个携带了时序信息的隐藏变量序列 $\hat{z}=\{z^{(1)},z^{(2)},\cdots,z^{(t)}\}$。随后 $\hat{z}$ 作为输入进入 G_{bar} 来产生对应的多音轨 Piano-Roll，这个过程可以表示为

$$G(z)=\{G_{bar}(G_{temp}(z^{(t)}))\}_{t=1}^{T} \tag{5-23}$$

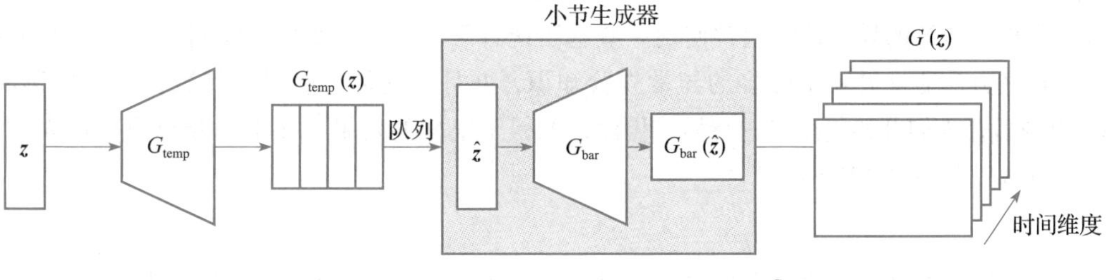

图 5-21　小节连贯性（重头生成）模型㊁

如图 5-22 所示，该方法给定一个人工设计音乐小节 y，通过将此作为条件学习该小节的时间结构，并生成剩余完整小节（完成歌曲）。其中 G_{bar}^{o} 代表条件小节生成器，有两个输入，分别是 y 以及随机时间噪声 z。为了保证生成小节的质量，额外引入了一个 Encoder 将 y 特征映

㊀ 图 5-20 根据文献［18］重新绘制。
㊁ 图 5-21 根据文献［18］重新绘制。

射到 z 的特征空间上，这个过程可以表示为

$$G^o(z,y)=\{G^o_{\text{bar}}(z^{(t)},E(y^{(t)}))\}_{t=1}^{T} \tag{5-24}$$

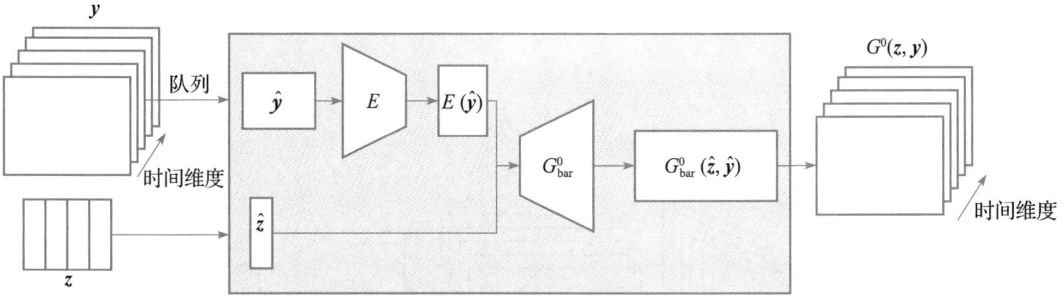

图 5-22　小节连贯性（条件音轨）模型[㊀]

（4）MuseGAN 模型

将多轨道相互依赖模型和时序模型组合即可得到最终的 MuseGAN 模型，如图 5-23 所示，模型共有 4 个输入：轨道间时序无关随机变量 z、轨道内时序无关随机变量 z_i、轨道间时序相关随机变量 z_t、轨道内时序相关随机变量 $z_{i,t}$。对于每一个音轨 i，共享时序模型 G_{temp} 和独立时序模型 $G_{\text{temp},i}$ 分别将 z 和独立的 z_i 作为输入，得到的输出分别包含轨道间和轨道内的时序信息。z 和 z_i 经过时序模型的输出以及 z_t、$z_{i,t}$ 共同进入小节生成器 G_{bar} 后产生音乐的小节来堆叠产生 Piano-Roll。这个过程可以表示为

$$G(\bar{z})=\{G_{\text{bar},i}(z,G_{\text{temp}}((z_t)^{(t)}),z_i,G_{\text{temp},i}((z_{i,t})^{(t)}))\}_{i,t=1}^{M,T} \tag{5-25}$$

5.3.5　异常检测

异常检测（Anomaly Detection）是指识别和分类图像或其他数据中的异常物品、异常行为或异常数据。传统的异常检测通常使用一些基于统计学的方法，如密度估计方法、聚类方法等，但这些方法通常需要足够多的异常先验知识，并且泛化能力容易受到数据分布的影响。GAN 出现后，人们开始使用它进行异常检测，取得了很好的效果。接下来介绍两个代表性工作：AnoGAN[19] 和 GANomaly[20]。

1. AnoGAN

AnoGAN 可以自动地检测图像中的异常部分，不需要人工标注或先验知识。AnoGAN 模型使用了一种称作“异常重构”（Anomaly Reconstruction）的方法，通过将随机噪声生成的图像重构成与输入图像相似的图像，然后通过计算两者的误差来检测异常数据，如图 5-24 所示。

㊀ 图 5-22 根据文献［18］重新绘制。

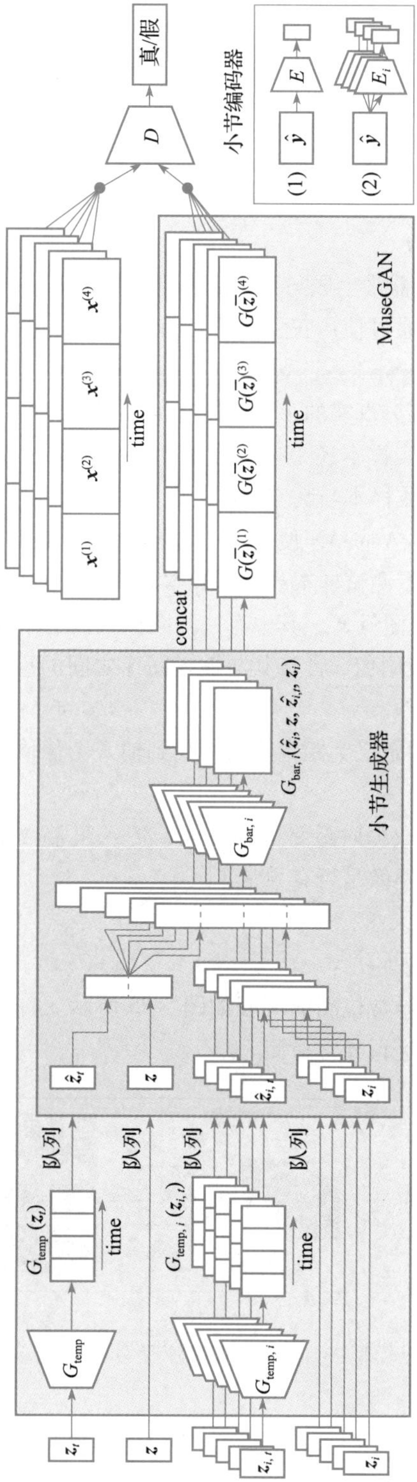

图 5-23　MuseGAN 模型[注]

[注] 图 5-23 根据文献［18］重新绘制。

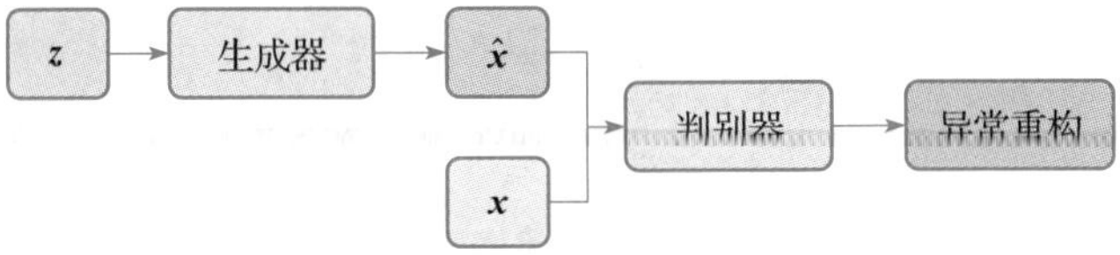

图 5-24 AnoGAN 模型结构图㊀

AnoGAN 包含以下三个组成部分。

1）生成器：AnoGAN 使用生成器来生成与正常数据类似的样本。生成器接受一个随机向量作为输入，并输出生成的样本。通过使用正常数据训练生成器，它可以学习到正常数据的分布，并生成与之相似的样本。

2）判别器：判别器的作用是区分真实的正常数据与生成器生成的数据。它接受一个样本作为输入，并输出判断该样本是真实样本还是生成样本的概率。通过使用生成样本和真实样本训练判别器，它可以学习辨别生成样本与真实样本的区别。

3）异常重构：在训练完成后，AnoGAN 使用了一种称为反向映射（Inverse Mapping）的技术来计算一个异常分数，用于衡量测试样本与训练样本之间的差异，分为以下三个步骤：

1）从随机噪声 z 中生成一系列图像 $\boldsymbol{x}'$，其中有一张图像最接近输入图像 $\boldsymbol{x}$。

2）对于最接近输入图像的生成图像，计算其与输入图像之间的重构误差，误差越小，则生成的图像越接近该输入图像。

3）通过不断迭代，将重构误差定义为距离度量，找到输入图像周围最近的随机噪声，然后将其作为异常标记区域。

可以发现在测试阶段传入缺陷数据时最终的损失大，传入正常数据时的损失小，这时候就可以设置一个合适的阈值来判断图像是否有异常了。

AnoGAN 的损失函数如下：

$$\text{Loss}=(1-\lambda)\,|D(\boldsymbol{x})-D(G(\boldsymbol{x}))|+\lambda(\boldsymbol{x}-G(\boldsymbol{x})) \tag{5-26}$$

使用 AnoGAN 进行模型训练和异常检测的流程如图 5-25 所示。首先用正常数据训练获得模型，然后使用该模型对未知数据进行异常检测。

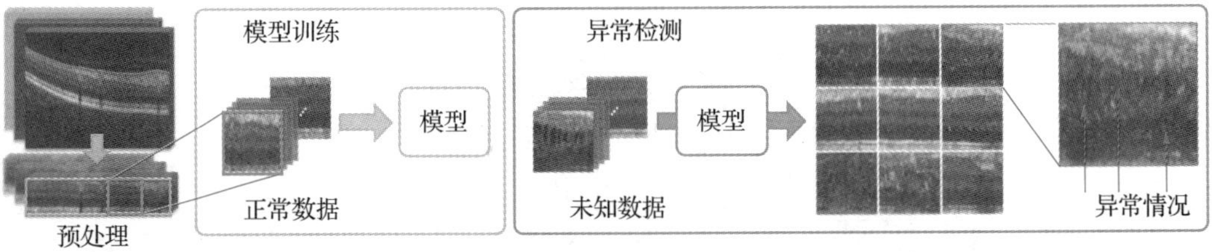

图 5-25 AnoGAN 模型进行异常检测的流程[19]（详见彩插）

㊀ 图 5-24 根据文献［19］改编。

AnoGAN 模型的优点是不需要先验知识和标注数据，可以自动化地检测异常数据，且具有很好的可扩展性和可重复性。

2. GANomaly

GANomaly 在 AnoGAN 的基础上进行了改进，不再比较两个图像的分布，而是比较图像编码的潜在向量，如图 5-26 所示。具体来说，GANomaly 的生成器并没有直接根据随机噪声采样生成数据，而是通过将输入数据编码成潜在向量再解码来生成数据，判别器则用来判断输入数据中哪些是正常的、哪些是异常的。对于正常样本数据，编码、解码再编码得到的潜在向量和第一次编码得到的潜在向量差异不会特别大。但是，使用基于正常样本训练好的编码器、解码器对未知的异常进行处理时，两者的差距往往是比较大的。

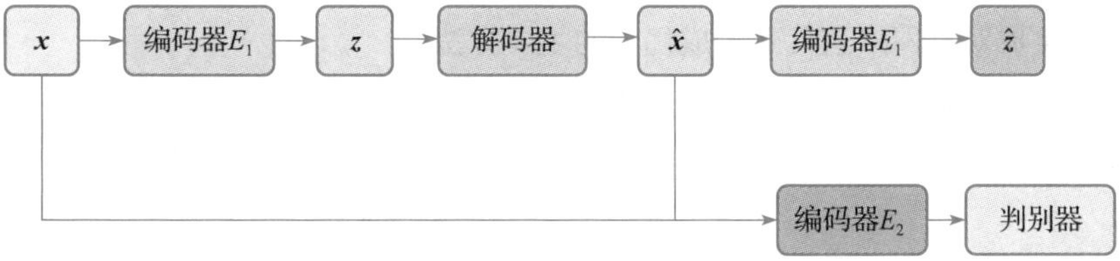

图 5-26 GANomaly 的模型结构㊀

通过将正常数据输入由编码器-解码器组成的生成器，可以得到对应输出空间中的生成数据。GANomaly 的目标是学习从输入空间到输出空间的映射，同时也学习对抗损失。在这个过程中，如果一个输入数据 $\boldsymbol{x}$ 被生成器转换成输出数据 $\hat{\boldsymbol{x}}$，并被判别器识别为正常数据，那么该输入就被认为是正常的。反之，如果一个输入数据 x 被转化成输出数据 $\hat{\boldsymbol{x}}$，并被判别器识别为异常数据，则该输入数据被认为是异常的。

图 5-27 为 AnoGAN 与 GANomaly 的结构对比，可以直观看出 GANomaly 在 AnoGAN 基础上做出的改进。

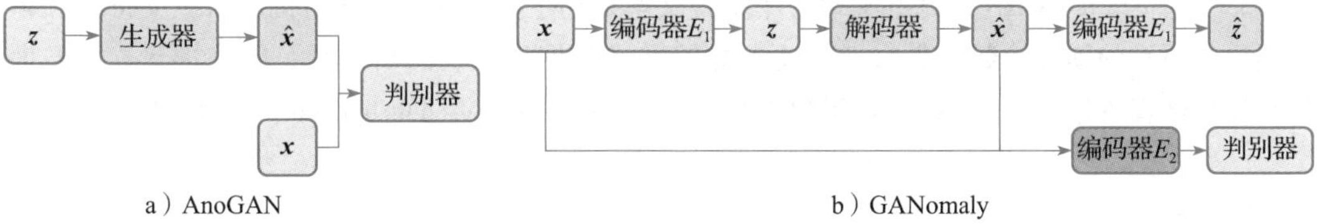

图 5-27 AnoGAN 与 GANomaly 的结构对比㊁

但 GANomaly 与 AnoGAN 在损失函数上有所区别，如下所示：

$$\text{Loss}=\omega_1(L_{\text{enc}})+\omega_2(L_{\text{con}})+\omega_3(L_{\text{adv}}) \tag{5-27}$$

其中 L_{enc} 指的是图像编码后的特征与图像编码、解码再编码后的特征差异，$L_{\text{enc}}=\|\boldsymbol{z}-\hat{\boldsymbol{z}}\|_2$；

㊀ 图 5-26 根据文献［20］改编。

㊁ 图 5-27 根据文献［20］改编。

L_{con} 指的是原始图像和经过编码、解码后的生成图像与原始图像之间的差异，$L_{con}=\|\boldsymbol{x}-\hat{\boldsymbol{x}}\|_1$；$L_{adv}$ 指的是将原始图像和生成图像通过判别器后得到的正确概率的差异，$L_{adv}=\|f(\boldsymbol{x})-f(\hat{\boldsymbol{x}})\|_2$；$\omega_1$、$\omega_2$ 和 ω_3 分别是三项对应的权重。

GANomaly 的优点是可以对输入数据进行端到端的学习，免去了大量的人工标注和处理异常数据的困难，可以很好地应用于异常检测、图像修复与补全等任务。

复习题

1. 请简述生成对抗网络的基本结构和目标函数。
2. 请简述生成对抗网络的训练过程并图示说明。
3. 请简述生成对抗网络限定条件优化的主要方法。
4. 请简述生成对抗网络迭代式生成优化的主要方法。
5. 请简述生成对抗网络结构优化的主要方法。
6. 请思考并给出生成对抗网络的一些应用场景，并设计初步的网络架构。

实验题

1. 基于手写数字识别数据集 MNIST，设计并实现一个限定条件的生成对抗网络，支持手写数字图像的有条件生成，条件如手写数字图像的类别、倾斜角度和宽度等。要求能够完成数据读取、网络设计、网络构建、模型训练和模型推理等过程。MNIST 数据集官方下载地址：http://yann.lecun.com/exdb/mnist/。

2. 请参考 CycleGAN 设计并实现一个支持图像风格转换的生成对抗网络，支持多种图像风格的转换，如季节互换、画风与照片互换等，数据集自选。要求能够完成数据读取、网络设计、网络构建、模型训练和模型推理等过程。CycleGAN 参考网址：https://junyanz.github.io/CycleGAN/。

3. 请参考 StackGAN 设计并实现一个支持文本描述生成图像的生成对抗网络，支持从文本描述生成逼真的图像，数据集自选。要求能够完成数据读取、网络设计、网络构建、模型训练和模型推理等过程。StackGAN 参考网址：https://github.com/hanzhanggit/StackGAN。

参考文献

[1] GOODFELLOW I, POUGET-ABADIE J, MIRZA M, et al. Generative adversarial networks [J]. Communications of the ACM, 2020, 63 (11): 139-144.

[2] PASCUAL S, BONAFONTE A, SERRA J. SEGAN: speech enhancement generative adversarial network [J]. arXiv preprint arXiv: 1703. 09452, 2017.

[3] MIRZA M, OSINDERO S. Conditional generative adversarial nets [J]. arXiv preprint arXiv: 1411. 1784, 2014.

[4] CHEN X, DUAN Y, HOUTHOOFT R, et al. InfoGAN: interpretable representation learning by information maximizing generative adversarial nets [C]. Advances in Neural Information Processing Systems 29, 2016.

[5] DENTON E L, CHINTALA S, FERGUS R. Deep generative image models using a laplacian pyramid of adversarial networks [C]. Advances in neural information processing systems 28, 2015.

[6] ZHANG H, XU T, LI H, et al. StackGAN: text to photo-realistic image synthesis with stacked generative adversarial networks [C]. Proceedings of the IEEE International Conference on Computer Vision, 2017: 5907-5915.

[7] RADFORD A, METZ L, CHINTALA S. Unsupervised representation learning with deep convolutional generative adversarial networks [J]. arXiv preprint arXiv: 1511. 06434, 2015.

[8] ISOLA P, ZHU J Y, ZHOU T, et al. Image-to-image translation with conditional adversarial networks [C]. Proceedings of the IEEE Conference on Computer Vision and Pattern Recognition, 2017: 1125-1134.

[9] LI C, WAND M. Precomputed real-time texture synthesis with markovian generative adversarial networks [C]. Proceedings of European Conference on Computer Vision, 2016.

[10] HUANG H, YU P S, WANG C. An introduction to image synthesis with generative adversarial nets [J]. arXiv preprint arXiv: 1803. 04469, 2018.

[11] WANG X, GUPTA A. Generative image modeling using style and structure adversarial networks [J]. arXiv preprint arXiv: 1603. 05631, 2016.

[12] YOO D, KIM N, PARK S, et al. Pixel-level domain transfer [C]. Proceedings of the 14th European Conference on Computer Vision, 2016: 517-532.

[13] ZHU J Y, PARK T, ISOLA P, et al. Unpaired image-to-image translation using cycle-consistent adversarial networks [C]. Proceedings of the IEEE International Conference on Computer Vision, 2017: 2223-2232.

[14] YI Z, ZHANG H, TAN P, et al. DualGAN: unsupervised dual learning for image-to-image translation [C]. Proceedings of the IEEE International Conference on Computer Vision, 2017: 2849-2857.

[15] LEDIG C, THEIS L, HUSZAR F, et al. Photo-realistic single image super-resolution using a generative adversarial network [C]. Proceedings of IEEE Conference on Computer Vision and Pattern Recognition, 2017.

[16] 孙琪. 基于 GAN 的人脸图像修复和超分重建方法研究与应用 [D]. 开封: 河南大学, 2022.

[17] MOGREN O. C-RNN-GAN: continuous recurrent neural networks with adversarial training [J]. arXiv preprint arXiv: 1611. 09904, 2016.

[18] DONG H W, HSIAO W Y, YANG L C, et al. MuseGAN: multi-track sequential generative adversarial networks for symbolic music generation and accompaniment [C]. Proceedings of AAAI Conference on Artificial Intelligence, 2017.

[19] SCHLEGL T, SEEBÖCK P, WALDSTEIN S M, et al. Unsupervised anomaly detection with generative adversarial networks to guide marker discovery [C]. Proceedings of the 25th International Conference on Information Processing in Medical Imaging, 2017: 146-157.

[20] AKCAY S, ATAPOUR-ABARGHOUEI A, BRECKON T P. GANomaly: semi-supervised anomaly detection via adversarial training [C]. Proceedings of the 14th Asian Conference on Computer Vision, 2019: 622-637.

本章人物：Ian Goodfellow 博士

Ian Goodfellow（1985~），本科与硕士就读于斯坦福大学（Stanford University），师从 Andrew NG（吴恩达）教授和 Gary Bradski 教授，博士就读于蒙特利尔大学（University of Montreal），师从 Yoshua Bengio 教授和 Aaron Courville 教授，于 2014 年获博士学位。博士毕业后，在 Google 公司任高级研究员直到 2019 年，之后加入 Apple 公司 Special Projects Group 担任机器学习总监，2022 年离职，据公开报道，目前 Ian Goodfellow 已加入 Google DeepMind 公司，继续从事人工智能研究工作。

Ian Goodfellow 的主要贡献是 2014 年提出了生成对抗网络（Generative Adversarial Network，GAN），之后几年 GAN 热潮席卷了 AI 领域几乎所有顶级会议，大量基于 GAN 的高质量论文被发表与讨论。Yann LuCun 也对 GAN 给出了很高的评价，他认为“GAN 为创建无监督学习提供了强有力的算法框架，有望帮助我们为 AI 加入常识，沿着这条路走下去，有不小的成功机会能开发出更加智慧的 AI”。基于 Ian Goodfellow 在 GAN 领域的贡献，他也因此入选 2017 年“MIT 评论 35 岁以下创新人物”。目前，GAN 已经被广泛应用于图像生成、音乐生成、语音合成和异常检测等领域。

Ian Goodfellow 还和 Yoshua Bengio、Aaron Courville 两位教授合作撰写了 *Deep Learning* 一书，该书已被翻译成中文，成为学习深度学习的必读书籍之一。

Ian Goodfellow 博士的个人主页：https://www.iangoodfellow.com/。

CHAPTER6

第 6 章

深度生成模型

6.1 深度生成模型概述

在第 5 章已经提到，生成方法通过学习样本的联合概率分布 $P(X,Y)$ 来训练生成模型，以生成符合样本分布的新数据。生成模型在无监督学习中占据主要位置，可用于在没有标签的情况下捕捉样本之间的高阶相关性。

与卷积神经网络、循环神经网络相比，深度生成模型是深度学习模型的另外一种结构，也常被表示为图模型。Sigmoid 信念网络（Sigmoid Belief Network，SBN）就是一种生成式多层神经网络，并采用变分近似的方法进行训练，但是在实际应用中获得多层联合概率分布是非常困难的。2006 年，Geffery Hinton 等人基于 Sigmoid 信念网络提出了称作深度信念网络（Deep Belief Network，DBN）[1] 的深度生成模型，它与 Sigmoid 信念网络结构不同的地方是最上面两层使用了受限玻尔兹曼机（Restricted Boltzmann Machine，RBM）。深度信念网络还使用了一种训练速度很快的无监督学习算法，这种算法的最大特点就是不断重复一种贪婪的逐层训练过程，以高效地学习一个深度多层概率模型。受到这种训练方式的启发，出现了更多种类的深度生成模型，但大多是深度信念网络的变种，并且这些深度生成模型的训练都采用贪婪逐层堆叠“浅层”生成模型的方式，如深度玻尔兹曼机（Deep Boltzmann Machine，DBM）[2]、深度自编码器（Deep AutoEncoder，DAE）[3] 等。

如图 6-1 中的红框所示，我们将深度生成模型分为三类：一类是以受限玻尔兹曼机为基础的深度玻尔兹曼机与深度信念网络，一类是以自编码器为基础的深度自编码器，一类是近期出现的扩散模型（Diffusion Model）[4]。为了更好地介绍这些深度生成模型，本章对它们的基础模型也进行简要介绍，包括 Hopfield 神经网络、玻尔兹曼机、受限玻尔兹曼机、自编码器及其主要变种（降噪自编码器、稀疏自编码器）。

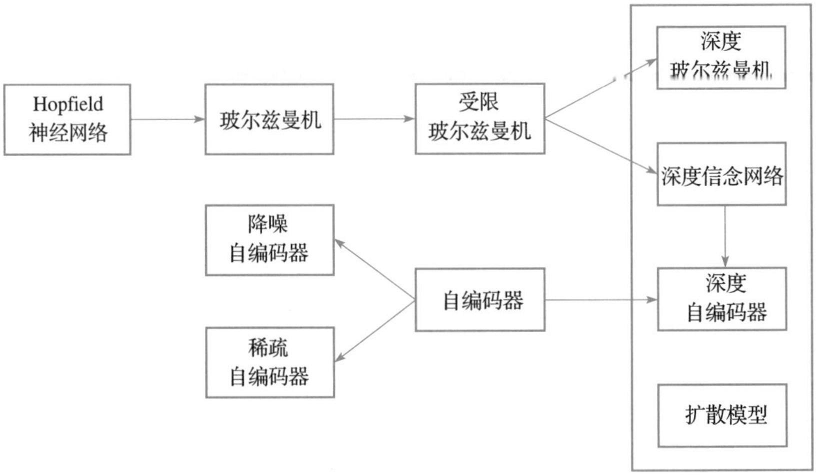

图 6-1 深度生成模型（详见彩插）

6.2 Hopfield 神经网络

Hopfield 神经网络由 John Joseph Hopfield 于 1982 年提出[5]，它是一种相互连接型神经网络，也可以看作是一种单层全连接反馈神经网络。根据激活函数的不同，Hopfield 神经网络可分为离散型 Hopfield 神经网络（Discrete Hopfield Neural Network，DHNN）和连续型 Hopfield 神经网络（Continuous Hopfield Neural Network，CHNN）两种。前者一般采用 δ 激活函数，主要用于联想记忆，后者一般采用 Sigmoid 激活函数，主要用于优化计算。

Hopfield 神经网络中的每个神经元都将自己的状态传递给其他所有神经元，同时又接受其他所有神经元传递来的信息。以 6 个神经元的 Hopfield 神经网络为例，网络结构如图 6-2 所示。

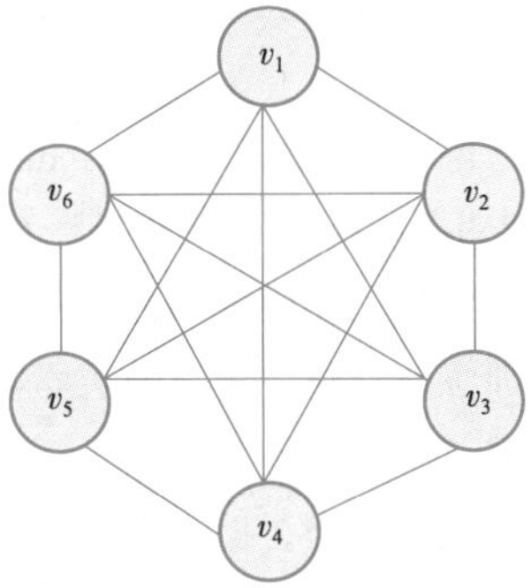

图 6-2 包含 6 个神经元的 Hopfield 神经网络

Hopfield 神经网络有若干个稳定状态，当网络从某一个初始状态开始运行，经过有限步的迭代后总可以收敛到某一个稳定的状态。网络中的神经元都是二值阈值神经元，即根据神经元的输入有没有超过阈值，将神经元赋值为 1 或 -1（也可以赋值为 1 或 0）。网络中的任意两个神经元 i 和 j 之间都由无向边相连，权重定义为

$$w_{ij}=\begin{cases}w_{ji}, & i\neq j\\ 0, & i=j\end{cases} \tag{6-1}$$

1. 状态更新

Hopfield 神经网络中的神经元的更新规则如下：

$$x_i=\begin{cases}+1, & \sum_j w_{ij}x_j \geqslant b_i \\ -1, & \text{其他情况}\end{cases} \tag{6-2}$$

其中 x_i 是神经元 i 的状态，x_j 是与神经元 x_i 相连的其他神经元 j 的状态，b_i 是神经元 i 的阈值，w_{ij} 是节点 i 和 j 的连接权重。网络状态的更新有同步和异步两种方式，同步更新同时更新部分或者所有神经元的状态，然而因为保证多个神经元同步的难度很大，实际上使用更多的是异步更新，即每次只更新一个神经元的状态，这个神经元可以是根据设置好的顺序挑选的，也可以是随机选择的，对于一个由 n 个神经元组成的 Hopfield 神经网络，如果要完成全部神经元的状态更新，至少需要 n 次。

2. 能量函数

在 Hopfield 神经网络中，能量是网络是否稳定的度量，如果存在相邻状态使得网络的能量减少，则网络处于不稳定状态。Hopfield 神经网络的能量函数定义如下：

$$E=-\frac{1}{2}\sum_i\sum_j w_{ij}x_ix_j+\sum_i b_ix_i \tag{6-3}$$

每次更新网络状态，网络的能量值要么保持不变，要么减少。因此经过不断地更新，网络的能量值总能收敛到极小值，网络达到稳定状态，此时的网络状态就是网络的输出。

3. 网络训练

Hopfield 神经网络学习的目标是让网络具备记忆功能，给定网络的稳定状态 s，当输入其他不同于 s 的状态 s'时，能够由 s'逐渐更新到 s。例如，给定由 4 个神经元组成的 Hopfield 神经网络的稳定状态为（1,-1,1,-1），当输入（1,1,1,1）后，网络经过迭代更新最终可以收敛到（1,-1,1,-1）。

Hopfield 神经网络常见的学习方法有 Hebbian 法、Storkey 法和伪逆法。这里主要介绍 Hebbian 法。Hebbian 理论是一种神经科学理论，突触后效应的增加源于突触前细胞对突触后细胞的反复和持续刺激。简而言之，当两个细胞同步激活时，细胞间的突触强度会增加。将 Hebbian 理论运用在人工神经网络中，体现为两个神经元同步激活，权重增加，异步激活，权重减少。网络中的权重计算公式如下：

$$w_{ij}=\begin{cases}\sum_{k=1}^{K} x_{ik}x_{jk}, & i\neq j \\ 0, & i=j\end{cases} \tag{6-4}$$

其中，x_{ij} 是要存储的第 j 个模式中第 i 个神经元的状态。

训练得到权重矩阵后，网络的参数就确定下来，网络的运行流程如下所示：

1）对网络进行初始化，为每个神经元赋初始状态。

2）从网络中随机或按照顺序选取一个神经元。

3）更新该神经元的状态，其他神经元的状态保持不变。

4）求当前状态下网络的能量，判断网络是否达到稳定状态，若达到稳定状态或满足给定条件（如限定迭代次数）则结束；否则转到 2）继续运行。

离散型 Hopfield 神经网络可以实现联想记忆，联想记忆是指当网络的输入是某种状态时，输出端也要给出相应的状态输出。但是 Hopfield 网络的记忆能力有限，当输入较多或者相似的时候，往往导致不能正确地判别输入，下一节要讲述的玻尔兹曼机可以解决这一问题。

6.3 玻尔兹曼机与受限玻尔兹曼机

6.3.1 玻尔兹曼机

玻尔兹曼机（Boltzmann Machine，BM）通常是指一种随机的离散型 Hopfield 神经网络，是具有隐单元的全连接反馈神经网络。这种网络在神经元状态变化中引入了统计概率，网络的平衡状态服从玻尔兹曼分布，网络运行机制基于模拟退火算法。

在 Hopfield 神经网络中，神经元的功能及其在网络中的地位是一样的，但在波尔兹曼机中，一部分神经元与外部相连，称为可见单元，完成网络的输入、输出功能，或者严格地说可以受到外部条件的约束；另一部分神经元则不与外部相连，称作隐藏单元，在训练中起辅助作用。

图 6-3 展示的是一个包含 6 个神经元的玻尔兹曼机，其中 v_1、v_2 和 v_3 是隐藏单元，v_4、v_5 和 v_6 是可见单元。与 Hopfield 神经网络一样，玻尔兹曼机神经元之间的权重是对称的，而且自身无连接：$w_{ji}=w_{ij}$，$w_{ii}=0$。

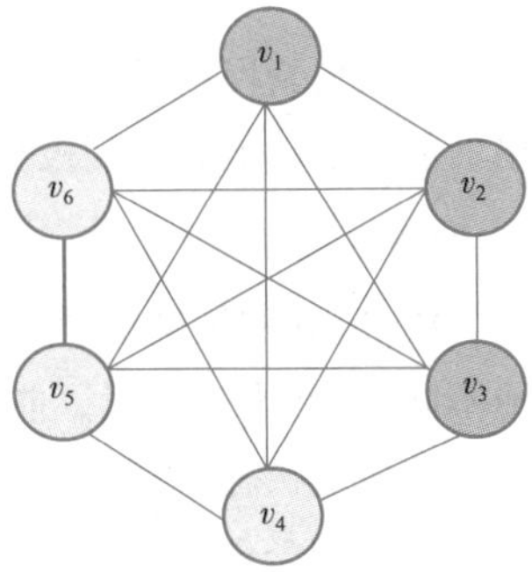

图 6-3 包含 6 个神经元的玻尔兹曼机

玻尔兹曼机中，神经元的状态为 0 或 1 的概率则取决于相应的输入。具体而言，单个神经元 j 的净输入为

$$\text{net}_j = \sum_i w_{ij} x_i - b_j \tag{6-5}$$

净输入并不能通过符号转移函数直接获得确定的输出状态，实际的输出状态将按照某种概率发生，输出某种状态的转移概率。神经元 j 的状态为 1 的概率为

$$P_j(1) = \frac{1}{1+e^{-\text{net}_j/T}} \tag{6-6}$$

其中 T 为温度系数。温度系数较大时，获得能量函数最小值的概率较低。反之，温度系数较小时，虽然获得能量函数最小值的概率增加了，但是玻尔兹曼机需要较长时间才能达到稳定状态。玻尔兹曼机的训练选择模拟退火算法（Simulated Annealing）。为了避免上述情况的出现，可以先采用较大的温度系数进行粗调，然后逐渐减小温度系数进行微调。

玻尔兹曼机使用模拟退火算法训练的步骤如下所示：

1）初始化权重 w_{ij} 和阈值 b_j。

2）从 n 个神经元中随机地选取神经元 j。

3）计算神经元 j 的输入：$\text{net}_j = \sum_i w_{ij} x_i - b_j$。

4）以概率 P_j 来决定神经元 j 的输出：$P_j(1) = \dfrac{1}{1+e^{-\text{net}_j/T}}$。

5）其他神经元的状态保持不变，即 $\forall i \neq j$，$v_i(t+1)=v_i(t)$。

6）根据输出 x_i 和 x_j 的值，调整连接权重 w_{ij} 和阈值 b_j。

7）返回步骤 1），不断迭代，直到网络不发生变化或满足终止条件。

6.3.2　受限玻尔兹曼机

受限玻尔兹曼机（Restricted Boltzmann Machine，RBM）是玻尔兹曼机的受限版本[6]，由 Ruslan Salakhutdinov 等人提出。玻尔兹曼机中的神经元之间具有双向连接，这种模型的特点是可以基于模型的抽样从未知的概率分布中学习样本的重要特征。然而，这种学习的过程是非常困难和耗时的，因此在求解实际问题时使用的并不多，RBM 的提出就是通过在玻尔兹曼机网络拓扑结构上加上一些限制来缓解这一问题。

具体来说，RBM 是一个马尔可夫随机场（Markov Random Field，MRF），也是一个双边无向图模型，如图 6-4 所示。图 6-4 中有 m 个可见神经元 $\boldsymbol{v}=(v_1,v_2,\cdots,v_m)$，表示可见数据，还有 n 个隐藏神经元 $\boldsymbol{h}=(h_1,h_2,\cdots,h_n)$，用来表示可见变量之间的依赖。这里主要关注二元 RBM，即（$\boldsymbol{v},\boldsymbol{h}$）随机变量值的值域为 $\{0,1\}$。模型（$\boldsymbol{v},\boldsymbol{h}$）的概率分布为

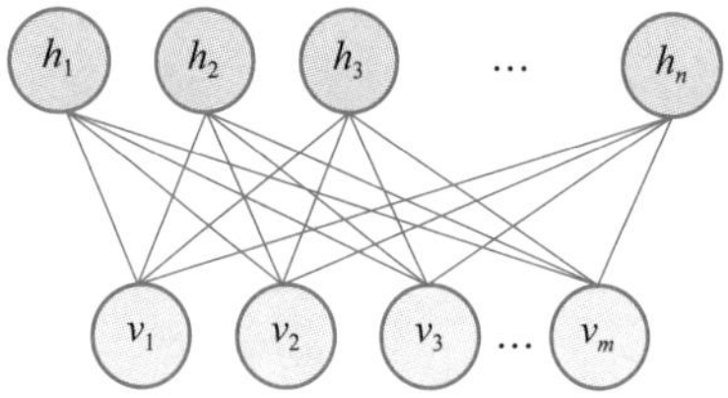

图 6-4　RBM 的无向图模型

$$p(\boldsymbol{v},\boldsymbol{h})=\frac{1}{Z}\mathrm{e}^{-E(\boldsymbol{v},\boldsymbol{h})} \tag{6-7}$$

那么可见变量 $\boldsymbol{v}$ 的概率分布即为联合分布的边缘分布：

$$p(\boldsymbol{v})=\sum_h p(\boldsymbol{v},\boldsymbol{h})=\frac{1}{Z}\sum_h \mathrm{e}^{-E(\boldsymbol{v},\boldsymbol{h})} \tag{6-8}$$

其中，$Z=\sum_{v,h}\mathrm{e}^{-E(\boldsymbol{v},\boldsymbol{h})}$，称作剖分函数，其计算是非常困难的。$E(\boldsymbol{v},\boldsymbol{h})$ 称作能量函数，计算公式为

$$E(\boldsymbol{v},\boldsymbol{h})=-\sum_{i=1}^{m}\sum_{j=1}^{n}w_{ij}v_ih_j-\sum_{i=1}^{m}b_iv_i-\sum_{j=1}^{n}c_jh_j \tag{6-9}$$

其中，w_{ij} 是神经元 v_i 和 h_j 之间的实值权重，b_i 和 c_j 分别是第 i 个可见神经元和第 j 个隐藏神经元上的实值偏置项。

在 RBM 中，只有同一层的变量之间有连接，而不同层的变量之间无连接，所以给定可见变量、隐藏变量是条件独立的，反过来也成立，即

$$p(\boldsymbol{h}\mid\boldsymbol{v})=\prod_{j=1}^{n}p(h_j\mid\boldsymbol{v}),\quad p(\boldsymbol{v}\mid\boldsymbol{h})=\prod_{i=1}^{m}p(v_i\mid\boldsymbol{h}) \tag{6-10}$$

单独一个变量为 1 的条件概率计算方法如下：

$$p(h_j=1\mid\boldsymbol{v})=\sigma\left(\sum_{i=1}^{m}w_{ij}v_i+c_j\right),\quad p(v_i=1\mid\boldsymbol{h})=\sigma\left(\sum_{j=1}^{n}w_{ij}h_j+b_i\right) \tag{6-11}$$

其中 $\sigma(x)=1/(1+\mathrm{e}^{-x})$ 是 Sigmoid 激活函数。

1. 受限玻尔兹曼机的参数学习

RBM 的训练采用最大似然估计思想，具体来说就是 log 似然的梯度上升法，设 RBM 的参

数集合为 $\boldsymbol{\theta}$，包括 w_{ij}、b_i 和 c_j，其中 $i=1,2,\cdots,m$，$j=1,2,\cdots,n$，给定一个单独的训练样本 $\boldsymbol{v}$ 时，log 似然函数表示为

$$\log p(\boldsymbol{v}\mid\boldsymbol{\theta})=\log\left(\frac{1}{Z}\sum_h \mathrm{e}^{-E(\boldsymbol{v},\boldsymbol{h},\boldsymbol{\theta})}\right) \tag{6-12}$$

计算对参数 $\boldsymbol{\theta}$ 的梯度，得到：

$$\frac{\partial\log p(\boldsymbol{v}\mid\boldsymbol{\theta})}{\partial\boldsymbol{\theta}}=\frac{\partial\log\left(\frac{1}{Z}\sum_h \mathrm{e}^{-E(\boldsymbol{v},\boldsymbol{h},\boldsymbol{\theta})}\right)}{\partial\boldsymbol{\theta}}=-\sum_h p(h\mid\boldsymbol{v})\frac{\partial E(\boldsymbol{v},\boldsymbol{h},\boldsymbol{\theta})}{\partial\boldsymbol{\theta}}+\sum_{v,h}p(\boldsymbol{v},\boldsymbol{h})\frac{\partial E(\boldsymbol{v},\boldsymbol{h},\boldsymbol{\theta})}{\partial\boldsymbol{\theta}} \tag{6-13}$$

只就参数 w_{ij} 而言，可以求得：

$$\frac{\partial\log p(\boldsymbol{v}\mid\boldsymbol{\theta})}{\partial w_{ij}}=\sum_h p(\boldsymbol{h}\mid\boldsymbol{v})v_ih_j-\sum_v p(\boldsymbol{v})\sum_h p(\boldsymbol{h}\mid\boldsymbol{v})v_ih_j=p(h_j=1\mid\boldsymbol{v})v_i-\sum_v p(\boldsymbol{v})p(h_j=1\mid\boldsymbol{v})v_i \tag{6-14}$$

同样可以计算参数 b_i 和 c_j 的梯度，从而得到 3 个参数的更新公式如下：

$$\left.\begin{aligned}
\Delta w_{ij}&=\frac{\partial\log p(\boldsymbol{v}\mid\boldsymbol{\theta})}{\partial w_{ij}}=p(h_j=1\mid\boldsymbol{v})v_i-\sum_v p(\boldsymbol{v})p(h_j=1\mid\boldsymbol{v})v_i\\
\Delta b_i&=\frac{\partial\log p(\boldsymbol{v}\mid\boldsymbol{\theta})}{\partial b_i}=v_i-\sum_v p(\boldsymbol{v})v_i\\
\Delta c_j&=\frac{\partial\log p(\boldsymbol{v}\mid\boldsymbol{\theta})}{\partial c_j}=p(h_j=1\mid\boldsymbol{v})-\sum_v p(\boldsymbol{v})p(h_j=1\mid\boldsymbol{v})
\end{aligned}\right\} \tag{6-15}$$

2. 对比散度算法

RBM 训练采用 log 似然梯度上升法，参数的更新如公式（6-13）所示，梯度的计算中主要包括两项：第 1 项叫作正阶段项，是当可见变量被训练数据赋值时，对隐藏变量抽样的结果；第 2 项叫作负阶段项，计算这一项要求获得模型的联合样本。正阶段项是非常容易获得的，然而，负阶段项却是非常难以计算的，这是因为需要长时间运行吉布斯链才能使网络收敛到稳态。所以，为了训练的高效性，现存的 RBM 训练算法大多是对负阶段项进行估计。对比散度算法（Contrast Divergence，CD）是 RBM 训练常用的近似算法。k 步对比散度算法的计算流程如算法 6-1 所示。

算法 6-1　k 步对比散度算法

输入：RBM$(v_1,\cdots,v_m,h_1,\cdots,h_n)$，训练批数据 S

输出：梯度估计值 Δw_{ij}，Δb_j，Δc_i，其中 $i=1,2,\cdots,m$，$j=1,2,\cdots,n$

初始化：$\Delta w_{ij}=\Delta b_j=\Delta c_i=0$，其中 $i=1,2\cdots,m$，$j=1,2,\cdots,n$

for S 中所有的训练样本 $\boldsymbol{v}$ **do**

　$\boldsymbol{v}^{(0)}\leftarrow\boldsymbol{v}$

　for $t=0,\cdots,k-1$ **do**

for $j=1,\cdots,n$ **do** 采样 $h_i^{(t)} \sim p(h_i \mid \boldsymbol{v}^{(t)})$

for $i=1,\cdots,m$ **do** 采样 $v_j^{(t+1)} \sim p(v_j \mid \boldsymbol{h}^{(t)})$

for $i=1,\cdots,m$, $j=1,\cdots,n$ **do**

$\Delta w_{ij} \leftarrow \Delta w_{ij} + p(h_j=1 \mid \boldsymbol{v}^{(0)}) v_i^{(0)} - p(h_j=1 \mid \boldsymbol{v}^{(k)}) v_i^{(k)}$

$\Delta b_i \leftarrow \Delta b_i + v_i^{(0)} - v_i^{(k)}$

$\Delta c_j \leftarrow \Delta c_j + p(h_j=1 \mid \boldsymbol{v}^{(0)}) - p(h_j=1 \mid \boldsymbol{v}^{(k)})$

6.4 Sigmoid 信念网络与深度信念网络

6.4.1 Sigmoid 信念网络

1990 年，Radford M. Neal 提出了 Sigmoid 信念网络[7]，它是一种生成式多层神经网络，一个典型的 Sigmoid 信念网络如图 6-5 所示。Sigmoid 信念网络可以表示为一个有向图，图中的每个随机变量用一个神经元表示，节点之间的有向依赖关系用有向的连接表示。图 6-5 中的可见数据是 $\boldsymbol{x}$，k 层的隐含因子是向量 $\boldsymbol{h}^k$，最顶层 $\boldsymbol{h}^3$ 具有可因式分解的先验概率。在 Sigmoid 信念网络中，每一层中的神经元之间都是相互独立的，典型的神经元是二元随机变量。

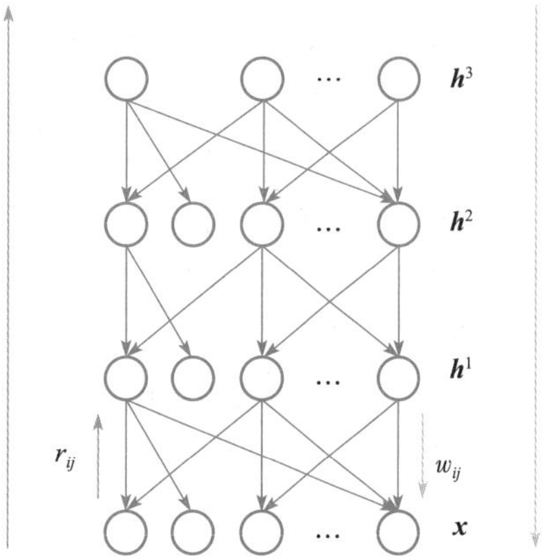

图 6-5　Sigmoid 信念网络（详见彩插）

Sigmoid 信念网络中的条件分布不同于传统神经网络，计算方式是从上至下而不是从下至上的，这种基于条件分布的典型参数化分布公式为

$$P(h_i^k=1 \mid \boldsymbol{h}^{k+1}) = \mathrm{sigmoid}(b_i^k + \textstyle\sum_j w_{ij}^{k+1} h_j^{k+1}) \tag{6-16}$$

其中，h_i^k 表示第 k 层中隐藏节点 i 的二元激活，$\boldsymbol{h}^{k+1}$ 是一个向量（$h_1^{k+1}, h_2^{k+1}, \cdots$），输入向量 $\boldsymbol{x}=\boldsymbol{h}^0$。Sigmoid 函数为 $\mathrm{sigmoid}(u)=1/(1+\mathrm{e}^{-u})$，$b_i^k$ 表示第 k 层节点 i 的偏置，w_{ij}^{k+1} 表示第（k+1）层节点 i 与第 k 层节点 j 之间的权重，h_j^{k+1} 表示第（k+1）层节点 j 的变量值，$P(\cdot)$ 表示针对模型的概率分布，而不是针对训练样本的概率分布。最底层生成一个输入空间的向量 $\boldsymbol{x}$，模型在训练数据上的概率越高，说明生成的向量与样本越相似，也说明模型能很好地表示这些训练数据。考虑到模型具有多层，生成模型分解为

$$P(\boldsymbol{x}, \boldsymbol{h}^1, \boldsymbol{h}^2, \cdots, \boldsymbol{h}^l) = P(\boldsymbol{h}^l) \textstyle\prod_{k=1}^{l-1} P(\boldsymbol{h}^k \mid \boldsymbol{h}^{k+1}) P(\boldsymbol{x} \mid \boldsymbol{h}^1) \tag{6-17}$$

将 $P(\boldsymbol{x}, \boldsymbol{h}^1, \boldsymbol{h}^2, \cdots, \boldsymbol{h}^l)$ 进行边缘化即得到 $P(\boldsymbol{x})$，但是在实际中这种计算非常难处理。

如图 6-5 所示，Sigmoid 信念网络一般采用 Wake-Sleep 算法进行训练：1）Wake 阶段。固定红色箭头所指方向的权重（如 r_{ij}），自底向上生成样本，然后反向传播学习蓝色箭头所指方向的权重（如 w_{ij}）。2）Sleep 阶段。固定蓝色箭头所指方向的权重（如 w_{ij}），自顶向下生成样

本，然后反向传播学习红色箭头所指方向的权重（如 r_{ij}）。3）反复迭代。最后找到满足条件的权重值。

6.4.2 深度信念网络

深度信念网络（Deep Belief Network，DBN）[1] 与 Sigmoid 信念网络相似，但是最上面两层有些不同，DBN 的结构如图 6-6 所示。图 6-6 所示为一个具有可见层 $\boldsymbol{x}$ 和隐藏层 $\boldsymbol{h}^1$、$\boldsymbol{h}^2$ 和 $\boldsymbol{h}^3$ 的 DBN。图 6-5 中 Sigmoid 信念网络的最顶层为可因式分解的先验概率 $P(\boldsymbol{h}^3)$，而图 6-6 中 DBN 中最上面两层是一个受限玻尔兹曼机 $P(\boldsymbol{h}^2,\boldsymbol{h}^3)$。RBM 是一个无向图模型，因此整个 DBN 模型是一个混合模型，包含 l 个隐藏层的 DBN 的联合概率为：

$$P(\boldsymbol{x},\boldsymbol{h}^1,\cdots,\boldsymbol{h}^l)=P(\boldsymbol{h}^{l-1},\boldsymbol{h}^l)\prod_{k=1}^{l-2}P(\boldsymbol{h}^k\mid\boldsymbol{h}^{k+1})P(\boldsymbol{x}\mid\boldsymbol{h}^1) \tag{6-18}$$

其中，最上面两层的联合分布 $P(\boldsymbol{h}^{l-1},\boldsymbol{h}^l)$ 为 RBM 的概率分布。

DBN 的训练主要分为预训练和参数调优两部分，预训练采用贪心逐层堆叠 RBM 的方式进行，而参数调优一般采用有监督学习算法。如图 6-7 所示是一个具有 l 个隐藏层的 DBN，生成模型的路径用实线箭头上的 P 分布表示，用于生成样本，包括条件分布 $P(\boldsymbol{h}^k\mid\boldsymbol{h}^{k+1})$ 和顶层联合分布 $P(\boldsymbol{h}^{l-1},\boldsymbol{h}^l)$，而识别路径用虚线箭头上的 Q 分布表示，用于训练和推理。最上面两层 $\boldsymbol{h}^{l-1}$ 和 $\boldsymbol{h}^l$ 构成一个 RBM，下面各层构成一个有向图模型，即 Sigmoid 信念网络。$Q(\boldsymbol{h}^{k+1}\mid\boldsymbol{h}^k)$ 用来估计 $P(\boldsymbol{h}^{k+1}\mid\boldsymbol{h}^k)$，但是最顶层 $Q(\boldsymbol{h}^l\mid\boldsymbol{h}^{l-1})$ 与真实的 $P(\boldsymbol{h}^l\mid\boldsymbol{h}^{l-1})$ 是相等的，因为 $P(\boldsymbol{h}^{l-1},\boldsymbol{h}^l)$ 表示的是 RBM，而 RBM 可以进行准确的推理。

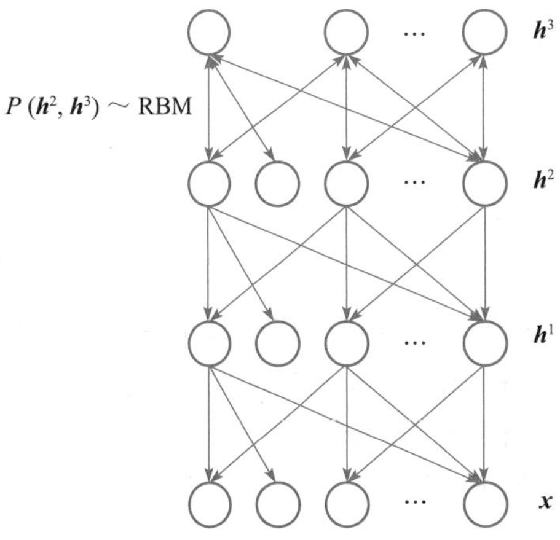

图 6-6　DBN 的结构

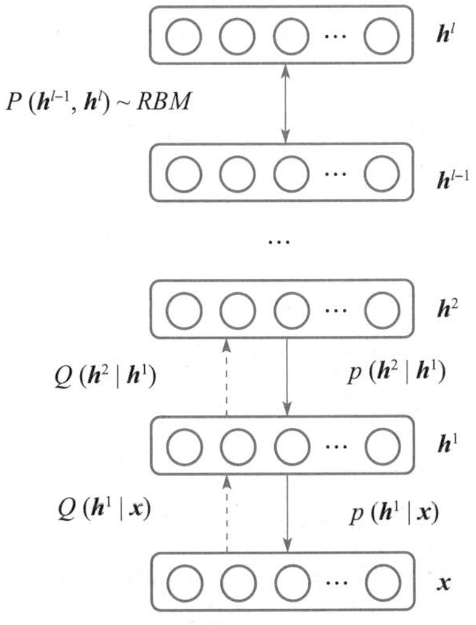

图 6-7　包含 l 个隐藏层的 DBN 的训练过程

在 DBN 训练过程中，每一层都当作 RBM 来训练，$Q(\boldsymbol{h}^k,\boldsymbol{h}^{k-1})$ 表示用这种方式训练的第 k 个 RBM，而 $P(\cdot)$ 表示 DBN 中的概率。由于 $Q(\boldsymbol{h}^k\mid\boldsymbol{h}^{k-1})$ 是可因式分解的，所以计算起来比较容易，而 $P(\boldsymbol{h}^k\mid\boldsymbol{h}^{k-1})$ 是非因式分解的，计算非常复杂，所以使用 $Q(\boldsymbol{h}^k\mid\boldsymbol{h}^{k-1})$ 作为 $P(\boldsymbol{h}^k\mid\boldsymbol{h}^{k-1})$

的近似值。为了得到 DBN 中每层的近似后验概率，执行如下步骤：1）从第 1 层 RBM 中抽样 $\boldsymbol{h}^1 \sim Q(\boldsymbol{h}^1 \mid \boldsymbol{x})$；2）将样本 $\boldsymbol{h}^1$ 作为第 2 层 RBM 的输入，计算 $\boldsymbol{h}^2$；3）不断重复上述过程，直到最后一层。贪婪逐层预训练 DBN 的伪代码如算法 6-2 所示。

算法 6-2 DBN 训练算法：完全无监督预训练 DBN，贪婪逐层堆叠 RBM

输入：DBN 网络结构 $(\boldsymbol{x},\boldsymbol{h}^1,\boldsymbol{h}^2,\cdots,\boldsymbol{h}^l)$，训练样本 S，大小为 M

输出：权重 $\boldsymbol{w}^1,\boldsymbol{w}^2,\cdots,\boldsymbol{w}^l$，偏置 $\boldsymbol{b}^1,\boldsymbol{b}^2,\cdots,\boldsymbol{b}^l$ 和 $\boldsymbol{c}^1,\boldsymbol{c}^2,\cdots,\boldsymbol{c}^l$

初始化：$\Delta w_{ij}=\Delta b_j=\Delta c_i=0$，其中 $i=1,2,\cdots,n$，$j=1,2,\cdots,m$

for 所有 S 中的训练样本 $\boldsymbol{v}^{(i)}$ **do**

  //训练第一个 RBM

  将 $\boldsymbol{x}$ 初始化为 $\boldsymbol{v}^{(i)}$

    $\boldsymbol{h}^0=\boldsymbol{x}$

  调用 RBM $(\boldsymbol{h}^0,\boldsymbol{h}^1)$，得到 $\boldsymbol{w}^1$，$\boldsymbol{b}^1$ 和 $\boldsymbol{c}^1$

  //逐层堆叠 RBM

  for $k=1:l-1$ **do**

    将 $Q(\boldsymbol{h}^k \mid \boldsymbol{h}^{k-1})$ 作为 $\boldsymbol{h}^k$ 的初始值

    调用 RBM $(\boldsymbol{h}^k,\boldsymbol{h}^{k+1})$，得到 $\boldsymbol{w}^{k+1}$，$\boldsymbol{b}^{k+1}$ 和 $\boldsymbol{c}^{k+1}$

  end

end

采用算法 6-2 训练好 DBN 后，得到的参数 $\boldsymbol{w}^k$、$\boldsymbol{b}^k$ 和 $\boldsymbol{c}^k(k=1,2,\cdots,l)$ 可用于初始化一个多层神经网络，然后采用反向传播算法进行参数调优。

DBN 提出后，许多相似的深度生成模型以及变种逐渐发展起来，如深度玻尔兹曼机、深度自编码器等，它们的训练方式也借鉴了 DBN 的训练方式。

6.5 深度玻尔兹曼机

深度玻尔兹曼机（Deep Boltzmann Machine，DBM）是由 Ruslan Salakhutdinov 和 Geffery Hinton 于 2009 年提出来的[2]，它经常和深度信念网络联系在一起，两者有很多相似之处，都含有受限玻尔兹曼机，但也有很大的差别，如图 6-8 所示。

从图 6-8 可以看出，深度信念网络除了最顶层是无向的之外，其余层都是有向的，而深度玻尔兹曼自底向上都是无向的，这也决定了它们的训练方法不同。

如图 6-9 所示，对于一个两层 DBM（一个可见层 $\boldsymbol{v}$，两个隐藏层 $\boldsymbol{h}^1$ 和 $\boldsymbol{h}^2$），其能量函数表示如下：

$$E(\boldsymbol{v},\boldsymbol{h}^1,\boldsymbol{h}^2;\boldsymbol{\theta})=-\boldsymbol{v}^T\boldsymbol{w}^1\boldsymbol{h}^1-\boldsymbol{h}^{1T}\boldsymbol{w}^2\boldsymbol{h}^2 \tag{6-19}$$

其中 $\boldsymbol{w}^1$ 和 $\boldsymbol{w}^2$ 分别表示输入层到第 1 个隐藏层、第 1 个隐藏层到第 2 个隐藏层的参数。可见层的概率密度函数为

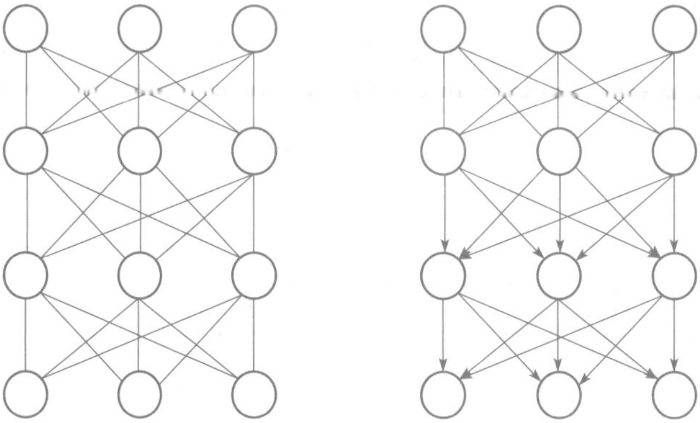

图 6-8　深度玻尔兹曼机与深度信念网络

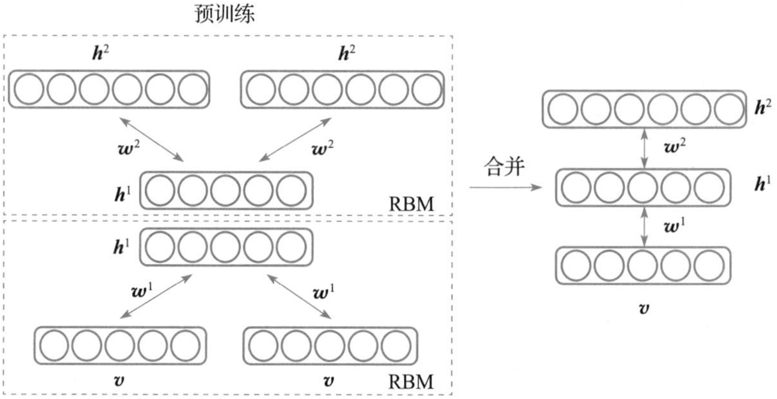

图 6-9　深度玻尔兹曼机的训练

$$p(\boldsymbol{v};\boldsymbol{\theta})=\frac{1}{Z(\boldsymbol{\theta})}\sum_{h^1,h^2}\mathrm{e}^{-E(\boldsymbol{v},\boldsymbol{h}^1,\boldsymbol{h}^2;\boldsymbol{\theta})} \tag{6-20}$$

其中 $Z(\boldsymbol{\theta})$ 为归一化因子，可见层和两个隐藏层之间的条件分布可由 Sigmoid 函数给出：

$$p(h_j^1=1\mid\boldsymbol{v},\boldsymbol{h}^2)=\text{sigmoid}\left(\sum_i w_{ij}^1 v_i+\sum_m w_{jm}^2 h_j^2\right) \tag{6-21}$$

$$p(h_m^2=1\mid\boldsymbol{h}^1)=\text{sigmoid}\left(\sum_j w_{im}^2 h_i^1\right) \tag{6-22}$$

$$p(v_i=1\mid\boldsymbol{h}^1)=\text{sigmoid}\left(\sum_j w_{ij}^1 h_j^1\right) \tag{6-23}$$

深度玻尔兹曼机最常用的训练方式是逐层贪婪预训练加监督微调。逐层贪婪预训练时，每一层被视作独立的 RBM 进行训练。可见层是对输入数据的建模，之后的每个隐藏层都是对前一 RBM 后验分布的样本进行建模。当所有的 RBM 训练完成后，可以组合成 DBM，用 PCD（对比散度算法的一种改进算法）训练即可。前文提到的 DBN 也是使用逐层贪婪预训练，DBM 的训练方法与之类似，但在 DBN 中，下面几层是单向网络，下一层训练完成后再训练上一层，而在训练 DBM 时，要考虑上下两个方向的输入，如图 6-9 所示，需要把隐藏层 $\boldsymbol{h}^1$ 在两个 RBM 中产生的值进行合并。

6.6　自编码器及其变种

6.6.1　自编码器

1986 年，David E. Rumelhart 等人提出了自编码器（AutoEncoder）[8]，它的核心思想是使用编码器（Encoder）对高维数据进行降维并表示为一个隐向量，然后将隐向量通过解码器（Decoder）进行重构，使得原始输入与重构的输入尽可能接近。一个典型的自编器结构如图 6-10 所示。其中 $\boldsymbol{x}$ 为输入，$\widetilde{\boldsymbol{x}}$ 为输出，z 为隐向量。

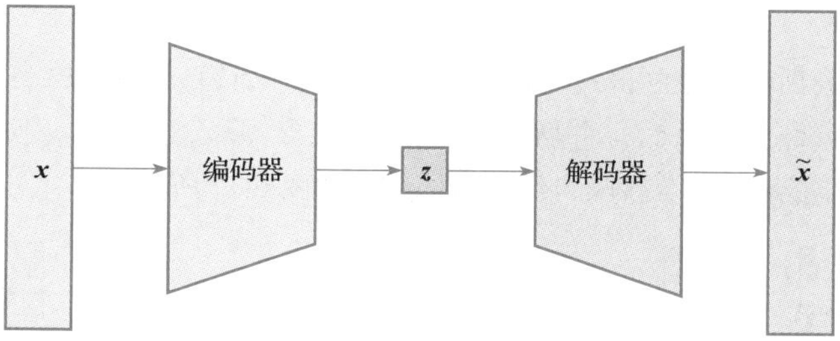

图 6-10　自编码结构

在发展的早期，自编器通常采用一个层数大于或等于三层的前馈神经网络来构建，一般称作前馈自编码器（Feed Forward AutoEncoder，FFA），一个由三层的前馈神经网络组成的自编码器如图 6-11 所示。

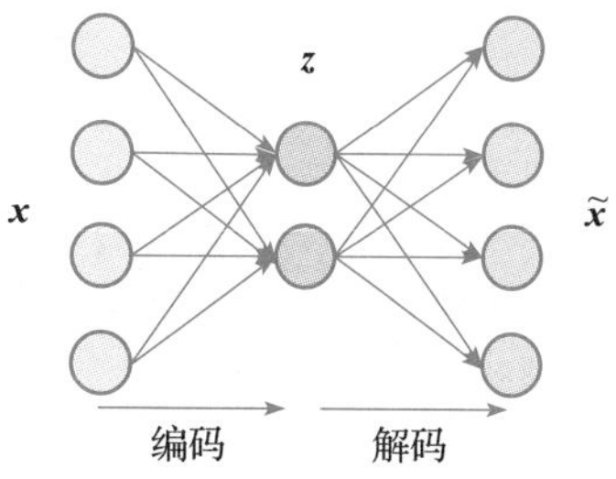

图 6-11　前馈自编码器

如图 6-11 所示，前馈自编码器将输入 $\boldsymbol{x}=(x_1,x_2,\cdots,x_n)$ 编码为一个新的隐向量 $\boldsymbol{z}=(z_1,z_2,\cdots,z_m)$，其中一般情况下要求 $m<n$，然后再将 z 解码为与输入 $\boldsymbol{x}$ 无限接近的 $\widetilde{\boldsymbol{x}}=(\widetilde{x}_1,\widetilde{x}_2,\cdots,\widetilde{x}_n)$，用 $f(\cdot)$ 和 $g(\cdot)$ 分别表示编码器与解码器的激活函数，$\boldsymbol{w}_1$、$\boldsymbol{b}_1$ 与 $\boldsymbol{w}_2$、$\boldsymbol{b}_2$ 分别是编码器与解码器的权重向量与偏置向量，那么有：

$$z=f(\boldsymbol{w}_1\boldsymbol{x}+\boldsymbol{b}_1) \tag{6-24}$$

$$\widetilde{\boldsymbol{x}}=g(\boldsymbol{w}_2 z+b_2) \tag{6-25}$$

由于前馈自编器是由前馈神经网络组成的，它在训练时也需要使用反向传播算法进行训练，目的是找到合适的 $\boldsymbol{w}_1$、$\boldsymbol{b}_1$ 与 $\boldsymbol{w}_2$、$\boldsymbol{b}_2$。但与传统的前馈神经网络不同的地方在于它采用无监督学习方法进行训练，因此误差函数（损失函数）也不尽相同。前馈自编码器一般采用均方误差损失函数或者交叉熵损失函数。

均方误差损失函数如下：

$$(L_{\mathrm{AE}})_{\mathrm{MSE}}=\frac{1}{n}\sum_{i=1}^{n}|x_i-\widetilde{x}_i|^2 \tag{6-26}$$

交叉熵损失函数如下：

$$(L_{AE})_{CE}=-\frac{1}{n}\sum_{i=1}^{n}(x_i\log\widetilde{x}_i+(1-x_i)\log(1-\widetilde{x}_i)) \tag{6-27}$$

6.6.2 降噪自编码器

2008 年，Pascal Vincent 等人提出了降噪自编码器（Denoising AutoEncoder，DAE）[9]，它主要是为了防止在原始数据上进行训练时产生过拟合，在原始数据中加入一些噪声来训练自编码器，希望它仍然能够重构出原始数据。在训练去噪自编码器前，首先需要构建噪声数据，通常通过在原始数据 $\boldsymbol{x}=(x_1,x_2,\cdots,x_n)$ 中加入一些随机噪声 $\boldsymbol{\varepsilon}$ 来构建，常用的构建方式是使用高斯分布：

$$\boldsymbol{x}'\sim\mathcal{N}(\boldsymbol{x},\boldsymbol{\sigma}^2\boldsymbol{I}) \tag{6-28}$$

之后，将加入高斯随机噪声得到的数据 $\boldsymbol{x}'=(x_1',x_2',\cdots,x_n')$ 作为去噪自编码器的输入，通过编码为隐向量 $\boldsymbol{z}=(z_1,z_2,\cdots,z_m)$ 并解码为输出 $\widetilde{\boldsymbol{x}}=(\widetilde{x}_1,\widetilde{x}_2,\cdots,\widetilde{x}_n)$，使之与原始输入 $\boldsymbol{x}=(x_1,x_2,\cdots,x_n)$ 尽可能地接近。去噪自编码器的结构如图 6-12 所示。

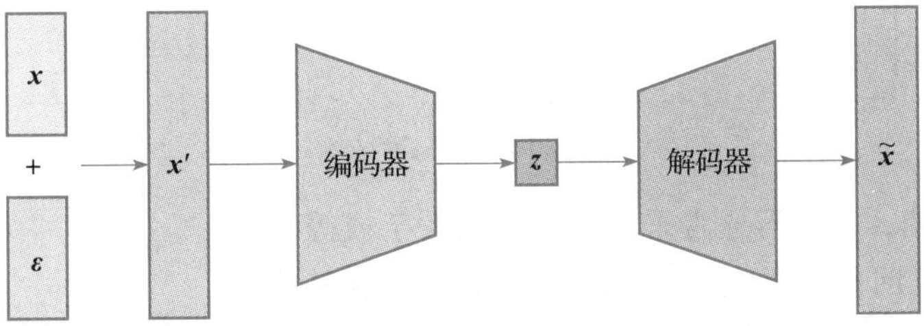

图 6-12 去噪自编码器的结构

去噪自编码器与自编码器一样，也常采用均方误差损失函数与交叉熵损失函数，这里不再赘述。

6.6.3 稀疏自编码器

为了实现输入的压缩表示，自编码器的中间层神经元数量一般都要小于输入层的神经元数量，如果中间层神经元的数量过少，可能会造成一些输入特征的丢失，往往无法重构原始输入，而中间层的神经元数量过多，又可能造成输入特征表达的冗余。为了解决这一问题，Andrew Ng 提出了稀疏自编码器（Sparse AutoEncoder，SAE）[10]，在自编码器损失函数的基础上引入了正则化项，如下所示：

$$L_{SAE}=L_{AE}+\Omega(\boldsymbol{\theta}) \tag{6-29}$$

引入正则化项后，使用中间层的少数神经元就能够表达输入的压缩表示，并能够重构原始输入。稀疏自编码器中的正则化项采用 KL 散度来表示，如果损失函数采用均方误差函数，那么稀疏自编码器的损失函数为

$$(L_{SAE})_{MSE}=\frac{1}{n}\sum_{i=1}^{n}|x_i-\widetilde{x}_i|^2+\beta\sum_{j=1}^{m}\mathrm{KL}(\rho\|\hat{\rho}_j) \tag{6-30}$$

其中 β 是控制 KL 散度的权重参数，m 表示中间层神经元的数量，ρ 表示中间层神经元平均激活度的目标值（使得神经元在多数情况下都不激活），$\hat{\rho}_j$ 表示中间层第 j 个神经元的激活度，计算公式为

$$\hat{\rho}_j=\frac{1}{n}\sum_{i=1}^{n}f(w_{ij}x_i+b_j) \tag{6-31}$$

$\mathrm{KL}(\rho\|\hat{\rho}_j)$ 表示 KL 散度，它反映了平均激活度和目标值的差异，计算公式为

$$\mathrm{KL}(\rho\|\hat{\rho}_j)=\rho\log\left(\frac{\rho}{\hat{\rho}_j}\right)+(1-\rho)\log\left(\frac{1-\rho}{1-\hat{\rho}_j}\right) \tag{6-32}$$

与自编码器一样，稀疏自编码器同样采用反向传播算法来进行训练，惩罚项的梯度为

$$\frac{\partial}{\partial\boldsymbol{\theta}}\left(\beta\sum_{j=1}^{m}\mathrm{KL}(\rho\|\hat{\rho}_j)\right)=\beta\frac{\partial}{\partial\hat{\rho}_j}\mathrm{KL}(\rho\|\hat{\rho}_j)\frac{\partial\hat{\rho}_j}{\partial\boldsymbol{\theta}}=\left(-\frac{\rho}{\hat{\rho}_j}+\frac{1-\rho}{1-\hat{\rho}_j}\right)\frac{\partial\hat{\rho}_j}{\partial\boldsymbol{\theta}} \tag{6-33}$$

其中 $\boldsymbol{\theta}$ 表示稀疏自编码器要学习的所有参数，如权重和偏置等。

6.6.4　深度自编码器

深度自编码器（Deep AutoEncoder，DAE）由 Geffery Hinton 等人于 2006 年提出[3]，当时用它来进行降维。深度自编码器由两个对称的深度信念网络构成，编码器通常由 4~5 个隐藏层组成，与之对称地，解码器也是由 4~5 个隐藏层组成，这里的隐藏层一般指的是受限玻尔兹曼机，如图 6-13 所示。

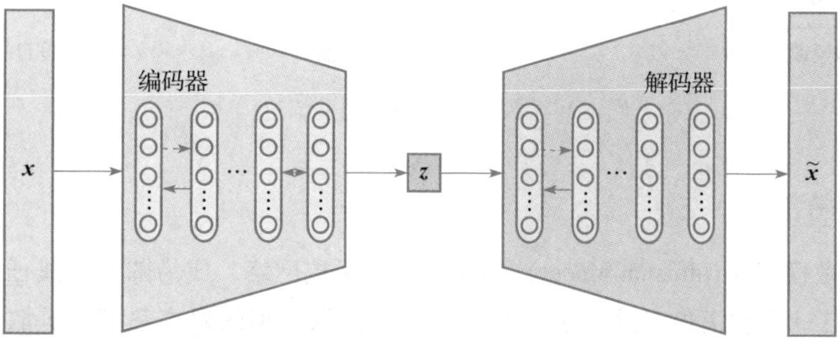

图 6-13　深度自编码器

深度自编码器的训练过程如下所示。

1）预训练一个 DBN：采用贪心逐层堆叠 RBM 的方式进行预训练，从而获得各层权重的初始值。以图像输入为例的一个 DBN 的预训练如图 6-14a 所示。

2）使用预训练好的 DBN 来构造深度自编码器：其中编码器直接使用预训练好的 DBN，权重也是预训练好的 DBN 的权重；解码器将预训练好 DBN 进行翻转，从而与编码器形成对称结构，解码器的权重是对预训练好的 DBN 权重进行转置而来，如图 6-14b 所示。

3）对构造的深度自编码器进行有监督微调：使用反向传播算法对深度自编码器进行微调，从而获得最终的权重值，如图 6-14c 所示。

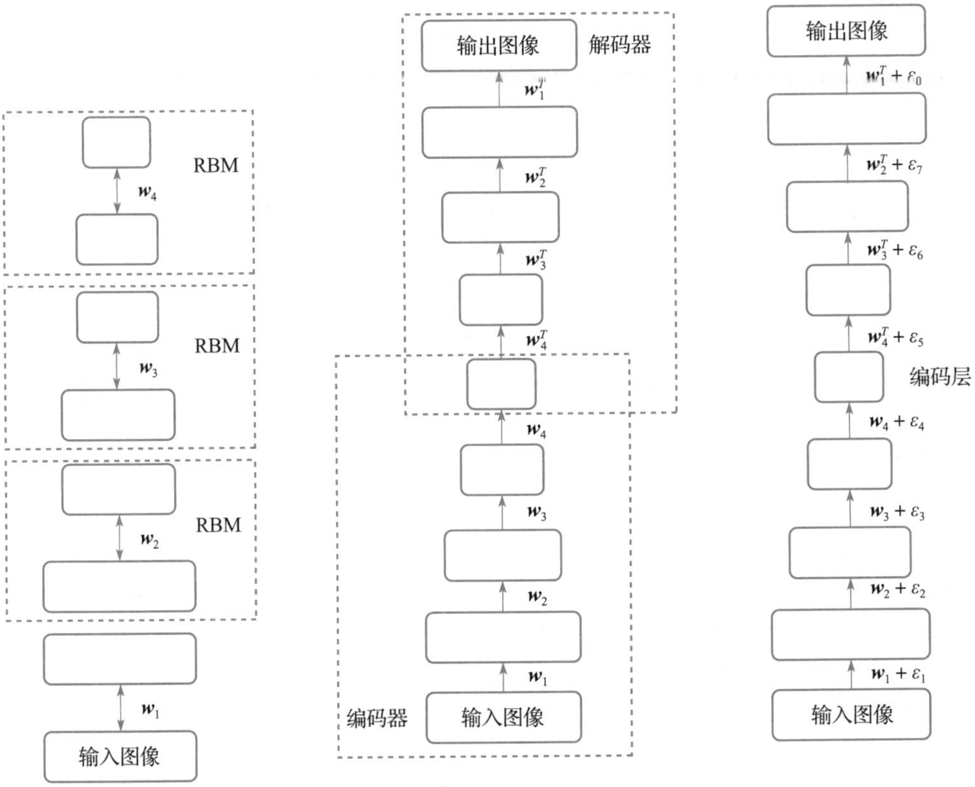

图 6-14　深度自编码器的训练过程㊀

6.7　扩散模型

近期，扩散模型（Diffusion Model）超越了生成对抗网络，成为图像生成任务的一种新范式，并且取得了十分显著的进展，也引发了人们对扩散模型的研究热潮。扩散模型的相关工作大都起源于 OpenAI 于 2020 年提出的降噪扩散概率模型（Denoising Diffusion Probabilistic Model，DDPM）[4]，下面我们基于 DDPM 对扩散模型进行介绍。

DDPM 包含前向过程（Forward Process）和逆向过程（Reverse Process），前向过程又称为扩散过程（Diffusion Process），本质上是在输入图像数据的基础上逐步注入符合高斯分布的随机噪声，直至图像数据本身变为服从标准高斯分布的随机噪声；而逆向过程，则是进行图像生成的推断过程，当给定一个服从标准高斯分布的噪声，逐步去除噪声从而还原图像。DDPM 的前向过程与逆向过程如图 6-15 所示。

㊀ 图 6-14 根据文献［9］重新绘制。

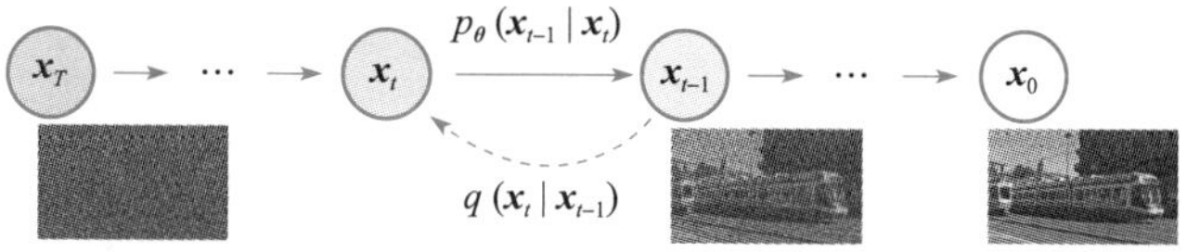

图 6-15　DDPM 的前向过程与逆向过程[㊀]

6.7.1　前向过程

前向过程如图 6-15 中的虚线箭头所示的 q 过程，给定真实图像 $\boldsymbol{x}_0 \sim q(\boldsymbol{x}_0)$ 和 T 个方差超参数 $\beta=\{\beta_t \in (0,1)\}_{t=1}^{T}$，前向过程会逐步在图像中添加高斯噪声，得到图像集合 $\{\boldsymbol{x}_1,\boldsymbol{x}_2,\cdots,\boldsymbol{x}_T\}$。此外，每个时刻的状态只与前一时刻的状态相关，因此前向过程是一个马尔可夫过程。基于文献［4］和［11］，对前向过程展开描述如下：

以第 t 步为例，$\boldsymbol{x}_t$ 仅与 $\boldsymbol{x}_{t-1}$ 相关，那么有

$$q(\boldsymbol{x}_t \mid \boldsymbol{x}_{t-1})=\mathcal{N}(\boldsymbol{x}_t;\sqrt{1-\beta_t}\boldsymbol{x}_{t-1},\beta_t\boldsymbol{I}) \tag{6-34}$$

$$q(\boldsymbol{x}_{1:T} \mid \boldsymbol{x}_0)=\prod_{t=1}^{T}q(\boldsymbol{x}_t \mid \boldsymbol{x}_{t-1}) \tag{6-35}$$

对于一个高斯分布 $\mathcal{N}(\boldsymbol{x};\boldsymbol{\mu}_\theta,\boldsymbol{\sigma}_\theta^2\boldsymbol{I})$，如果要从中采样一个 $\boldsymbol{x}$，利用重参数技巧，可以将采样写成

$$\boldsymbol{x}=\boldsymbol{\mu}_\theta+\boldsymbol{\sigma}_\theta\odot\boldsymbol{\epsilon},\quad \boldsymbol{\epsilon}\sim\mathcal{N}(0,\boldsymbol{I}) \tag{6-36}$$

因此，对于前向过程中任意步骤的状态 $\boldsymbol{x}_t$，可以表示为

$$\begin{aligned}\boldsymbol{x}_t &=\sqrt{1-\beta_t}\boldsymbol{x}_{t-1}+\sqrt{\beta_t}\boldsymbol{\epsilon}_{t-1}\\ &=\sqrt{1-\beta_t}(\sqrt{1-\beta_{t-1}}\boldsymbol{x}_{t-2}+\sqrt{\beta_{t-1}}\boldsymbol{\epsilon}_{t-2})+\sqrt{\beta_t}\boldsymbol{\epsilon}_{t-1}\\ &=\sqrt{(1-\beta_t)(1-\beta_{t-1})}\boldsymbol{x}_{t-2}+(\sqrt{(1-\beta_t)\beta_{t-1}}\boldsymbol{\epsilon}_{t-2}+\sqrt{\beta_t}\boldsymbol{\epsilon}_{t-1})\end{aligned} \tag{6-37}$$

其中，$\boldsymbol{\epsilon}_{t-1},\boldsymbol{\epsilon}_{t-2}\sim\mathcal{N}(0,\boldsymbol{I})$。此外，对于两个独立的高斯分布 $\boldsymbol{X}\sim\mathcal{N}(\boldsymbol{\mu}_X,\boldsymbol{\sigma}_X^2\boldsymbol{I})$ 与 $\boldsymbol{Y}\sim\mathcal{N}(\boldsymbol{\mu}_Y,\boldsymbol{\sigma}_Y^2\boldsymbol{I})$，它们的和仍然服从高斯分布，即 $\boldsymbol{X}+\boldsymbol{Y}\sim\mathcal{N}(\boldsymbol{\mu}_X+\boldsymbol{\mu}_Y,(\boldsymbol{\sigma}_X^2+\boldsymbol{\sigma}_Y^2)\boldsymbol{I})$，因此式（6-37）后一项可写为

$$\sqrt{(1-\beta_t)\beta_{t-1}}\boldsymbol{\epsilon}_{t-2}+\sqrt{\beta_t}\boldsymbol{\epsilon}_{t-1}=\sqrt{(1-\beta_t)\beta_{t-1}+\beta_t}\bar{\boldsymbol{\epsilon}}_{t-2},\quad \bar{\boldsymbol{\epsilon}}_{t-2}\sim\mathcal{N}(0,\boldsymbol{I}) \tag{6-38}$$

代入 $\boldsymbol{x}_t$ 中，有

$$\boldsymbol{x}_t=\sqrt{(1-\beta_t)(1-\beta_{t-1})}\boldsymbol{x}_{t-2}+\sqrt{(1-\beta_t)\beta_{t-1}+\beta_t}\bar{\boldsymbol{\epsilon}}_{t-2},\quad \bar{\boldsymbol{\epsilon}}_{t-2}\sim\mathcal{N}(0,\boldsymbol{I}) \tag{6-39}$$

不妨令 $\alpha_t=1-\beta_t$，$\bar{\alpha}_t=\prod_{i=1}^{T}\alpha_i$，代入式（6-39），得到

$$\begin{aligned}\boldsymbol{x}_t &=\sqrt{\alpha_t\alpha_{t-1}}\boldsymbol{x}_{t-2}+\sqrt{\alpha_t(1-\alpha_{t-1})+1-\alpha_t}\bar{\boldsymbol{\epsilon}}_{t-2}\\ &=\sqrt{\alpha_t\alpha_{t-1}}\boldsymbol{x}_{t-2}+\sqrt{1-\alpha_t\alpha_{t-1}}\bar{\boldsymbol{\epsilon}}_{t-2}\\ &=\cdots\\ &=\sqrt{\bar{\alpha}_t}\boldsymbol{x}_0+\sqrt{1-\bar{\alpha}_t}\bar{\boldsymbol{\epsilon}}_0,\quad \bar{\boldsymbol{\epsilon}}_{t-2},\cdots,\bar{\boldsymbol{\epsilon}}_0\sim\mathcal{N}(0,\boldsymbol{I})\end{aligned} \tag{6-40}$$

㊀ 图 6-15 根据文献［10］重新绘制。

至此，可以发现在给定方差超参数集合 β 的前提下，任意时刻的 $\boldsymbol{x}_t$ 都可以使用 $\boldsymbol{x}_0$ 和 β 来表示，即

$$q(\boldsymbol{x}_t \mid \boldsymbol{x}_0)=\mathcal{N}(\boldsymbol{x}_t;\sqrt{\overline{\alpha}_t}\boldsymbol{x}_0,(1-\overline{\alpha}_t)\boldsymbol{I}) \tag{6-41}$$

其中，$\alpha_t=1-\beta_t$，$\overline{\alpha}_t=\prod_{i=1}^{T}\alpha_i$，且当 $T\to\infty$，$\overline{\alpha}_t=\prod_{i=1}^{T}\alpha_i\to 0$，从而 $\boldsymbol{x}_T\sim\mathcal{N}(0,\boldsymbol{I})$，即当前向过程的步数趋于无穷大时，$\boldsymbol{x}_T$ 最终将变为服从标准高斯分布的随机噪声。

如图 6-16 所示为 DDPM 前向过程的简单示例，将 T 设置为 100，方差超参数 β_t 从 0.0001 递增到 0.1，可以发现当步数增多，原始图像也逐渐变得难以辨认直到完全变为随机噪声。

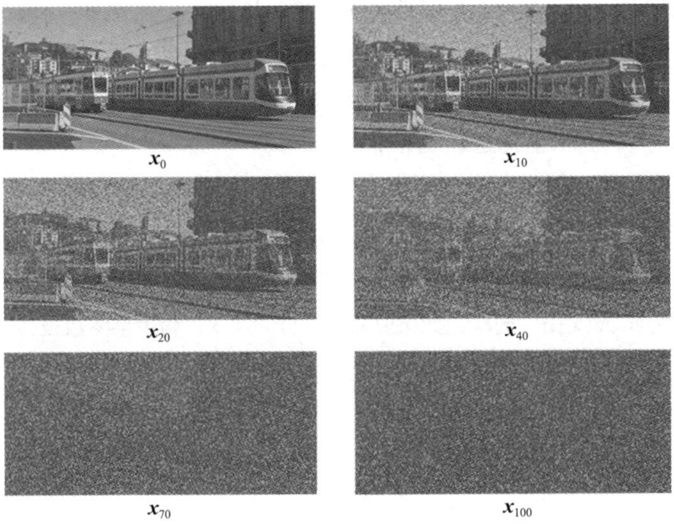

图 6-16　DDPM 前向过程示例（$T=100$，β 从 0.0001 递增到 0.1）（详见彩插）

6.7.2　逆向过程

在前向过程中，通过 $q(\boldsymbol{x}_t \mid \boldsymbol{x}_{t-1})$ 逐步将真实图像 $\boldsymbol{x}_0$ 变为标准高斯分布噪声 $\boldsymbol{x}_T$；反之，如果可以获取前向过程每一步的真实逆向分布 $q(\boldsymbol{x}_{t-1} \mid \boldsymbol{x}_t)$，那也可以从一个标准高斯分布 $\boldsymbol{x}_T$ 逐步去除噪声还原得到原始图像 $\boldsymbol{x}_0$，即逆向推断过程。但实际上无法直接对真实逆向分布 $q(\boldsymbol{x}_{t-1} \mid \boldsymbol{x}_t)$ 进行推断，DDPM 使用神经网络 $p_\theta(\boldsymbol{x}_{t-1} \mid \boldsymbol{x}_t)$ 对逆向分布进行预测，如图 6-15 所示。基于文献［4］和［11］，对逆向过程展开描述如下：

逆向分布 p_θ 可以表示为

$$p_\theta(\boldsymbol{x}_{0:T})=p_\theta(\boldsymbol{x}_T)\prod_{t=1}^{T}p_\theta(\boldsymbol{x}_{t-1} \mid \boldsymbol{x}_t) \tag{6-42}$$

$$p_\theta(\boldsymbol{x}_{t-1} \mid \boldsymbol{x}_t)=\mathcal{N}(\boldsymbol{x}_{t-1};\boldsymbol{\mu}_\theta(\boldsymbol{x}_t,t),\boldsymbol{\Sigma}_\theta(\boldsymbol{x}_t,t)) \tag{6-43}$$

DDPM 模型的目标则是学习到正确的 $\boldsymbol{\mu}_\theta(\boldsymbol{x}_t,t)$ 和 $\boldsymbol{\Sigma}_\theta(\boldsymbol{x}_t,t)$ 预测。虽然无法通过前向过程的分布 $q(\boldsymbol{x}_t \mid \boldsymbol{x}_{t-1})$ 去简单地推断出真实的逆向分布 $q(\boldsymbol{x}_{t-1} \mid \boldsymbol{x}_t)$，但是可以将 $\boldsymbol{x}_0$ 引入，根据贝叶斯公式，有

$$q(\boldsymbol{x}_{t-1} \mid \boldsymbol{x}_t, \boldsymbol{x}_0) = \frac{q(\boldsymbol{x}_{t-1})q(\boldsymbol{x}_0 \mid \boldsymbol{x}_{t-1})q(\boldsymbol{x}_t \mid \boldsymbol{x}_{t-1}, \boldsymbol{x}_0)}{q(\boldsymbol{x}_0)q(\boldsymbol{x}_t \mid \boldsymbol{x}_0)} = \frac{q(\boldsymbol{x}_{t-1} \mid \boldsymbol{x}_0)q(\boldsymbol{x}_t \mid \boldsymbol{x}_{t-1}, \boldsymbol{x}_0)}{q(\boldsymbol{x}_t \mid \boldsymbol{x}_0)} \tag{6-44}$$

不妨将 $q(\boldsymbol{x}_{t-1} \mid \boldsymbol{x}_t, \boldsymbol{x}_0)$ 的均值和方差表示为 $\widetilde{\boldsymbol{\mu}}_t(\boldsymbol{x}_t, \boldsymbol{x}_0)$ 和 $\widetilde{\beta}_t$，即

$$q(\boldsymbol{x}_{t-1} \mid \boldsymbol{x}_t, \boldsymbol{x}_0) = \mathcal{N}(\boldsymbol{x}_{t-1}; \widetilde{\boldsymbol{\mu}}_t(\boldsymbol{x}_t, \boldsymbol{x}_0), \widetilde{\beta}_t \boldsymbol{I}) \tag{6-45}$$

前面提到前向过程为马尔可夫链，并且任一时间步的 $\boldsymbol{x}_t$ 都可以使用 $\boldsymbol{x}_0$ 和 $\boldsymbol{\beta}$ 来表示，那么可以将公式（6-44）中的每一分项分别表示为

$$q(\boldsymbol{x}_t \mid \boldsymbol{x}_{t-1}, \boldsymbol{x}_0) = q(\boldsymbol{x}_t \mid \boldsymbol{x}_{t-1}) = \mathcal{N}(\boldsymbol{x}_t; \sqrt{1-\beta_t}\boldsymbol{x}_{t-1}, \beta_t \boldsymbol{I}) \tag{6-46}$$

$$q(\boldsymbol{x}_{t-1} \mid \boldsymbol{x}_0) = \mathcal{N}(\boldsymbol{x}_{t-1}; \sqrt{\bar{\alpha}_{t-1}}\boldsymbol{x}_0, (1-\bar{\alpha}_{t-1})\boldsymbol{I}) \tag{6-47}$$

$$q(\boldsymbol{x}_t \mid \boldsymbol{x}_0) = \mathcal{N}(\boldsymbol{x}_t; \sqrt{\bar{\alpha}_t}\boldsymbol{x}_0, (1-\bar{\alpha}_t)\boldsymbol{I}) \tag{6-48}$$

对于一个一元高斯分布 $x \sim \mathcal{N}(\mu, \sigma^2)$，其概率密度函数为 $f(x) = \dfrac{1}{\sqrt{2\pi}\sigma}\exp\left(-\dfrac{(x-\mu)^2}{2\sigma^2}\right)$。参照这一定义，将上述每一分项高斯分布的概率密度函数的指数部分代入，有

$$\begin{aligned}
q(\boldsymbol{x}_{t-1} \mid \boldsymbol{x}_t, \boldsymbol{x}_0) &= \frac{q(\boldsymbol{x}_{t-1} \mid \boldsymbol{x}_0)q(\boldsymbol{x}_t \mid \boldsymbol{x}_{t-1}, \boldsymbol{x}_0)}{q(\boldsymbol{x}_t \mid \boldsymbol{x}_0)} \\
&\propto \frac{\exp\left(-\dfrac{(\boldsymbol{x}_{t-1}-\sqrt{\bar{\alpha}_{t-1}}\boldsymbol{x}_0)^2}{2(1-\bar{\alpha}_{t-1})}\right)\exp\left(-\dfrac{(\boldsymbol{x}_t-\sqrt{1-\beta_t}\boldsymbol{x}_{t-1})^2}{2\beta_t}\right)}{\exp\left(-\dfrac{(\boldsymbol{x}_t-\sqrt{\bar{\alpha}_t}\boldsymbol{x}_0)^2}{2(1-\bar{\alpha}_t)}\right)} \\
&= \exp\left(-\frac{1}{2}\left(\frac{(\boldsymbol{x}_{t-1}-\sqrt{\bar{\alpha}_{t-1}}\boldsymbol{x}_0)^2}{(1-\bar{\alpha}_{t-1})} + \frac{(\boldsymbol{x}_t-\sqrt{1-\beta_t}\boldsymbol{x}_{t-1})^2}{\beta_t} - \frac{(\boldsymbol{x}_t-\sqrt{\bar{\alpha}_t}\boldsymbol{x}_0)^2}{(1-\bar{\alpha}_t)}\right)\right) \\
&= \exp\left(-\frac{1}{2}\left(\underbrace{\left(\frac{1}{1-\bar{\alpha}_{t-1}} + \frac{1-\beta_t}{\beta_t}\right)}_{①}\boldsymbol{x}_{t-1}^2 - \underbrace{\left(\frac{2\sqrt{\bar{\alpha}_{t-1}}\boldsymbol{x}_0}{1-\bar{\alpha}_{t-1}} + \frac{2\sqrt{1-\beta_t}\boldsymbol{x}_t}{\beta_t}\right)}_{②}\boldsymbol{x}_{t-1} + C(\boldsymbol{x}_t, \boldsymbol{x}_0)\right)\right)
\end{aligned} \tag{6-49}$$

其中，$C(\boldsymbol{x}_t, \boldsymbol{x}_0)$ 为与 $\boldsymbol{x}_{t-1}$ 无关项的组合，可以忽略。此外，一元高斯分布概率密度函数的指数部分可以展开：$\exp\left(-\dfrac{(x-\mu)^2}{2\sigma^2}\right) = \exp\left(-\dfrac{1}{2}\left(\dfrac{1}{\sigma^2}x^2 - \dfrac{2\mu}{\sigma^2}x + \dfrac{\mu^2}{\sigma^2}\right)\right)$，$\dfrac{1}{\sigma^2}$ 和 $\dfrac{2\mu}{\sigma^2}$ 分别对应公式（6-49）中的①部分和②部分，即

$\dfrac{1}{\sigma^2}$对应①部分：

$$\frac{1}{\widetilde{\beta}_t} = \underbrace{\left(\frac{1}{1-\bar{\alpha}_{t-1}} + \frac{1-\beta_t}{\beta_t}\right)}_{①} = \frac{1-\bar{\alpha}_t}{(1-\bar{\alpha}_{t-1})\beta_t} \tag{6-50}$$

$\frac{2\mu}{\sigma^2}$对应②部分：

$$\frac{2\tilde{\boldsymbol{\mu}}_t(\boldsymbol{x}_t,\boldsymbol{x}_0)}{\tilde{\beta}_t}=\underbrace{\left(\frac{2\sqrt{\bar{\alpha}_{t-1}}\boldsymbol{x}_0}{1-\bar{\alpha}_{t-1}}+\frac{2\sqrt{1-\beta_t}\boldsymbol{x}_t}{\beta_t}\right)}_{②} \tag{6-51}$$

根据公式（6-50）和公式（6-51），可以求得 $q(\boldsymbol{x}_{t-1}|\boldsymbol{x}_t,\boldsymbol{x}_0)$ 的均值 $\tilde{\boldsymbol{\mu}}_t(\boldsymbol{x}_t,\boldsymbol{x}_0)$ 和方差 $\tilde{\beta}_t$：

$$\tilde{\boldsymbol{\mu}}_t(\boldsymbol{x}_t,\boldsymbol{x}_0)=\frac{\sqrt{\bar{\alpha}_{t-1}}\beta_t\boldsymbol{x}_0+(1-\bar{\alpha}_{t-1})\sqrt{\alpha_t}\boldsymbol{x}_t}{1-\bar{\alpha}_t},\quad \tilde{\beta}_t=\frac{(1-\bar{\alpha}_{t-1})\beta_t}{1-\bar{\alpha}_t} \tag{6-52}$$

到目前，推导出了 $q(\boldsymbol{x}_{t-1}|\boldsymbol{x}_t,\boldsymbol{x}_0)$ 的详细分布，其中方差 $\tilde{\beta}_t$ 为一个定量，由前面设置的方差超参数确定，而均值 $\tilde{\boldsymbol{\mu}}_t(\boldsymbol{x}_t,\boldsymbol{x}_0)$ 依赖于 $\boldsymbol{x}_t$ 和 $\boldsymbol{x}_0$。实际上，去噪从而得到 $\boldsymbol{x}_0$ 是 DDPM 逆向过程的最终目标，但是无法在当前步获取其准确值。针对这一问题，需要引入前向过程中已得到的 $\boldsymbol{x}_t=\sqrt{\bar{\alpha}_t}\boldsymbol{x}_0+\sqrt{1-\bar{\alpha}_t}\bar{\boldsymbol{\epsilon}}_0$，$\bar{\boldsymbol{\epsilon}}_0\sim\mathcal{N}(0,\mathbf{I})$，反之可以得到 $\boldsymbol{x}_0=\frac{1}{\sqrt{\bar{\alpha}_t}}(\boldsymbol{x}_t-\sqrt{1-\bar{\alpha}_t}\bar{\boldsymbol{\epsilon}}_0)$，代入公式（6-52）中的 $\tilde{\boldsymbol{\mu}}_t(\boldsymbol{x}_t,\boldsymbol{x}_0)$，有

$$\tilde{\boldsymbol{\mu}}_t(\boldsymbol{x}_t,\boldsymbol{x}_0)=\frac{1}{\sqrt{\alpha_t}}\left(\boldsymbol{x}_t-\frac{\beta_t}{\sqrt{1-\bar{\alpha}_t}}\bar{\boldsymbol{\epsilon}}_0\right) \tag{6-53}$$

虽然去除了 $\boldsymbol{x}_0$ 的影响，但是引入了一个新的变量 $\bar{\boldsymbol{\epsilon}}_0$，$\bar{\boldsymbol{\epsilon}}_0$ 在前向过程中为标准高斯分布采样的噪声，但是在逆向过程中无法得知其真实值，DDPM 的做法是引入一个参数化的神经网络模型 $\boldsymbol{\epsilon}_\theta(\boldsymbol{x}_t,t)$ 去预测高斯噪声 $\bar{\boldsymbol{\epsilon}}_0$，$\theta$ 表示模型的参数。

至此，已经可以确定 *DDPM* 需要学习的逆向过程 $\mathrm{p}_\theta(\boldsymbol{x}_{t-1}|\boldsymbol{x}_t)$ 的分布：

$$p_\theta(\boldsymbol{x}_{t-1}|\boldsymbol{x}_t)=\mathcal{N}(\boldsymbol{x}_{t-1};\boldsymbol{\mu}_\theta(\boldsymbol{x}_t,t),\boldsymbol{\Sigma}_\theta(\boldsymbol{x}_t,t)) \tag{6-54}$$

其中：

$$\boldsymbol{\mu}_\theta(\boldsymbol{x}_t,t)=\frac{1}{\sqrt{\alpha_t}}\left(\boldsymbol{x}_t-\frac{\beta_t}{\sqrt{1-\bar{\alpha}_t}}\boldsymbol{\epsilon}_\theta(\boldsymbol{x}_t,t)\right),\quad \boldsymbol{\Sigma}_\theta(\boldsymbol{x}_t,t)=\tilde{\beta}_t=\frac{(1-\bar{\alpha}_{t-1})\beta_t}{1-\bar{\alpha}_t}\simeq\beta_t \tag{6-55}$$

因此，DDPM 逆向过程可总结为：在给定 $\boldsymbol{x}_t$ 的前提下，首先预测高斯噪声 $\boldsymbol{\epsilon}_\theta(\boldsymbol{x}_t,t)$，然后计算 $p_\theta(\boldsymbol{x}_{t-1}|\boldsymbol{x}_t)$ 的均值 $\boldsymbol{\mu}_\theta(\boldsymbol{x}_t,t)$ 和方差 $\boldsymbol{\Sigma}_\theta(\boldsymbol{x}_t,t)$，最后通过重参数技巧计算得到 $\boldsymbol{x}_{t-1}$ 完成一步推断，循环进行直至得到 $\boldsymbol{x}_0$。

6.7.3 DDPM 的训练

DDPM 使用最大似然估计作为优化目标，损失函数为

$$L=E_{q(x_0)}[-\log p_\theta(\boldsymbol{x}_0)] \tag{6-56}$$

基于文献［4］和［11］，应用变分下限（Variational Lower Bound，VLB）优化负对数似然，在原始损失函数 L 的基础上，引入一项 KL 散度 $D_{\mathrm{KL}}(q(\boldsymbol{x}_{1:T}|\boldsymbol{x}_0)\|p_\theta(\boldsymbol{x}_{1:T}|\boldsymbol{x}_0))$，因为 KL

散度的值非负，因此满足下列不等式：

$$E_{q(x_0)}[-\log p_\theta(\boldsymbol{x}_0)] \leqslant E_{q(x_0)}[-\log p_\theta(\boldsymbol{x}_0)+D_{\mathrm{KL}}(q(\boldsymbol{x}_{1:T}|\boldsymbol{x}_0)\|p_\theta(\boldsymbol{x}_{1:T}|\boldsymbol{x}_0))] \tag{6-57}$$

其中，KL 散度的定义如下：

$$\begin{aligned} D_{\mathrm{KL}}(q(\boldsymbol{x}_{1:T}|\boldsymbol{x}_0)\|p_\theta(\boldsymbol{x}_{1:T}|\boldsymbol{x}_0)) &= \sum\left[q(\boldsymbol{x}_{1:T}|\boldsymbol{x}_0)\cdot\log\frac{q(\boldsymbol{x}_{1:T}|\boldsymbol{x}_0)}{p_\theta(\boldsymbol{x}_{1:T}|\boldsymbol{x}_0)}\right] \\ &= E_{q(x_{1:T}|x_0)}\left[\log\frac{q(\boldsymbol{x}_{1:T}|\boldsymbol{x}_0)}{p_\theta(\boldsymbol{x}_{1:T}|\boldsymbol{x}_0)}\right] \end{aligned} \tag{6-58}$$

将公式（6-58）代入公式（6-57）中，并应用贝叶斯公式进行化简，有

$$\begin{aligned} & E_{q(x_0)}[-\log p_\theta(\boldsymbol{x}_0)] \\ \leqslant & E_{q(x_0)}\left[-\log p_\theta(\boldsymbol{x}_0)+E_{q(x_{1:T}|x_0)}\left[\log\frac{q(\boldsymbol{x}_{1:T}|\boldsymbol{x}_0)}{p_\theta(\boldsymbol{x}_{1:T}|\boldsymbol{x}_0)}\right]\right] \\ = & E_{q(x_0)}\left[-\log p_\theta(\boldsymbol{x}_0)+E_{q(x_{1:T}|x_0)}\left[\log\frac{q(\boldsymbol{x}_{1:T}|\boldsymbol{x}_0)}{\underbrace{p_\theta(\boldsymbol{x}_{0:T})/p_\theta(\boldsymbol{x}_0)}_{\text{由贝叶斯公式}}}\right]\right] \\ = & E_{q(x_0)}\left[-\log p_\theta(\boldsymbol{x}_0)+E_{q(x_{1:T}|x_0)}\left[\log\frac{q(\boldsymbol{x}_{1:T}|\boldsymbol{x}_0)}{p_\theta(\boldsymbol{x}_{0:T})}+\log p_\theta(\boldsymbol{x}_0)\right]\right] \\ = & E_{q(x_0)}\left[E_{q(x_{1:T}|x_0)}\left[\log\frac{q(\boldsymbol{x}_{1:T}|\boldsymbol{x}_0)}{p_\theta(\boldsymbol{x}_{0:T})}\right]\right] \\ = & E_{q(x_{0:T})}\left[\log\frac{q(\boldsymbol{x}_{1:T}|\boldsymbol{x}_0)}{p_\theta(\boldsymbol{x}_{0:T})}\right]=L_{\mathrm{VLB}} \end{aligned} \tag{6-59}$$

此时，DDPM 的优化目标可以从最小化 L 转换为最小化 L_{VLB}，由前向过程和逆向过程的介绍可知 $q(\boldsymbol{x}_{1:T}|\boldsymbol{x}_0)=\prod_{t=1}^{T}q(\boldsymbol{x}_t|\boldsymbol{x}_{t-1})$，$p_\theta(\boldsymbol{x}_{0:T})=p_\theta(\boldsymbol{x}_T)\prod_{t=1}^{T}p_\theta(\boldsymbol{x}_{t-1}|\boldsymbol{x}_t)$，代入公式（6-59）可进一步推导得出：

$$\begin{aligned} L_{\mathrm{VLB}} &= E_{q(x_{0:T})}\left[\log\frac{q(\boldsymbol{x}_{1:T}|\boldsymbol{x}_0)}{p_\theta(\boldsymbol{x}_{0:T})}\right] \\ &= E_{q(x_{0:T})}\left[\log\frac{\prod_{t=1}^{T}q(\boldsymbol{x}_t|\boldsymbol{x}_{t-1})}{p_\theta(\boldsymbol{x}_T)\prod_{t=1}^{T}p_\theta(\boldsymbol{x}_{t-1}|\boldsymbol{x}_t)}\right] \\ &= E_{q(x_{0:T})}\left[-\log p_\theta(\boldsymbol{x}_T)+\sum_{t=1}^{T}\log\frac{q(\boldsymbol{x}_t|\boldsymbol{x}_{t-1})}{p_\theta(\boldsymbol{x}_{t-1}|\boldsymbol{x}_t)}\right] \\ &= E_{q(x_{0:T})}\left[-\log p_\theta(\boldsymbol{x}_T)+\sum_{t=2}^{T}\log\frac{q(\boldsymbol{x}_t|\boldsymbol{x}_{t-1})}{p_\theta(\boldsymbol{x}_{t-1}|x_t)}+\log\frac{q(\boldsymbol{x}_1|\boldsymbol{x}_0)}{p_\theta(\boldsymbol{x}_0|\boldsymbol{x}_1)}\right] \\ &= E_{q(x_{0:T})}\left[-\log p_\theta(\boldsymbol{x}_T)+\sum_{t=2}^{T}\log\left(\underbrace{\frac{q(\boldsymbol{x}_{t-1}|\boldsymbol{x}_t,\boldsymbol{x}_0)}{p_\theta(\boldsymbol{x}_{t-1}|\boldsymbol{x}_t)}\frac{q(\boldsymbol{x}_t|\boldsymbol{x}_0)}{q(\boldsymbol{x}_{t-1}|\boldsymbol{x}_0)}}_{\text{由公式(6-44)}}\right)+\log\frac{q(\boldsymbol{x}_1|\boldsymbol{x}_0)}{p_\theta(\boldsymbol{x}_0|\boldsymbol{x}_1)}\right] \end{aligned}$$

$$
\begin{aligned}
&=E_{q(\boldsymbol{x}_{0:T})}\left[-\log p_\theta(\boldsymbol{x}_T)+\sum_{t=2}^{T}\log\frac{q(\boldsymbol{x}_{t-1}\mid\boldsymbol{x}_t,\boldsymbol{x}_0)}{p_\theta(\boldsymbol{x}_{t-1}\mid\boldsymbol{x}_t)}+\sum_{t=2}^{T}\log\frac{q(\boldsymbol{x}_t\mid\boldsymbol{x}_0)}{q(\boldsymbol{x}_{t-1}\mid\boldsymbol{x}_0)}+\log\frac{q(\boldsymbol{x}_1\mid\boldsymbol{x}_0)}{p_\theta(\boldsymbol{x}_0\mid\boldsymbol{x}_1)}\right]\\
&=E_{q(\boldsymbol{x}_{0:T})}\left[-\log p_\theta(\boldsymbol{x}_T)+\sum_{t=2}^{T}\log\frac{q(\boldsymbol{x}_{t-1}\mid\boldsymbol{x}_t,\boldsymbol{x}_0)}{p_\theta(\boldsymbol{x}_{t-1}\mid\boldsymbol{x}_t)}+\log\prod_{t=2}^{T}\frac{q(\boldsymbol{x}_t\mid\boldsymbol{x}_0)}{q(\boldsymbol{x}_{t-1}\mid\boldsymbol{x}_0)}+\log\frac{q(\boldsymbol{x}_1\mid\boldsymbol{x}_0)}{p_\theta(\boldsymbol{x}_0\mid\boldsymbol{x}_1)}\right]\\
&=E_{q(\boldsymbol{x}_{0:T})}\left[-\log p_\theta(\boldsymbol{x}_T)+\sum_{t=2}^{T}\log\frac{q(\boldsymbol{x}_{t-1}\mid\boldsymbol{x}_t,\boldsymbol{x}_0)}{p_\theta(\boldsymbol{x}_{t-1}\mid\boldsymbol{x}_t)}+\log\frac{q(\boldsymbol{x}_T\mid\boldsymbol{x}_0)}{q(\boldsymbol{x}_1\mid\boldsymbol{x}_0)}+\log\frac{q(\boldsymbol{x}_1\mid\boldsymbol{x}_0)}{p_\theta(\boldsymbol{x}_0\mid\boldsymbol{x}_1)}\right]\\
&=E_{q(\boldsymbol{x}_{0:T})}\left[\underbrace{\log\frac{q(\boldsymbol{x}_T\mid\boldsymbol{x}_0)}{q(\boldsymbol{x}_1\mid\boldsymbol{x}_0)}\frac{q(\boldsymbol{x}_1\mid\boldsymbol{x}_0)}{p_\theta(\boldsymbol{x}_0\mid\boldsymbol{x}_1)}\frac{1}{p_\theta(\boldsymbol{x}_T)}}_{\text{合并对数项}}+\sum_{t=2}^{T}\log\frac{q(\boldsymbol{x}_{t-1}\mid\boldsymbol{x}_t,\boldsymbol{x}_0)}{p_\theta(\boldsymbol{x}_{t-1}\mid\boldsymbol{x}_t)}\right]\\
&=E_{q(\boldsymbol{x}_{0:T})}\left[\log\frac{q(\boldsymbol{x}_T\mid\boldsymbol{x}_0)}{p_\theta(\boldsymbol{x}_T)}+\sum_{t=2}^{T}\log\frac{q(\boldsymbol{x}_{t-1}\mid\boldsymbol{x}_t,\boldsymbol{x}_0)}{p_\theta(\boldsymbol{x}_{t-1}\mid\boldsymbol{x}_t)}-\log p_\theta(\boldsymbol{x}_0\mid\boldsymbol{x}_1)\right]\\
&=E_{q(\boldsymbol{x}_{0:T})}\left[D_{KL}(q(\boldsymbol{x}_T\mid\boldsymbol{x}_0)\,\|\,p_\theta(\boldsymbol{x}_T))+\sum_{t=2}^{T}\underbrace{D_{\mathrm{KL}}(q(\boldsymbol{x}_{t-1}\mid\boldsymbol{x}_t,\boldsymbol{x}_0)\,\|\,p_\theta(\boldsymbol{x}_{t-1}\mid\boldsymbol{x}_t))}_{L_t}-\log p_\theta(\boldsymbol{x}_0\mid\boldsymbol{x}_1)\right]
\end{aligned}
\tag{6-60}
$$

DDPM 对上述优化目标进行了简化，只考虑公式（6-60）中的 L_t 部分，即计算分布 $q(\boldsymbol{x}_{t-1}\mid\boldsymbol{x}_t,\boldsymbol{x}_0)$与 $p_\theta(\boldsymbol{x}_{t-1}\mid\boldsymbol{x}_t)$之间的 KL 散度，且由逆向过程可知

$$
q(\boldsymbol{x}_{t-1}\mid\boldsymbol{x}_t,\boldsymbol{x}_0)=\mathcal{N}(\boldsymbol{x}_{t-1};\widetilde{\boldsymbol{\mu}}_t(\boldsymbol{x}_t,\boldsymbol{x}_0),\widetilde{\beta}_t\boldsymbol{I}) \tag{6-61}
$$

$$
p_\theta(\boldsymbol{x}_{t-1}\mid\boldsymbol{x}_t)=\mathcal{N}(\boldsymbol{x}_{t-1};\boldsymbol{\mu}_\theta(\boldsymbol{x}_t,t),\boldsymbol{\Sigma}_\theta(\boldsymbol{x}_t,t))=\mathcal{N}(\boldsymbol{x}_{t-1};\boldsymbol{\mu}_\theta(\boldsymbol{x}_t,t),\widetilde{\beta}_t\boldsymbol{I}) \tag{6-62}
$$

因此

$$
\begin{aligned}
L_t&=D_{\mathrm{KL}}(q(\boldsymbol{x}_{t-1}\mid\boldsymbol{x}_t,\boldsymbol{x}_0)\,\|\,p_\theta(\boldsymbol{x}_{t-1}\mid\boldsymbol{x}_t))\\
&=\left[\frac{1}{2\beta_t}\|\widetilde{\boldsymbol{\mu}}_t(\boldsymbol{x}_t,\boldsymbol{x}_0)-\boldsymbol{\mu}_\theta(\boldsymbol{x}_t,t)\|^2\right]\\
&=E_{x_0,\bar{\boldsymbol{\epsilon}}_0}\left[\frac{1}{2\beta_t}\left\|\frac{1}{\sqrt{\alpha_t}}\left(\boldsymbol{x}_t-\frac{\beta_t}{\sqrt{1-\bar{\alpha}_t}}\bar{\boldsymbol{\epsilon}}_0\right)-\frac{1}{\sqrt{\alpha_t}}\left(\boldsymbol{x}_t-\frac{\beta_t}{\sqrt{1-\bar{\alpha}_t}}\boldsymbol{\epsilon}_\theta(\boldsymbol{x}_t,t)\right)\right\|^2\right]\\
&=E_{x_0,\bar{\boldsymbol{\epsilon}}_0}\left[\frac{\beta_t^2}{2\beta_t\alpha_t(1-\bar{\alpha}_t)}\|\bar{\boldsymbol{\epsilon}}_0-\boldsymbol{\epsilon}_\theta(\boldsymbol{x}_t,t)\|^2\right]\\
&=E_{x_0,\bar{\boldsymbol{\epsilon}}_0}\left[\frac{\beta_t^2}{2\beta_t\alpha_t(1-\bar{\alpha}_t)}\|\bar{\boldsymbol{\epsilon}}_0-\boldsymbol{\epsilon}_\theta(\sqrt{\bar{\alpha}_t}\boldsymbol{x}_0+\sqrt{1-\bar{\alpha}_t}\bar{\boldsymbol{\epsilon}}_0,t)\|^2\right]
\end{aligned}
\tag{6-63}
$$

DDPM 进一步对 L_t 进行简化，得到

$$
L_{\text{simple}}=E_{\boldsymbol{x}_0,\bar{\boldsymbol{\epsilon}}_0}\left[\|\bar{\boldsymbol{\epsilon}}_0-\boldsymbol{\epsilon}_\theta(\sqrt{\bar{\alpha}_t}\boldsymbol{x}_0+\sqrt{1-\bar{\alpha}_t}\bar{\boldsymbol{\epsilon}}_0,t)\|^2\right] \tag{6-64}
$$

可以发现，DDPM 最终损失函数的计算十分简单，核心就是最小化采样的真实噪声 $\bar{\boldsymbol{\epsilon}}_0$ 与模型所预测噪声 $\boldsymbol{\epsilon}_\theta$ 之间的均方误差损失。

6.8 深度生成模型的应用

深度信念网络及其贪婪训练的思想使得高效训练深度网络成为可能，通常用来初始化深

度前馈神经网络的网络参数，再加上一层 Softmax 层形成一个用于分类的深度前馈神经网络。同时，深度信念网络也可以用来对高维数据（如图像、文本等）进行降维，同样取得了很好的效果。自编码器及其变种也可以用来初始化前馈神经网络的参数，同时在数据压缩、表示学习、数据去噪、异常识别等领域也有很多应用。扩散模型自提出以后，在图像生成领域成了主流模型，同时它也可应用于自然语言处理、多模态建模和时间序列建模等领域。

复习题

1. 请说明什么是深度生成模型，目前有哪些典型的深度生成模型？
2. 请说明什么是深度信念网络，它与 Sigmoid 信念网络、深度玻尔兹曼机有哪些不同？
3. 请说明什么是自编码器，它有哪些主要变种？
4. 请说明什么是深度自编码器，它是如何训练的？
5. 请说明扩散模型的基本原理。

实验题

1. 请基于手写数字识别数据集 MNIST，加入高斯噪声，构建一个去噪自编码器实现手写数字的重构。要求能够完成数据读取、网络设计、网络构建、模型训练和模型推理等过程。MNIST 数据集官方下载地址：http://yann.lecun.com/exdb/mnist/。

2. 请基于 Smithsonian Butterflies 数据集子集，使用扩散模型实现图像生成，并与 DCGAN 模型进行性能对比。要求能够完成数据读取、网络设计、网络构建、模型训练和模型推理等过程。Smithsonian Butterflies 数据集子集下载地址：https://huggingface.co/datasets/huggan/smithsonian_butterflies_subset。

参考文献

[1] HINTON G E, OSINDERO S, TEH Y. A fast learning algorithm for deep belief nets [J]. Neural computation, 2006, 18: 1527-1554.

[2] SALAKHUTDINOV R, HINTON G E. Deep boltzmann machines [C]. Proceedings of the 12th International Conference on Artificial Intelligence and Statistics, 2009: 448-455.

[3] HINTON G E, SALAKHUTDINOV R R. Reducing the dimensionality of data with neural networks [J]. Science, 2006, 313 (5786): 504-507.

[4] HO J, JAIN A, ABBEEL P. Denoising diffusion probabilistic models [C]. Advances in Neural Information Processing Systems 33, 2020: 6840-6851.

[5] HOPFIELD J J. Neural networks and physical systems with emergent collective computational abilities [J]. Proceedings of the National Academy of Sciences of the USA, 1982, 79 (8): 2554-2558.

[6] SALAKHUTDINOV R, MNIH A, HINTON G E. Restricted boltzmann machines for collaborative filtering [C]. Proceedings of the 24th International Conference on Machine Learning, 2007: 791-798.

[7] NEAL R M. Connectionist learning of belief networks [J]. Artificial intelligence, 1992, 56 (1): 71-113.

[8] RUMELHART D E, HINTON G E, WILLIAMS R J. Learning internal representations by error propagation [M] //RUMELHART D E, MCCLELLAND J L. Parallel distributed processing: explorations in the microstructure of cognition, volume 1: foundations. Cambridge: MIT Press, 1986: 318-362.

[9] VINCENT P, LAROCHELLE H, BENGIO Y, et al. Extracting and composing robust features with denoising autoencoders [C]. Proceedings of the 25th International Conference on Machine Learning, 2008: 1096-1103.

[10] ANDREW N. Sparse autoencoder [EB/OL]. https://web.stanford.edu/class/cs294a/sparseAutoencoder.pdf, 2011.

[11] WENG L. What are diffusion models [EB/OL]. https://lilianweng.github.io/posts/2021-07-11-diffusion-models/#forward-diffusion-process, 2021.

本章人物：David E. Rumelhart 教授

David E. Rumelhart（1942~2011），斯坦福大学教授，认知心理学家，主要从事认知神经科学和人工智能领域的研究。1991 年当选为美国科学院院士，1996 年获美国心理学会（American Psychological Association）颁发的杰出科学贡献奖。2000 年，为了纪念他的重要贡献，认知科学学会（Cognitive Science Society）以他的名字设立了一个重要的国际奖项——David E. Rumelhart 认知科学理论基础贡献奖。

David E. Rumelhart 教授于 1967 年获斯坦福大学数学心理学博士学位，之后加入加州大学圣迭戈分校（University of California，San Diego）开展研究工作，一开始进行符号计算理论研究，20 世纪 70 年代中期转向神经网络研究。1987 年，重返斯坦福大学继续研究工作。20 世纪 90 年代，不幸罹患一种神经性退行性疾病——Pick 病，1998 年退休，2011 年去世。

David E. Rumelhart 教授在人工智能领域的主要贡献是与 Geoffrey Hinton 教授、Ronald Williams 一起提出了反向传播算法，应该说反向传播算法的提出一定程度上扭转了当时人工神经网络发展的颓势。此外，David E. Rumelhart 教授还最早提出了自编码器的思想，实现了图像数据的压缩和重构。

CHAPTER7

第 7 章 正则化与优化

正则化（Regularization）的概念最早来自线性几何，是指对平面不可约代数曲线以某种形式的全纯参数进行表示的方法。而机器学习中的正则化方法可分为两类：狭义正则化和广义正则化。狭义正则化是指通过在模型的损失函数中增加惩罚项来增强模型泛化能力的方法，广义正则化是指可以减小模型过拟合并使得泛化误差显著降低的所有方法。本章讲述的深度学习中的正则化指的是广义正则化，主要包括参数范数正则化、数据增强、Bagging、提前终止、Dropout 和归一化等。

优化（Optimization）是指在给定约束的情况下求解目标函数的最大值或最小值，并将其视为解决问题的最佳方案。在深度学习中，深度神经网络的结构复杂、参数多，普遍存在梯度消失或梯度爆炸问题，优化起来非常困难，进而很难找到全局最优解。因此，深度学习算法需要选用合适的优化算法，才能使目标函数收敛。本章讲述的深度学习中的优化算法主要包括常见的梯度下降法和基于动量的方法。

深度学习模型的泛化性能非常重要，这意味着即使通过优化算法找到了训练集的近似最优解，仍然可能在测试集上得到很差的结果，即产生了过拟合。因此，在深度学习中，需要结合使用正则化与优化。

7.1 深度学习模型的训练与测试

7.1.1 深度学习中的数据集划分

在传统的机器学习中，数据集一般划分为训练集和测试集，训练集是用于训练模型的数据样本，测试集是用来评估模型泛化能力的数据样本，但不能作为调参、特征选择等操作的依据。在深度学习中，往往从训练集中划分出一部分数据样本作为验证集，它可以看作在模型训练过程中单独留出的样本，可用于调整模型的超参数和对模型的能力进行初步的评估。机器学习与深度学习中的数据集划分情况如图 7-1 所示。

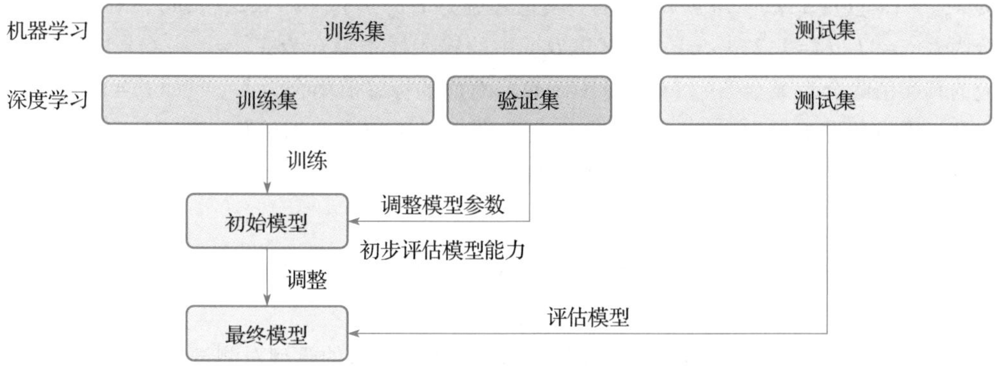

图 7-1　机器学习与深度学习中的数据集划分

当然，深度学习中也可以采用传统机器学习中的交叉验证法、自助法进行数据集划分，在此不再赘述。

7.1.2　过拟合与欠拟合

与机器学习一样，深度学习中的过拟合（Over-fitting）是指深度学习模型能很好地拟合训练集样本，而无法很好地拟合测试集样本的现象，从而导致深度学习模型的泛化性能下降。为防止“过拟合”，可以选择减少模型参数、降低模型复杂度和正则化等。

深度学习的欠拟合（Under-fitting）是指深度学习模型还没有很好地训练出数据的一般规律，模型拟合程度不高的现象。为防止“欠拟合”，可以选择增加模型参数、增加迭代深度、换用更加复杂的模型等。

欠拟合、合适拟合（Appropriate-fitting）和过拟合现象的示例如图 7-2 所示。

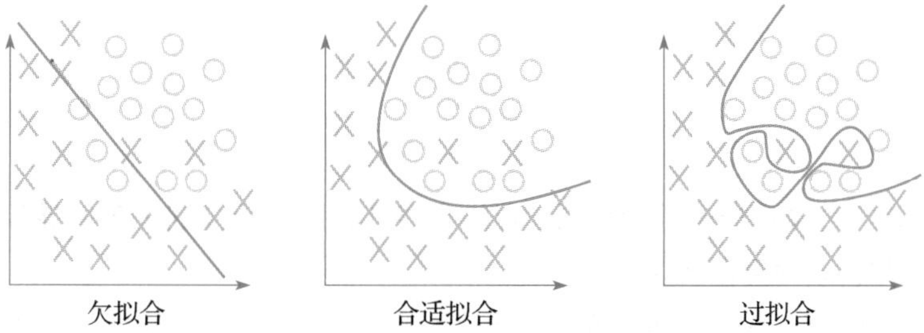

图 7-2　欠拟合、合适拟合与过拟合现象[⊖]

7.1.3　偏差、方差、噪声与泛化误差

首先，给定数据集 D，其中 D_{train} 是训练集，D_{test} 是测试集。训练集 D_{train} 中的输入样本集

⊖ 图片来源于 https://www.geeksforgeeks.org/regularization-in-machine-learning/。

合为 $X_{\text{train}}=\{x_i\}(i=1,2,\cdots,n)$，对应的真实值集合为 $Y_{\text{train}}=\{y_i\}(i=1,2,\cdots,n)$，对应的标签值集合为 $L_{\text{train}}=\{l_i\}(i=1,2,\cdots,n)$；测试集 D_{test} 中的输入样本集合为 $X_{\text{test}}=\{x_j\}(j=1,2,\cdots,m)$，对应的真实值集合为 $Y_{\text{test}}=\{y_j\}(j=1,2,\cdots,m)$，对应的标签值集合为 $L_{\text{test}}=\{l_j\}(j=1,2,\cdots,m)$。假定基于现有的训练集 D_{train}，通过留出法获得样本数量相同的训练集 $\{D_k\}(k=1,2,\cdots,K)$，$f_k(x;D_k)$ 表示在第 k 个训练集 D_k 上学习得到的模型。

1. 偏差

不管是在传统机器学习还是深度学习中，偏差（Bias）度量训练所得模型的预估值和真实值的偏离程度，刻画了算法本身的拟合能力。

用 $(\hat{y}_j)_k=f_k(x_j;D_k)$ 表示在第 k 个训练集 D_k 上训练所得的模型对测试样本 x_j 的预估值输出，用 $\bar{y}_j$ 表示在 K 个训练集上训练所得的 K 个模型对测试样本 $x_j(j=1,2,\cdots,m)$ 的预估值输出 $(\hat{y}_j)_k(k=1,2,\cdots,K)$ 的期望，计算公式如下：

$$\bar{y}_j=E[\{(\hat{y}_j)_k\}]=E[\{f_k(x_j;D_k)\}],\quad k=1,2,\cdots,K \tag{7-1}$$

那么样本 x_j 的偏差计算公式如下：

$$\text{bias}^2(x_j)=(y_j-\bar{y}_j)^2 \tag{7-2}$$

偏差的计算过程如图 7-3 所示。

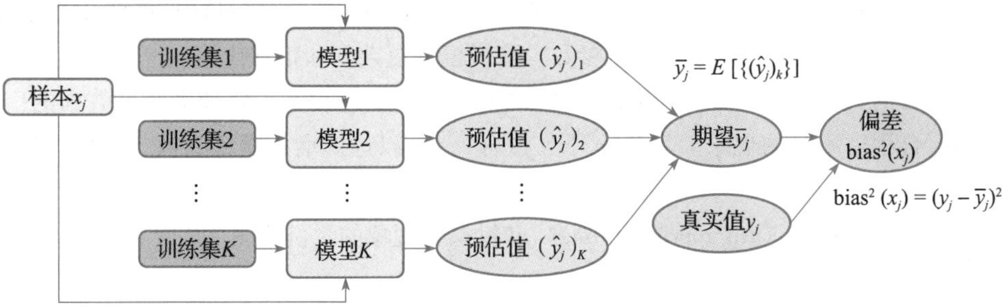

图 7-3 偏差计算示意图

2. 方差

方差（Variance）度量样本数量相同，但样本存在差异的不同训练集所导致的算法性能的变化，刻画了数据扰动对算法的影响。

同样，用 $(\hat{y}_j)_k=f_k(x_j;D_k)$ 表示在第 k 个训练集 D_k 上训练所得的模型对测试样本 x_j 的预估值输出，用 $\bar{y}_j$ 表示在 K 个训练集上训练所得的 K 个模型对测试样本 $x_j(j=1,2,\cdots,m)$ 的预估值输出 $(\hat{y}_j)_k(k=1,2,\cdots,K)$ 的期望，计算公式如下：

$$\bar{y}_j=E[\{(\hat{y}_j)_k\}]=E[\{f_k(x_j;D_k)\}],\quad k=1,2,\cdots,K \tag{7-3}$$

那么样本 x_j 的方差计算如下：

$$\text{Var}(x_j)=E[\{((\hat{y}_j)_k-\bar{y}_j)^2\}],\quad k=1,2,\cdots,K \tag{7-4}$$

方差的计算过程如图 7-4 所示。

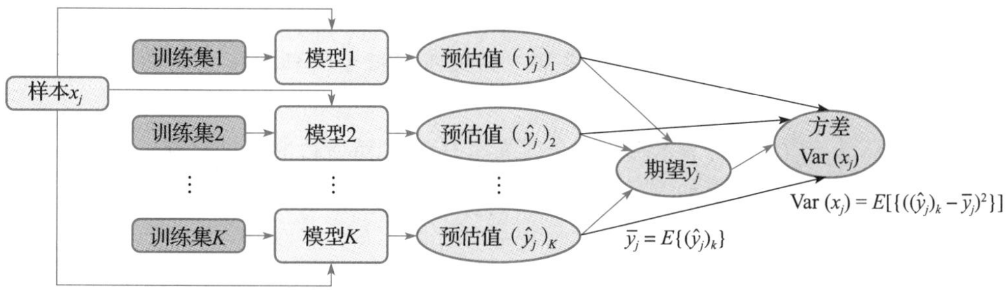

图 7-4　方差计算示意图

3. 噪声

噪声（Noise）度量样本真实值与标签值的偏离程度，刻画了学习问题本身的难度。$y_j(j=1,2,\cdots,m)$表示真实值，$l_j(j=1,2,\cdots,m)$表示标签值。

单个样本 x_j 的噪声计算公式如下：

$$\varepsilon^2=(l_j-y_j)^2 \tag{7-5}$$

多个样本的噪声计算公式如下：

$$\varepsilon^2=E[\{(l_j-y_j)^2\}],\quad j=1,2,\cdots,m \tag{7-6}$$

噪声的计算过程如图 7-5 所示。

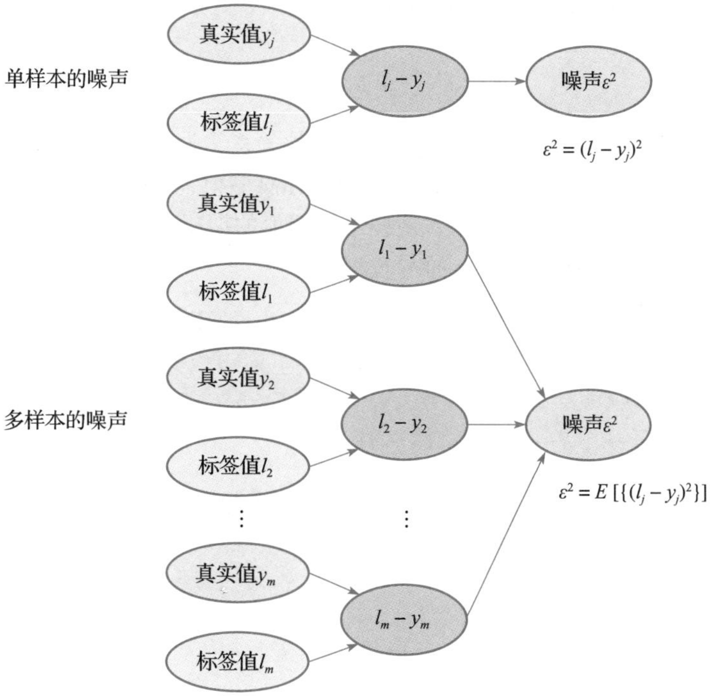

图 7-5　噪声计算示意图

4. 泛化误差

泛化误差（Generalization Error）度量基于训练所得模型得到的预估值和标签值的偏离程度。

同样，用$(\hat{y}_j)_k=f_k(x_j;D_k)$表示在第 k 个训练集 D_k 上训练所得的模型对测试样本 x_j 的预估值输出，泛化误差的计算公式如下：

$$\text{GenError}(x_j)=E[\{((\hat{y}_j)_k-l_j)^2\}],\quad k=1,2,\cdots,K \tag{7-7}$$

泛化误差的计算过程如图 7-6 所示。

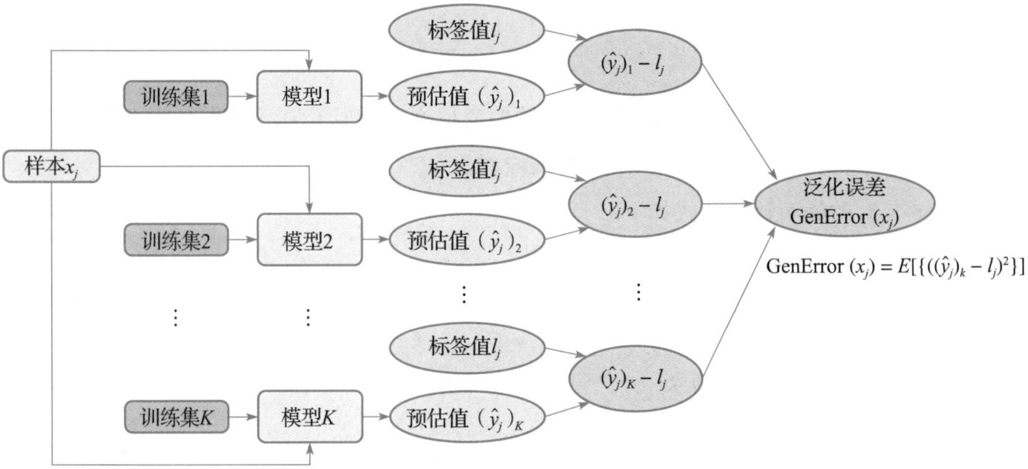

图 7-6　泛化误差计算示意图

接下来观察偏差、方差、泛化误差和噪声之间的关系。为方便表示，以下公式不再使用下标指明具体的值。使用 y 表示样本的真实值，l 表示标签值，$\hat{y}$ 表示模型对新样本的预估值，$\bar{y}$ 表示在多个训练集上训练所得的模型对新样本预测值的期望。参考文献［1］，可以推导出泛化误差等于偏差、方差和噪声之和，推导过程如下：

$$\begin{aligned}
&\text{GenError}(x)\\
&=E[(\hat{y}-l)^2]\\
&=E[(\hat{y}-\bar{y}+\bar{y}-l)^2]\\
&=E[(\hat{y}-\bar{y})^2]+E[(\bar{y}-l)^2]+E[2(\hat{y}-\bar{y})(\bar{y}-l)]\\
&=E[(\hat{y}-\bar{y})^2]+E[(\bar{y}-y+y-l)^2]+E[2(\hat{y}-\bar{y})(\bar{y}-l)]\\
&=E[(\hat{y}-\bar{y})^2]+E[(\bar{y}-y)^2]+E[(y-l)^2]+E[2(\hat{y}-\bar{y})(\bar{y}-l)]+E[2(\bar{y}-y)(y-l)]
\end{aligned} \tag{7-8}$$

下面，证明 $E[2(\hat{y}-\bar{y})(\bar{y}-l)]$ 等于 0。

$$\begin{aligned}
&E[2(\hat{y}-\bar{y})(\bar{y}-l)]\\
&=2(E[(\hat{y}-\bar{y})]E[(\bar{y}-l)])\\
&=2(E[\hat{y}]-E[\hat{y}])E[(\bar{y}-l)])\quad //\text{根据公式(7-1)可得 }\bar{y}=E[\hat{y}]\\
&=0
\end{aligned} \tag{7-9}$$

假定噪声的期望 $E[(y-l)]=0$，那么

$$\begin{aligned}&E[2(\bar{y}-y)(y-l)]\\=&2E[(\bar{y}-y)]E[(y-l)]\\=&0\end{aligned}\tag{7-10}$$

由此可以得出泛化误差、偏差、方差和噪声之间的关系，如下所示：

$$\underbrace{\text{GenError}(x)}_{\text{泛化误差}}=\underbrace{E[(\hat{y}-\bar{y})^2]}_{\text{方差Var}}+\underbrace{E[(\bar{y}-y)^2]}_{\text{偏差bias}}+\underbrace{E[(y-l)^2]}_{\text{噪声}\varepsilon^2}\tag{7-11}$$

7.1.4　深度学习模型的训练与测试过程

在训练深度学习模型时，一般先设计一个神经网络结构，在训练集上进行训练，在迭代一定的轮数（Epoch）后计算偏差。如果偏差较大，继续进行迭代，如果偏差仍然没有大幅度减小，就需要设计更复杂的神经网络结构（增加每层神经元的数量、增加神经网络的层数等）后再进行训练，直到偏差减小到既定的阈值之内。之后，在验证集上计算训练好的模型的方差，如果方差比较高，说明出现了过拟合现象，就要采取一些措施来降低方差，如增加数据量重新训练、采用一些正则化方法、减少网络参数和降低模型复杂度等，直到方差减少到既定的阈值之内。最后，在测试集上进行模型测试，一般情况下，泛化误差都能满足要求，如果出现泛化误差比较大的情况，根据泛化误差计算公式（7-11），在偏差与方差都比较小的情况下，一般是由数据中含有较多的噪声造成的，这就需要提前对数据进行降噪处理。深度学习模型的训练与测试流程如图 7-7 所示。

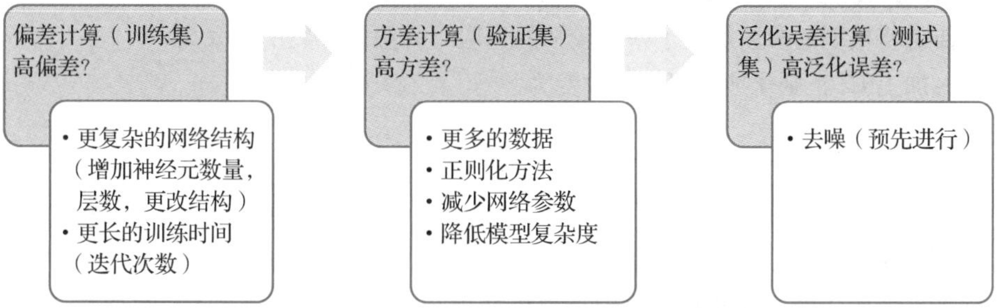

图 7-7　深度学习的训练与测试过程

7.2　参数范数正则化

参数范数正则化方法早在深度学习出现之前就已经在使用了。参数范数正则化方法可以简单地在损失函数 L 后添加一个参数范数正则化项 $\Omega(\boldsymbol{\theta})$，来限制模型的学习能力，正则化后的损失函数可表示为

$$\widetilde{L}(\boldsymbol{\theta};\boldsymbol{x},\boldsymbol{y})=L(\boldsymbol{\theta};\boldsymbol{x},\boldsymbol{y})+\alpha\Omega(\boldsymbol{\theta})\tag{7-12}$$

其中，α 是正则项系数，它是一个超参，用来控制惩罚项 Ω 对损失函数的惩罚大小。

当最小化正则化后的损失函数时，它会同时降低原有损失函数 L 和正则化项 $\Omega(\boldsymbol{\theta})$ 的值，即在保证获得小误差的同时减少参数规模，一定程度上减少了过拟合的程度。对于参数范数正则化项，可以选择不同的范数形式，得到不同的优先解。

参数范数正则化中最常见的就是 L1 正则化与 L2 正则化，下面将分别介绍两种参数正则化方法。在介绍之前，先假设 $\boldsymbol{w}$ 为需要正则化的参数，$\boldsymbol{\theta}$ 为全体参数，它包括需要正则化的参数 $\boldsymbol{w}$ 与不需要正则化的参数。

7.2.1 L1 参数正则化

L1 参数正则化在损失函数中添加一个正则化项：

$$\Omega(\boldsymbol{\theta}) = \|\boldsymbol{w}\|_1 \tag{7-13}$$

L1 正则化项就是各个参数的绝对值之和。L1 参数正则化也称为 Lasso 回归（Lasso Regression）。

由此，加上 L1 正则化项的损失函数变为

$$\widetilde{L}(\boldsymbol{w};\boldsymbol{x},\boldsymbol{y}) = L(\boldsymbol{w};\boldsymbol{x},\boldsymbol{y}) + \alpha\|\boldsymbol{w}\|_1 \tag{7-14}$$

7.2.2 L2 正则化

L2 正则化是在损失函数中添加一个正则化项：

$$\Omega(\boldsymbol{\theta}) = \frac{1}{2}\|\boldsymbol{w}\|_2^2 \tag{7-15}$$

L2 正则化项就是各个参数的平方和再开方。L2 正则化也称为岭回归（Ridge Regression），它可以看作是将模型的参数加上了一个较强的先验，并假设参数不会太大。

由此，加上 L2 正则化项的损失函数变为

$$\widetilde{L}(\boldsymbol{w};\boldsymbol{x},\boldsymbol{y}) = L(\boldsymbol{w};\boldsymbol{x},\boldsymbol{y}) + \frac{\alpha}{2}\|\boldsymbol{w}\|_2^2 \tag{7-16}$$

7.3 数据增强

深度学习的快速发展离不开大规模数据集的出现，但并不是所有任务都有足够的训练数据，如果不对已有数据进行扩充来进行模型训练，极有可能使得模型陷入过拟合中。数据增强（Data Augmentation）可以简单地理解为对训练数据数量的扩充，利用已有的有限数据产生更多的有效数据。因此，在数据集数据量有限时，进行数据增强就显得很有必要，一方面可以尽可能地避免过拟合；另一方面随着训练数据的增多，也会在一定程度上提高模型的泛化性。本节主要介绍图像数据增强的常用方法。

图像数据增强主要有两种常见的方法：空间变换和像素颜色变换。空间变换是最常见也是最直观的图像增强手段之一，如对图像进行随机翻转、旋转、平移和裁剪等操作，在进行数据增强操作时，可以同时进行多种操作。像素颜色变换更多的是对图像像素值进行修改，

如在原始图像上进行对比度扰动、饱和度扰动、颜色变换与噪声扰动等操作。可以利用 OpenCV、PIL 等图像处理库进行数据增强，同时在常用的深度学习框架（如 TensorFlow、PyTorch 和飞桨）中，都有相应的图像增强函数可供直接调用。

PyTorch 框架中与图像数据增强相关的函数位于 torchvision. transforms 中，主要包括如下几种。

1）颜色变换函数 ColorJitter(brightness=0，contrast=0，saturation=0，hue=0)：可以对输入图像的亮度（brightness）、对比度（contrast）、饱和度（saturation）和色调（hue）进行随机变换。

2）灰度变换函数 Grayscale(num_output_channels=1)：直接将输入图像转换为灰度图像，channels=1 是默认值，也可以指定其他值。

3）灰度变换函数 RandomGrayscale（p=0. 1)：在概率 p 下将输入图像转换为灰度图像，p=0. 1 是默认值，也可以指定其他值。

4）随机旋转变换函数 RandomRotation(degrees)：参数 degrees 用于指定可以旋转的度数范围。

5）随机水平翻转函数 RandomHorizontalFlip(p=0. 5)：在概率 p 下将输入图像进行水平翻转，p=0. 5 是默认值，也可以指定其他值。

6）随机垂直翻转函数 RandomVerticalFlip(p=0. 5)：在概率 p 下将输入图像进行垂直翻转，p=0. 5 是默认值，也可以指定其他值。

7）仿射变换函数 RandomAffine(degrees，translate=None，scale=None，shear=None)：对输入图像进行仿射变换，参数 degrees 指定旋转角度，translate 设置平移区间，scale 设置缩放比例，shear 设置错切角度。

若要了解更多关于图像数据增强函数及其参数的细节，请查阅 PyTorch 文档，详细情况请参见 https://pytorch. org/vision/stable/transforms. html。

下面给出对图像进行颜色变换数据增强的 PyTorch 示例代码：

```
# 导入需要的库
import torchvision. transforms as transforms from PIL import Image
# 构造数据增强操作
data_aug = transforms. Compose ([
    transforms. ColorJitter (brightness=[0.5, 0.9], contrast=[0.8, 1], satura-
      tion=[0.6, 0.9], hue=0.3)

])
# 读取输入图像
orig_img = Image. open ("PATH/OF/IMAGE")
# 执行数据增强
aug_img = data_aug (orig_img)
```

图 7-8 给出了一个图像数据增强的示例。

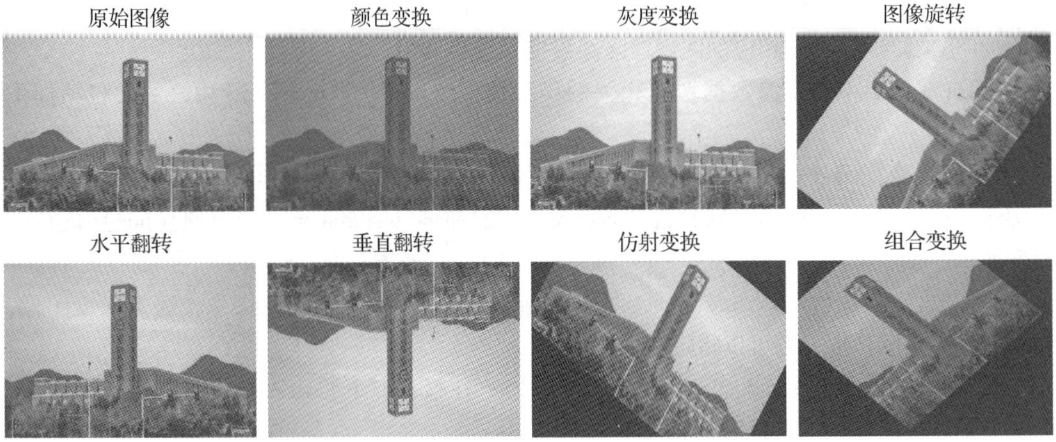

图 7-8 图像数据增强示例（详见彩插）

除此之外，GitHub 上有一个图像数据增强的开源实现，参见 https://github.com/aleju/imgaug。但需要指出的是，对图像进行数据增强也需要视情况而定，如在人脸检测任务中，则不太适合对数据进行垂直翻转；在手写数字识别任务中，为了区别 6 和 9，也不适合对数据进行垂直翻转以及旋转过大的角度。

7.4 Bagging

Bagging（Bootstrap Aggregating）是一种常见的集成学习方法，它的主要思想是：首先在原始数据集中采样不同的子数据集，然后基于这些子数据集分别训练多个不同的模型，最后将测试样本输入所有模型，将得到的多个结果进行平均或者投票得到测试样本的最终输出，如图 7-9 所示。通过 Bagging 方法，可以降低泛化误差，因此也是一种常见的正则化方法，在深度学习中也经常用到。

Bagging 一般基于自助采样法（Bootstrap Sampling）进行数据采样。给定包含 m 个样本的初始数据集 D，我们进行 m 次放回采样，这样我们会得到包含 m 个样本的采样数据集 D_1，以同样的采样方法，可以得到数据集 $D_2,D_3,\cdots,D_k$，如图 7-9 所示。可以发现，通过自助采样法获得的数据集中会缺少一些来自原始数据集中的样本，同时也会包含一些被多次选中、重复的样本，这就使得每次采样获得的数据集之间存在差异。

在获得多个采样数据集后，就可以在每个数据集上训练得到 k 个模型，每个采样数据集之间所含样本的差异会导致 k 个模型之间也存在差异，因此在测试集上产生的误差也不相同，而这也是 Bagging 方法能够起作用的原因。

参考 Ian Goodfellow 等人在文献［2］中对 Bagging 方法的分析，假设训练所得的第 i 个子模型在每个样本上的误差是 ϵ_i，并且 ϵ_i 服从均值为零、方差为 $E[\epsilon_i^2]=v$ 且协方差为 $E[\epsilon_i,\epsilon_j]=c$ 的多维正态分布，所有子模型的平均预测误差是 $(\sum_i\epsilon_i)/k$，可求得平方误差的期望如下：

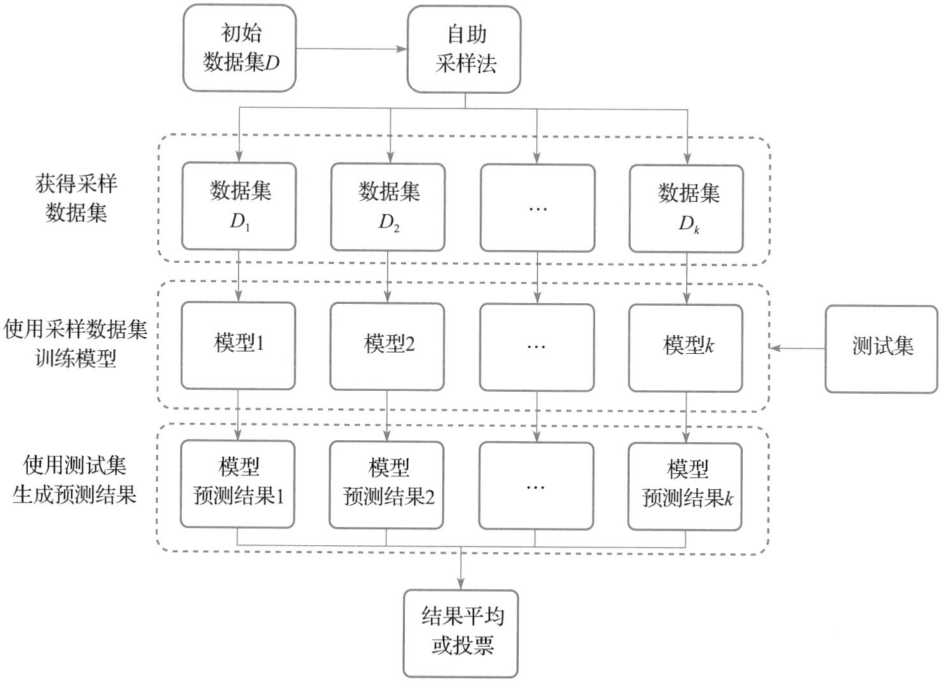

图 7-9 Bagging 方法示意图

$$
\begin{aligned}
E\left[\left(\frac{1}{k}\sum_i\epsilon_i\right)^2\right] &= \frac{1}{k^2}E[(\sum_i\epsilon_i)^2] = \frac{1}{k^2}E[\sum_i(\epsilon_i^2+\sum_{j\neq i}\epsilon_i\epsilon_j)] \\
&= \frac{1}{k^2}E[\sum_i\epsilon_i^2] + \frac{1}{k^2}E[\sum_i(\sum_{j\neq i}\epsilon_i\epsilon_j)] \\
&= \frac{1}{k^2}kv + \frac{1}{k^2}k(k-1)c \\
&= \frac{1}{k}v + \frac{(k-1)}{k}c
\end{aligned} \tag{7-17}
$$

如果误差完全相关（$c=v$），集成平方误差的期望减少到 v，因此模型平均没有任何帮助。在误差完全不相关（$c=0$）的情况下，该集成平方误差的期望为 v/k。因此可见，集成平方误差的期望会随着集成规模增大而线性减小。Bagging 集成模型至少会和它的任何成员表现得一样好，并且如果成员的误差是独立的，Bagging 集成模型将显著地比其成员表现得更好。

在深度学习中，也经常会用到 Bagging 方法，通过训练多个模型，将多个模型的结果进行平均或者投票获得最终的结果。

7.5 提前终止

在深度学习算法的训练过程中，我们期望随着训练迭代次数的增加，训练损失或者说训练误差能逐步减小。但是如果同时观察训练过程中模型在验证集上的损失，会发现验证集损失通常会先下降然后在某个时刻又开始上升，如图 7-10 所示。可以认为在验证集损失开始上升的时刻，模型的训练已经表现的足够好了，如果再训练会导致模型的性能下降。而提前终止（Early Stopping）的作用则在于找到这个上升的时间点，并及时终止模型的训练。因为提前终止策略简单有效，且可以单独使用或者与其他正则化策略结合使用，是深度学习中最常用的正则化方法之一。

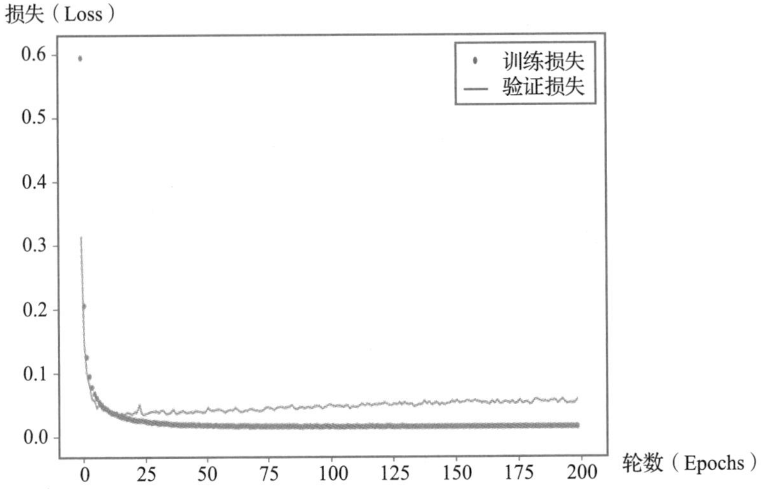

图 7-10 模型训练损失变化示意图

提前终止算法的伪代码如算法 7-1 所示。

算法 7-1 提前终止算法

输入：验证集损失计算间隔轮数 E^{interval}，验证集损失开始上升后训练轮数阈值 $E^{\text{threshold}}$

输出：最佳验证集损失 $\text{Loss}_{\text{val}}^*$，最佳训练轮数 E^*

$i=0$

$j=0$

$\text{Loss}_{\text{val}}^*=\infty$

$E^*=0$

while $i<E^{\text{threshold}}$ **do**

  $j=j+E^{\text{interval}}$

  计算最新 $\text{Loss}'_{\text{val}}$

  if $\text{Loss}'_{\text{val}}<\text{Loss}_{\text{val}}^*$ **then**

    $i=0$

    $E^*=j$

    $\text{Loss}_{\text{val}}^*=\text{Loss}'_{\text{val}}$

```
    else
      i=i+1
  end if
end while
```

7.6 Dropout

Dropout[3] 正则化方法由 Nitish Srivastava 等人于 2012 年提出，它计算简单、功能强大。目前，大多数的深度神经网络都使用了 Dropout 正则化方法。

Dropout 可以作为训练深度神经网络的一种技巧。在每个训练批次中，通过删掉部分神经元节点，可以明显地减少过拟合现象。换句话说，在网络前向传播时，让某个神经元的激活值以一定的概率 p 输出为 0，这样可以使模型的泛化能力更强，因为它不会太依赖某些局部特征。如图 7-11 所示，可以看到未使用 Dropout 的神经网络（如图 7-11a 所示）和使用 Dropout 的神经网络（如图 7-11b 所示）的情况。

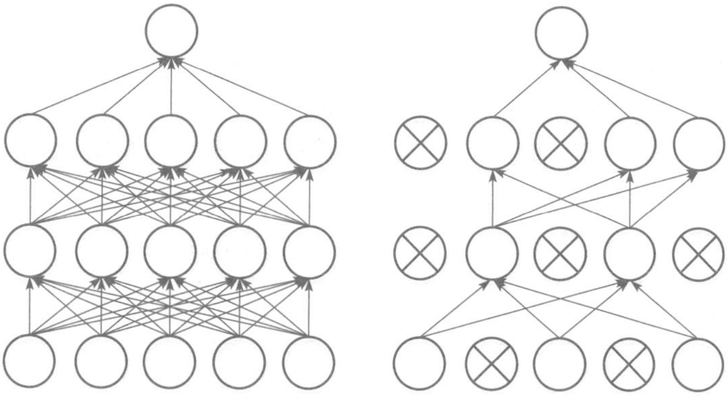

a）未使用Dropout　　b）使用Dropout

图 7-11　未使用 Dropout 和使用 Dropout 的神经网络[㊀]

如图 7-12a 所示，未使用 Dropout 的神经网络的计算公式如下：

$$z_i^{(l+1)}=\boldsymbol{w}_i^{(l+1)}\boldsymbol{y}^{(l)}+b_i^{(l+1)} \tag{7-18}$$

$$y_i^{(l+1)}=f(z_i^{(l+1)}) \tag{7-19}$$

其中 $\boldsymbol{w}_i^{(l+1)}$ 表示第（l+1）层第 i 个节点的线性变换矩阵，$\boldsymbol{b}_i^{(l+1)}$ 表示第（l+1）层第 i 个节点的偏置，函数 $f(.)$ 表示激活函数。

如图 7-12b 所示，使用 Dropout 的神经网络的计算公式如下：

$$\hat{\boldsymbol{y}}^{(l)}=\boldsymbol{r}^{(l)}*\boldsymbol{y}^{(l)} \tag{7-20}$$

$$r_j^{(l)}\sim\text{Bernoulli}(p) \tag{7-21}$$

㊀ 根据文献［3］重新绘制。

$$z_i^{(l+1)} = \boldsymbol{w}_i^{(l+1)} \hat{\boldsymbol{y}}^{(l)} + b_i^{(l+1)} \tag{7-22}$$

$$y_i^{(l+1)} = f(z_i^{(l+1)}) \tag{7-23}$$

其中 Bernoulli(p) 是为了生成概率 $r_j^{(l)}$，从而实现让某个神经元以概率 p 停止工作，起到防止过拟合的作用。

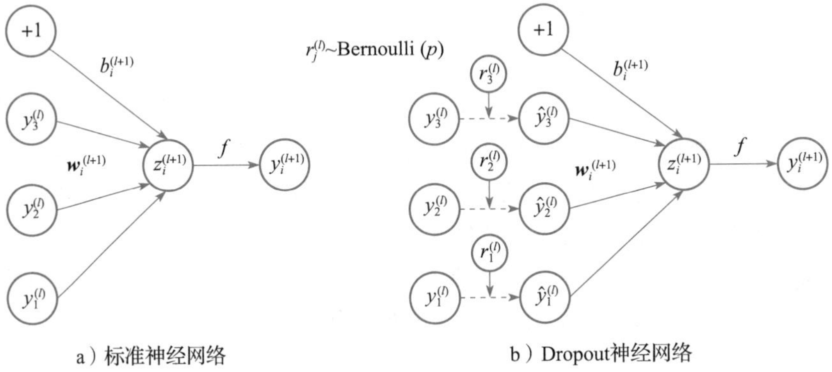

图 7-12 标准神经网络与 Dropout 神经网络的计算过程[⊖]

如图 7-13 所示，使用 Dropout 的神经网络的训练过程如下：

1）将神经网络中的隐藏层神经元的激活值以概率 p 随机置 0，即出现的概率为（$1-p$）。

2）对得到的神经网络进行前向、反向传播，被置 0 的神经元参数不改变。

3）重复这一过程，直至训练结束。

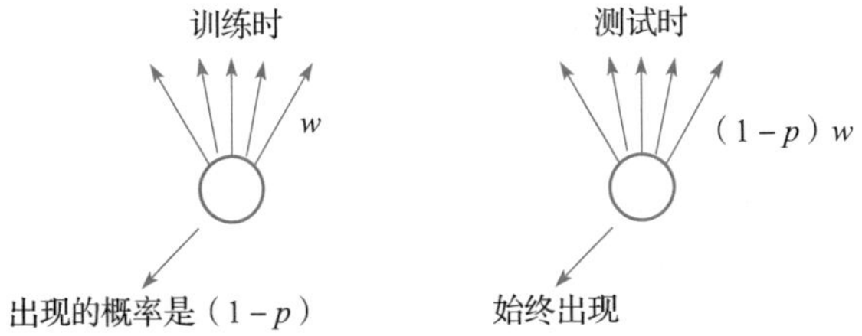

图 7-13 使用 Dropout 的神经网络训练与测试时的情况

使用 Dropout 的神经网络的测试（泛化）过程：

1）测试时使用所有神经元。

2）使用过 Dropout 的层中的所有神经元的激活值需要乘以（$1-p$）。

Dropout 可以看作是一种高效的近似 Bagging 的集成方法，并且是共享隐藏层单元的集成方法。Warde-Farley 等人将 Dropout 与集成模型的训练进行比较并得出结论：相比独立模型集成后获得的泛化误差，Dropout 会有更好地改进。

同时，Dropout 减少了隐藏层神经元之间的复杂的共适应关系。因为 Dropout 使得两个隐藏

⊖ 图 7-12 根据文献［3］重新绘制。

层神经元不一定每次都在一个网络中出现。这样权值的更新不再依赖于有固定关系的隐藏层神经元的共同作用，阻止了某些特征仅在其他特定特征存在时才有效果的情况，迫使网络去学习更加鲁棒的特征。

7.7 归一化

由于数据样本的不同特征之间的量纲或量纲单位不同，变化区间也处于不同数量级，使用原始数据训练机器学习或深度学习模型，不同特征对模型的影响会不同，这也导致训练所得的模型缺乏鲁棒性。归一化（Normalization）是一种常见的数据预处理方法，它将数据映射成［0,1］或者［-1,1］之间的小数，使得最优解的寻优过程明显变得平缓，更容易收敛到最优解，这对训练更加鲁棒的机器学习或深度学习模型是非常必要的。因此，在构造机器学习或深度学习模型之前，需要将数据做归一化处理，使特征具有相同的度量尺度，这样不仅会加快求解的速度，还有可能提高模型的精度。

7.7.1 机器学习中的归一化

1. 最大最小归一化

给定样本集合 $X=\{x_i\}$，$i=1,\cdots,n,x^{\min}$ 为样本的最小值，$x^{\max}$ 为样本的最大值。

最大最小归一化（Max-min Normalization）将数据归一化到［0,1］之间，计算公式如下：

$$x_i^{\text{minmax}}=\frac{x_i-x^{\min}}{x^{\max}-x^{\min}} \tag{7-24}$$

最大最小归一化可以很好地将数据归一化到［0,1］之间，使数据具有相同的度量尺度。但是这种归一化方法容易受到离群点数据的影响，因为公式的分母是最大值与最小值的差，如果存在一个离群点数据的值过大或者过小，都会导致分母很大，这使得归一化后的数据失去意义。另外，最大最小归一化后的数据值都为正数，这导致机器学习模型的参数只能同时增大或同时减小，参数的更新路线可能不是最优路线。因此，一般不使用最大最小归一化进行数据预处理。

2. 标准归一化（均值方差归一化）

标准归一化（Standard Normalization）会考虑所有样本数据，因此受离群点数据的影响要小一些，尤其在样本足够多的情况下表现比较稳定。

给定样本集合 $\boldsymbol{X}=\{x_i\}$，$i=1,\cdots,n$，$E(\boldsymbol{X})$ 为样本均值，$\text{Var}(\boldsymbol{X})$ 为样本方差，标准归一化的计算公式如下：

$$x_i^{\text{stand}}=\frac{x_i-E(\boldsymbol{X})}{\sqrt{\text{Var}(\boldsymbol{X})}} \tag{7-25}$$

其中

$$E(\boldsymbol{X})=\frac{1}{n}\sum\nolimits_{i=1}^{n}x_i \tag{7-26}$$

$$\mathrm{Var}(\boldsymbol{X})=\frac{1}{n}\sum_{i=1}^{n}(x_i-E(\boldsymbol{X}))^2 \tag{7-27}$$

标准归一化的分子为均值归一化，这样得到的样本值有正有负，可以让不同的参数朝着不同方向调整直至到达最优解，减少迭代次数，使得更新尽可能沿着最优路径进行。标准归一化的分母用到了方差，方差衡量的是数据的离散程度，因此可以减小离群点数据的影响。

7.7.2 深度学习中的归一化

1. 批归一化

在神经网络训练过程中，通常将数据按批（Batch）输入，由于每批数据的分布并不相同，使模型训练起来比较困难。并且在训练深层神经网络时，激活函数会改变各层数据的分布和量级，随着神经网络的加深，这种改变会越来越大，从而导致模型不够稳定、不容易收敛，甚至可能出现梯度消失的问题。这些存在的问题可以通过批归一化（Batch Normalization，BN）[4] 来解决。

神经网络中传递的张量数据一般有 4 个维度，记为（N,H,W,C），其中 N 表示批大小，W、H 分别表示特征图的宽和高，C 表示通道数量，$N,H,W,C\in\mathbb{N}$。批归一化的主要思想是让一个批次内的所有数据在某个通道维度上的均值为 0，方差为 1，即在 N、H、W 维度上做归一化。这样不仅可以使数据分布一致，而且可以避免梯度消失的发生。

给定一个批大小为 N 的样本集合 $\boldsymbol{X}\in\mathbb{R}^{N\times H\times W\times C}$ 作为输入，$E_c[\boldsymbol{X}]$ 为样本沿着通道方向计算得到的均值，$\mathrm{Var}_c[\boldsymbol{X}]$ 为样本沿着通道方向计算得到的方差，$\boldsymbol{\epsilon}$ 是一个很小的数，防止分母为零，$\boldsymbol{\gamma}\in\mathbb{R}^C$ 为可学习放缩（Scale）变量，初始值通常设置为 1，$\boldsymbol{\beta}\in\mathbb{R}^C$ 为可学习平移（Shift）变量，初始值通常设置为 0。批归一化的计算公式如下：

$$E_c[\boldsymbol{X}]=\frac{1}{N\times H\times W}\sum_{n=1}^{N}\sum_{h=1}^{H}\sum_{w=1}^{W}\boldsymbol{X}_{n,h,w} \tag{7-28}$$

$$\mathrm{Var}_c[\boldsymbol{X}]=\frac{1}{N\times H\times W}\sum_{n=1}^{N}\sum_{h=1}^{H}\sum_{w=1}^{W}(\boldsymbol{X}_{n,h,w}-E_c[\boldsymbol{X}])^2 \tag{7-29}$$

$$\boldsymbol{Y}_{n,h,w}=\frac{\boldsymbol{X}_{n,h,w}-E_c[\boldsymbol{X}]}{\sqrt{\mathrm{Var}_c[\boldsymbol{X}]+\epsilon}}\times\boldsymbol{\gamma}+\boldsymbol{\beta} \tag{7-30}$$

批归一化使网络中每层输入数据的分布相对稳定，可以减少训练过程中的梯度消失和梯度爆炸问题，有助于更好地传播梯度并提高模型的稳定性，也使得神经网络更快地收敛到最优解，加速了训练过程。同时，它使模型对输入数据中的一些变化和扰动具有更好的鲁棒性，提高了模型的泛化能力。

但是批归一化受到批大小影响较大。如果批大小过小，计算的均值和方差不足以代表整个样本数据的分布，批归一化的效果可能会下降；如果批大小过大，会超过内存容量，无法处理。并且批归一化并不适合所有神经网络，如循环神经网络等动态网络，使用批归一化的效果并不好。

2. 层归一化

在自然语言处理任务中，不同样本的长度往往是不同的，而批归一化基于批对数据进行归一化，很难满足需求。为了解决这一问题，通常使用层归一化（Layer Normalization，LN）[5]方法。

层归一化是指让一个数据样本在所有通道上的均值为0，方差为1，即在H、W、C维度上做归一化。层归一化不需要批训练，在单条数据内部就能归一化。因此可以在循环神经网络等动态网络中使用。

给定一个批大小为N的样本集合$\boldsymbol{X}\in\mathbb{R}^{N\times H\times W\times C}$作为输入，$E_n[\boldsymbol{X}]$是沿着批方向计算得到的均值，$\mathrm{Var}_n[\boldsymbol{X}]$是沿着批方向计算得到的方差，$\epsilon$是一个很小的数，防止分母为零，$\boldsymbol{\gamma}\in\mathbb{R}^C$为可学习放缩变量，初始值通常设置为1，$\boldsymbol{\beta}\in\mathbb{R}^C$为可学习平移变量，初始值通常设置为0。层归一化的计算公式如下：

$$E_n[\boldsymbol{X}]=\frac{1}{H\times W\times C}\sum_{h=1}^{H}\sum_{w=1}^{W}\sum_{c=1}^{C}\boldsymbol{X}_{h,w,c} \tag{7-31}$$

$$\mathrm{Var}_n[\boldsymbol{X}]=\frac{1}{H\times W\times C}\sum_{h=1}^{H}\sum_{w=1}^{W}\sum_{c=1}^{C}(\boldsymbol{X}_{h,w,c}-E_n[\boldsymbol{X}])^2 \tag{7-32}$$

$$\boldsymbol{Y}_{h,w,c}=\frac{\boldsymbol{X}_{h,w,c}-E_n[\boldsymbol{X}]}{\sqrt{\mathrm{Var}_n[\boldsymbol{X}]+\epsilon}} \tag{7-33}$$

$$\boldsymbol{Z}_{n,h,w}=\boldsymbol{Y}_{n,h,w}\times\boldsymbol{\gamma}+\boldsymbol{\beta} \tag{7-34}$$

层归一化的最大优点是不依赖于小批量数据的大小，因此可以在训练和推理过程中使用不同的批大小，甚至可以在单个样本上应用，另外它也不需要保存批的均值和方差，节省了存储空间。此外，层归一化适用于循环神经网络。但是，层归一化在批大小比较大时没有批归一化效果好。

3. 实例归一化

在图像风格变换任务中，生成图像的风格主要依赖于某个图像实例，因而实例归一化（Instance Normalization）[6]提出只对H、W维度进行归一化，即只让一个单独数据在H和W维度上求均值和方差。

给定一个批大小为N的样本集合$\boldsymbol{X}\in\mathbb{R}^{N\times H\times W\times C}$作为输入，$E_{nc}[\boldsymbol{X}]$是沿着批方向和通道方向计算得到的均值，$\mathrm{Var}_{nc}[\boldsymbol{X}]$是沿着批方向和通道方向计算得到的方差，$\epsilon$是一个很小的数，防止分母为零，$\boldsymbol{\gamma}\in\mathbb{R}^C$为可学习放缩变量，初始值通常设置为1，$\boldsymbol{\beta}\in\mathbb{R}^C$为可学习平移变量，初始值通常设置为0。实例归一化的计算公式如下：

$$E_{nc}[\boldsymbol{X}]=\frac{1}{H\times W}\sum_{h=1}^{H}\sum_{w=1}^{W}\boldsymbol{X}_{h,w} \tag{7-35}$$

$$\mathrm{Var}_{nc}[\boldsymbol{X}]=\frac{1}{H\times W}\sum_{h=1}^{H}\sum_{w=1}^{W}(\boldsymbol{X}_{h,w}-E_{nc}[\boldsymbol{X}])^2 \tag{7-36}$$

$$\boldsymbol{Y}_{h,w}=\frac{\boldsymbol{X}_{h,w}-E_{nc}[\boldsymbol{X}]}{\sqrt{\mathrm{Var}_{nc}[\boldsymbol{X}]+\epsilon}} \tag{7-37}$$

$$\boldsymbol{Z}_{n,h,w}=\boldsymbol{Y}_{n,h,w}\times\boldsymbol{\gamma}+\boldsymbol{\beta} \tag{7-38}$$

实例归一化在图像风格迁移等图像生成任务中表现出色，能够有效地提升生成图像的质量和保持风格一致性。它可以保持每个样本图像实例之间的独立性，不受通道和批大小的影响。但是如果特征图用到了通道之间的相关性，该方法就不适用了。

4. 组归一化

组归一化（Group Normalization）[7] 用来解决当批大小较小时批归一化效果较差的问题。层归一化虽然不依赖批大小，但是在卷积神经网络中直接对当前层所有通道数据进行规一化也并不理想。组归一化将通道方向分组，然后在每个组内做归一化，使得一个数据样本在同一组内的所有通道的均值为0，方差为1。计算步骤与批归一化一样，但是不考虑批大小，即与批大小无关。

给定一个批大小为 N 的样本集合 $\boldsymbol{X}\in\mathbb{R}^{N\times H\times W\times C}$ 作为输入，$E_{ng}[\boldsymbol{X}]$ 是沿着批方向在每个通道组内计算得到的均值，$\mathrm{Var}_{ng}[\boldsymbol{X}]$ 是沿着批方向在每个通道组内计算得到的方差，ϵ 是一个很小的数，防止分母为零，$\boldsymbol{\gamma}\in\mathbb{R}^{C}$ 为可学习放缩变量，初始值通常设置为 1，$\boldsymbol{\beta}\in\mathbb{R}^{C}$ 为可学习平移变量，初始值通常设置为 0，其中 G 为分组数。组归一化的计算公式如下：

$$E_{ng}[\boldsymbol{X}]=\frac{1}{(C/G)HW}\sum_{c=gC/G+1}^{(g+1)C/G}\sum_{h=1}^{H}\sum_{w=1}^{W}\boldsymbol{X}_{h,w,c} \tag{7-39}$$

$$\mathrm{Var}_{ng}[\boldsymbol{X}]=\frac{1}{(C/G)HW}\sum_{c=gC/G+1}^{(g+1)C/G}\sum_{h=1}^{H}\sum_{w=1}^{W}(\boldsymbol{X}_{h,w,c}-E_{ng}[\boldsymbol{X}])^2 \tag{7-40}$$

$$\boldsymbol{Y}_{h,w,(gC/G+1):(g+1)C/G}=\frac{\boldsymbol{X}_{h,w,(gC/G+1):(g+1)C/G}-\boldsymbol{E}_{ng}[\boldsymbol{X}]}{\sqrt{\mathrm{Var}_{ng}[\boldsymbol{X}]+\epsilon}} \tag{7-41}$$

$$\boldsymbol{Z}_{n,h,w}=\boldsymbol{Y}_{n,h,w}\times\boldsymbol{\gamma}+\boldsymbol{\beta} \tag{7-42}$$

其中，$g\in\mathbb{N},g=0,\cdots,G-1$。可以发现，当 G 等于 1 时，其等价于层归一化；当 $G=C$ 时，其等价于实例归一化。

5. 权重归一化

权重归一化（Weight Normalization）将权值 $\boldsymbol{w}$ 分为一个方向分量 $\boldsymbol{v}$ 和一个范数分量 g，使用优化器分别优化这两个参数，如下所示：

$$\boldsymbol{w}=\frac{g}{\|\boldsymbol{v}\|}\boldsymbol{v} \tag{7-43}$$

其中 $\boldsymbol{v}$ 是与 $\boldsymbol{w}$ 同维度的向量，$\|\boldsymbol{v}\|$ 是欧氏范数，因此 $\boldsymbol{v}$ 决定了 $\boldsymbol{w}$ 的方向；g 是标量，决定了 $\boldsymbol{w}$ 的长度。由于$\|\boldsymbol{w}\|=|g|$，因此这一权重分解的方式将权重向量的欧氏范数进行了固定，从而实现了正则化的效果。

然后优化方向分量：

$$\nabla_g L=\frac{\nabla_w L\cdot \boldsymbol{v}}{\|\boldsymbol{v}\|} \tag{7-44}$$

接着优化范数分量：

$$\nabla_v L=\frac{g}{\|\boldsymbol{v}\|}\nabla_w L-\frac{g\nabla_g L}{\|\boldsymbol{v}\|^2}\boldsymbol{v} \tag{7-45}$$

权重归一化的归一化操作作用在了权值矩阵上，它可以带来更快的收敛速度，更强的学习率鲁棒性，能应用在循环神经网络等动态网络中。并且它与样本量无关，所以可以使用较小的批大小。但是权重归一化并没有对得到的特征范围进行约束的功能，所以对参数的初始值非常敏感。

7.8 优化算法

深度学习中的优化算法是指在模型训练过程中，通过调整参数以最小化损失函数来提高模型性能的算法。优化算法在深度学习中起着至关重要的作用，因为深度神经网络通常有大量的参数需要优化，这使得大规模的模型训练变得非常困难。深度学习中的优化算法选择直接影响了模型的收敛速度和性能。一个好的优化算法应该能够控制梯度下降的方向，避免局部最小值和鞍点，并能够加快学习的速度。下面介绍一些常用的优化算法。

7.8.1 梯度下降法

1. 梯度下降法

梯度下降法（Gradient Descent，GD）[8] 是一种常见的优化算法，用于调整模型参数以最小化损失函数。它是一种迭代的方法，通过计算损失函数的梯度方向，并按照梯度的方向来调整参数的取值，从而不断逼近损失函数的最小值。通常以最小化 $f(x)$ 指代深度学习中的优化问题，$f(x)$ 为损失函数。

假设有一个函数 $y=f(x)$，这个函数的导数记为 $f'(x)$ 或 $\frac{\mathrm{d}y}{\mathrm{d}x}$，表示 $f(x)$ 在点 x 处的斜率。换句话说，它表示如何缩放输入的小变化才能在输出获得相应的变化。即

$$f'(x)=\lim_{\epsilon\to 0}\frac{f(x+\epsilon)-f(x)}{\epsilon}$$
$$\Rightarrow f(x+\epsilon)\approx f(x)+\epsilon f'(x),\quad \text{当 }\epsilon\text{ 足够小时} \tag{7-46}$$

因此导数对于最小化一个函数很有用，因为它告诉我们如何更改 x 来略微地改善 y。例如，对于足够小的 ϵ 来说，$f(x-\epsilon\times\mathrm{sign}(f'(x)))<f(x)$ 一定成立，其中 sign 为符号函数。因此可以将 x 往导数的反方向移动一小步来减小 $f(x)$，即取 $x'=x-\epsilon f'(x)$ 为新的参考点，这种技术称为梯度下降。

如图 7-14 所示，以 $f(x)=\frac{1}{2}x^2$ 为例展示了梯度下降法中梯度下降的实际情况，图中的箭

头表示梯度下降的方向。

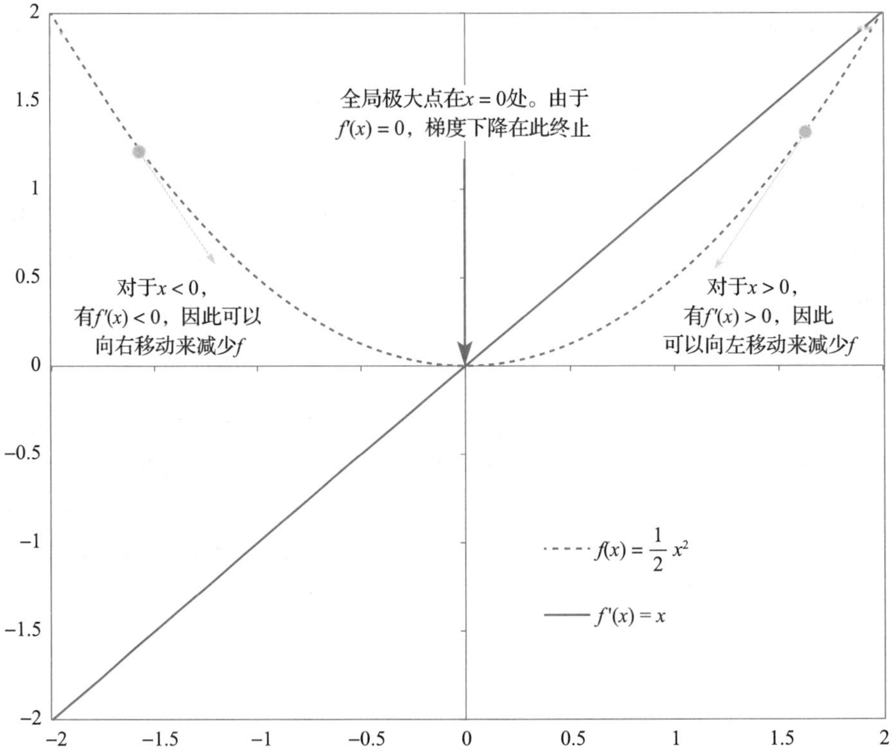

图 7-14　损失函数 $f(x)$ 示意图

在深度学习中，损失函数的自变量包含网络的多个参数，通常来说是多维的，用 $\boldsymbol{X}=(x_1, x_2,\cdots,x_n)$ 表示，为了使“最小化”的概念有意义，因此输出必须是一维的，即 $f(\boldsymbol{X}):\mathbb{R}^n\rightarrow\mathbb{R}$。针对具有多维输入的函数，需要用到偏导数的概念。偏导数 $\frac{\partial}{\partial x_i}f(\boldsymbol{X})$ 衡量点 $\boldsymbol{X}$ 处只有 x_i 增加时 $f(\boldsymbol{X})$ 如何变化。而梯度是相对一个向量的导数，f 的导数是包含所有偏导数的向量，记为

$$\nabla_X f(\boldsymbol{X})=\left(\frac{\partial f(\boldsymbol{X})}{\partial x_1},\frac{\partial f(\boldsymbol{X})}{\partial x_2},\cdots,\frac{\partial f(\boldsymbol{X})}{\partial x_n}\right) \tag{7-47}$$

此时为了最小化 f，我们希望找到使 f 下降最快的方向，与二维图像上的梯度类似，同样可以证明梯度的反方向为 f 下降最快的方向，因此选取新的坐标点 $\boldsymbol{X}'$：

$$\boldsymbol{X}'=\boldsymbol{X}-\epsilon\nabla_X f(\boldsymbol{X}) \tag{7-48}$$

其中，ϵ 称作学习率，它是一个大小固定的正标量。可以通过几种不同的方式选择 ϵ，普遍的方式是选择一个小常数，有时也可以通过计算选择使方向导数消失的步长。还有一种方法是根据多个 ϵ 计算 $f(\boldsymbol{X}-\epsilon\nabla_X f(\boldsymbol{X}))$，并选择其中能产生最小目标函数值的 ϵ。

梯度下降的步骤如下：

1）初始化参数值。

2）计算当前参数下损失函数的梯度。

3）按照梯度的方向和学习率对参数进行更新，学习率决定了每一步参数调整的大小。

4）重复步骤 2）和 3），直到达到预定的停止条件（如达到最大迭代次数或损失函数收敛到指定的值）。

5）通过不断更新参数，梯度下降法能够使模型逐渐朝着更小的损失函数值移动，从而找到损失函数的局部最小值或全局最小值。

需要注意的是，梯度下降法可能会陷入局部最小值而无法到达全局最小值。为了解决这个问题，可以使用不同的改进方法，如批量梯度下降法（Batch Gradient Descent，BGD）、随机梯度下降法（Stochastic Gradient Descent，SGD）、小批量随机梯度下降法（Mini-batch Stochastic Gradient Descent，Mini-batch SGD）等。

2. 批量梯度下降法

批量梯度下降法[8] 是在更新参数时使用所有的样本进行更新，假设一个批次中有 n 个样本，则计算梯度时使用这个批次中所有 n 个样本的梯度数据，计算公式如下：

$$x'=x-\epsilon\sum_{j=1}^{n}\nabla_{x_j}f(x_j) \tag{7-49}$$

因为需要计算整个批次的梯度来执行一次更新，所以批量梯度下降法可能非常缓慢，并且对于内存不适合的数据集来说是难以处理的，而且批量梯度下降法也不允许在线更新模型。

3. 随机梯度下降法

随机梯度下降法[8] 与批量梯度下降法相对应，区别在于求梯度时没有用一个批次中的所有 n 个样本数据，而是随机选取其中一个样本来求梯度，计算公式如下：

$$x'=x-\epsilon\nabla_{x_j}f(x_j) \tag{7-50}$$

对于训练速度来说，随机梯度下降法由于每次仅采用一个样本来迭代，训练速度很快。但是使用这种方法时模型对每个实例都非常敏感，特殊实例容易带偏模型。一方面，实例引发的波动可能使模型跳过皱褶，找到更好的局部最小值，另一方面，也造成了收敛中的不稳定，来回波动。

已有研究表明，当缓慢降低学习率时，SGD 表现出与批量梯度下降法相同的收敛行为，对于非凸优化和凸优化，几乎可以分别收敛到局部最小值或全局最小值。

4. 小批量随机梯度下降法

小批量随机梯度下降法[8] 是批量梯度下降法和随机梯度下降法的折中，也就是对于一个批次中的所有 n 个样本，采用 k 个样本来迭代：

$$x'=x-\epsilon\sum_{j=t}^{t+k-1}\nabla_{x_j}f(x_j) \tag{7-51}$$

小批量随机梯度下降法一方面减少了参数更新的方差，使得损失函数更稳定地收敛，另一方面可以利用最先进的深度学习库中常见的矩阵优化，使梯度的计算非常高效。常见的小批量大小在 50~256 之间，但不同的数据集可能会有所不同。

7.8.2 基于动量的方法

1. 动量法

随机梯度下降法容易导致模型陷入局部最优或者鞍点，且梯度更新不稳定，容易陷入震荡。针对此问题，动量（Momentum）法[9] 提出在随机梯度下降法的基础上，引入动量的概念，使用指数移动平均值取代梯度计算，计算公式如下：

$$x'=x-\epsilon m_t=x-\epsilon(\beta m_{t-1}+\nabla_{x_j}f(x_j,t)) \quad (7\text{-}52)$$

其中 ϵ 表示学习率，m_t 即为引入的动量，它累加了过去的梯度信息：

$$m_t=\beta m_{t-1}+\nabla_{x_j}f(x_j,t)=\beta(\beta m_{t-2}+\nabla_{x_j}f(x_j,t-1))+\nabla_{x_j}f(x_j,t)=\sum_{\tau=0}^{t-1}\beta^{\tau}\nabla_{x_j}f(x_j,t-\tau) \quad (7\text{-}53)$$

直观来看，动量在当前时刻的梯度上，增加了与先前时刻梯度相关的 βm_{t-1}，即当前时刻参数的更新方向不仅由当前梯度方向决定，也与之前累积的梯度方向（动量方向）相关。如图 7-15 所示，对于参数中梯度方向变化不大的维度，动量的引入可以加速参数收敛；而针对梯度方向变化较大的维度，则可以缓解震荡现象。

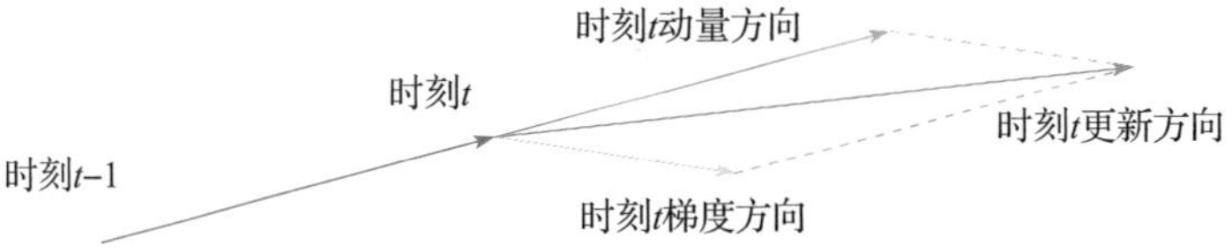

a）梯度方向变化不大

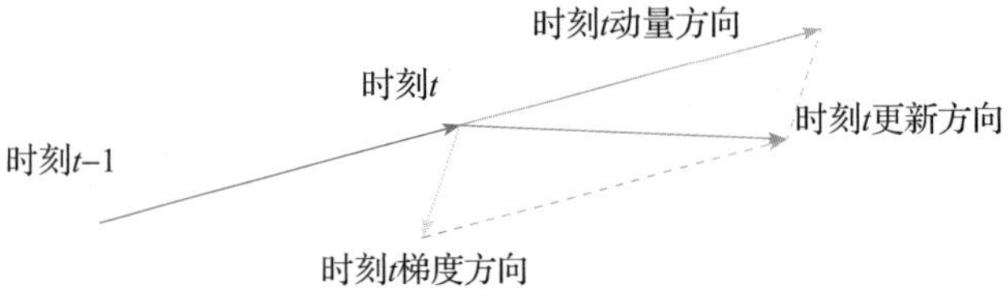

b）梯度方向变化较大

图 7-15 动量法参数更新示例

2. NAG

NAG（Nesterov Accelerated Gradient）[9] 针对动量法进一步改进，动量法中计算的为当前时刻的梯度，NAG 提出计算参数经过更新之后时刻的梯度：

$$x'=x-\epsilon m_t=x-\epsilon(\beta m_{t-1}+\nabla_{x_j}f(x_j-\beta m_{t-1},t)) \quad (7\text{-}54)$$

动量法与 NAG 参数更新的比较如图 7-16 所示，对于动量法，参数更新方向 1 由当前步的动量方向和梯度方向 1 决定；对于 NAG，其相较于动量法多了一步前瞻操作，即先对当前步应用动量方向进行参数更新以得到梯度方向 2，然后结合动量方向得到参数更新方向 2。

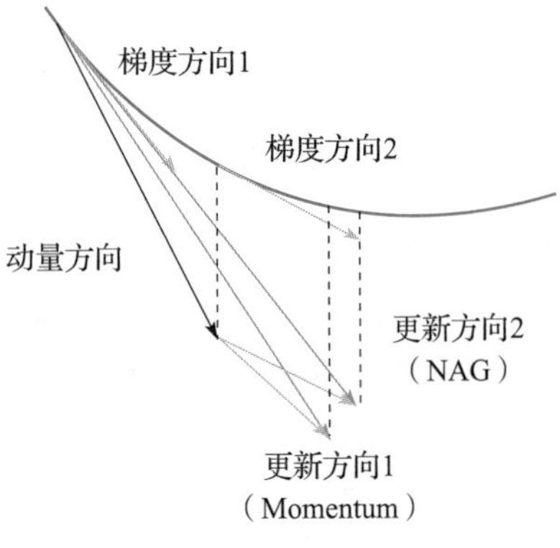

图 7-16 动量法和 NAG 参数更新方式比较（详见彩插）

3. AdaGrad

以上方法均使用相同的学习率对参数进行更新，但是对于不常见的参数，由于其更新频率低可能导致其无法更新到较好的状态。解决此问题的一个思路是在训练过程中对不同参数的学习率进行动态调整：对于常见参数，由于其更新频率高从而调低其学习率；对于不常见参数，由于其更新频率低从而调高其学习率。可以记录截至第 t 步参数 x 出现（被更新）的次数 $s(\Theta,t)$，并将其学习率设置为 $\epsilon=\frac{\epsilon_0}{\sqrt{s(\Theta,t)+c}}$，其中，$\epsilon_0$ 为设置的初始全局学习率，c 为一个较小的正数，常设置为 10^{-6}，用于保证数值稳定性，避免分母为零。AdaGrad（Adaptive Gradient）算法[10] 提出使用梯度的平方和作为 $s(\Theta,t)$ 的替换估计，记为 s_t：

$$x'=x-\frac{\epsilon_0}{\sqrt{s_t+c}}\nabla_{x_j}f(x_j,t) \tag{7-55}$$

$$s_t=s_{t-1}+\nabla_{x_j}f(x_j,t)^2 \tag{7-56}$$

AdaGrad 也存在一定的问题：首先 AdaGrad 依赖于初始全局学习率 ϵ_0，如果初始全局学习率太大，会使得训练初期对梯度的调节太大；此外随着训练次数的迭代，累积的梯度平方和会越来越大，会使得学习率单调递减至 0，从而导致训练提前结束。

4. RMSProp/ADADELTA

为解决 AdaGrad 中存在的梯度累计导致的学习率递减至 0 的问题，RMSProp（Root Mean Square Prop）[11] 改用指数移动平均改善学习率动态调整过程：

$$x'=x-\frac{\epsilon_0}{\sqrt{s_t+c}}\nabla_{x_j}f(x_j,t) \tag{7-57}$$

$$s_t=\gamma s_{t-1}+(1-\gamma)\nabla_{x_j}f(x_j,t)^2 \tag{7-58}$$

其中，γ 为指数移动平均的加权系数，且 $\gamma\in[0,1]$。RMSProp 改善了 AdaGrad 存在的问题，但是仍然需要手动指定初始学习率 ϵ_0。ADADELTA[12] 是 AdaGrad 的另一种变体，同时使用了两个状态变量，s_t 与 RMSProp 一样用于存储梯度平方和（二阶动量）的指数移动平均值，Δx_t 用于存储模型本身参数更新变量平方和的指数移动平均值。

$$x'=x-\frac{\sqrt{\Delta x_{t-1}+c}}{\sqrt{s_t+c}}\nabla_{x_j}f(x_j,t) \tag{7-59}$$

$$s_t=\gamma s_{t-1}+(1-\gamma)\nabla_{x_j}f(x_j,t)^2 \tag{7-60}$$

$$\Delta x_{t-1}=\gamma\Delta x_{t-2}+(1-\gamma)g_{t-1}^2 \tag{7-61}$$

其中

$$g_{t-1}=\frac{\sqrt{\Delta x_{t-2}+c}}{\sqrt{s_{t-1}+c}}\nabla_{x_j}f(x_j,t-1) \tag{7-62}$$

从上式可看出，AdaDelta 不需要人工指定学习率。

5. Adam

动量法在 SGD 的基础上引入了一阶动量，AdaGrad、RMSProp 和 ADADELTA 则引入了二阶动量。Adam（Adaptive Moment）[13] 则同时利用了梯度的一阶动量和二阶动量，其参数更新公式如下：

$$x'=x-\epsilon\frac{\hat{m}_t}{\sqrt{\hat{s}_t}+c} \tag{7-63}$$

$$m_t=\beta_1 m_{t-1}+(1-\beta_1)\nabla_{x_j}f(x_j,t),\quad \hat{m}_t=\frac{m_t}{1-\beta_1^t} \tag{7-64}$$

$$s_t=\beta_2 s_{t-1}+(1-\beta_2)\nabla_{x_j}f(x_j,t)^2,\quad \hat{s}_t=\frac{s_t}{1-\beta_2^t} \tag{7-65}$$

其中，β_1 和 β_2 为非负超参数，默认设置 $\beta_1=0.9$、$\beta_2=0.999$，m_t 和 s_t 为参数梯度的一阶动量和二阶动量的指数移动平均值，即对参数梯度的一阶动量期望和二阶动量期望的估计；但是由于初始值 m_0 和 s_0 设置为 0，当 t 较小时存在较大的初始偏差，从而估计值并不准确。例如，当 $\beta_1=0.9$ 时，$m_1=0.1\nabla_{x_j}f(x_j,1)$。为消除这样的影响，研究人员提出使用 m_t 和 s_t 的偏差修正值 $\hat{m}_t$ 和 $\hat{s}_t$ 对参数进行更新。

6. Nadam

Nadam（Nesterov Adam）[14] 在 Adam 的基础上引入了 NAG 的思想，引入“未来时刻”的梯度，首先将 Adam 中的 $\hat{m}_t$ 展开，参数更新公式如下：

$$x'=x-\epsilon\frac{1}{\sqrt{\hat{s}_t}+c}\left(\frac{\beta_1 m_{t-1}}{1-\beta_1^t}+\frac{(1-\beta_1)\nabla_{x_j}f(x_j,t)}{1-\beta_1^t}\right) \tag{7-66}$$

Nadam 则是将其中的一阶动量 m_{t-1} 替换为 m_t（前瞻计算）：

$$\begin{aligned}x'&=x-\epsilon\frac{1}{\sqrt{\hat{s}_t}+c}\left(\frac{\beta_1 m_t}{1-\beta_1^t}+\frac{(1-\beta_1)\nabla_{x_j}f(x_j,t)}{1-\beta_1^t}\right)\\&=x-\epsilon\frac{1}{\sqrt{\hat{s}_t}+c}\left(\beta_1\hat{m}_t+\frac{(1-\beta_1)\nabla_{x_j}f(x_j,t)}{1-\beta_1^t}\right)\end{aligned} \tag{7-67}$$

复习题

1. 请简述深度学习模型的训练和测试过程。
2. 请说明 Bagging 算法的思想并分析集成模型为什么会比单一模型效果好。
3. 请说明 Dropout 的工作原理。
4. 请简要介绍深度学习中常用的归一化方法。
5. 请简要介绍深度学习中常用的优化算法。

实验题

1. 针对第 2 章中的实验题 1、2、3 和 4，使用 Dropout 正则化进行实验，并与之前的实验结果进行比较分析。

2. 针对第 2 章中的实验题 1、2、3 和 4，使用不同的优化算法进行实验，并对实验结果进行比较分析。

参考文献

[1] 周志华. 机器学习［M］. 北京：清华大学出版社，2016：44-46.

[2] GOODFELLOW I，BENGIO Y，COURVILLE A. Deep learning［M］. Cambridge：MIT Press，2016.

[3] SRIVASTAVA N，HINTON G，KRIZHEVSKY A，et al. Dropout：a simple way to prevent neural networks from overfitting［J］. Journal of machine learning research，2014，15（1）：1929-1958.

[4] IOFFE S，SZEGEDY C. Batch normalization：accelerating deep network training by reducing internal covariate shift［C］. Proceedings of the 32nd International Conference on Machine Learning，2015.

[5] BA J L，KIROS J R，HINTON G E. Layer normalization［J］. arXiv preprint arXiv：1607. 06450，2016.

[6] ULYANOV D，VEDALDI A，LEMPITSKY V. Instance normalization：the missing ingredient for fast Stylization［J］. arXiv preprint arXiv：1607. 08022，2016.

[7] WU Y，HE K. Group normalization［C］. Proceedings of the European Conference on Computer Vision，2018：3-19.

[8] RUDER S. An overview of gradient descent optimization algorithms［J］. arXiv preprint arXiv：1609. 04747，2016.

[9] SUTSKEVER I，MARTENS J，DAHL G E，et al. On the importance of initialization and momentum in deep learning［C］. Proceedings of the 30th International Conference on Machine Learning，2013：1139-1147.

[10] DUCHI J C，HAZAN E，SINGER Y. Adaptive subgradient methods for online learning and stochastic optimization［C］. Proceedings of the 24th Annual Conference on Learning Theory，2010：257-269.

[11] HINTON G E. RMSProp：divide the gradient by a running average of its recent magnitude［EB/OL］. https://www. cs. toronto. edu/~tijmen/csc321/slides/lecture_slides_lec6. pdf，2012.

[12] ZEILER M D. ADADELTA：an adaptive learning rate method［J］. arXiv preprint arXiv：1212. 5701，2012.

[13] KINGMA D P，BA J. Adam：a method for stochastic optimization［J］. arXiv preprint arXiv：1412. 6980，2015.

[14] DOZAT T. Incorporating nesterov momentum into adam［C］. Proceedings of 4th International Conference on Learning Representations（workshop track），2016.

本章人物：Ilya Sutskever 博士

Ilya Sutskever（1985~），OpenAI 联合创始人兼首席科学家，主持了 GPT 系列大模型的开发，ChatGPT 和 GPT4 强大的人机对话功能超越了以往任何一个对话系统，引起了业界极大轰动。Ilya Sutskever 入选 2015 年“MIT 评论 35 岁以下创新人物”，以表彰他在深度学习领域取得的巨大成绩。

Ilya Sutskever 出生在俄罗斯，2002 年随家人移民加拿大，随后就读于多伦多大学，从本科一直读到博士，博士导师为 Geoffrey Hinton 教授，2012 年博士毕业。博士毕业后，在斯坦福大学 Andrew Ng（吴恩达）教授课题组做博士后，之后和 Alex Krizhevsky、Geoffrey Hinton 教授联合创办了 DNNResearch 公司，2003 年 DNNResearch 被 Google 收购后加入了 Google 公司。2015 年 12 月，作为联合创始人与 Sam Altman、Reid Hoffman、Elon Reeve Musk 和 Peter Thiel 共同创办了 OpenAI，任首席科学家。

Ilya Sutskever 博士的主要贡献有以下几个方面：1）2012 年，Ilya Sutskever 与 Alex Krizhevsky、Geoffrey Hinton 教授共同设计了 AlexNet 卷积神经网络，并在随后的 ImageNet 图像识别大赛中获得了冠军；2）2013 年，提出了动量（Momentum）梯度下降法，目前深度学习模型的主流优化算法都基于动量梯度下降法进行设计，在优化算法领域有较大创新；3）主导了 GPT 系列大模型的开发，在人机对话、生成式人工智能（Generative Artificial Intelligence）等领域取得了重大突破。

Ilya Sutskever 博士在多伦多大学的个人主页：https://www.cs.toronto.edu/~ilya/。

CHAPTER8

第8章

深度学习框架

8.1 深度学习框架概述

在深度学习出现的早期，人们需要使用某种编程语言（如 C++、Python、Java 等）重头编写代码来实现深度学习算法的训练、验证与测试过程，效率较低。随着深度学习的快速发展，很多研究者将实现一些常见功能（如卷积、池化和优化算法等）的代码进行了封装，出现了很多支撑深度学习算法模型训练、验证与测试的深度学习框架，大大提高了深度学习模型的开发效率。具体地，常见的深度学习框架有早期的 Theano、Neon、MXNet、Caffe、CNTK 等以及目前常用的 TensorFlow、PyTorch、飞桨（PaddlePaddle）、昇思（Mindspore）等。常见的深度学习框架如表 8-1 所示。这些深度学习框架都有各自的特点和优势，选择适合特定需求的深度学习框架可以提高开发效率和模型的性能。

表 8-1 常见深度学习框架

深度学习框架	发布时间	发布者	支持语言	主要特点	官方网址
TensorFlow	2015 年	Google	Python/C++/Java/Go	高度的灵活性、可移植性、多语言支持、丰富的算法库、完善的文档	https://tensorflow.google.cn/
Caffe	2013 年	UC Berkeley	Python/C++/MATLAB	高效、灵活、可扩展、多后端支持、大量文档和教程	http://caffe.berkeleyvision.org/
CNTK	2016 年	Microsoft	Python/C++/BrainScript	跨平台、支持分布式训练	https://learn.microsoft.com/zh-cn/cognitive-toolkit/ 已停止主要更新
MXNet	2017 年	DMLC	Python/C++/MATLAB/Julia/Go/R/Scala	可扩展、灵活、多语言支持、支持物联网和边缘设备	https://mxnet.apache.org

（续）

深度学习框架	发布时间	发布者	支持语言	主要特点	官方网址
PyTorch	2017 年	Facebook	C/Lua/Python	易用、灵活、部署简单、支持分布式训练、强大的生态系统、支持移动端	https://pytorch.org/
Theano	2016 年	蒙特利尔大学	Python	自动微分、GPU 加速、易于编写	https://pypi.org/project/Theano/
飞桨	2016 年	百度	Python	同时提供动态图和静态图、兼顾灵活性和效率、精选应用效果最佳算法模型	https://www.paddlepaddle.org.cn/
昇思	2019 年	华为	Python	可满足终端、边缘计算、云等全场景 AI 计算需求	https://www.mindspore.cn

本章主要介绍常用的 TensorFlow、PyTorch 和飞桨三个深度学习框架。

8.2 TensorFlow

8.2.1 TensorFlow 简介

2015 年 11 月 6 日，Google 公司宣布推出全新的深度学习开源框架 TensorFlow[1]。TensorFlow 最初由 Google Brain 团队开发，基于 Google 开发的深度学习基础架构 DistBelief 构建。TensorFlow 的中文官方网站：https://tensorflow.google.cn/。Github 主页：https://github.com/tensorflow/tensorflow。

TensorFlow 提供了丰富的工具和组件库，用于构建和训练各种深度学习模型。TensorFlow 核心组件是计算图（Computation Graph），计算图由一系列的操作（Operation）和张量（Tensor）构成。操作定义了计算图中的节点，而张量表示流经这些节点的多维数据。用户可以使用 TensorFlow 的 API 创建计算图，并将其传递给 TensorFlow 的执行引擎，以便在计算设备上执行。TensorFlow 支持各种类型的深度学习任务，包括分类、回归与生成等。TensorFlow 提供了非常丰富的预定义模型和算法，也支持开发者进行模型的自定义。TensorFlow 的灵活性和可扩展性使其成为研究人员和工程师在大规模深度学习项目中的首选深度学习框架之一。

TensorFlow 还有许多其他的功能和特性，如用于数据输入、预处理、数据增强、数据可视化、模型评估和优化的工具。此外，TensorFlow 还支持分布式计算，可以在多个设备上并行执行任务。TensorFlow 的优势之一是其广泛的社区支持和丰富的文档资源。许多深度学习研究人员和开发者使用 TensorFlow，并在社区分享他们的经验、代码和模型，这使得学习和使用 TensorFlow 更加容易和高效。

8.2.2 TensorFlow 的主要功能

TensorFlow 是一个以计算图形式描述数值计算的编程框架。计算图是用“节点”（Node）

和“边”（Edge）的有向图来描述数值计算的图。节点是表示施加的数学操作，但也可以表示数据输入（Feed In）的起点和输出（Push Out）的终点，或者是读取、写入持久变量（Persistent Variable）的终点，具体来说有以下 4 种节点：1）Operation。有一个或者两个输入节点的节点，执行某个操作。2）Constant。没有输入节点的节点，执行过程中节点的值保持不变。3）Variable。没有输入节点的节点，执行过程中节点的值会变化。4）Placeholder。没有输入节点的节点，执行过程中等待外部输入。“边”表示“节点”之间的输入/输出关系，可以运输大小可动态调整的“张量”。张量（Tensor）是计算图的基本数据结构，可以理解为多维数据。流（Flow）是张量之间通过计算互相转化的过程。

TensorFlow 架构包括前端和后端（运行时系统）两部分：前端系统提供多语言编程环境与统一的编程模型来构造计算图，通过 Session 的形式连接 TensorFlow 后端的分布式运行环境，启动计算图的执行过程；分布式运行环境提供运行时环境，负责执行计算图。

更多 TensorFlow 的特点与功能，可以参考中文官方文档：https://tensorflow.google.cn/learn?hl=zh-cn。

8.2.3 TensorFlow 编程示例

基于 CIFAR10 数据集，使用 Tensorflow 训练与测试图像分类模型的示例代码如下：

```
import cifar10
import cifar10_input
import tensorflow as tf
import numpy as np
import time
import math

# 定义训练超参数:
# 批大小 batch_size、训练轮数 max_steps 以及下载 CIFAR10 数据集的默认存储路径
max_steps= 3000
batch_size= 128
data_dir= 'E:\\tmp\cifar10_data\cifar-10-batches-bin'

# 定义初始化权重(weight)的函数,定义的同时,对 weight 加一个 L2 loss,放在集合'losses'中
def variable_with_weight_loss(shape, stddev, w1):
    var= tf.Variable(tf.truncated_normal(shape, stddev=stddev))
    if w1 is not None:
        weight_loss= tf.multiply(tf.nn.l2_loss(var), w1, name='weight_loss')
        tf.add_to_collection('losses', weight_loss)
    return var
# 使用 cifar10 包中的 maybe_download_and_extract()函数下载数据集并解压展开到其默认
```

```
 位置 cifar10.maybe_download_and_extract()

# 使用 cifar10_input 包中的 distorted_inputs 函数获取训练数据。但需要注意的是，该函数
  返回的
# 是已经封装好的 tensor，且对数据进行了数据增强(Data Augmentation)
images_train, labels_train= cifar10_input.distorted_inputs(data_dir=data_
    dir, batch_size=batch_size)

# 再使用 cifar10_input.inputs 函数生成测试数据，这里不需要进行太多处理
images_test, labels_test= cifar10_input.inputs(eval_data=True, data_dir=da-
    ta_dir, batch_size=batch_size)

# 创建数据的 placeholder
# 首先定义图片输入参数，batch_size 前面已经定义，图片尺寸大小为 24×24，通道数为 3
image_holder= tf.placeholder(tf.float32, [batch_size, 24, 24, 3])
# 接着创建图片分类的目标标签
label_holder= tf.placeholder(tf.int32, [batch_size])

# 构造网络结构
# 创建第一个卷积层，卷积核大小为 5×5，输入通道为 3，输出通道为 64
# 设置标准差 stddev 的值，w1=0 表示不进行 L2 正则化
weight1= variable_with_weight_loss(shape=[5, 5, 3, 64], stddev=5e-2,w1=0)
# 使用卷积操作对图像进行卷积运算:strides(步长)包含四个参数:[batch 滑动步长，水平滑动
# 步长，垂直滑动步长，通道滑动步长]，padding 方式采用 SAME 卷积
kernel1= tf.nn.conv2d(image_holder, weight1, strides=[1, 1, 1, 1], padding=
    'SAME')
# 创建一个包含偏置项的参数
bias1= tf.Variable(tf.constant(0.0, shape=[64]))
# 将偏置项添加到卷积的结果上，并使用 ReLU 函数进行激活
conv1 = tf.nn.relu(tf.nn.bias_add(kernel1, bias1))
# 使用最大池化操作对卷积的结果进行下采样，池化核大小为 3×3，步长为 2
pool1= tf.nn.max_pool(conv1, ksize=[1, 3, 3, 1], strides=[1, 2, 2, 1], pad-
    ding='SAME')
# 局部响应归一化(Local Response Normalization,LRN)主要是对池化输出进行归一化处理，
# 对 ReLU 会比较有用，但不适合 Sigmoid 激活函数，也可采用批归一化等归一化方法
norm1= tf.nn.lrn(pool1, 4, bias=1.0, alpha=0.001 / 9.0, beta=0.75)

# 创建第二个卷积层，卷积核大小为 5×5，输入通道为 64，输出通道为 64
weight2= variable_with_weight_loss(shape=[5, 5, 64, 64], stddev=5e-2,w1=0)
```

```
# 使用卷积操作对归一化结果进行卷积运算
kernel2= tf.nn.conv2d(norm1, weight2, strides=[1, 1, 1, 1], padding='SAME')
# 创建一个包含偏置项的参数
bias2= tf.Variable(tf.constant(0.1, shape=[64]))
# 将偏置项添加到卷积的结果上,并使用 ReLU 激活函数
conv2 = tf.nn.relu(tf.nn.bias_add(kernel2, bias2))
# 对卷积结果进行局部响应归一化
norm2= tf.nn.lrn(conv2, 4, bias=1.0, alpha=0.001 / 9.0, beta=0.75)
# 使用最大池化对归一化结果进行下采样
pool2= tf.nn.max_pool (norm2, ksize=[1, 3, 3, 1], strides=[1, 2, 2, 1],pad-
    ding='SAME')

# 构造一个全连接层,对池化结果进行扁平化,数据长度变为 384
reshape= tf.reshape(pool2, [batch_size, -1])
# 获取扁平化后的数据长度
dim= reshape.get_shape()[1].value
# 对权重进行初始化,全连接层的节点数为 384,设置标准差 stddev 的值,进行 L2 正则化
weight3= variable_with_weight_loss(shape=[dim, 384], stddev=0.04, w1=0.004)
# 创建一个包含偏置项的参数
bias3= tf.Variable(tf.constant(0.1, shape=[384]))
# 对扁平化后的数据进行矩阵乘法运算,并添加偏置项,然后应用 ReLU 激活函数
local3= tf.nn.relu(tf.matmul(reshape, weight3) + bias3)

# 构造第二个全连接层,数据长度变为 192
weight4= variable_with_weight_loss(shape=[384, 192], stddev=0.04, w1=0.004)
# 创建一个包含偏置项的参数
bias4= tf.Variable(tf.constant(0.1, shape=[192]))
# 对前一项的输出进行矩阵乘法运算,并添加偏置项,然后应用 ReLU 激活函数
local4= tf.nn.relu(tf.matmul(local3, weight4) + bias4)

# 构造最后一层全连接层,数据长度变为 10
weight5= variable_with_weight_loss(shape=[192, 10], stddev=1 / 192.0, w1=0.0)
bias5= tf.Variable(tf.constant(0.0, shape=[10]))
logits = tf.add(tf.matmul(local4, weight5), bias5)

# 定义 loss
def loss(logits, labels):
    # 将标签转换成 int64 类型
    labels= tf.cast(labels, tf.int64)
```

```
    # 使用交叉熵损失函数进行损失计算
    cross_entropy= tf.nn.sparse_softmax_cross_entropy_with_logits(logits=
        logits, labels=labels,name='cross_entropy_per_example')
    # 计算平均交叉熵损失
    cross_entropy_mean= tf.reduce_mean(cross_entropy, name='cross_entropy')
    # 将交叉熵损失添加到损失集合中
    tf.add_to_collection('losses', cross_entropy_mean)
    # 计算总损失,将损失集合中的所有损失相加
    return tf.add_n(tf.get_collection('losses'), name='total_loss')
# 获取最终损失
loss= loss(logits, label_holder)
# 使用 Adam 优化器
train_op= tf.train.AdamOptimizer(1e-3).minimize(loss)

# 使用 tf.nn.in_top_k 函数求输出结果中 top k 的准确率,默认使用 top 1,也就是输出分数最高的
# 那一类的准确率
top_k_op= tf.nn.in_top_k(logits, label_holder, 1)
# 使用 tf.InteractiveSession 创建默认的 Session,接着初始化全部模型参数
sess= tf.InteractiveSession()
tf.global_variables_initializer().run()
# 正式开始训练
# 在每个训练步中循环
for step in range(max_steps):
    start_time= time.time()
    # 获取图像和标签批次数据
    image_batch, label_batch= sess.run([images_train, labels_train])
    # 运行训练操作和损失计算
    _, loss_value= sess.run([train_op, loss], feed_dict={image_holder: image_
    batch, label_holder: label_batch})
    # 计算时间间隔
    duration= time.time() - start_time
    # 每隔十步打印一个训练结果
    if step %10 == 0:
        example_per_sec = batch_size / duration
        sec_per_batch = float(duration)
        format_str = 'step %d, loss=%.2f ,%.1f examples/sec, %.3f sec/batch'
        print(format_str %(step, loss_value, example_per_sec, sec_per_batch))
```

```
# 定义测试样本和迭代次数
num_examples= 10000
num_iter= int(math.ceil(num_examples / batch_size))
true_count= 0
total_sample_count= num_iter * batch_size
step= 0
# 在测试集上进行预测
while step < num_iter:
    image_batch, label_batch= sess.run([images_test, labels_test])
    # 运行预测操作,计算正确预测的数量
    predictions = sess.run([top_k_op], feed_dict={image_holder: image_batch,
    label_holder: label_holder})
    true_count+= np.sum(predictions)
    step+= 1
    # 计算和打印预测精度
    precision= true_count / total_sample_count
    print('precision @ 1 = %.3f'%precision)
```

8.3　PyTorch

8.3.1　PyTorch 简介

PyTorch 诞生于 2017 年 1 月，是由 Facebook 人工智能研究院开发的深度学习框架[2]。PyTorch 的历史可以追溯到早在 2002 年由纽约大学发布的一款机器学习框架 Torch，Torch 采用了较为小众的 Lua 语言作为接口，其知名度并不高。PyTorch 在 Torch 的基础上使用 Python 语言对其进行了封装和重构，经过数个版本的迭代和完善后，至今已经成为最流行的深度学习框架之一。PyTorch 的官方网站：https://pytorch.org/。Github 主页：https://github.com/pytorch/pytorch。

PyTorch 保留了 Torch 中的一些基本概念，比如张量和模块，成为 PyTorch 的重要组成部分。在后续的版本更新中，PyTorch 逐步引入了对并行计算、异构计算和分布式计算的支持，通过集成 CuDNN 的 GPU 深度学习计算库，极大地丰富了张量运算操作和深度学习模块的种类。现阶段的 PyTorch 能够支持绝大多数种类的神经网络，在保持高速更新的同时兼顾了 API 的稳定性，拥有旺盛的生命力。

PyTorch 的设计思路全面继承了 Python 语言的编程风格，线性、直观且易于使用，相较于 TensorFlow 而言更加简洁直观。另一方面，PyTorch 继承了大多数热门的 Python 库，包括用于科学计算的 Numpy 和 Scipy 等，对数据处理的支持非常完善。不像 TensorFlow 为了追求高度工业化而牺牲了底层代码的可读性，PyTorch 的源代码比较友好，更容易理解和使用，而且

PyTorch 也在不断完善对大规模工业化开发的支持，使其适用场景不局限于中小型项目的开发。

8.3.2 PyTorch 的主要功能

总体而言，PyTorch 深度学习框架的实现基于一种反向自动求导的技术，可以零延迟地改变神经网络的行为，这使得用户在使用 PyTorch 时，对机器学习模型的调整和修改是一件非常简单的事情，极大地简化了开发和测试的难度。

PyTorch 的核心数据类型是 Tensor，即张量，由 torch. Tensor 所定义。它类似于 Numpy 中的 ndarray，但可以在 GPU 上运行以加速计算。Tensor 支持整型和浮点数等多种不同精度的数据类型，支持各种算术运算和矩阵运算，使用起来非常灵活。

torch. autograd 是 PyTorch 中所有模型的核心，其功能是为 Tensor 上的所有操作提供自动微分，实现梯度的收集、计算和跟踪，从而避免手动计算导数的复杂过程。它是一个由运行定义的框架，这意味着开发者可以以代码运行的方式自定义数据流的前向传播和后向传播，为模型设计提供了更大的灵活性。

torch. autograd 包括两个主要的类：

（1） autograd. Variable 类

torch. autograd 中的核心类，实现了 Tensor 的封装，并支持几乎所有的 Tensor 操作。将 Tensor 的属性 requires_grad 设置为 True 后，即可在计算过程中跟踪针对该 Tensor 的所有操作；相反地，停止对 Tensor 的跟踪可以用 detach( ) 来实现。Tensor 被封装为 Variable 后，即可调用 backward( ) 自动计算所有梯度，实现深度学习中最关键的反向传播算法。

（2） autograd. Function 类

支持开发者自定义求导方式。Tensor 和 Function 相互连接，共同构建一个非循环图，Tensor 相当于图中的节点，Function 相当于图中的边，该图能够保存完整的计算过程中的历史信息。Function 在本质上相当于对 PyTorch 的自定义扩展，使其满足开发者的具体需求，从而为模型设计提供了更大的灵活性。

PyTorch 提供了多种不同的库来支持不同类型的数据输入，如 PyTorch 图形库 torchvision 包含了常用的图形变换操作和计算机视觉模型，音频库 torchaudio 提供了各种音频采样和波形分析方法，文本预处理库 torchtext 提供了各种针对原始语料的预处理方法等。

PyTorch 的神经网络模型构建可以基于 torch. nn 实现。torch. nn 模块中包含了各种常用的神经网络结构，比如全连接层、激活函数层、卷积层和循环层等。最常用的模型定义方法之一是继承 nn. Module，建立一个包含权重、偏置等参数和前向传播方法的类，将该类实例化即可得到神经网络模型。其中定义前向传播的方法是 forward( )，它的输出就是神经网络模型的输出。

更多 PyTorch 的特点与功能，可以参考官方文档：https://pytorch. org/tutorials/。

8.3.3 PyTorch 编程示例

基于 CIFAR10 数据集，使用 PyTorch 训练与测试图像分类模型的示例代码如下：

```
import torch
import numpy as np
from matplotlib import pyplot as plt
from torch.utils.data import DataLoader
from torchvision import transforms
from torchvision import datasets
import torch.nn.functional as F

# 定义超参数:
# 数据批量大小 batch_size、学习率 learning_rate、动量法优化器参数 momentum、训练轮
  数 EPOCH
batch_size = 64
learning_rate = 0.01
momentum = 0.5
EPOCH = 10

# 数据集预处理:调整图片大小,转换为张量数据形式,再对张量数据进行标准化处理,使其
# 更好地响应激活函数,提升学习效果
transform = transforms.Compose([
    transforms.Resize(32),
    transforms.ToTensor(),
    transforms.Normalize((0.5, 0.5, 0.5), (0.5, 0.5, 0.5))])

# 加载数据集:按照 PyTorch 的格式要求,在指定存储路径和数据集预处理方法的情况下,从
# torchvision 包中加载预设好的 CIFAR10 图像分类数据集,分为训练集和测试集
train_dataset =torchvision.datasets.CIFAR10(root=PATH, train=True, trans-
    form=transform, download=True)
train_loader =DataLoader(dataset=train_dataset, batch_size=BATCH_SIZE,
    shuffle=True)
test_dataset =torchvision.datasets.CIFAR10(root=PATH, train=False, trans-
    form=transform, download=True)
test_loader =DataLoader(dataset=test_dataset, batch_size=BATCH_SIZE, shuf-
    fle=False)
# 定义类别
```

```
classes = ['airplane', 'automobile', 'bird', 'cat', 'deer', 'dog', 'frog',
    'horse', 'ship', 'truck']

# 构造网络结构
# 网络结构共包含两个卷积层、两个池化层和三个全连接层。卷积层的卷积核大小均为 5×5,图像
# 通道数从 3 增加到 6,再增加到 16,且卷积层不对图像进行填充,步长默认为 1;每个卷积层后
# 都紧跟一个池化核大小为 2×2、步长为 2 的最大池化层;全连接层承接第二个池化层,将经过卷
# 积层和池化层处理、并被展平后的中间结果用连续的三个全连接层进行映射,最终得到数据长度
# 为 10 的输出,对应于 10 种不同的分类结果
class CNN(nn.Module):
    def __init__(self):
        super(CNN, self).__init__()
        self.conv1 = nn.Conv2d(3, 6, 5)
        self.pool = nn.MaxPool2d(2, 2)
        self.conv2 = nn.Conv2d(6, 16, 5)
        self.fc1 = nn.Linear(16* 5* 5, 120)
        self.fc2 = nn.Linear(120, 84)
        self.fc3 = nn.Linear(84, 10)

# 定义模型前向计算函数:原始输入依次经过两个卷积层和池化层,在展平后送入全连接层,
# 得到最终输出,其中所有的卷积层输出结果和全连接层输出结果都使用 ReLU 激活函数进行
# 处理
    def forward(self,x):
        x = self.pool(F.relu(self.conv1(x)))
        x = self.pool(F.relu(self.conv2(x)))
        x = x.view(-1, 16 *  5 *  5)
        x = F.relu(self.fc1(x))
        x = F.relu(self.fc2(x))
        x = self.fc3(x)
        return x

# 实例化模型
model = Net()

# 构造损失函数和优化器,损失函数采用交叉熵损失函数,优化器采用随机梯度下降法
criterion = torch.nn.CrossEntropyLoss()
optimizer=torch.optim.SGD(model.parameters(), lr=learning_rate, momentum=
    momentum)
```

```
# 定义模型训练函数:按照超参数预设的训练轮次和加载好的训练集和测试集进行模型训练,用模
# 型对训练集的每批次数据进行训练,根据模型输出结果计算损失值,再调用.backward()方法实现
# 反向传播,在此基础上调用优化器的.step()方法对模型进行优化。训练过程中,记录每一训练轮
# 次的模型准确率并输出,以便观察模型的训练过程
def train(epoch):
    running_loss = 0.0
    running_total = 0
    running_correct = 0
    for batch_idx, data in enumerate(train_loader, 0):
        inputs, target = data
        # 将模型的参数梯度初始化为0,保证每批次数据计算得到的梯度相互独立
        optimizer.zero_grad()
        outputs = model(inputs)
        loss = criterion(outputs, target)
        loss.backward()
        optimizer.step()
        # 保存该批次数据的损失值和预测结果,用于统计训练集上的模型准确率
        running_loss += loss.item()
        _,predicted = torch.max(outputs.data, dim=1)
        running_total += inputs.shape[0]
        running_correct += (predicted == target).sum().item()
        # 打印损失和准确率
        if i %200 == 199:
            print('[%d, %5d]: loss: %.3f , acc: %.2f %%'%(epoch + 1, batch_idx + 1,
            running_loss / 300, 100 *running_correct / running_total))
            running_loss = 0.0
            running_total = 0
            running_correct = 0

# 模型测试函数:将训练后的模型在测试集上进行测试,得到测试准确率
def test():
    correct = 0
    total = 0
    with torch.no_grad():
        for data in test_loader:
            images, labels = data
            outputs = model(images)
            _,predicted = torch.max(outputs.data, dim=1)
```

```
            total += labels.size(0)
            correct += (predicted == labels).sum().item()
    acc = correct / total
    print('[%d / %d]: Accuracy on test set: %.1f %%'%(epoch+1, EPOCH, 100 *acc))
    return acc

# 执行训练与测试
if __name__ == '__main__':
    acc_list_test = []
    for epoch in range(EPOCH):
        train(epoch)
        acc_test = test()
        acc_list_test.append(acc_test)

    # 绘制模型准确率变化曲线
    plt.plot(acc_list_test)
    plt.xlabel('Epoch')
    plt.ylabel('Accuracy On TestSet')
    plt.show()
```

8.4 飞桨

8.4.1 飞桨简介

飞桨是百度公司开发的开源深度学习框架[3]，其英文名为 PaddlePaddle，前身是 2013 年百度公司自主研发的深度学习平台。在 2016 年 9 月 1 日的百度世界大会上，时任百度首席科学家的吴恩达（Andrew Ng）宣布将 PaddlePaddle 对外开源，2019 年正式确定其中文名称为“飞桨”。飞桨的官方网站：https://www.paddlepaddle.org.cn/。Github 主页：https://github.com/PaddlePaddle/Paddle/。

飞桨的底层代码使用 C++编写，同时支持 CPU 与 GPU，接口支持 Python 语言，使用方便、开发便捷，支持 Docker 部署与原生包部署。飞桨提供了搭建私有云的全套解决方案，在提供充分的分布式系统支持的同时，在通信方面也进行了很多优化，因此能够很好地实现数据保护和并行计算，使得高吞吐与高性能的深度学习模型开发成为可能。

随着深度学习技术的不断发展，飞桨也在不断地更新和升级，并与多家企业和研究机构开展了合作，共同推进深度学习技术的发展。目前，飞桨已经成为中国深度学习市场应用规模最大的深度学习框架和赋能平台，为国内深度学习技术的发展、创新与应用提供了强大的推动力。

8.4.2　飞桨的主要功能

飞桨最显著的优势之一在于它同时拥有面向稠密参数和稀疏参数场景的超大规模深度学习模型并行训练能力，支持多平台、多操作系统，为开发者提供了高兼容性的多端部署能力。飞桨目前版本更新的重点之一就是不断提高其性能和对移动端的支持，从产品化的角度为开发者提供更高效的解决方案。

飞桨同时为用户提供了动态图和静态图两种机制。静态图是先定义模型结构再运行，运行速度快，显存占用低，在业务部署性能方面具有很大的优势；动态图则使得所有操作可以即时得到执行结果，更方便模型的调试。飞桨的装饰器@ paddle. jit. to_static 支持动态图向静态图的转换，使得测试完成的动态图模型可以快速上线部署。

飞桨在代码实现与编程需求等方面和 PyTorch 有很多相似之处。飞桨使用张量（Tensor）来表示神经网络中传递的数据，通过 paddle. autograd 实现自动微分机制，张量的反向传播和保存通过该模块下的 backward( ) 方法和 saved_tensors_hooks( ) 方法来实现。

paddle. nn 模块中包含了飞桨支持的所有神经网络层和相关函数的 API，神经网络的创建是使用 paddle. nn 模块中的 API 进行组网的过程。对于定义好的模型，可以通过 sublayers( ) 查看其包含的所有层，也可以通过 add_sublayers( ) 向模型中添加新的层。在模型结构较为复杂时，可以使用 apply( ) 将自定义函数作为参数，批量操作所有层，从而实现模型结构的高效修改。同时，飞桨也支持开发者自定义损失函数、评估指标和回调函数，满足开发者的定制化需求。

为了提高神经网络的适应性，加快模型训练速度，飞桨采用了一种称为自动混合精度（Automatic Mixed Precision，AMP）训练的机制，可以在模型训练过程中自动为算子选择合适的数据计算精度。使用飞桨提供的 API：paddle. amp. auto_cast 和 paddle. amp. GradScaler，即可在原始训练代码的基础上快速开启自动混合精度训练，使得在复杂模型的测试和开发过程中显著减少资源消耗。此外，飞桨也提供了低开销性能分析器 paddle. profiler，可以收集和导出性能数据，帮助开发者定位性能瓶颈点，从而寻求优化方案来获得性能的提升。

除了支持深度学习模型开发外，飞桨官网还为用户提供了七十多种经过真实业务场景验证的、应用效果较好的官方算法模型，涵盖了计算机视觉、自然语言处理、推荐系统等领域，并提供了多种模型配置方案供选择。同时，飞桨还提供了大量的开源工具集和数据集，让开发者能够更快了解和掌握深度学习领域的最新发展情况。

关于更多飞桨的特点与功能，可以参考飞桨官方文档：https://www. paddlepaddle. org. cn。

8.4.3　飞桨编程示例

基于 CIFAR10 数据集，使用飞桨训练与测试图像分类模型的示例代码如下：

```
import paddle
import paddle.nn.functional as F
```

```
from paddle.vision.transforms import Compose, Normalize

# 定义超参数:
# 数据批量大小 BATCH_SIZE、训练轮数 EPOCH_NUM 和学习率 LEARNING_RATE
BATCH_SIZE = 128
EPOCH_NUM = 1000
LEARNING_RATE = 0.001

# 加载数据集,对数据进行预处理,配置运行模式和批大小
transform = Compose([Normalize(mean=[127.5], std=[127.5], data_format='CHW')])
train_dataset = paddle.vision.datasets.Cifar10(mode = 'train', transform =
    transform)
test_dataset = paddle.vision.datasets.Cifar10(mode='test', transform=trans-
    form)
train_loader = paddle.io.DataLoader(train_dataset, batch_size=BATCH_SIZE,
    shuffle=True)
test_loader = paddle.io.DataLoader(test_dataset, places=paddle.CPUPlace(),
    batch_size=BATCH_SIZE)

# 构造网络结构
# 网络结构共包含两个卷积层、两个池化层和两个全连接层。卷积层的卷积核大小均为 5×5,图像
# 通道数从 1 增加到 6,再增加到 16,且第一个卷积层在图像外围填充 2 层,步长为 1,第二个卷
# 积层没有填充,步长为 1;池化层采用最大池化,池化核大小为 2×2,步长为 2;全连接层承接
# 第二个池化层,将经过卷积层和池化层处理并被扁平化后的中间结果用连续的两个全连接层进行
# 映射,最终得到长度为 10 的输出,对应于 10 种不同的分类结果
class CNN(paddle.nn.Layer):
    def __init__(self):
        super(LeNet, self).__init__()
        self.conv1 = paddle.nn.Conv2D(in_channels=1, out_channels=6, kernel_
        size=5, stride=1, padding=2)
        self.max_pool1 = paddle.nn.MaxPool2D(kernel_size=2, stride=2)
        self.conv2 = paddle.nn.Conv2D(in_channels=6, out_channels=16, kernel_
        size=5, stride=1)
        self.max_pool2 = paddle.nn.MaxPool2D(kernel_size=2, stride=2)
        self.linear1 = paddle.nn.Linear(in_features=16 *5 *5, out_features=100)
        self.linear2 = paddle.nn.Linear(in_features=100, out_features=10)

# 定义模型前向计算函数:原始输入依次经过两个卷积层和池化层,在扁平化后送入全连接层,
# 得到最终输出
```

```
    def forward(self, x):
        x = self.conv1(x)
        x = F.relu(x)
        x = self.max_pool1(x)
        x = self.conv2(x)
        x = F.relu(x)
        x = self.max_pool2(x)
        x = paddle.flatten(x, start_axis=1,stop_axis=-1)
        x = self.linear1(x)
        x = F.relu(x)
        x = self.linear2(x)
        return x

# 定义模型训练函数:按照超参数预设的训练轮次和加载好的训练集和测试集进行模型训练,根据
# 模型输出结果,采用交叉熵损失函数计算损失值,再调用 backward()方法实现反向传播,在此基
# 础上调用 Adam 优化器的 step()方法对模型进行优化。在训练过程中,记录每一训练轮次的模型准
# 确率并输出以便观察模型的训练过程
def train(model):
    model.train()
    optim = paddle.optimizer.Adam(learning_rate=0.001, parameters=model.pa-
    rameters())
    for epoch in range(EPOCH_NUM):
        for batch_id, data in enumerate(train_loader()):
            x_data = data[0]
            y_data = data[1]
            predicts = model(x_data)
            # 计算交叉熵损失和准确率
            loss = F.cross_entropy(predicts, y_data)
            acc = paddle.metric.accuracy(predicts, y_data)
            loss.backward()
            if batch_id %300 == 0:
                print("epoch: {}, batch_id: {}, loss is: {}, acc is: {}".format
                (epoch, batch_id, loss.numpy(), acc.numpy()))
            optim.step()
            # 将模型的参数梯度初始化为 0,保证每批次数据计算得到的梯度相互独立
            optim.clear_grad()

# 定义模型测试函数:将训练后的模型在测试集上进行测试,得到测试准确率
```

```
def test(model):
    model.eval()
    for batch_id, data in enumerate(test_loader()):
        x_data = data[0]
        y_data = data[1]
        predicts = model(x_data)
        loss = F.cross_entropy(predicts, y_data)
        acc = paddle.metric.accuracy(predicts, y_data)
        if batch_id %20 == 0:
            print("batch_id: {}, loss is: {}, acc is: {}".format(batch_id,
            loss.numpy(), acc.numpy()))
# 执行模型构建、训练与测试
if __name__ == '__main__':
    model = CNN()
    train(model)
    test(model)
```

复习题

1. 请简述 TensorFlow 的主要功能与特点。
2. 请简述 PyTorch 的主要功能与特点。
3. 请简述飞桨的主要功能与特点。
4. 请分析 TensorFlow、PyTorch 和飞桨三个深度学习框架的优缺点。

参考文献

[1] Google Inc. TensorFlow [EB/OL]. https://tensorflow. google. cn/.
[2] Facebook Inc. PyTorch [EB/OL]. https://pytorch. org/.
[3] 百度公司. 飞桨 [EB/OL]. https://www. paddlepaddle. org. cn/.

本章人物：吴恩达教授

吴恩达（Andrew Ng）（1976~），DeepLearning. AI 创始人，Landing AI 创始人和 CEO，Coursera 联合创始人，斯坦福大学计算机系兼职教授（Adjunct Professor）。获 2007 年斯隆奖（Sloan Fellowship），入选 2008 年"MIT 评论 35 岁以下创新人物"。

吴恩达教授 1997 年获卡内基梅隆大学计算机科学学士学位，1998 年获麻省理工学院硕士学位，2002 年获加州大学伯克利分校（University of California，Berkeley）博士学位，博士毕业后开始在斯坦福大学工作。2010 年，加入 Google 公司，主持 Google 大脑项目。2014 年，加入百度公司，任首席科学家，负责百度研究院的工作，特别是百度大脑计划。2017 年 12 月，成立人工智能公司 Landing. ai，担任公司 CEO。

吴恩达教授的主要贡献包括：1）负责斯坦福人工智能机器人项目（Stanford Artificial Intelligence Robot，STAIR）项目，项目最终开发了被广泛使用的开源机器人操作系统（Robot Operating System，ROS）；2）负责 Google 大脑项目，搭建了当时世界上最大的神经网络平台，实现了无标注视频中目标的有效识别；3）负责百度大脑项目，搭建了百度的深度学习平台，孵化了多个人工智能产品，2016 年 9 月 1 日，时任百度首席科学家的吴恩达教授宣布将百度的深度学习平台开源，命名为 PaddlePaddle；4）依托 Coursera 平台，将著名大学的课程放到互联网上供大众免费学习，他本人也致力于免费讲授机器学习与深度学习课程，目前 Coursera 已成为世界上最大的 MOOC 平台。

吴恩达教授的个人主页：https://www.andrewng.org/。

APPENDIX A

附录 A

数学基础

A.1 线性代数

A.1.1 标量、向量、矩阵、张量

标量（Scalar）：标量是只有大小没有方向的物理量，如时间、温度和质量等。通常，标量一般用小写斜体字母表示，而且在定义标量时，一般要明确其数据类型，如 $n \in \mathbb{N}$ 表示样本的数量（自然数）、$k \in \mathbb{R}$ 表示曲线的斜率（实数）等。

向量（Vector）：又称矢量，既有大小又有方向的物理量，如速度、位移等。通常，向量一般用粗体小写斜体字母表示，而且通过向量的次序索引，可以确定向量中的每个元素，如向量 $\boldsymbol{x}=\{x_1,x_2,\cdots,x_n\}$，其中 x_2 表示向量 $\boldsymbol{x}$ 中的第二个元素。

矩阵（Matrix）：矩阵是一个二维数组，矩阵的每一个元素由行索引与列索引确定。通常，矩阵一般用粗体大写斜体字母表示，而且在定义矩阵时，也要明确其元素的数据类型，如一个实数矩阵的行数为 m、列数为 n，那么这个矩阵可以表示为 $\boldsymbol{A} \in \mathbb{R}^{m \times n}$。

张量（Tensor）：张量是向量在多维上的推广，是表示多个向量、标量和其他张量之间线性关系的多线性函数，标量是零阶张量，向量是一阶张量，矩阵是二阶张量。通常，张量也用粗体大写斜体字母表示，而且通过张量的维度索引，可以确定张量中的每个元素，如三阶张量 $\boldsymbol{T}$ 中索引为（i,j,k）的元素记为 $T_{i,j,k}$。

A.1.2 矩阵性质

矩阵乘法：一般地，当第 1 个矩阵的列数与第 2 个矩阵的行数相等时，两个矩阵可以相乘，如两个实数矩阵 $\boldsymbol{A} \in \mathbb{R}^{m \times n}$、$\boldsymbol{B} \in \mathbb{R}^{p \times q}$，满足 $n=p$ 时，两个矩阵可以相乘。若按公式（A-1）定义矩阵 $\boldsymbol{C}$，则：$\boldsymbol{C}=\boldsymbol{AB}$。

$$C_{i,j}=\sum A_{i,k}B_{k,j} \tag{A-1}$$

矩阵乘法满足分配律：$\boldsymbol{A}(\boldsymbol{B}+\boldsymbol{C})=\boldsymbol{AB}+\boldsymbol{AC}$。

矩阵乘法满足结合律：$\boldsymbol{A}(\boldsymbol{BC})=(\boldsymbol{AB})\boldsymbol{C}$。

但矩阵乘法通常不满足交换律：$\boldsymbol{AB}\neq\boldsymbol{BA}$。

矩阵的秩：矩阵列向量的极大线性无关组的向量数目，记作矩阵的列秩，同样可以定义行秩，一般情况下，行秩=列秩=矩阵的秩。矩阵的秩可以通过矩阵初等变换来求取，矩阵初等变换包括：一行或者一列的元素乘以一个非零的数，与其他行或者列的元素相加，互换行或者列在矩阵中的位置。矩阵 A 的秩通常记为 $\operatorname{rank}(\boldsymbol{A})$。

矩阵的逆：若矩阵 $\boldsymbol{A}$ 为 $n\times n$ 的方阵，当 $\operatorname{rank}(\boldsymbol{A})<n$ 时，称 $\boldsymbol{A}$ 为奇异矩阵或不可逆矩阵。若 $\operatorname{rank}(\boldsymbol{A})=n$，称 $\boldsymbol{A}$ 为非奇异矩阵或可逆矩阵，此时存在矩阵 $\boldsymbol{A}^{-1}$ 使得式（A-2）成立：

$$\boldsymbol{A}\boldsymbol{A}^{-1}=\boldsymbol{A}^{-1}\boldsymbol{A}=\boldsymbol{I}_n \tag{A-2}$$

那么称 $\boldsymbol{A}^{-1}$ 为矩阵 $\boldsymbol{A}$ 的逆矩阵，$\boldsymbol{I}_n$ 是 $n\times n$ 的单位矩阵。

矩阵的特征值：若矩阵 $\boldsymbol{A}$ 为方阵，如存在非零向量 $\boldsymbol{x}$ 和常数 λ 满足公式（A-3），则称 λ 为矩阵 $\boldsymbol{A}$ 的特征值，$\boldsymbol{x}$ 为矩阵 $\boldsymbol{A}$ 关于 λ 的特征向量。

$$\boldsymbol{A}\boldsymbol{x}=\lambda\boldsymbol{x} \tag{A-3}$$

若矩阵 $\boldsymbol{A}$ 为 $n\times n$ 的方阵，并有 n 个特征值，那么有：$\lambda_1\leqslant\lambda_2\leqslant\cdots\leqslant\lambda_n$。

矩阵 $\boldsymbol{A}$ 的迹（Trace）是矩阵特征值之和，用 $\operatorname{tr}(\boldsymbol{A})$ 表示，计算公式如下：

$$\operatorname{tr}(\boldsymbol{A})=\sum_i\lambda_i \tag{A-4}$$

矩阵 $\boldsymbol{A}$ 对应的行列式（Determinant）的值是矩阵特征值的乘积，用 $|\boldsymbol{A}|$ 表示，计算公式如下：

$$|\boldsymbol{A}|=\prod_i\lambda_i \tag{A-5}$$

矩阵分解：矩阵存在很多分解方式，这里仅介绍深度学习中使用较多的特征分解和奇异值分解。

若矩阵 $\boldsymbol{A}$ 为 $n\times n$ 的方阵，并有 n 个特征值 $(\lambda_1,\lambda_2,\cdots,\lambda_n)$，那么矩阵 $\boldsymbol{A}$ 可以分解为

$$\boldsymbol{A}=\boldsymbol{U}\boldsymbol{\Sigma}\boldsymbol{U}^{-1} \tag{A-6}$$

其中

$$\boldsymbol{U}=[\boldsymbol{u}_1,\boldsymbol{u}_2,\cdots,\boldsymbol{u}_n] \tag{A-7}$$

$$\boldsymbol{\Sigma}=\begin{bmatrix}\lambda_1 & 0 & \cdots & 0\\ 0 & \lambda_2 & \cdots & 0\\ \vdots & \vdots & & \vdots\\ 0 & 0 & \cdots & \lambda_n\end{bmatrix} \tag{A-8}$$

其中 $\boldsymbol{u}_i$ 是标准化的矩阵 $\boldsymbol{A}$ 的特征向量，即满足 $\|\boldsymbol{u}_i\|_2=1$。

对于任意矩阵 $\boldsymbol{A}$，大小为 $m\times n$，如存在大小 $m\times m$ 的正交矩阵 $\boldsymbol{U}$ 和大小为 $n\times n$ 的正交矩阵 $\boldsymbol{V}$，使得其满足：

$$\boldsymbol{A}=\boldsymbol{U}\boldsymbol{\Sigma}\boldsymbol{V}^{\mathrm{T}},\quad \boldsymbol{U}^{\mathrm{T}}\boldsymbol{U}=\boldsymbol{V}^{\mathrm{T}}\boldsymbol{V}=\boldsymbol{I} \tag{A-9}$$

则称式（A-9）为矩阵 $\boldsymbol{A}$ 的奇异值分解，其中 $\boldsymbol{\Sigma}$ 是大小为 $m\times n$ 的矩阵。

矩阵 $\boldsymbol{A}$ 的奇异值分解的一般求解过程如下：

1）求 $\boldsymbol{A}^{\mathrm{T}}\boldsymbol{A}$ 的特征值 $\{\lambda_i\}$ 和特征向量 $\{\boldsymbol{v}_i\}$，$i=1,2,\cdots,n$。

2）求 $\boldsymbol{A}\boldsymbol{A}^{\mathrm{T}}$ 的特征向量 $\{\boldsymbol{u}_j\}$，$j=1,2,\cdots,m$。

3）得到 $\boldsymbol{U}=[\boldsymbol{u}_1,\boldsymbol{u}_2,\cdots,\boldsymbol{u}_m]$，$\boldsymbol{V}=[\boldsymbol{v}_1,\boldsymbol{v}_2,\cdots,\boldsymbol{v}_n]$，$\boldsymbol{\Sigma}=\begin{bmatrix}\boldsymbol{\Sigma}_1 & 0 & \cdots & 0\\ 0 & 0 & \cdots & 0\\ \vdots & \vdots & & \vdots\\ 0 & 0 & \cdots & 0\end{bmatrix}$，$\boldsymbol{\Sigma}_1=\mathbf{diag}(\sqrt{\lambda_i})$。

A.1.3 范数

范数（Norm）的定义：深度学习中，很多时候都需要衡量一个向量的大小，此时便需要用到范数。范数是将向量映射到非负实数的函数，它满足以下三条性质。

1）非负性：$f(\boldsymbol{x})\geqslant 0(f(\boldsymbol{x})=0\Leftrightarrow \boldsymbol{x}=\boldsymbol{0})$。

2）齐次性：$\forall\alpha\in\mathbb{R}$，$f(\alpha\boldsymbol{x})=|\alpha|f(\boldsymbol{x})$。

3）三角不等式：$f(\boldsymbol{x}+\boldsymbol{y})\leqslant f(\boldsymbol{x})+f(\boldsymbol{y})$。

L_p 范数是使用最为广泛的一种范数，计算公式如下：

$$\|\boldsymbol{x}\|_p=\left(\sum_i|x_i|^p\right)^{\frac{1}{p}} \tag{A-10}$$

其中 $p=2$ 时，该范数等价于向量和原点的欧氏距离。

在深度学习中，有时也需要衡量矩阵的大小，最常见的做法是使用 Frobenius 范数，矩阵 $\boldsymbol{A}$ 的 Frobenius 范数计算公式如下：

$$\|\boldsymbol{A}\|_F=\sqrt{\sum_{i,j}A_{i,j}^2} \tag{A-11}$$

A.1.4 距离

距离（Distance）的定义：设有 d 维空间的三个样本 $\boldsymbol{x}$，$\boldsymbol{y}$，$\boldsymbol{z}$，记 $d(\cdot,\cdot)$ 为一个 $\mathbb{R}^d\times\mathbb{R}^d\rightarrow\mathbb{R}$ 的映射，如满足如下几个条件，则称 $d(\cdot,\cdot)$ 为一个距离。

1）非负性：$d(\boldsymbol{x},\boldsymbol{y})\geqslant 0$。

2）自相似性：$d(\boldsymbol{x},\boldsymbol{x})=0$。

3）对称性：$d(\boldsymbol{x},\boldsymbol{y})=d(\boldsymbol{y},\boldsymbol{x})$。

4）三角不等式：$d(\boldsymbol{x},\boldsymbol{y})\leqslant d(\boldsymbol{x},\boldsymbol{z})+d(\boldsymbol{z},\boldsymbol{y})$。

在机器学习和深度学习中，距离常用来衡量数据样本之间的相似程度。因此，选择合适的距离，在做分类、聚类等任务时都十分重要。

常用距离：设 $\boldsymbol{x},\boldsymbol{y}\in\mathbb{R}^d$，闵可夫斯基距离（Minkowski Distance）定义为

$$d(\boldsymbol{x},\boldsymbol{y})=\left(\sum_{i=1}^d|x_i-y_i|^q\right)^{\frac{1}{q}} \tag{A-12}$$

当 $q=1$ 时，称为曼哈顿距离（Manhattan Distance），定义如下：

$$d(\boldsymbol{x},\boldsymbol{y})=\sum_{i=1}^d|x_i-y_i| \tag{A-13}$$

当 $q=2$ 时，称为欧氏距离（Euclidean Distance），定义如下：

$$d(\boldsymbol{x},\boldsymbol{y})=\sqrt{\sum_{i=1}^{d}|x_i-y_i|^2} \tag{A-14}$$

当 $q=1$ 且取距离的最大值，称为切比雪夫距离（Chebyshev Distance），定义如下：

$$d(\boldsymbol{x},\boldsymbol{y})=\max_{1\leqslant i\leqslant d}|x_i-y_i| \tag{A-15}$$

设 $\boldsymbol{x},\boldsymbol{y}\in\mathbb{R}^d$，马氏距离（Mahalanobis Distance）定义如下：

$$d(\boldsymbol{x},\boldsymbol{y})=\sqrt{(\boldsymbol{x}-\boldsymbol{y})^{\mathrm{T}}\boldsymbol{M}(\boldsymbol{x}-\boldsymbol{y})} \tag{A-16}$$

其中 $\boldsymbol{M}$ 是半正定矩阵，特殊地：

1）当 $\boldsymbol{M}$ 为单位矩阵时，退化为欧氏距离。

2）当 $\boldsymbol{M}$ 为对角矩阵时，退化为特征加权欧氏距离。

A.2 导数

A.2.1 导数的定义

设函数 $y=f(x)$ 在点 x_0 的某个邻域内有定义，当自变量 x 在 x_0 处有增量 Δx，$x_0+\Delta x$ 也在该邻域时，相应的函数取得增量 $\Delta y=f(x_0+\Delta x)-f(x_0)$；如果 Δy 与 Δx 之比在 $\Delta x\to 0$ 时极限存在，则称函数 $y=f(x)$ 在 x_0 处可导，并称这个极限为 $y=f(x)$ 在点 x_0 处的导数，记作 $f'(x)$ 或 $y'|_{x=x_0}$ 或 $\frac{\mathrm{d}y}{\mathrm{d}x}|_{x=x_0}$，即

$$f'(x_0)=\lim_{\Delta x\to 0}\frac{f(x_0+\Delta x)-f(x_0)}{\Delta x} \tag{A-17}$$

A.2.2 链式法则

链式法则是求复合函数的导数（偏导数）的法则，若 I、J 是直线上的开区间，函数 $f(x)$ 在 I 上有定义（$a\in I$），在 a 处可微，函数 $g(y)$ 在 J 上有定义（$J\subset f(I)$），在 $f(a)$ 处可微，则复合函数 $(g\circ f)(x)=g(f(x))$ 在 a 处可微（$g\circ f$ 在 I 上有定义），且 $(g\circ f)'(a)=g'(f(a))f'(a)$。若记 $u=g(y)$，$y=f(x)$，而 f 在 I 上可微，g 在 J 上可微，则在 I 上任意点 x 有 $(g\circ f)'(x)=g'(f(x))f'(x)$，即

$$(g\circ f)'(x)=g'(f(x))f'(x) \text{ 或 } \frac{\mathrm{d}u}{\mathrm{d}x}=\frac{\mathrm{d}u}{\mathrm{d}y}\frac{\mathrm{d}y}{\mathrm{d}x} \tag{A-18}$$

在人工神经网络训练中，反向传播算法经常用到链式法则。

A.2.3 向量与矩阵的导数

在深度学习中，数据的训练都是以矩阵的形式进行的，更多地需要对向量或矩阵求导。

设 $\boldsymbol{x}$ 为一个向量，$\boldsymbol{x}=[x_1,x_2,\cdots,x_n]^{\mathrm{T}}$，$b$ 为一个标量，那么向量 $\boldsymbol{x}$ 对标量 b 的导数，以及标量 b 对向量 $\boldsymbol{x}$ 的导数都是向量，分别为

$$\frac{\partial \boldsymbol{x}}{\partial b}=\left[\frac{\partial x_1}{\partial b},\frac{\partial x_2}{\partial b},\cdots,\frac{\partial x_n}{\partial b}\right]^{\mathrm{T}} \tag{A-19}$$

$$\frac{\partial b}{\partial \boldsymbol{x}}=\left[\frac{\partial b}{\partial x_1},\frac{\partial b}{\partial x_2},\cdots,\frac{\partial b}{\partial x_n}\right]^{\mathrm{T}} \tag{A-20}$$

类似地，设 $\boldsymbol{A}$ 是一个 $m\times n$ 的矩阵，$a_{i,j}\in\boldsymbol{A}$，$i=1,2,\cdots,m$，$j=1,2,\cdots,n$，那么矩阵 $\boldsymbol{A}$ 对于标量 b 的导数，以及 b 对于 $\boldsymbol{A}$ 的导数都是矩阵，分别为

$$\frac{\partial \boldsymbol{A}}{\partial b}=\begin{bmatrix}\frac{\partial a_{1,1}}{\partial b} & \frac{\partial a_{1,2}}{\partial b} & \cdots & \frac{\partial a_{1,n}}{\partial b}\\ \frac{\partial a_{2,1}}{\partial b} & \frac{\partial a_{2,2}}{\partial b} & \cdots & \frac{\partial a_{2,n}}{\partial b}\\ \vdots & \vdots & & \vdots\\ \frac{\partial a_{m,1}}{\partial b} & \frac{\partial a_{m,2}}{\partial b} & \cdots & \frac{\partial a_{m,n}}{\partial b}\end{bmatrix} \tag{A-21}$$

$$\frac{\partial b}{\partial \boldsymbol{A}}=\begin{bmatrix}\frac{\partial b}{\partial a_{1,1}} & \frac{\partial b}{\partial a_{1,2}} & \cdots & \frac{\partial b}{\partial a_{1,n}}\\ \frac{\partial b}{\partial a_{2,1}} & \frac{\partial b}{\partial a_{2,2}} & \cdots & \frac{\partial b}{\partial a_{2,n}}\\ \vdots & \vdots & & \vdots\\ \frac{\partial b}{\partial a_{m,1}} & \frac{\partial b}{\partial a_{m,2}} & \cdots & \frac{\partial b}{\partial a_{m,n}}\end{bmatrix} \tag{A-22}$$

对于函数 $f(\boldsymbol{x})$，设 $\boldsymbol{x}$ 是一个向量，$\boldsymbol{x}=[x_1,x_2,\cdots,x_n]^{\mathrm{T}}$，假定函数对向量的元素可导，则 $f(\boldsymbol{x})$ 关于 $\boldsymbol{x}$ 的一阶导数为

$$\nabla_x f(\boldsymbol{x})=\frac{\partial f(\boldsymbol{x})}{\partial \boldsymbol{x}}=\left[\frac{\partial f(\boldsymbol{x})}{\partial x_1},\frac{\partial f(\boldsymbol{x})}{\partial x_2},\cdots,\frac{\partial f(\boldsymbol{x})}{\partial x_n}\right]^{\mathrm{T}} \tag{A-23}$$

对于函数 $f(\boldsymbol{A})$，设 $\boldsymbol{A}$ 是一个 $m\times n$ 的矩阵，$a_{i,j}\in\boldsymbol{A}$，$i=1,2,\cdots,m$，$j=1,2,\cdots,n$，假定函数 $f(\boldsymbol{A})$ 对矩阵 $\boldsymbol{A}$ 的元素 $a_{i,j}$ 可导，则 $f(\boldsymbol{A})$ 关于 $\boldsymbol{A}$ 的一阶导数为

$$\nabla_A f(\boldsymbol{A})=\frac{\partial f(\boldsymbol{A})}{\partial \boldsymbol{A}}=\begin{bmatrix}\frac{\partial f(\boldsymbol{A})}{\partial a_{1,1}} & \frac{\partial f(\boldsymbol{A})}{\partial a_{1,2}} & \cdots & \frac{\partial f(\boldsymbol{A})}{\partial a_{1,n}}\\ \frac{\partial f(\boldsymbol{A})}{\partial a_{2,1}} & \frac{\partial f(\boldsymbol{A})}{\partial a_{2,2}} & \cdots & \frac{\partial f(\boldsymbol{A})}{\partial a_{2,n}}\\ \vdots & \vdots & & \vdots\\ \frac{\partial f(\boldsymbol{A})}{\partial a_{m,1}} & \frac{\partial f(\boldsymbol{A})}{\partial a_{m,2}} & \cdots & \frac{\partial f(\boldsymbol{A})}{\partial a_{m,n}}\end{bmatrix} \tag{A-24}$$

A.2.4 神经网络中的求导

在神经网络中，假设使用 Sigmoid 函数作为激活函数：

$$f(x)=\frac{1}{1+e^{-x}} \tag{A-25}$$

它的导数计算过程如下：

$$\begin{aligned}
f'(x)&=(-1)\times(1+e^{-x})^{-2}\times e^{-x}\times(-1)\\
&=(1+e^{-x})^{-2}\times e^{-x}\\
&=\frac{e^{-x}}{(1+e^{-x})^2}\\
&=\frac{1+e^{-x}-1}{(1+e^{-x})^2}\\
&=\frac{1+e^{-x}}{(1+e^{-x})^2}-\frac{1}{(1+e^{-x})^2}\\
&=\frac{1}{1+e^{-x}}-\frac{1}{(1+e^{-x})^2}\\
&=\frac{1}{1+e^{-x}}\left(1-\frac{1}{1+e^{-x}}\right)\\
&=f(x)(1-f(x))
\end{aligned} \tag{A-26}$$

用神经网络求解回归问题的误差函数可描述如下：

$$E=\sum_i \frac{1}{2}(y_i-f(z_i))^2 \tag{A-27}$$

其中，y_i 是输出层第 i 个神经元的期望输出，$f(z_i)$ 是实际输出，$f(\cdot)$ 是 Sigmoid 激活函数，$z_i=\sum_j w_{ji}h_j$，h_j 是上一层第 j 个神经元的输入，w_{ji} 是相应的权重，那么误差函数 E 对权重 w_{ji} 的导数求解如下：

$$\begin{aligned}
\frac{\partial E}{\partial w_{ji}}&=\frac{\partial E}{\partial f(z_i)}\frac{\partial f(z_i)}{\partial z_i}\frac{\partial z_i}{\partial w_{ji}}\\
&=(y_i-f(z_i))(-f'(z_i))h_j\\
&=-(y_i-f(z_i))f(z_i)(1-f(z_i))h_j
\end{aligned} \tag{A-28}$$

A.3　概率统计

A.3.1　随机变量

随机变量（Random Variable）是指随机事件的量化表现，随机事件量化的好处是可以用数学分析的方法来研究随机现象。随机变量可以是离散的或者连续的，离散随机变量是指拥有有限个或者可列无限多个变量值的随机变量，连续随机变量是指变量值不可一一列举的随机变量。一个随机变量通常使用一个概率分布来指定它每个取值的可能性。

A.3.2　概率分布的定义

给定某个随机变量的取值范围，概率分布（Probability Distribution）就是导致该随机事件出现的可能性。从机器学习与深度学习的角度来看，概率分布就是符合随机变量取值范围的某个对象属于某个类别或服从某种规律的可能性。

分布函数：设 X 是一个随机变量，函数 $F(x)=P\{X\leqslant x\}$ 称为 X 的分布函数，记作 $X\sim F(x)$。

离散性随机变量 X 的分布表示为 $P\{X=x_i\}=p_i,(i=1,2,\cdots)$，那么，它的分布函数表示为

$$F(x)=P\{X\leqslant x\}=\sum_{X\leqslant x_i}p_i \tag{A-29}$$

连续型随机变量 X 的密度函数为 $f(x)$，则它的分布函数表示为

$$F(x)=P\{X\leqslant x\}=\int_{-\infty}^{x}f(x)\mathrm{d}x \tag{A-30}$$

连续型随机变量的密度函数：当研究的对象是连续型随机变量时，概率密度函数的使用更加广泛，若使用 $f(x)$ 表示连续型随机变量 X 的密度函数，则满足：

1）$f(x)$ 的定义域是随机变量 X 所有可能状态的集合。

2）$\forall x\in X,f(x)\geqslant 0$。

3）$\int f(x)\mathrm{d}x=1$。

A.3.3 常用概率分布

伯努利分布：又称 0-1 分布，是单个二值型离散随机变量的分布，概率密度函数为

$$P(X=1)=p,\quad P(X=0)=1-p \tag{A-31}$$

二项分布：二项分布即重复 n 次伯努利试验，各次试验之间都相互独立，并且每次试验中只有两种可能的结果，且这两种结果发生与否相互对立。如果每次试验时，事件发生的概率为 p，不发生的概率为 $(1-p)$，则 n 次重复独立试验中事件发生 k 次的概率为

$$P(X=k)=\mathrm{C}_n^k p^k(1-p)^{n-k} \tag{A-32}$$

均匀分布：又称矩形分布，在给定时间间隔 $[a,b]$ 内的分布概率是等可能的，均匀分布由参数 a，b 定义，概率密度函数为

$$f(x)=\begin{cases}\dfrac{1}{b-a}, & a\leqslant x\leqslant b\\ 0, & \text{其他情况}\end{cases} \tag{A-33}$$

高斯分布：又称正态分布，是实数中最常用的分布，对于均值为 μ，标准差为 σ 的一元高斯分布，概率密度函数为

$$f(x)=\frac{1}{\sqrt{2\pi}\,\sigma}\mathrm{e}^{-\frac{(x-\mu)^2}{2\sigma^2}} \tag{A-34}$$

指数分布：常用于描述事件的时间间隔，参数为 λ 的指数分布的概率密度函数为

$$f(x)=\begin{cases}\lambda\mathrm{e}^{-\lambda x}, & x\geqslant 0\\ 0, & x<0\end{cases} \tag{A-35}$$

指数分布的一个重要特征是无记忆性。例如，若某元件的寿命为 T，已知该元件已经使用了 x 小时，那么它总共使用至少 $(x+s)$ 小时的条件概率与从开始使用时算起它使用至少 s 小

时的概率相等，即

$$P(X>s+x \mid X>x)=P(X>s) \tag{A-36}$$

A.3.4 期望、方差和协方差

期望（Expectation）：在概率论和统计学中，数学期望是试验中每次可能结果的概率乘以其结果的总和。它是最基本的数学特征之一，反映随机变量平均值的大小。

假设 X 是一个离散随机变量，可能的取值为 $\{x_k\}$，$k=1,2,\cdots,n$，相对应的概率为 $\{p(x_k)\}$，$k=1,2,\cdots,n$，则 X 的期望定义为

$$E(X)=\sum_{k=1}^{n} x_k p(x_k) \tag{A-37}$$

假设 X 是一个连续型随机变量，其概率密度函数为 $f(x)$，则 X 的期望定义为

$$E(X)=\int_{-\infty}^{+\infty} x f(x)\,\mathrm{d}x \tag{A-38}$$

方差（Variance）：概率论中，方差用来衡量随机变量与其数学期望之间的偏离程度；统计学中，方差则为样本方差，是各个样本数据分别与其平均值之差的平方和的期望。

离散随机变量 X 的方差定义为

$$\mathrm{Var}(X)=E\{[x-E(X)]^2\}=E(X^2)-[E(X)]^2 \tag{A-39}$$

连续随机变量 X 的方差定义为

$$\mathrm{Var}(X)=\int_{-\infty}^{+\infty}[x-E(X)]^2 f(x)\,\mathrm{d}x \tag{A-40}$$

协方差（Covariance）：在概率论和统计学中，协方差被用于衡量两个随机变量 X 和 Y 之间的总体误差，表示为

$$\mathrm{Cov}(X,Y)=E\{[X-E(X)][Y-E(Y)]\}=E(XY)-E(X)E(Y) \tag{A-41}$$

离散随机变量 X 和 Y 的协方差定义为

$$\mathrm{Cov}(X,Y)=\sum_i \sum_j [x_i-E(X)][y_j-E(Y)]p_{ij} \tag{A-42}$$

其中，$P\{X=x_i,Y=y_i\}=p_{ij}$，$i,j=1,2,3,\cdots$。

连续随机变量 X 和 Y 的协方差定义为

$$\mathrm{Cov}(X,Y)=\int_{-\infty}^{+\infty}\int_{-\infty}^{+\infty}[x-E(X)][y-E(Y)]f(x,y)\,\mathrm{d}x\mathrm{d}y \tag{A-43}$$

A.3.5 条件概率

条件概率：在很多情况下，人们感兴趣的是某个事件在给定其他事件发生时而发生的概率，这种概率称作条件概率。事件 Y 在事件 X 发生的条件下发生的概率，用 $P(Y \mid X)$ 表示：

$$P(Y \mid X)=\frac{P(Y,X)}{P(X)},P(X)>0 \tag{A-44}$$

条件概率具有链式法则：

$$\begin{aligned}P(X_1,X_2,\cdots,X_n)&=P(X_1 \mid X_2,\cdots,X_n)P(X_2 \mid X_3,X_4,\cdots,X_n)\cdots P(X_{n-1} \mid X_n)P(X_n)\\&=P(X_n)\prod_{i=1}^{n-1}P(X_i \mid X_{i+1},\cdots,X_n)\end{aligned} \tag{A-45}$$

先验概率：根据以往经验和分析得到的概率，在事件发生前已知，它往往作为“由因求果”问题中的“因”出现。

后验概率：指得到“结果”信息后重新修正的概率，是“执果寻因”问题中的“因”，后验概率是基于新的信息，修正先验概率所获得的更接近实际情况的概率估计。

全概率公式：设事件 B_i 是样本空间 Ω 的一个划分，$\Omega=B_1\cup B_2\cup\cdots\cup B_n$，$B_i\cap B_j=\varnothing$，$i\neq j$ 且 $P(B_i)>0$，$i=1,2,\cdots,n$，$j=1,2,\cdots,n$，那么有

$$P(A)=\sum_{i=1}^{n}P(B_i)P(A\mid B_i) \tag{A-46}$$

贝叶斯公式：全概率公式提供了计算后验概率的途径，即贝叶斯公式为

$$P(B_i\mid A)=\frac{P(B_i)P(A\mid B_i)}{P(A)}=\frac{P(B_i)P(A\mid B_i)}{\sum_{j=1}^{n}P(B_j)P(A\mid B_j)} \tag{A-47}$$

A.3.6 最大似然估计

最大似然估计：给定一个概率分布 D，假定其概率密度函数为 f_D，以及一个分布参数 θ，从这个分布中采样一个具有 n 个值的样本 $(x_1,x_2,\cdots,x_n)$，进一步地，计算出恰好生成这 n 个值的概率：$p(x_1,x_2,\cdots,x_n)=f_D(x_1,x_2,\cdots,x_n\mid\theta)$。所谓最大似然估计，就是在参数 θ 的所有取值中，找到一个 θ^*，使得 $p(x_1,x_2,\cdots,x_n)$ 最大。

求解步骤：

1）写出似然函数：

$$L(\theta)=\prod_{i=1}^{n}p(x_i\mid\theta) \tag{A-48}$$

2）为方便计算，通常使用对数形式：

$$\log L(\theta)=\sum_{i=1}^{n}\log\left(p(x_i\mid\theta)\right) \tag{A-49}$$

3）令 $\dfrac{\mathrm{d}\log L(\theta)}{\mathrm{d}\theta}=0$，求解出的 θ^* 即为最大似然估计。

A.4 信息论

信息熵（Entropy）：信息熵表示所有可能发生的事件所带来的信息量的期望。假定随机变量 X 取值为 x 的概率为 $p(x)$，则 X 的信息熵定义为

$$H(X)=-\sum_{x}p(x)\log p(x) \tag{A-50}$$

联合熵：两个随机变量 X 和 Y 的联合分布可以形成联合熵，度量二维随机变量 X,Y 的不确定性，定义为

$$H(X,Y)=-\sum_{x,y}p(x,y)\log p(x,y) \tag{A-51}$$

条件熵：在随机变量 X 发生的前提下，随机变量 Y 发生带来的熵，定义为 Y 的条件熵，定义为

$$H(Y\mid X)=-\sum_{x,y}p(x,y)\log p(y\mid x) \tag{A-52}$$

条件熵用来衡量在已知随机变量 X 的条件下，随机变量 Y 的不确定性。熵、联合熵、条件熵之间存在以下关系：

$$H(Y \mid X)=H(X,Y)-H(X) \tag{A-53}$$

相对熵：又称互熵、KL 散度和信息增益，是描述两个概率分布 P 和 Q 差异的一种方法，记为 $D(P\|Q)$。在信息论中，$D(P\|Q)$ 表示当用概率分布 Q 来拟合真实分布 P 时，产生的信息损耗，其中 P 表示真实分布，Q 表示 P 的拟合分布。离散随机变量 X 的相对熵定义为

$$D(P\|Q)=\sum_x p(x)\log\frac{p(x)}{q(x)} \tag{A-54}$$

将公式（A-54）展开可得：

$$\begin{aligned} D(P\|Q) &= \sum_x p(x)\log\frac{p(x)}{q(x)} \\ &= \sum_x p(x)\log p(x)-\sum_x p(x)\log q(x) \\ &= -H(X)+\left(-\sum_x p(x)\log q(x)\right) \end{aligned} \tag{A-55}$$

公式（A-55）中的第二项$\left(-\sum_x p(x)\log q(x)\right)$称为**交叉熵**，在深度学习中交叉熵经常作为分类任务的损失函数使用。

互信息：两个随机变量 X,Y 的互信息定义为 X,Y 的联合分布与各自独立分布乘积的相对熵，用 $I(X,Y)$ 表示。互信息可以看成是一个随机变量中包含的关于另一个随机变量的信息量，或者说是已知另一个随机变量 Y 的条件下，随机变量 X 减少的不确定性，定义为

$$I(X,Y)=\sum_{x,y} p(x,y)\log\frac{p(x,y)}{p(x)p(y)} \tag{A-56}$$

互信息、熵、条件熵之间存在以下关系：

$$H(Y \mid X)=H(Y)-I(X,Y) \tag{A-57}$$

或者互信息可以表达为

$$I(X,Y)=H(X)+H(Y)-H(X,Y) \tag{A-58}$$

最大熵原理：最大熵原理是概率模型学习的一个准则，它认为学习概率模型时，在所有可能的概率分布中，使熵达到最大的模型是最好的模型。通常用约束条件来确定模型的集合，因此最大熵原理也可以表述为在满足约束条件的模型集合中选取熵最大的模型。

A.5 数学优化

数学优化是指在无约束函数或者有约束函数的情况下求得决策变量的解，使得目标函数最大化或者最小化。

A.5.1 线性优化与非线性优化

根据目标函数和约束函数是否是线性函数，数学优化可以分为线性优化和非线性优化。如果目标函数和约束函数都是线性函数，则称为线性优化；如果目标函数和约束函数至少有

一个是非线性函数，则称为非线性优化。

凸优化是一类常见的非线性优化，它的决策变量的定义域为凸集（Convex Set），目标函数是凸函数（Convex Function）。凸集是指在实数域 $\mathbb{R}$ 的一个向量空间中，集合 S 中任意两点的连线上的点都在 S 内，数学定义为：设集合 $S\subset\mathbb{R}^n$，若对于任意两点 $\boldsymbol{x},\boldsymbol{y}\in S$，以及任意实数 $\lambda(0\leqslant\lambda\leqslant1)$，都有 $\lambda\boldsymbol{x}+(1-\lambda)\boldsymbol{y}\in S$，则称集合 S 为凸集。凸函数是指一个定义域在某个凸集 S 上的实值函数，数学定义为：对于函数 $f(\boldsymbol{x})$，如果其定义域 S 是凸集，且对于任意两点 $\boldsymbol{x},\boldsymbol{y}\in S$ 以及任意实数 $\lambda(0\leqslant\lambda\leqslant1)$，都有 $f(\lambda\boldsymbol{x}+(1-\lambda)\boldsymbol{y})\leqslant\lambda f(\boldsymbol{x})+(1-\lambda)f(\boldsymbol{y})$，则称 $f(\boldsymbol{x})$ 为凸函数。如果目标函数是凸函数，那么它的局部最优解就是全局最优解，该性质在机器学习和深度学习中，具有极其重要的意义。

A.5.2　离散优化和连续优化

根据决策变量的类型为离散型和连续型，数学优化可分为离散优化和连续优化。离散优化是指决策变量是离散型的数学优化，又称整数规划，它又可分为线性整数规划、非线性整数规划、混合线性整数规划和混合非线性整数规划。线性整数规划是指目标函数和约束函数都是线性的、决策变量都是整数的整数规划，非线性整数规划是指目标函数和约束函数至少有一个是非线性的、决策变量都是整数的整数规划，混合线性整数规划是指目标函数和约束函数都是线性的、只有部分决策变量是整数的整数规划，混合非线性整数规划是指目标函数和约束函数至少有一个是非线性的、只有部分决策变量是整数的整数规划。连续优化是指决策变量是连续型的数学优化，根据是否有约束函数，连续优化又分为无约束连续优化与有约束连续优化。

无约束连续优化的基本数学模型表示如下：

$$\min f(\boldsymbol{x}) \tag{A-59}$$

其中，$\boldsymbol{x}$ 是一个实数域 $\mathbb{R}$ 内的 n 维决策变量，$f(\boldsymbol{x})$ 为目标函数。

约束连续优化的基本数学模型表示如下：

$$\begin{aligned}&\min f(\boldsymbol{x})\\ \text{s.t.}\quad &h_i(\boldsymbol{x})=0,\quad i=1,2,\cdots,m\\ &g_j(\boldsymbol{x})\leqslant0,\quad j=1,2,\cdots,n\end{aligned} \tag{A-60}$$

其中，$\boldsymbol{x}$ 是一个实数域 $\mathbb{R}$ 内的 n 维决策变量，$f(\boldsymbol{x})$ 为目标函数，$h_i(\boldsymbol{x})=0$ 为等式约束函数，$g_i(\boldsymbol{x})\leqslant0$ 为不等式约束函数。

对于仅有等式约束的约束连续优化问题，可采用拉格朗日乘数法将其转化为无约束连续优化问题进行求解；对于既有等式约束又有不等式约束的约束连续优化问题，首先将其中的不等式约束转化为等式约束，再使用第一种方法求解。

A.5.3　最小二乘法

最小二乘法（Least Square，LS），又称最小平方法，是一种常用的数学优化方法。它通过最小化误差的平方和寻找数据的最佳函数匹配。利用最小二乘法可以简便地求得未知的数据，并使得这些求得的数据与实际数据之间误差的平方和最小。最小二乘法还可用于曲线拟合，其他一些优化问题也可通过最小化能量或最大化熵的思路，用最小二乘法来表达。

最小二乘法的数学定义：给定函数$f(\boldsymbol{x};\alpha_1,\alpha_2,\cdots,\alpha_n)$及其在 n 个不同取值$(x_1,x_2,\cdots,x_n)$时的测量结果为$(y_1,y_2,\cdots,y_n)$，即$f(\boldsymbol{x};\alpha_1,\alpha_2,\cdots,\alpha_n)$的值，确定未知参数$(\alpha_1,\alpha_2,\cdots,\alpha_n)$，使得式（A-59）达到最小：

$$\sum_{i=1}^{n}[f(x_i;\alpha_1,\alpha_2,\cdots,\alpha_n)-y_i]^2 \tag{A-61}$$

值得一提的是，最小二乘法虽然简单，但机器学习与深度学习的绝大多数算法，核心思想都是源于最小二乘法。可以说，最小二乘法是机器学习与深度学习中最基础的数学优化方法。

APPENDIXB

附录 B

中英文术语对照

（注：根据出现章次不同有重复）

第 1 章　引言

深度学习：Deep Learning
人工神经网络：Artificial Neural Network，ANN
M-P 神经元模型：McCulloch-Pitts Neuron Model
感知机：Perceptron
神经认知机：Neocognitron
反向传播算法：Back Propagation，BP
循环神经网络：Recurrent Neural Network，RNN
支持向量机：Support Vector Machine，SVM
长短期记忆网络：Long-Short Term Memory，LSTM
卷积神经网络：Convolutional Neural Network，CNN
深度信念网络：Deep Belief Network，DBN
高斯混合模型：Gaussian Mixture Model，GMM
隐马尔可夫模型：Hidden Markov Model，HMM
生成对抗网络：Generative Adversarial Network，GAN
门限循环单元：Gated Recurrent Unit，GRU
基于 Transformer 的双向编码器表示模型：Bidirectional Encoder Representation from Transformer，BERT
生成式预训练 Transformer：Generative Pre-training Transformer，GPT
计算智能：Computational Intelligence
感知智能：Perceptual Intelligence
认知智能：Cognitive Intelligence
K-近邻：K-Nearest Neighbor，KNN
深度前馈神经网络：Deep Feedforward Neural Network，DFNN
多层感知机：Multi-Layer Perceptron，MLP
自注意力：Self-Attention
编码器-解码器结构：Encoder-Decoder
Sigmoid 信念网络：Sigmoid Belief Network，SBN
受限玻尔兹曼机：Restricted Boltzmann Machine，RBM
深度玻尔兹曼机：Deep Boltzmann Machine，DBM
自编码器：AutoEncoder，AE
深度自编码器：Deep AutoEncoder，DAE
时间延迟神经网络：Time-Delay Neural Network，TDNN
变分学习：Variational Learning
对比散度算法：Contrastive Divergence，CD
胶囊网络：Capsule Network
前向-前向算法：Forward-Forward Algorithm

第 2 章　卷积神经网络

卷积神经网络：Convolutional Neural Network，CNN
感受野：Receptive Field
中心感受野：In-center Receptive Field
周边感受野：Surround Receptive Field

神经认知机：Neocognitron
沙漏网络：Hourglass Network
卷积（运算）：Convolution
通道：Channel
特征图：Feature Map
填充：Padding
池化：Pooling
最大池化：Max Pooling
均值池化：Average Pooling
降采样：Downsampling
主成分分析：Principal Component Analysis，PCA
内部协变量偏移：Internal Covariate Shift，ICS
批归一化：Batch Normalization，BN
残差神经网络：Residual Neural Network，ResNet
残差块：Residual Block
跳跃连接：Skip Connection
边界框：Bounding Box
区域卷积神经网络：Region-CNN，R-CNN
选择性搜索：Selective Search
层次分组算法：Hierarchical Group Algorithm
感兴趣区域池化：Region of Interest Pooling，RoI Pooling
微（精）调：Finetuning
平均精度均值：Mean Average Precision，mAP
多任务学习：Multi-task Learning
区域建议网络：Region Proposal Network，RPN
全卷积网络：Fully Convolutional Network，FCN
上采样：Upsampling
逆卷积：Deconvolution
姿态估计：Pose Estimation
单人姿态估计：Single Person Pose Estimation，SPPE
多人姿态估计：Multiple Person Pose Estimation，MPPE
人脸验证：Face Verification
人脸识别：Face Identification
局部二值模式：Local Binary Pattern，LBP
支持向量回归：Support Vector Regression，SVR
三元组损失：Triplet Loss

第 3 章 循环神经网络

循环神经网络：Recurrent Neural Network，RNN
基于时间的反向传播算法：Backward Propagation Through Time，BPTT
长短期记忆网络：Long-Short Term Memory，LSTM
双向循环神经网络：Bi-directional Recurrent Neural Network，BRNN
门限循环单元：Gated Recurrent Unit，GRU
神经图灵机：Neural Turing Machine，NTM
堆叠循环神经网络：Stacked Recurrent Neural Network，Stacked RNN
输入门：Input Gate
输出门：Output Gate
遗忘门：Forget Gate
语言模型：Language Model
重要性采样：Importance Sampling
基于分类的语言模型：Class Based Language Model
上下文依赖的语言模型：Context Dependent Language Model
卷积神经网络语言模型：CNN Based Language Model
困惑度：Perplexity
自动文本摘要：Automatic Text Summarization，ATS
抽取式文本摘要：Extractive Summarization
生成式文本摘要：Abstractive Summarization
未登录词：Out of Vocabulary，OOV
指针网络：Pointer Network
指针-生成器网络：Pointer-Generator Network
覆盖率机制：Coverage Mechanism
最长公共子序列：Longest Common Subsequence，LCS
机器阅读理解：Machine Reading Comprehension，MRC
抽取式问答：Extractive Question Answering
精确匹配：Extract Match，EM

第 4 章 Transformer

注意力机制：Attention Mechanism

编码器-解码器结构：Encoder-Decoder Structure

序列到序列模型：Sequence to Sequence，Seq2Seq

残差连接：Residual Connection

层归一化：Layer Normalization，LN

词嵌入：Word Embedding

位置嵌入：Position Embedding

自注意力：Self-Attention

可缩放的点积注意力：Scaled Dot-Product Attention

多头自注意力：Multi-Head Self-Attention

生成式预训练 Transformer：Generative Pre-training Transformer，GPT

指令微（精）调：Prompt Finetuning

小样本学习：Few-Shot Learning

单样本学习：One-Shot Learning

零样本学习：Zero-Shot Learning

基于人类反馈的强化学习：Reinforcement Learning from Human Feedback，RLHF

基于 Transformer 的双向编码器表示模型：Bidirectional Encoder Representation from Transformer，BERT

多类型自然语言推理语料库：Multi-Genre Natural Language Inference Corpus，MNLI

命名实体识别：Named Entity Recognition，NER

掩码语言模型：Masked Language Model，MLM

下一句预测：Next Sentence Prediction，NSP

对话语言模型：Dialogue Language Model，DLM

自注意力网络：Self-Attention Networks，SAN

语法引导的自注意力：Syntax-Guided Self-Attention

目标检测 Transformer：Detection Transformer，DETR

区域建议网络：Region Proposal Network，RPN

图像描述：Image Captioning

视觉问答：Visual Question Answering，VQA

骨干编码器：Backbone Encoder

记忆增强编码器：Memory-Augmented Encoder

网格解码器：Meshed Decoder

第 5 章 生成对抗网络

生成对抗网络：Generative Adversarial Network，GAN

零和博弈：Zero-Sum Game

生成器：Generator

判别器：Discriminator

动量：Momentum

Kullback-Leibler 散度：Kullback-Leibler Divergence，KL Divergence

循环一致性损失：Cycle Consistency Loss

域迁移：Domain Adaptation

图像生成：Image Generation

图像转换：Image Conversion

图像超分辨率重建：Image Super-Resolution Reconstruction

复调音乐：Polyphonic Music

异常检测：Anomaly Detection

异常重构：Anomaly Reconstruction

反向映射：Inverse Mapping

第 6 章 深度生成模型

Sigmoid 信念网络：Sigmoid Belief Network，SBN

深度信念网络：Deep Belief Network，DBN

受限玻尔兹曼机：Restricted Boltzmann Machine，RBM

深度玻尔兹曼机：Deep Boltzmann Machine，DBM

深度自编码器：Deep AutoEncoder，DAE

扩散模型：Diffusion Model

离散型 Hopfield 网络：Discrete Hopfield Neural Network，DHNN

连续型 Hopfield 网络：Continuous Hopfield Neural Network，CHNN

玻尔兹曼机：Boltzmann Machine，BM

模拟退火算法：Simulated Annealing

马尔可夫随机场：Markov Random Field，MRF

对比散度算法：Contrast Divergence，CD

自编码器：AutoEncoder，AE

前馈自编码器：Feed Forward Autoencoder，FFA
降噪自编码器：Denoising AutoEncoder，DAE
稀疏自编码器：Sparse AutoEncoder，SAE
降噪扩散概率模型：Denoising Diffusion Probabilistic Models，DDPM
前向过程：Forward Process
逆向过程：Reverse Process

第 7 章　正则化与优化

正则化：Regularization
优化：Optimization
过拟合：Over-fitting
欠拟合：Under-fitting
合适拟合：Appropriate-fitting
偏差：Bias
方差：Variance
泛化误差：Generalization Error
噪声：Noise
轮：Epoch
Lasso 回归：Lasso Regression
岭回归：Ridge Regression
数据增强：Data Augmentation
自助采样法：Bootstrap Sampling
提前终止：Early Stopping
归一化：Normalization
最大最小归一化：Max-min Normalization
标准归一化：Standard Normalization
批归一化：Batch Normalization，BN
层归一化：Layer Normalization，LN
实例归一化：Instance Normalization
组归一化：Group Normalization
权重归一化：Weight Normalization
梯度下降法：Gradient Descent，GD
批量梯度下降法：Batch Gradient Descent，BGD
随机梯度下降法：Stochastic Gradient Descent，SGD
小批量梯度下降法：Mini-batch Stochastic Gradient Descent，mini-batch SGD
动量：Momentum
生成式人工智能：Generative Artificial Intelligence

第 8 章　深度学习框架

计算图：Computation Graph
操作：Operation
张量：Tensor
节点：Node
边：Edge
变量：Variable
常量：Constant
持久变量：Persistent Variable
批大小：Batch Size
局部响应归一化：Local Response Normalization，LRN
学习率：Learning Rate
自动混合精度：Automatic Mixed Precision，AMP

附录 A

标量：Scalar
向量：Vector
矩阵：Matrix
张量：Tensor
范数：Norm
距离：Distance
闵可夫斯基距离：Minkowski Distance
曼哈顿距离：Manhattan Distance
欧氏距离：Euclidean Distance
切比雪夫距离：Chebyshev Distance
马氏距离：Mahalanobis Distance
随机变量：Random Variable
概率分布：Probability Distribution
期望：Expectation
方差：Variance
协方差：Covariance
信息熵：Entropy
凸集：Convex Set
凸函数：Convex Function
最小二乘法：Least Square，LS